天造地景
——内蒙古地质遗迹

田明中 王剑民 武法东 孙洪艳等 著

Natural Landscapes
Geological Heritage of Inner Mongolia

中国旅游出版社

责任编辑：付 蓉 张珊珊
装帧设计：许花秀
责任印制：冯冬青

图书在版编目（CIP）数据

天造地景：内蒙古地质遗迹/田明中等著．——北京：中国旅游出版社，2012.9
ISBN 978-7-5032-4500-8

Ⅰ．①天… Ⅱ．①田… Ⅲ．①区域地质－研究－内蒙古 Ⅳ．①P562.26

中国版本图书馆CIP数据核字（2012）第188039号

审图号：蒙S（2012）016号

书　　名：	天造地景——内蒙古地质遗迹
著　　者：	田明中　王剑民　武法东　孙洪艳　等
出版发行：	中国旅游出版社
	（北京市建国门内大街甲9号 邮政编码：100005）
	http://www.cttp.net.cn　E-mail: cttp@cnta.gov.cn
排　　版：	北京地大凯诺科技有限公司
印　　刷：	北京睿和名扬印刷有限公司
版　　次：	2012年9月第1版　2012年9月第1次印刷
开　　本：	889毫米×1194毫米　1/16
印　　张：	35
字　　数：	787千
定　　价：	498.00元
ISBN 978-7-5032-4500-8

版权所有　翻印必究
如发现质量问题，请直接与发行部联系调换

内容简介

本书全面总结和论述了内蒙古自治区的地质遗迹。包括自然地理特征、研究历史、地质遗迹类型、地质遗迹分布特征、地质遗迹保护现状及地质公园规划蓝图。重点阐述了内蒙古自治区不同类型的地质遗迹，并精选了丰富、精美的典型照片，配以优美的文字说明。图文并茂，深入浅出，简明易懂，增加了实用性和可读性。

本书可供地质、地理、地质遗迹景观评价，地质公园建设与管理及相关学科的本科生、研究生和专业研究人员参考，也可供热爱自然景观的读者阅读。

目录

序1 18
序2 20
序3 21
序4 22
前言 23

1 大漠之灵——自然地理特征　27
 1.1　地理位置及行政区划 28
 1.2　地貌 30
 1.3　气候 34
 1.4　水文 38
 1.5　土壤 38
 1.6　植被 42
 1.7　矿产 50

2 地景之基——地质特征与演化　52
 2.1　地层特征 54
  2.1.1　古生代地层 54
  2.1.2　中生代地层 57
  2.1.3　新生代地层 57
 2.2　构造特征 60
 2.3　岩石特征 62
  2.3.1　岩浆岩 62
  2.3.2　火山岩 63
 2.4　地质时期自然环境的演变 ... 64
  2.4.1　陆地的形成 64
  2.4.2　森林鼎盛时期 65
  2.4.3　草原发展阶段 65
  2.4.4　荒漠化时期 66
  2.4.5　现代地貌形成 67
  2.4.6　沙漠英雄树——胡杨林 67

3 丰硕成果——研究历史及成果　75
 3.1　研究历史 76
  3.1.1　古代研究阶段 76
  3.1.2　近现代研究阶段 76
 3.2　研究成果 77
  3.2.1　全区地质遗迹调查 77
  3.2.2　阿拉善地区 78
  3.2.3　鄂尔多斯地区 79
  3.2.4　巴彦淖尔地区 80
  3.2.5　乌兰察布地区 80
  3.2.6　赤峰市克什克腾地区 .. 81
  3.2.7　赤峰市宁城地区 82
  3.2.8　锡林郭勒盟二连浩特地区 .. 84
  3.2.9　兴安盟阿尔山地区 86
  3.2.10　呼伦贝尔市 86

4 细数家珍——地质遗迹分类体系　88
 4.1　地质遗迹分类概述 89
  4.1.1　国际地质遗迹分类 89
  4.1.2　国内地质遗迹分类 90
 4.2　内蒙古地质遗迹分类体系 ... 93

4.2.1 分类原则.............. 93
4.2.2 分类体系.............. 93
4.2.3 基本组成.............. 93

5 地球密码——地质剖面 100

5.1 总体特征.............. 102

5.2 典型代表.............. 102
5.2.1 典型变质岩相剖面...... 102
5.2.2 典型火山岩相剖面...... 104
5.2.3 典型沉积岩相剖面...... 105

6 变迁行迹——地质构造 113

6.1 总体特征.............. 114

6.2 典型代表.............. 114
6.2.1 全球（巨型）构造...... 114
6.2.2 区域（大型）构造...... 118
6.2.3 中小型构造............ 123

6.3 对比研究.............. 124
6.3.1 国内断裂构造地质遗迹... 124
6.3.2 国外断裂构造地质遗迹... 128
6.3.3 对比研究结论.......... 131

7 远古生命——古生物化石 132

7.1 总体特征.............. 134

7.2 典型代表.............. 134
7.2.1 桌子山寒武—奥陶纪古生物群 134
7.2.2 巴特敖包晚志留—早泥盆世生物群 134
7.2.3 哲斯敖包二叠纪腕足动物群 135
7.2.4 道虎沟侏罗纪生物群..... 136
7.2.5 二连浩特晚白垩世恐龙动物群 153
7.2.6 阿拉善白垩纪恐龙动物群. 159
7.2.7 巴彦满都呼晚白垩世恐龙动物群 160
7.2.8 鄂托克旗白垩纪恐龙足迹. 160
7.2.9 乌拉特中旗中侏罗世恐龙足迹 164
7.2.10 四子王旗晚古新世脑木根哺乳动物化石 164
7.2.11 苏尼特左旗中新世晚期通古尔古动物群 167
7.2.12 乌审旗晚更新世萨拉乌苏动物群 169
7.2.13 古植物王国——古植物.. 171
7.2.14 人类及文化遗址........ 172

8 地球容颜——地貌景观 175

8.1 总体特征.............. 177

8.2 花岗岩景观.............. 177
8.2.1 总体特征.............. 177
8.2.2 典型代表.............. 181
8.2.3 综述与对比............ 213

8.3 火山（熔岩）景观........ 217
8.3.1 总体特征.............. 217
8.3.2 典型代表.............. 219

8.4 碎屑岩景观.............. 252
8.4.1 总体特征.............. 252
8.4.2 典型代表.............. 252

8.5 第四纪冰川.............. 258
8.5.1 总体特征.............. 258
8.5.2 典型代表景观.......... 258
8.5.3 中国华北—东北的第四纪冰川遗迹 271

Foreword 1   18

Foreword 2   20

Foreword 3   21

Foreword 4   22

Preface   23

1 Soul of Deserts—Natural Geography Features   27

1.1 Geographical Position and Administrative Districts 28
1.2 Geomorphology 30
1.3 Climate 34
1.4 Hydrology 38
1.5 Soil 38
1.6 Vegetation 42
1.7 Mining 50

2 Fundation of Geological Heritage—Features and Evolution of Geology 52

2.1 Stratum Features 54
   2.1.1 Paleozoic Stratum 54
   2.1.2 Mesozoic Stratum 57
   2.1.3 Cenozoic Stratum 57
2.2 Tectonic Features 60
2.3 Rock Features 62
   2.3.1 Magmatite 62
   2.3.2 Volcanic Rock 63
2.4 Natural Environmental Evolution in Geological Periods 64
   2.4.1 The Formation of Continents 64
   2.4.2 Golden Age of Forest 65
   2.4.3 Development of Grassland 65

   2.4.4 Periods of Desertification 66
   2.4.5 Formation of Modern Landscape 67
   2.4.6 Desert hero tree- Populus euphratica forest 67

3 Significant and Massive Results—Research History and Achievements 75

3.1 Research History 76
   3.1.1 Ancient Time Research 76
   3.1.2 Modern Time Research 76
3.2 Research Achievements 77
   3.2.1 Geological Heritage Investigation of Inner Mongolia 77
   3.2.2 Alxa Area 78
   3.2.3 Erdos Area 79
   3.2.4 Bayan Nur Area 80
   3.2.5 Ulan Qab Area 80
   3.2.6 Hexigten Area in Chifeng 81
   3.2.7 Ningcheng Area in Chifeng 82
   3.2.8 Erenhot Area in Xilin Gol League . 84
   3.2.9 Arxan Area in Hinggan League 86
   3.2.10 Hulunbuir Area 86

4 Describing in Details—Classification of Geological Heritage   88

4.1 Overview of Classification 89
   4.1.1 International Classification 89
   4.1.2 National Classification 90
4.2 Inner Mongolia Classification 93
   4.2.1 Classification Principle 93
   4.2.2 Classification System 93
   4.2.3 Basic Composition 93

5 Earth Passwords—Stratigraphic Section   100

5.1 General Features 102

5.2 Typical Representatives 102
    5.2.1 Typical Metamorphic Facies Section 102
    5.2.2 Typical Igneous Rock Facies Section 104
    5.2.3 Typical Sedimentary Rock Facies Section 105

6 Changing Activities—Geological Tectonics   113

6.1 General Features and Distribution ... 114
6.2 Typical Representatives 114
    6.2.1 Global (giant) Tectonics 114
    6.2.2 Area (large) Tectonics 118
    6.2.3 Medium and Small Tectonics 123
6.3 Comparative Research 124
    6.3.1 Geological Heritage of National Fault Tectonics 124
    6.3.2 Geological Heritage of International Fault Tectonics 128
    6.3.3 Comparative Research Conclusion 131

7 Ancient Lives—Paleontological Fossils   132

7.1 General Features 134
7.2 Typical Representatives 134
    7.2.1 Cambrian--Ordovician Paleontology Group of Mount Zhuozi 134
    7.2.2 Silurian-Devonian Paleontology Group of Bater Obo 134
    7.2.3 Permian Brachiopod Fauna of Zhesi Obo 135
    7.2.4 Jurassic Biota of Daohugou 136
    7.2.5 Late Cretaceous Dinosaur Faunas of Erenhot 153
    7.2.6 Cretaceous Dinosaur Faunas of Alxa 159
    7.2.7 Late Cretaceous Dinosaur Faunas of Bayan Manduhu 160
    7.2.8 Cretaceous Dinosaur Footprints of Etuoke 160
    7.2.9 Early Jurassic Dinosaur Footprints of Urad Middle Flag 164
    7.2.10 Late Paleocene Brain Root Mammals' Fossil of Siziwang 164
    7.2.11 Late Miocene Tonguergu Faunas of Sunite Zuoqi 167
    7.2.12 Late Miocene Salawusu Faunas of Wushen 169
    7.2.13 Kingdom of Ancient Plants 171
    7.2.14 Ancient Human and Cultural Heritage 172

8 Earth Features—Landscape   175

8.1 General Features 177
8.2 Granite Landscape 177
    8.2.1 General Features 177
    8.2.2 Typical Representatives 181
    8.2.3 Summary and Comparison 213
8.3 Volcano (Lava) Landscape 217
    8.3.1 General Features 217
    8.3.2 Typical Representative 219
8.4 Clastic Rock Landscape 252
    8.4.1 General Features 252
    8.4.2 Typical Representatives 252
8.5 Quaternary Glacier 258
    8.5.1 General Features 258
    8.5.2 Typical Representative 258
    8.5.3 Quaternary Glacial Heritage in North-Northeast China 271
8.6 Weathering Landscape 272
    8.6.1 General Features 272
    8.6.2 Typical Representatives 274
    8.6.3 Comparison Research 305

9 Pulse of the Earth-Water-Landscape 315

9.1 General Features 317

9.2 Blue water flow to the distance squiggly-River scenery 317
    9.2.1 Main Features 317
    9.2.2 Typical representatives 320

9.3 Describe the Nuoer esctatically-Lake 344
    9.3.1 Main Features 344
    9.3.2 Typical representatives 344
    9.3.3 Comparative Research 374

9.4 Galaxy Fallen on Earth-Falls 383
    9.4.1 Main Features 383
    9.4.2 Typical representatives 384

9.5 Spring Reflecting the Moon-Spring 386
    9.5.1 General Features 386
    9.5.2 Typical Representatives 388
    9.5.3 Comparative Research 399

10 Geological Treasures—Mineral Rocks and Deposit 401

10.1 General Features 402

10.2 Mineral Rock Heritage 402
    10.2.1 General Features 402
    10.2.2 Typical Mineral Origin 402

10.3 Deposit Heritage 416
    10.3.1 Mineralization and Deposit Types 416
    10.3.2 Typical Deposit 417
    10.3.3 Typical Deposit Heritage 421

11 Raise the Alarm—Enviornmental Geology 426

11.1 General Features 427

11.2 Collapse and Landslide Heritage .. 427
    11.2.1 Development Characteristics and Formation Conditions 427
    11.2.2 Typical Collapse and Landslide Heritage 430

11.3 Debris Flow Heritage 430
    11.3.1 Development Characteristics and Formation Conditions 430
    11.3.2 Typical Debris Flow Heritage 431

11.4 Ground Collapse Heritage 431
    11.4.1 Development Characteristics and Formation Conditions 431
    11.4.2 Typical Ground Collapse Heritage 432

11.5 Comparative Analysis 433

12 Diversified Geological Heritage Resource—Area Classification and Evaluation 435

12.1 General Classification 437
    12.1.1 Greater Khingan Mountains Area 437
    12.1.2 Mount Yanshan (Northern Part) Area 437
    12.1.3 Xilinguole Plateau Area 437
    12.1.4 Mount Yinshan Area (Middle and Western Part) 437
    12.1.5 Yellow River Area (Hetao Plain) 437
    12.1.6 Erdos Plateau Area 437
    12.1.7 Alxa Plateun Area 440

12.2 Geological Heritage Resource Evaluation 440
    12.2.1 Overviews 440
    12.2.2 Geological Heritage Evaluation .. 441

12.3 Development of Geological Heritage Resource 462
    12.3.1 Significance of Geological Heritage Development 462
    12.3.2 Principle of Geological Heritage Development 462

12.3.3 Model of Geological Heritage Development 464
12.3.4 Subject of Geological Heritage Development 465

13 Harmony Road—Protection and Development 467

13.1 Overview of Geological Heritage Protection 468
13.1.1 Present Situation of Geological Heritage 468
13.1.2 Existing Problems of Geological Heritage Prot ection 469

13.2 Reserve Area of Geological Heritage Protection 472
13.2.1 Grade Overview 472
13.2.2 Present Reserve Areas 472

13.3 Geoparks 473
13.3.1 Geopark System 473
13.3.2 Global Geoparks 476
13.3.3 National Geoparks 488
13.3.4 Autonomous Geoparks 503

13.4 Mine Park 508
13.4.1 Overview of Mine Park Construction 509
13.4.2 National Mine Parks 509

13.5 Natural Reserve Areas 518

13.6 Protecting and Planning of Geological Heritage 523
13.6.1 Principle of Geological Heritage Planning 523
13.6.2 Construction of Reserve Area System 524
13.6.3 Construction of Geopark System 527
13.6.4 Construction of Mine Park System 530

Appendix1
Directories of Global Geopark 531

Appendix2
Directories of National Geopark of China.. 533

Appendix3
Directories of National Mine Park of China 538

Appendix4
Directories of A-class Scenic Spot of Inner Mongolia 540

Appendix5
Directories of National Forest Park of Inner Mongolia 543

Appendix6
Directories of National Scenic and Historic Interest Area of Inner Mongolia 543

References 544

Closing 554

Principle Authors 557

Other Authors 558

Presiding Experts 560

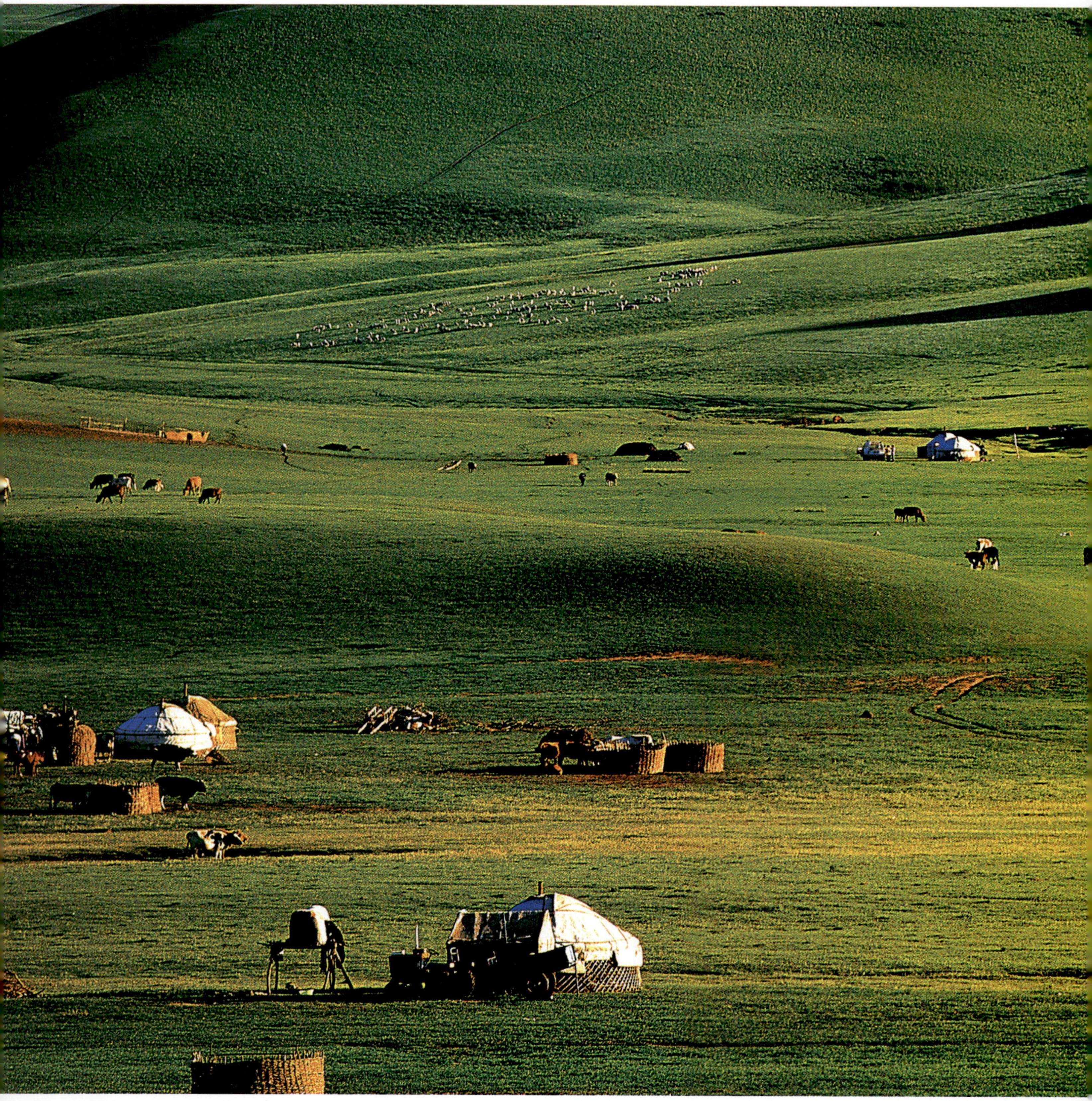

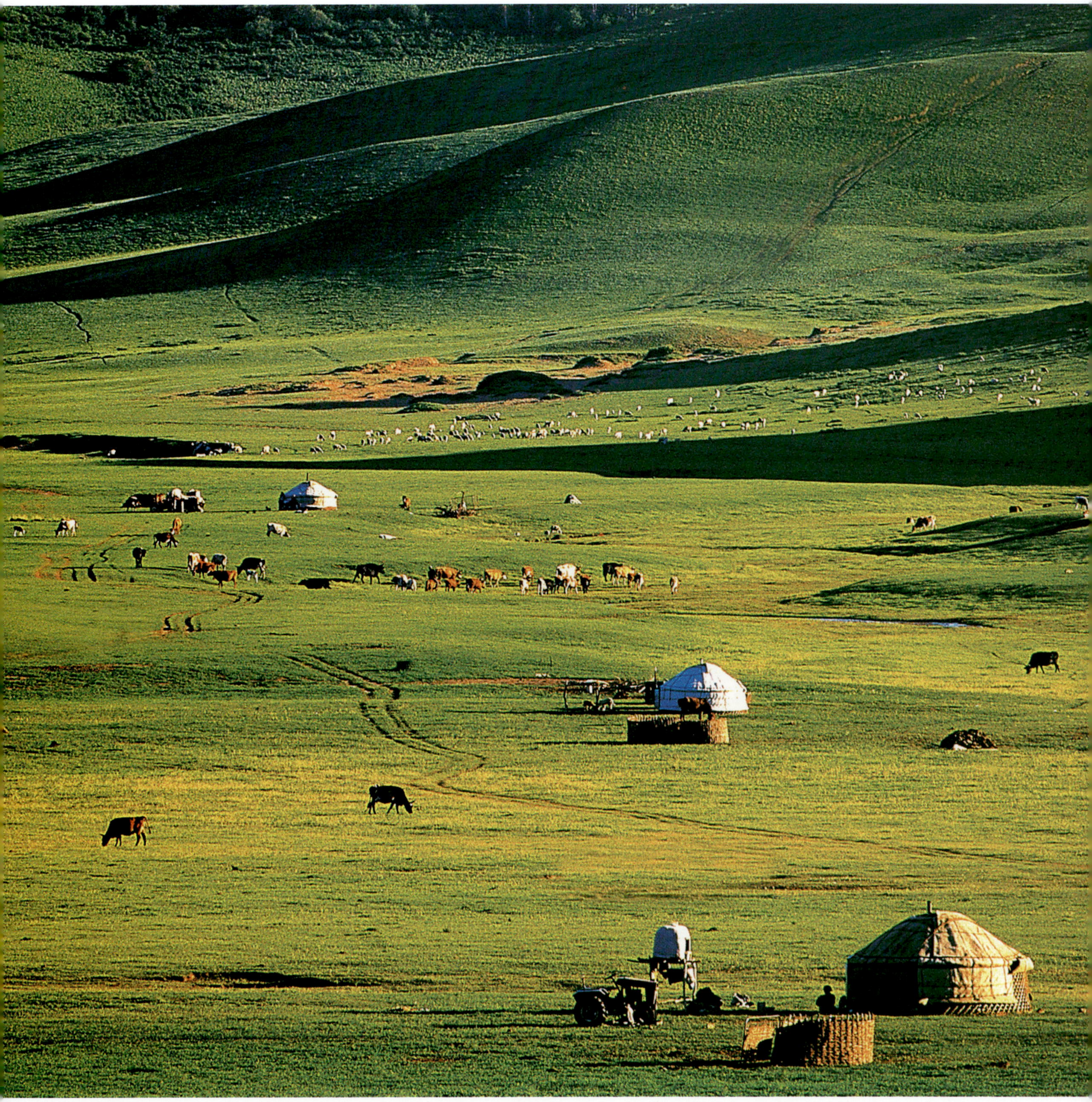

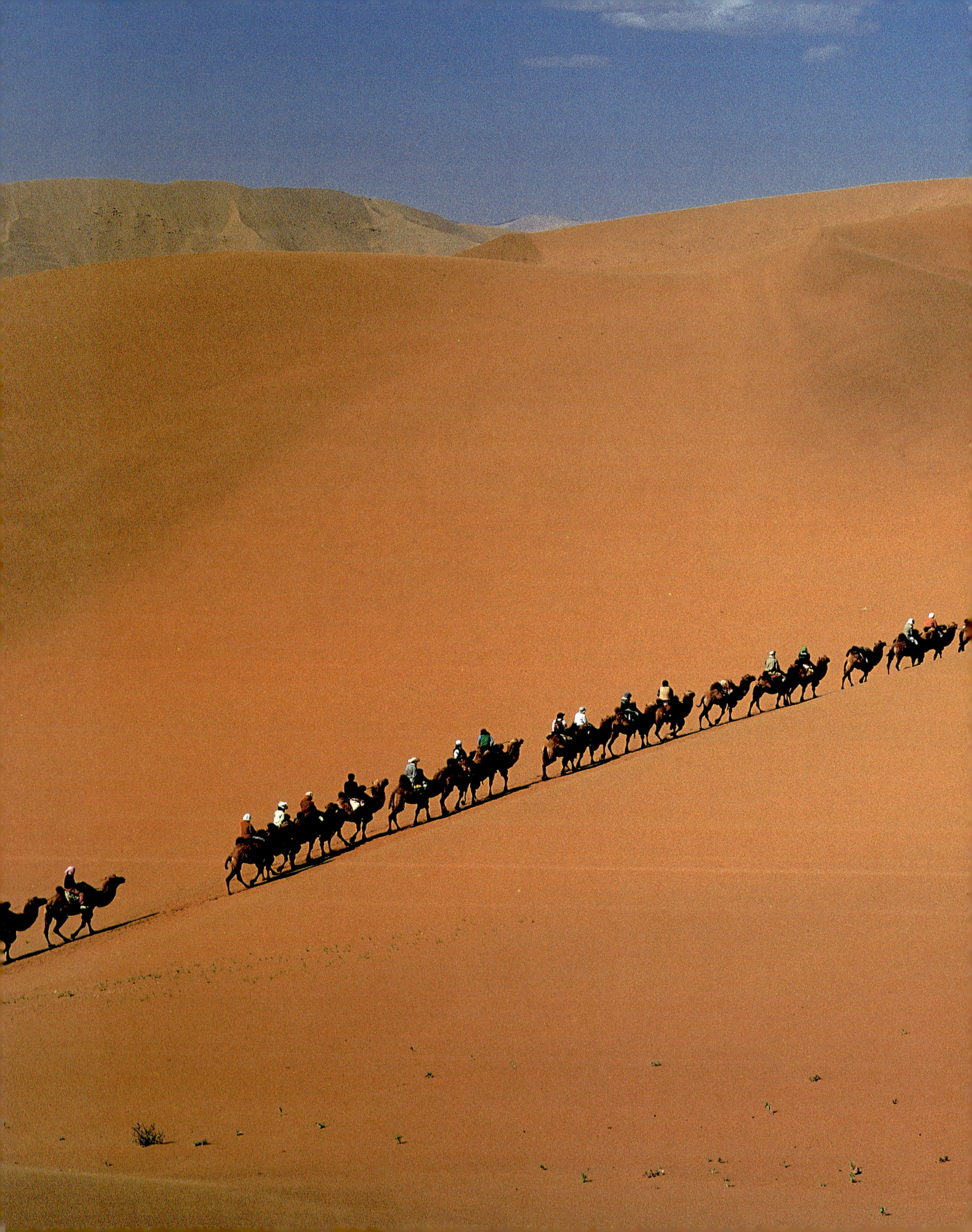

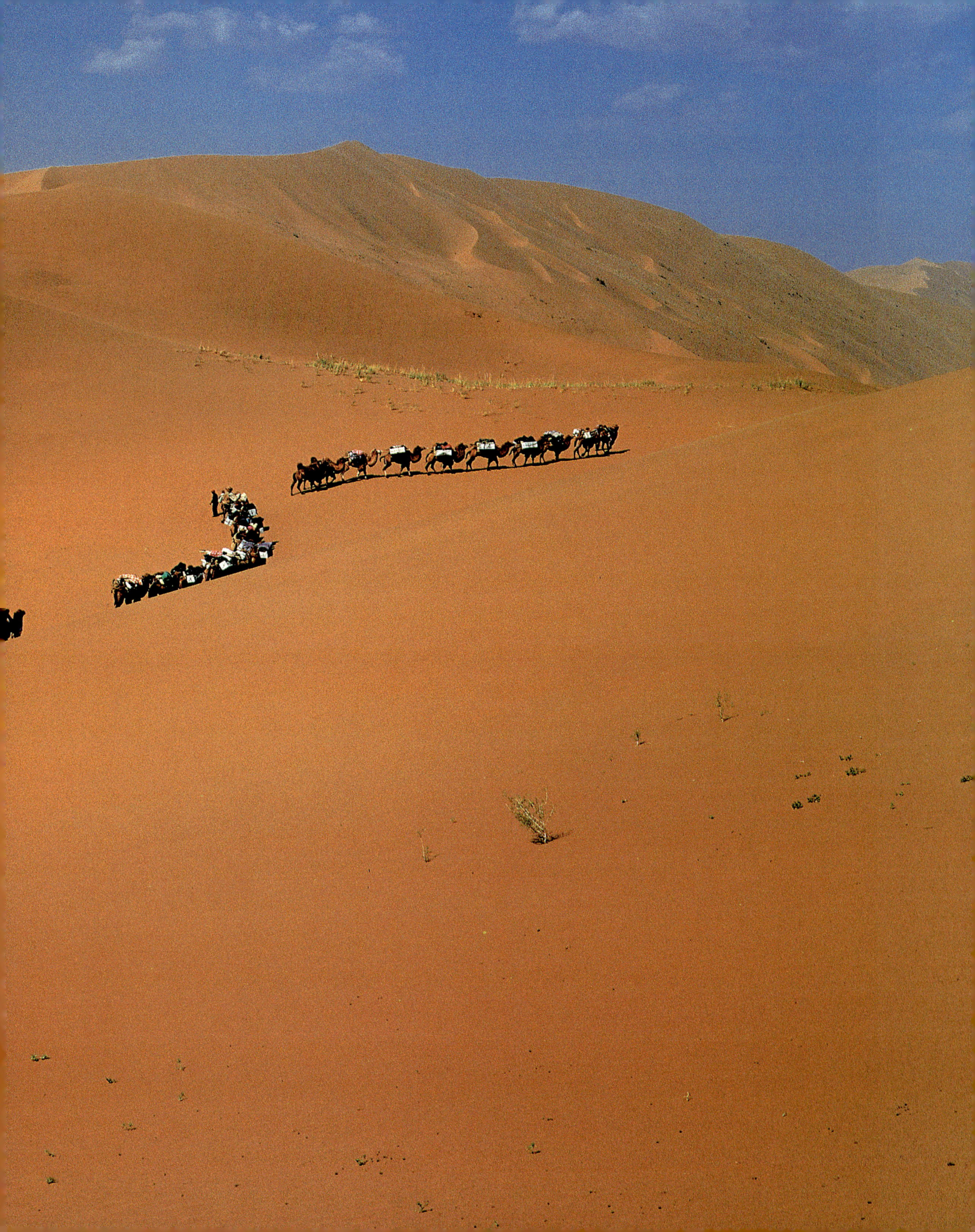

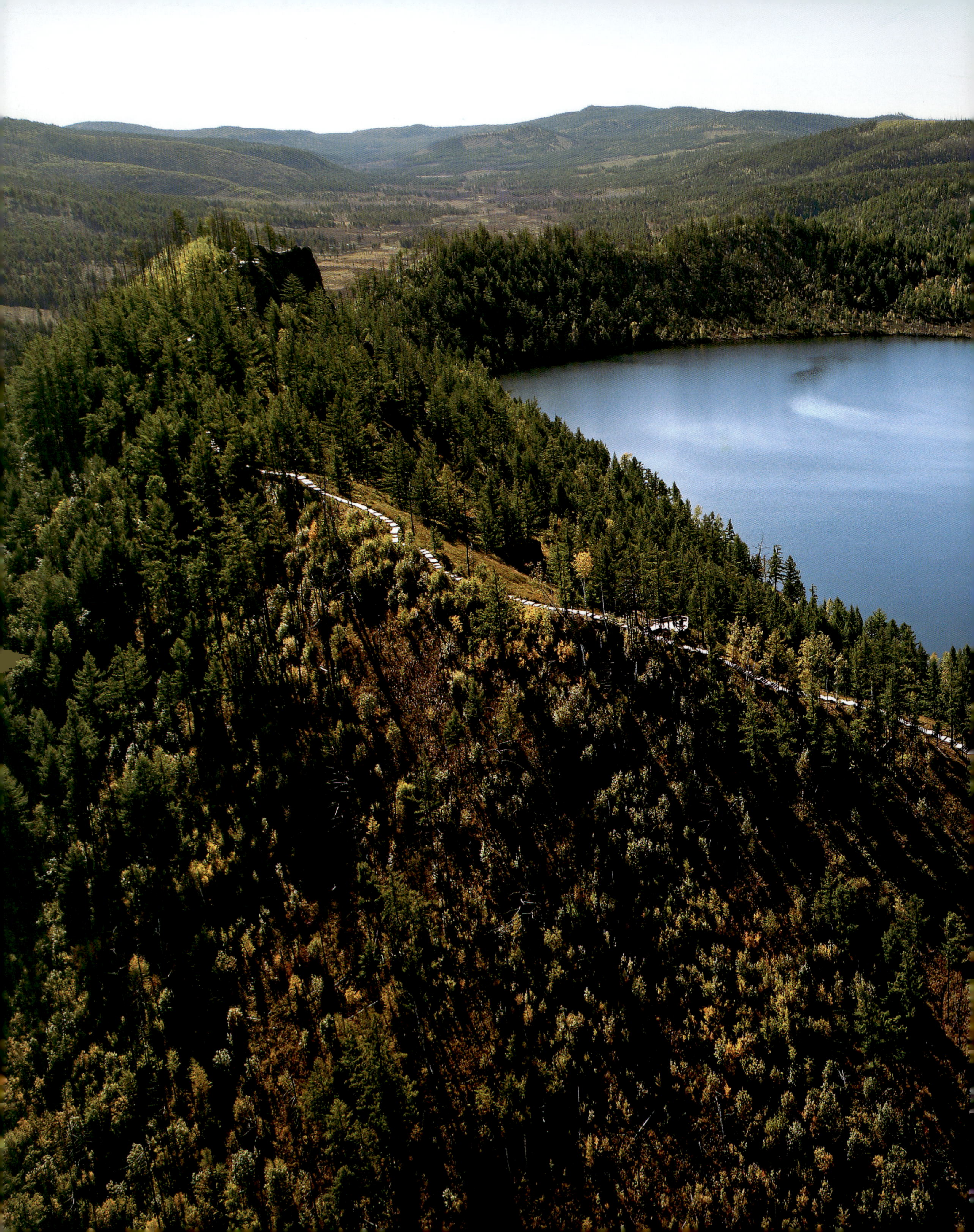

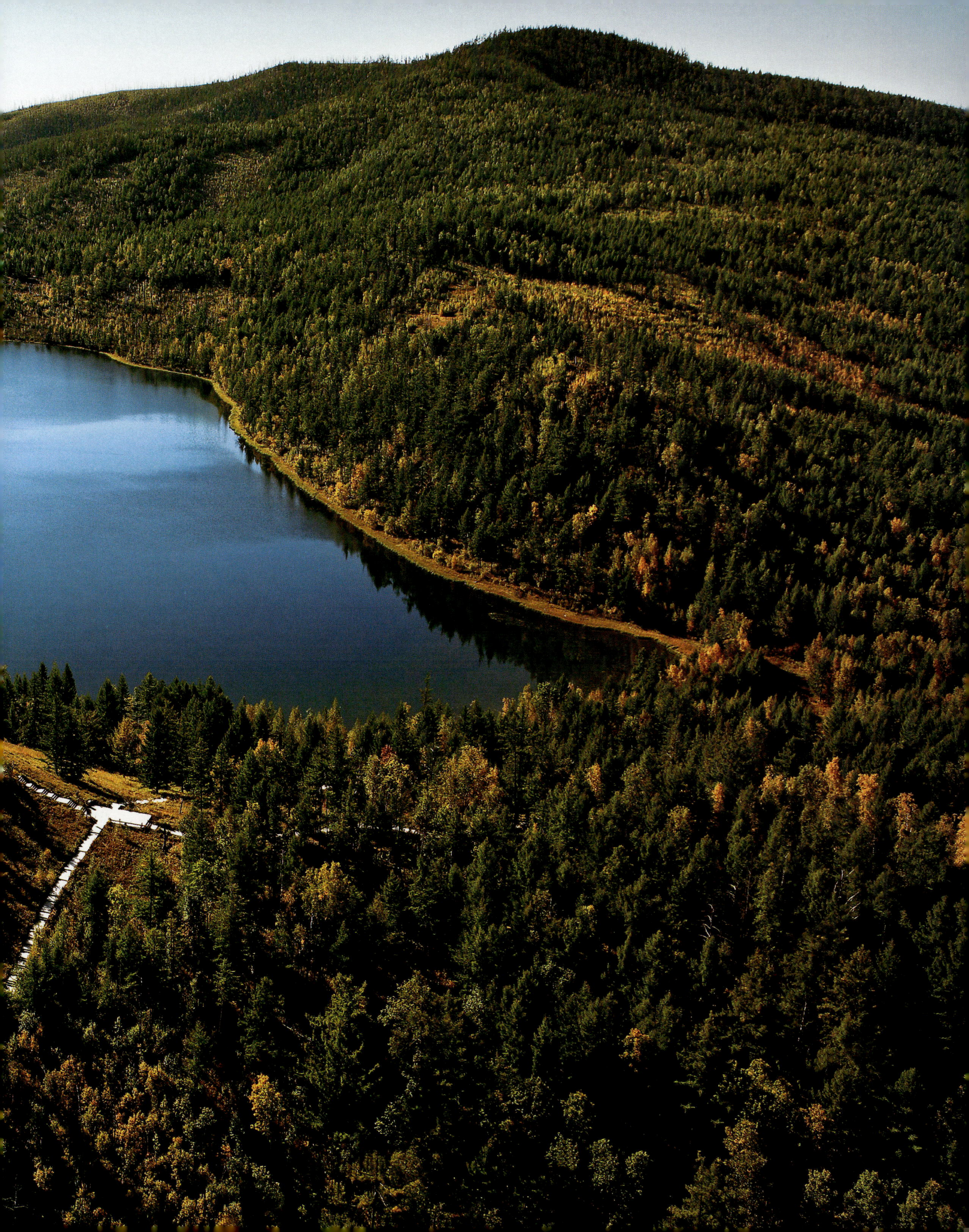

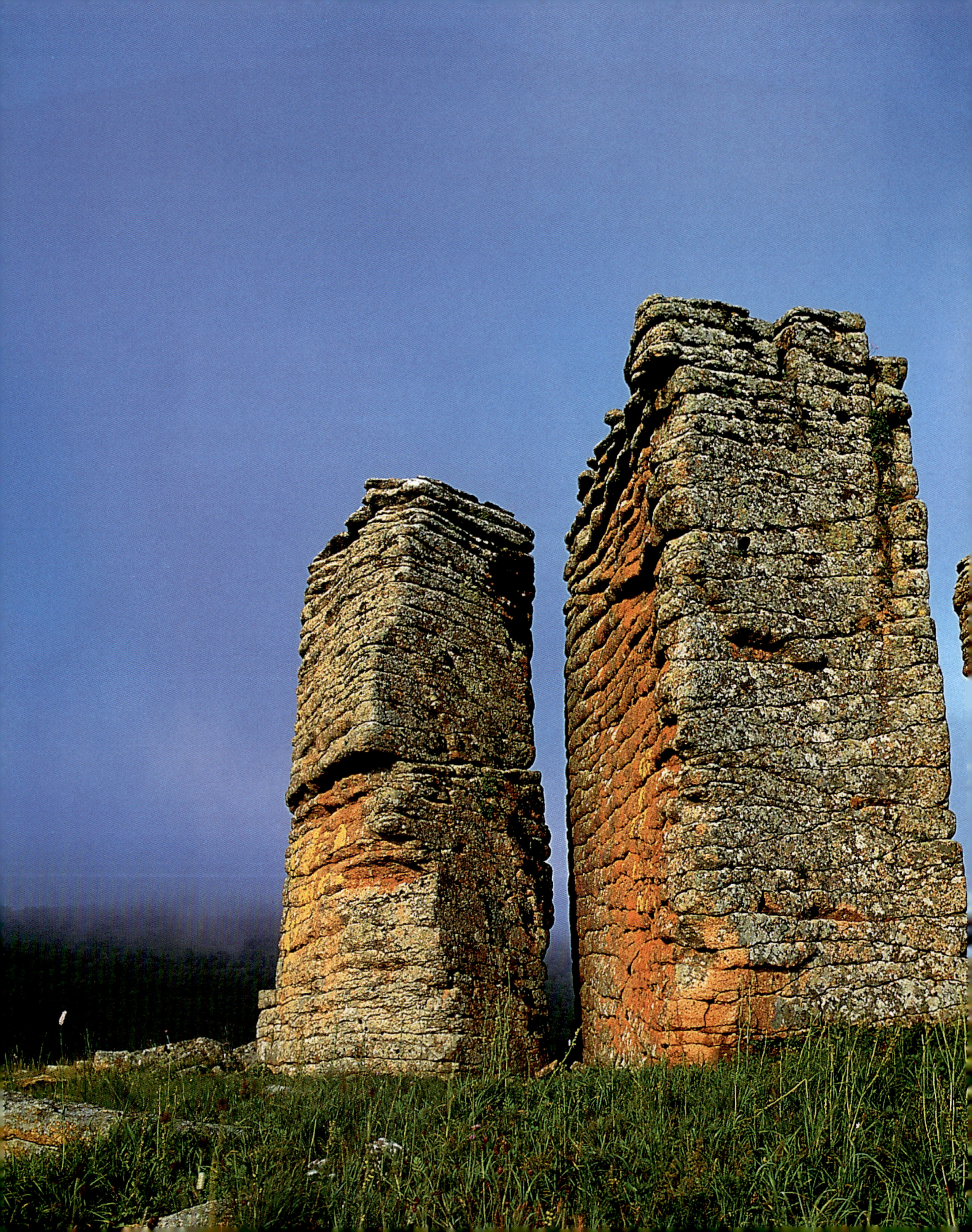

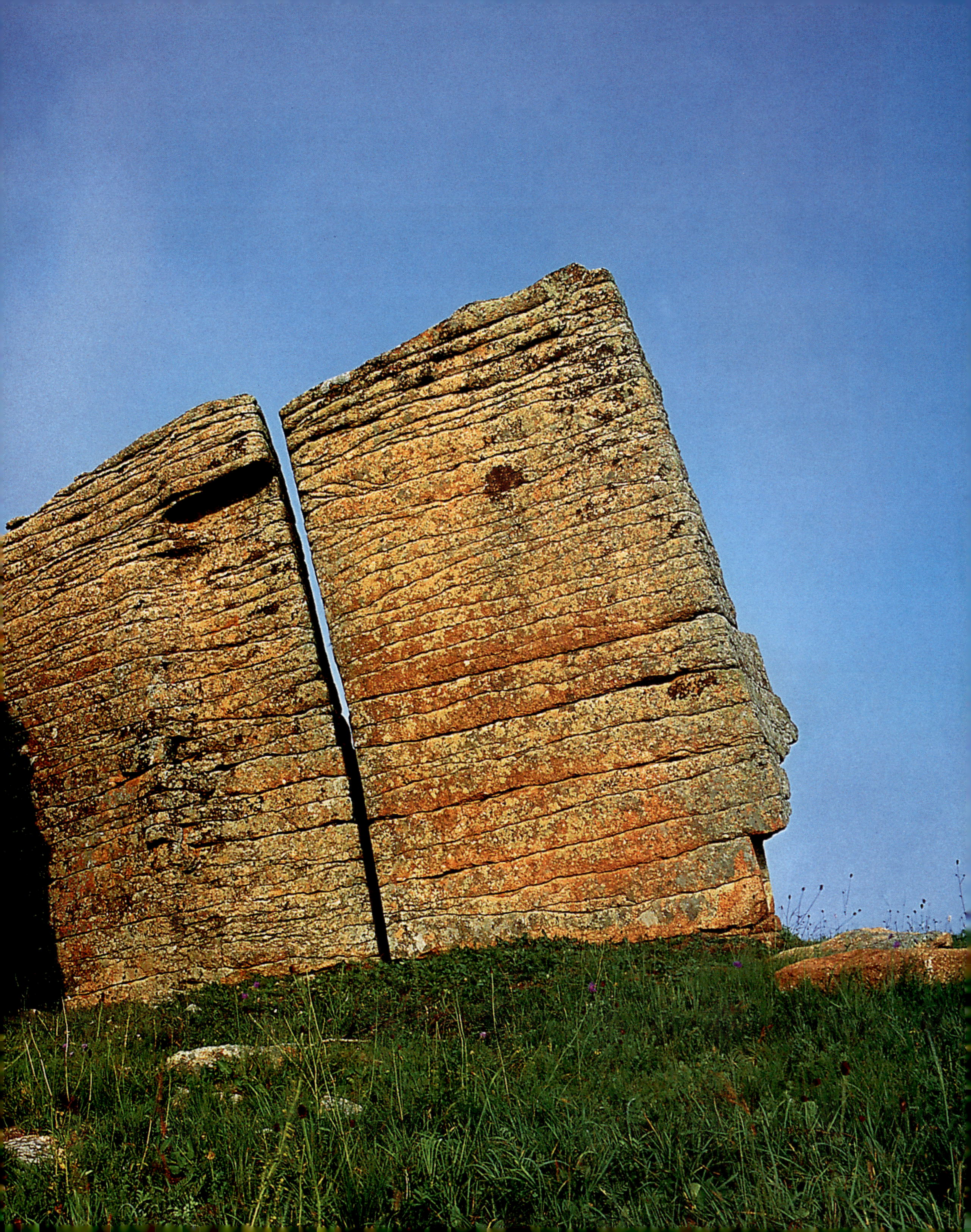

序1

翟裕生 中国科学院院士，中国地质大学（北京）教授，地质学家，地质教育家。国家地质公园评审委员会委员，内蒙古自治区人民政府聘请的地质科学家，长期在内蒙古地区从事野外工作和矿产研究。

内蒙古自治区地跨中国东北、华北、西北地区，是我国重要的北疆屏障。在这里聚居有蒙古、汉、朝鲜、回、满、达斡尔、鄂温克和鄂伦春等49个民族。多少年来，悠扬的蒙古长调、飘香的奶茶和马奶酒、如星星般散落于草原的羊群、飘着炊烟的蒙古包，还有那能歌善舞的少数民族群众，都深深地印入大众脑海，令人神往。

内蒙古自治区内多数地区海拔在1000米以上，统称为内蒙古高原，是我国的第二大高原。大兴安岭—阴山—贺兰山呈反"S"形横贯全区；山脉脚下嫩江西岸平原、河套平原、黄河南岸平原地势平坦；高原西端巴丹吉林沙漠、腾格里沙漠、乌兰布和沙漠、毛乌素沙地绵延起伏；高原东端从大兴安岭森林向西南的低山、丘陵漫延，将高原上的呼伦贝尔草原、锡林郭勒草原、贡格尔草原、乌兰布统草原纳入自己的臂环。在这些沙漠、草原和崇山峻岭中，深藏着许多不为人知、令人称奇的地质遗迹和景观。阿尔山深山之中的火山口湖与熔岩台地，是东北九大火山群的重要组成体；克什克腾旗的花岗岩石林与岩臼，因其形态的特异而让学界着迷；阿拉善沙漠深处的鸣沙、湖泊群和高大沙山令世人称奇……很多遗迹至今还保持着原生态的美丽和纯净，使人心旷神怡。

内蒙古高原是西伯利亚板块和中朝板块的结合部，构造、沉积、岩浆活动异常发育，矿产资源富集。该区已开发利用的矿产资源中，有14种矿产产量位于全国第一位，8种位于第二位，9种位于第三位。既有包头市白云鄂博稀土矿，通辽市扎鲁特旗801重稀土矿等重要珍稀矿产，也有赤峰市巴林右旗鸡血石、阿拉善盟阿拉善左旗葡萄玛瑙等珍贵宝石资源。

就是在这辽阔富饶的大地上，几千年来繁衍了以蒙古族为主的勤劳、勇敢、智慧的各族人民，他们创造了以"中华第一龙"为代表的红山文化，是中华古文明的发祥地之一，完全能与世界文明古国古埃及、古印度、古巴比伦的历史并驾齐驱。这里还有全球知名的远古生命足迹：如解开了亚洲低等四脚类之谜的二连浩特恐龙化石群，与"河套人"一起生活过的萨拉乌苏动物群等。

其实，漫长的地质历史、特殊的构造位置、独特的气候条件赋予内蒙古的地质遗迹远远不止这些。尤其值得称道的是，生活在这里的广大少数民族，遵循人与自然和谐相处的理念，对这些十分宝贵的地质遗迹精心呵护，保存至今。面对这些丰富多彩的地质遗迹，我们既要感谢大自然的馈赠，也要感谢各族人民的世代保护。时至今日，是该揭开它们神秘面纱的时候了。

《天造地景——内蒙古地质遗迹》这部专著融合科学、艺术和美学三个角度，全面、系统、生动、形象地介绍了内蒙古地区每一种地质遗迹类型的科学内涵和研究价值，同时也从不同侧面充分展示了这些地质遗迹所显现的旖旎风光。本书是一部兼具科学研究和科普意义的著述，具有广泛的实用性和重要的参考价值。

作为一名热爱自然遗迹的地质教师，我很感谢中国地质大学（北京）的田明中教授和武法东教授、内蒙古自治区国土资源厅的王剑民处长等专家为内蒙古地质遗迹的研究做出的巨大贡献。他们怀着探索自然奥秘的热情，多年来几乎走遍内蒙古的每一寸土地，历经艰辛，详细调查研究了区域内的地质遗迹，取得了丰硕的成果。这不仅为保护该区的地质遗迹打下了坚实的基础，也为提升这些地质遗迹的价值、建立地质公园、促进地方经济社会可持续发展做出了突出贡献。

我向作者们表示由衷的敬意，并祝贺本书的出版。期望它能使广大读者赏心悦目，能对内蒙古地质遗迹的科学研究和绿色开发起到明显的促进作用，为普及地球科学知识起到良好的示范作用，为我国和世界地质公园建设做出新的贡献。

翟裕生

2012年4月

序 2

刘嘉麒 中国科学院院士，中国科学院地质与地球物理研究所研究员，中国地质大学（北京）兼职博士生导师，国家地质公园评审委员会委员，火山地质和第四纪环境研究领域的科学家。

位于中国北部边疆的内蒙古自治区，是我国经度跨度最大的省级行政区。在这片辽阔富饶的土地上，不仅居住着有着悠久的历史和灿烂的文化的蒙古、汉、满、回、朝鲜、达斡尔、鄂温克和鄂伦春等49个民族，还分布着丰富的宝藏和各种各样的地质遗迹。为了唤醒那坐落于深山老林和大漠深处的地质遗迹，令其为人所知、为人所用，中国地质大学（北京）的田明中教授、武法东教授和内蒙古自治区国土资源厅的王剑民处长等专家学者，近30年来历经艰辛，几乎踏遍了全区的每一寸土地，详细考察、研究了区域内的各种地质遗迹，取得了丰硕成果，编著了一部巨著——《天造地景——内蒙古地质遗迹》，从多种视角对内蒙古自治区的地质遗迹进行了全面总结，首次对内蒙古地质遗迹进行了系统分类，并结合地质遗迹成景特征、区位环境等要素，提出了开发利用这些地质遗迹的策略和途径，为提升这些地质遗迹的价值，建立地质公园，促进地方经济社会发展做出了突出贡献。这不仅有利于内蒙古地质遗迹的开发与保护，对其他地区的地质遗迹保护与开发也有参考价值。

该书内容丰富，图文并茂，既有理论性，也有知识性和趣味性，是一部兼顾地质理论和科学普及的专著。可供专业人员借鉴和参考，也可成为行政部门保护和开发地质遗迹的科学宝典。

在此，我向本著作的作者表示诚挚的祝贺，祝愿这本专著早日问世，祝愿他们为我国地质遗迹的研究、开发与保护做出更大的贡献。

2012年7月

序3

赵保胜 内蒙古自治区国土资源厅副厅长，主管国土资源、地质环境管理。在他的主管下，内蒙古地质遗迹保护和地质公园建设取得了令人瞩目的成果。

内蒙古自治区地域辽阔，在漫长的地质历史演化过程中，形成了种类繁多、保存完好、分布广泛、特色明显的珍贵地质遗迹。

一直以来，内蒙古各级政府对地质遗迹保护和地质公园建设工作非常重视；早在1998年就开展了全区地质遗迹保护调查，并建立地质遗迹保护区，2001年建成第一个国家地质公园，2005年成功申报第一个世界地质公园。地质公园的建立不仅有效地保护了珍贵的地质遗迹资源，还有力地推动了地学科普、地学研究、地质旅游，带动了地区经济的发展。

几年来，国家投入近2亿元，自治区人民政府和地方各级人民政府也相继投入3亿元用于内蒙古的地质遗迹保护和地质公园建设工作。截至2011年年底，全区已建立世界地质公园2处，国家地质公园5处，自治区地质公园5处，各类不同级别的地质遗迹保护区23处。一个系统而完整的地质遗迹保护体系在内蒙古地区已经建立。

除了建设地质公园，内蒙古还建成国家级矿山公园4处。国家、自治区共投入项目资金近2亿元用于矿山公园的建设，有效地保护了人类矿业活动遗迹，促进了矿山地质环境治理和生态恢复，增加了经济发展对土地的需求。

本书是作者多年来在内蒙古从事地质遗迹调查、进行科学研究和管理工作的资料积累和成果总结，我感谢作者们多年来为内蒙古地质遗迹保护和开发建设付出的艰辛劳动和做出的突出贡献。《天造地景——内蒙古地质遗迹》既是一部介绍内蒙古地质遗迹的科学专著，又是适合大众旅游的科普读物，语言流畅通俗、图片精美。祝愿本书早日出版，为内蒙古地质遗迹的保护和建设做出更多的贡献。

2012年6月

序4

陈安泽 中国地质科学研究院研究员、中国地质学会旅游地学与地质公园研究分会副会长、国家地质公园评审委员会委员、国土资源部地质公园专家库专家、地质公园和旅游地学的创始人之一。

地质遗迹是在地球演化的漫长地质历史时期，由于各种内、外力地质作用，形成、发展并遗留下来的珍贵的、不可再生的自然遗产。为更好地保护和利用这些珍贵的遗产，我国自2000年开始地质公园的建设工作。

内蒙古自治区幅员辽阔，地质遗迹丰富多样，是我国最早开展地质公园建设的区域之一，也是目前我国地质公园建设相对成功和完善的地区。截至目前，内蒙古地区已建成世界地质公园2处，国家地质公园5处。地质公园的建设，为该区的地方经济带来了巨大的收益。最为典型的代表就是克什克腾世界地质公园，随着地质公园的建设，克什克腾旗由原来的毫不知名的贫困旗县一跃发展成为在国内外赫赫有名的地方，地质公园的建设在这方面发挥了它巨大的生命力和辐射力。

除了地质公园建设的成功，内蒙古自治区在地质科普教育和科学研究的投入也处于全国前列。目前该区两个世界地质公园都已是国土资源部科普教育基地。完善的地质公园博物馆和科普解说系统既为普通游客提供了科普的媒介，更成为青少年良好的科普教材。多种科普读物的出版问世，为科普教育做出了巨大贡献。同时，为了更好地发挥科普功效，提升地质遗迹的科学价值，内蒙古自治区以各地质公园为主体，设立多项科研课题，如内蒙古的花岗岩地貌景观研究、火山地貌研究、沙漠湖泊和高大沙山研究等，均取得了丰硕的研究成果。这些研究的开展，甚至带动了全国类似地质遗迹的研究发展。

田明中教授等人所著的《天造地景——内蒙古地质遗迹》，正是内蒙古多年来地质遗迹保护和地质公园建设的成果，是多年来科普教育的成果，更是多年来作者所进行科学研究的丰硕成果。这部著作也为全国地质遗迹保护和地质公园建设工作起到了示范作用。作为一名老地质工作者，一名地质遗迹保护和地质公园建设的倡导者，作为旅游地学的创始者之一，我非常感谢作者们多年来为内蒙古地质遗迹保护和地质公园建设做出的卓越贡献，为旅游地学的发展所付出的艰辛劳动。衷心祝贺本书的出版，期望这本书在全国的地质公园建设中能起到地质科学研究、科学普及的示范作用，从而带动全国地质遗迹保护和地质公园建设走向新的辉煌。

陈安泽
2012年5月

前 言

飞跃八千里路云和月乘风而来，
近看草原大地青春焕发的光彩。
跨上我心爱的黑骏马踏歌而行，
奔向你的怀抱，飞扬你的神采。
啊哈嘿咿！内蒙古，
大中华为你齐声喝彩，
各族儿女心相连，
走进壮美的时代……

曲悠扬的《为内蒙古喝彩》把我们带进了天堂草原内蒙古。这里有辽阔的草原，这里有绵延起伏的沙海，这里有中国独有的内蒙古花岗岩石林，这里有碧波荡漾的高原湖泊，这里有第四纪的火山景观，这里是哺乳动物最早学会游泳的天地，这里是中国最早发现恐龙化石的聚集地……

这就是内蒙古，一个地质遗迹资源丰富、类型齐全、景观优美，并得到全面保护和合理开发利用的地区。作者30年来，尤其是近10年来走遍了这里的每一寸土地，详细地记录了内蒙古地区的地质遗迹类型，并描绘了进行开发与建设的宏伟蓝图，本专著就是作者对内蒙古地区地质遗迹的全面总结和论述。

内蒙古自治区地处中国的北部边疆，地跨中国东北、华北、西北地区，是我国跨经度最大的省级行政区。全区分布着蒙古、汉、朝鲜、回、满、达斡尔、鄂温克和鄂伦春等49个民族。地貌以高原为主，多数地区海拔在1000米以上，统称内蒙古高原，是我国第二大高原。高原四周大兴安岭、阴山、贺兰山呈反"S"形横贯全区；山脉脚下嫩江西岸平原、河套平原、黄河南岸平原地势平坦；高原西端巴丹吉林、腾格里、乌兰布和沙漠绵延起伏。由于所处纬度较高，气候以温带大陆性季风气候为主，气温变化剧烈，冷暖悬殊甚大。

在这片广袤无垠的土地上，亿万年来漫长的地质历史和独特的气候条件赋予了内蒙古地区富饶和美丽的自然资源，这就是内蒙古，她就像一位温柔善良的母亲，以最美好的向往和最博大的胸怀，吸纳了自然界所有的精华和奇观，就让我们走进这壮美的内蒙古，去感受、去领略。

新中国成立后，尤其是改革开放30多年来，内蒙古的地质研究得到飞速发展，2000年以来，伴随着世界地质公园、国家地质公园和矿山公园的申报和建设，科学研究主要表现为深入的地质遗迹调查和研究，地质遗迹资源的科学总结以及资源的开发利用，取得了一系列丰硕的研究成果。

内蒙古地跨中朝板块和西伯利亚板块，具有漫长的演化历史，区内地质构造复杂，保存了类型丰富的构造类遗迹。内蒙古地区既有反映全球构造意义的巨型构造，如板块缝合线西拉木伦河深大断裂带，又有典型的区域构造带，如大兴安岭、阴山、贺兰山构造带，还有大量反映具体构造形式的中、小型构造，如反映收缩构造的大青山逆冲推覆构造、反映伸展构造的呼和浩特变质核杂岩，以及一些小型的褶皱、断裂、构造不整合面和反映新构造运动抬升的河流阶地和多级夷平面等构造地貌。

多样的构造遗迹除了其自身所蕴含的科学价值外，也给我们带来了美的享受。美丽的西拉木伦河就是一条与断层相关的构造河流，同时构造运动也带来了具有经济价值的矿藏。对构造特征的了解，可以帮助我们认识内蒙古的地史发展过程，更好地理解景观的形成，并探测出丰富的矿产资源。

内蒙古是我国古生物化石分布最为丰富的区域之一，所发现的化石极具代表性、稀有性和典型性。区内丰富的化石资源，从寒武纪到第四纪在地层中都有分布，种类涵盖了古植物、古无脊椎动物、古脊椎动物和古人类等所有门类，这些珍贵的古生物化石为研究地球的演变、古地理、古气候和生物进化等提供了重要的科学依据。

著名的燕辽生物群和热河生物群过渡类型——道虎沟生物群、解开亚洲低等四脚类之谜的二连浩特恐龙化石群、我国最大恐龙足迹产区——鄂托克恐龙遗迹分布区、华北地区晚更新世的代表性动物群——萨拉乌苏动物群、我国含化石最丰富、种类最多的中新世中期哺乳动物群——通古尔动物群以及闻名国际的"河套人"等无不记载着漫长而神奇的生命演化之旅，它们不仅促进了自治区古生物研究的发展，而且为我国乃至世界古生物化石及古生物化石群的研究做出了重要的贡献。

我国的东北地区（包括内蒙古东部和东北北部）是我国新生代火山活动发育的地区之一。内蒙古境内的火山集中分布于大兴安岭山地及其两侧的盆地中，受滨海太平洋构造域的影响，呈北北东方向分布，构成大兴安岭—燕山火山活动带。这一火山带主要包括达里诺尔火山群、诺敏火山群、哈拉哈火山群、乌兰哈达火山群和围场火山群，除围场火山群外，其余均分布于内蒙古境内。内蒙古火山活动跨越整个新生代，火山喷发类型多样，以中心式喷发为主，同时也有裂隙式、裂隙—中心式喷发类型。火山结构的类型涵盖了冰岛型、夏威夷型、斯通博利型及亚普林尼型。中心式喷发的火山在火山形态多表现为锥形火山，山顶有火口，有些已经发育成火口湖。区内的熔岩地貌类型多样，特征典型。广布的熔岩台地以及块状熔岩、结壳熔岩、熔岩节理、熔岩冢等各类熔岩地貌广泛发育。

内蒙古境内湖泊从东到西星罗棋布，是我国湖泊的主要聚集地区之一。湖泊成因复杂，成因类型多样，根据湖盆成因可划分为构造湖、火山堰塞湖、火口湖、风蚀湖、河成湖、溶蚀湖及人工湖。内蒙古地区因其地理位置、气候及地形等因素的影响，区内降水量自东南向西北递减，造就了东多西少、南多北少的河网水系分布格局。在内蒙古境内分布有数千个湖泊，并且多为内陆湖泊。在内蒙古地区干旱、半干旱的条件下，内陆湖湖水的蒸发量大于补给量，并且湖水不能外泄，导致内蒙古地区盐湖广布。

内蒙古地热资源为中低温地热资源，目前可开发利用的水热型地热资源主要有深循环型、断陷盆地型及坳陷盆地型三类。区内的深大断裂众多，这些深大断裂带是沟通深部热能的主要通道。温泉就出露在深大断裂低级别、低序次的断裂带上，其中以深大断裂交会处地热资源最为丰富。例如在赤峰市附近，是几组深大断裂的交会处，温泉出露较多，包括克什克腾旗热水塘温泉、宁城热水温泉及敖汉热水汤温泉，为内蒙古自治区温泉分布最集中的地带。坳陷盆地（鄂尔多斯盆地）和断陷盆地（河套盆地、西辽河盆地、岱海盆地）中均勘测有地热资源，目前形成的温泉有清水湾温泉、岱海温泉，现已发现的地热田及地下热水异常点有杭锦旗伊克乌苏热矿水、鄂托克旗乌兰镇西南包尔浩晓热矿水及呼和浩特热矿水。

　　内蒙古沙漠（沙地）分布广泛，大多位于其西部、南部、东部和东北部地区，面积达22.79万平方千米，占全国沙漠（沙地）总面积的28%，占整个自治区面积的19%。区内的主要沙漠（沙地）自东向西分别为呼伦贝尔沙漠、科尔沁沙地、浑善达克沙地、毛乌素沙地、库布齐沙漠、乌兰布和沙漠、腾格里沙漠、巴丹吉林沙漠。沙漠（沙地）作为一种特殊的地质遗迹，对研究生态环境演化和古气候变化具有重要的意义。不同类型的沙丘记录了不同时期风向的变化，沙漠湖泊则是研究区域生态环境和生态系统的重要载体。

　　内蒙古矿产资源丰富多样，已查明的矿产141种，其中已开发利用的有88种；矿产区1715处，其中已开发利用的有1133处，14种矿产位于全国第一位，8种位于全国第二位，9种位于全国第三位。大部分矿体受褶皱带和台背斜的大地构造所控制，方向明确且集中，分布规律性强，易于开发和勘探。全区著名的珍稀矿有：包头市白云鄂博稀土矿，通辽市扎鲁特旗801重稀土矿，奈曼旗中华麦饭石，赤峰市巴林右旗鸡血石，阿拉善盟阿左旗苏红图葡萄玛瑙、风棱石，巴彦淖尔市乌拉特中旗角力格太碧玺、海兰宝石、紫牙乌、黄玉等。在矿产资源开发利用的同时还形成了大量的矿业遗迹，是重要的自然和文化遗迹，主要的矿山遗迹有扎赉诺尔露天矿、巴林石矿、林西大井古铜矿、额尔古纳古采金遗址等，具有科学考察和研究价值，是游览观赏、普及矿业知识的基地。

　　内蒙古自治区地域横跨东西，花岗岩体因出露的地质背景不同、岩石类型各异以及受不同的气候条件和不同的后期地壳运动影响，在内外地质营力的综合作用下，形成了类型丰富的花岗岩地貌景观，从大型峰林地貌（克什克腾青山峰林、阿尔山峰林）和浑圆石蛋山型地貌（新巴虎右旗宝格德乌拉圣山、克什克腾旗黄岗梁），到小型石柱、岩臼、风蚀蘑菇、石洞、石龛等，在区域内均有分布。这些大型、小型花岗岩地貌与周边的人文、植被等结合，就构成了具有观赏性的景观，有的甚至自身成景，具有开发利用的价值。综合国内外关于花岗岩地貌的研究，内蒙古花岗岩地貌景观无论从观赏角度还是研究角度，都有其特殊价值。

　　内蒙古花岗岩地貌存在明显区域分异性。从东至西，从南到北，由于地理条件的差异，花岗岩地貌呈现出不同的景观。从大型花岗岩地貌角度看，东部和西部，均以大型石蛋型地貌为主，而中部既有高山峻岭型地貌，也有大型石蛋型地貌。从次一级中小型地貌看：东部地区，虽然降水相对丰沛，但其后寒冷，受冻融作用和流水侵蚀共同作用的影响，在大型石蛋型地貌上发育花岗岩峰林型、残丘型景观；中部地区，气候类型复杂，形成的中小型地貌形态也多种多样，既有因花岗岩差异风化而成的大规模岩臼群，也有受流水和球状风化共同作用的小型石蛋地貌，还有受古冰川剥蚀而成的冰斗—刃脊—角峰地貌组合，以及受风蚀、水蚀、冻融等共同作用而成的、水平节理高度发育的石林景观；西部地区，气候干冷、风力强盛，形成以风蚀地貌为主的风蚀龛—风蚀穴—风蚀蘑菇景观组合。

　　内蒙古自治区地域辽阔，地理条件复杂，地质构造形式多样，地质遗迹丰富多彩，共发现270余处，批准建立地质遗迹保护区23处。自治区的地质公园建设近十年来取得了飞速发展，公园总面积约100万公顷，至2011年共批准建立2处世界地质公园、5处国家地质公园、5处自治区级地质公园以及

4处国家矿山公园，形成了级别有序、类型多样、分布广泛的地质公园网络格局，是中国地质公园建立最多的地区之一。地质公园建设和地质遗迹的研究也已趋于成熟。地质公园的建设在推动地质遗迹保护与研究的同时，也给自治区带来巨大的经济效益与社会效益。其中，阿拉善沙漠世界地质公园是世界上第一个也是目前唯一的沙漠世界地质公园。世界地质公园的建设不仅使内蒙古自治区在国内享有盛名，而且在国际上颇有影响，让内蒙古在世界上更加知名和神秘。

内蒙古自治区党委和自治区人民政府多年来对地质遗迹的保护和开发十分重视，多次召开专门会议研究地质遗迹的保护工作，有关领导深入现场进行工作指导。自治区国土资源厅、财政厅近年来一直把地质遗迹的工作列为重要的议事日程，并投入大量的资金用于地质遗迹保护。各级地方人民政府和国土资源局更是富有开创精神地将地质遗迹保护和开发同地方经济的发展联系起来，先后建立了不同系列、不同级别的地质公园和地质遗迹保护区，扎实有效地对地质遗迹进行了保护。

历届中国地质大学（北京）第四纪地质教研室的80多位博士和硕士研究生在不同的时期内都参加了野外和室内部分研究，并为之付出了艰辛的劳动，并在这块神秘而富饶的土地上完成了他们的学位论文，虽然他们有的已经离开学校走向工作岗位，但依然心系内蒙古，眷恋大草原，他们是：

博士研究生储国强、赵志中、迟振卿、孙洪艳、刘晓鸿、谭征兵、王同文、花国红、高宏、许涛、刘斯文、原佩佩、张国庆、耿玉环、梅耀元、娜仁图雅、郭婧、杨艳、王璐琳、步兵、田飞、谢冰晶、李倩、文雪峰、贾秋唤、赵龙龙、兰源红、陈安东、赵无忌、范小露、王丽丽等。

参加野外和室内工作的硕士研究生有：李团结、张峰、李富兵、张敏、吕春英、郑文鉴、刘维丽、吴芳、王征征、杜占朝、吴雪松、高海连、刘婧、韩晋芳、卢文龙、刘荣梅、杨璐璘、谢萍、吴俊岭、崔晓伟、杨柳、李一飞、史文强、贺秋梅、刘航、彭琛、肖苑、孙莉、胡菲菲、赵飞、郑妍、武斌、张倩、韩术合、柴新夏、冯瑞、张志光、徐媛媛、张郝哲、杨婧、陈兴强、周培培、王叶、王丽、刘瑾、康春景、郑师谊、陆春宇、陈震、何泽新、郑楠、郭佳宁、山克强、辛蔚、高鹏、吕海杰等。

内蒙古地区气候与地理环境复杂，地质景观丰富多样，本书所涉及的研究内容繁多，加上作者的专业知识水平所限，肯定存在许多错误和不正确的观点和认识，希望读者提出宝贵意见。

1 大漠之灵——自然地理特征
Soul of Deserts —Natural Geography Features

内蒙古，位于祖国的北疆，一片广阔而神奇的土地，从西向东看去，形似展翅的雄鹰，又似奔驰的骏马，面积约占中国总面积的12.3%，地形以高原为主体，占疆域的2/3，具有草原、山川、河流、湖泊、泉水等丰富多彩的地质遗迹，景色层次分明、历历如画，一片片草原延展其间，成为历代北方各游牧民族生息繁衍的家园。

1.1 地理位置及行政区划

内蒙古自治区简称内蒙古，位于中国北部边疆，疆域辽阔，由东北向西南斜伸，呈狭长形，地跨中国东北、华北、西北地区，是我国跨经度最大的省级行政区。全区西起东经97°12′，东至东经126°04′，横跨经度28°52′，相隔2400公里；南起北纬37°24′，北至北纬53°23′，纵跨纬度15°59′，直线距离1700千米。全区总面积118.3万平方千米，占全国土地面积的12.3%，居全国第三位。内蒙古东部与黑龙江、吉林、辽宁三省毗邻，南部、西南部与河北、山西、陕西、宁夏四省接壤，西部与甘肃省相连，北部与蒙古国为邻，东北部与俄罗斯交界，国界线长达4200千米。全区人口2453万，共49个民族，以蒙古族为主体，汉族占多数，此外，还有朝鲜、回、满、达斡尔、鄂温克、鄂伦春等民族。全区设有9个地级市、3个盟，即呼和浩特市、包头市、呼伦贝尔市、通辽市、赤峰市、乌兰察布市、鄂尔多斯市、乌海市、巴彦淖尔市、兴安盟、锡林郭勒盟、阿拉善盟，首府为呼和浩特市。盟市下又辖11个县级市、17个县、49个旗、3个少数民族自治旗、21个市辖区（内蒙古经济资源，2009）。

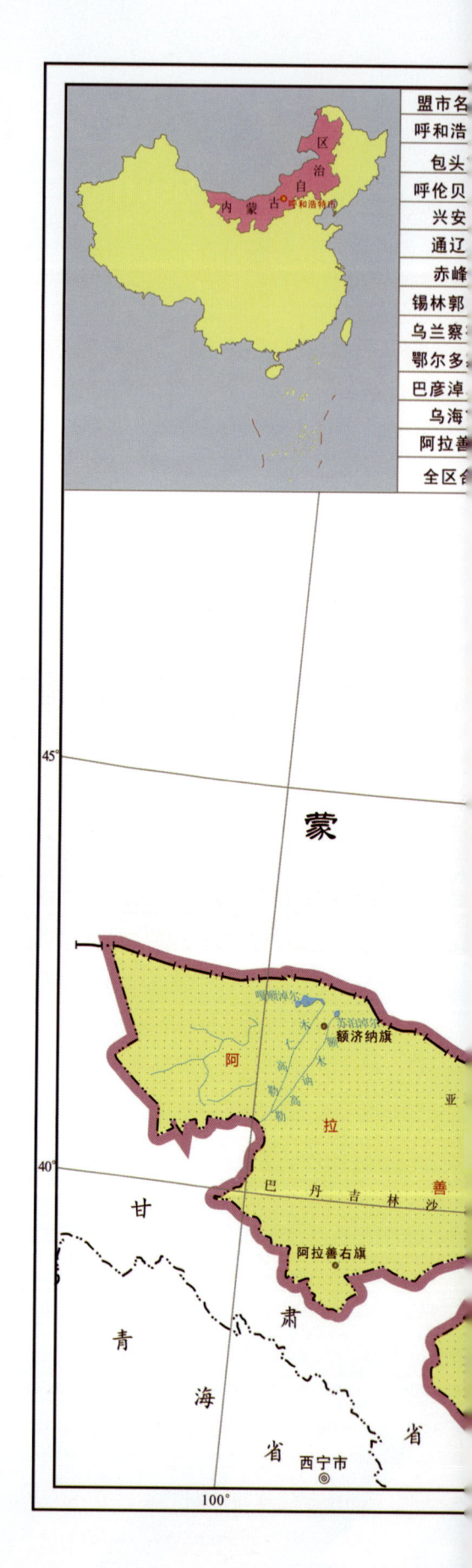

县级市	县	旗	自治旗	市辖区
	4	1		4
	1	2		6
5		4	3	1
2	1	3		
1	1	5		1
	2	7		3
2	1	9		
1	5	4		1
		7		1
	2	4		1
				3
		3		
11	17	49	3	21

内蒙古自治区地理位置及行政区划

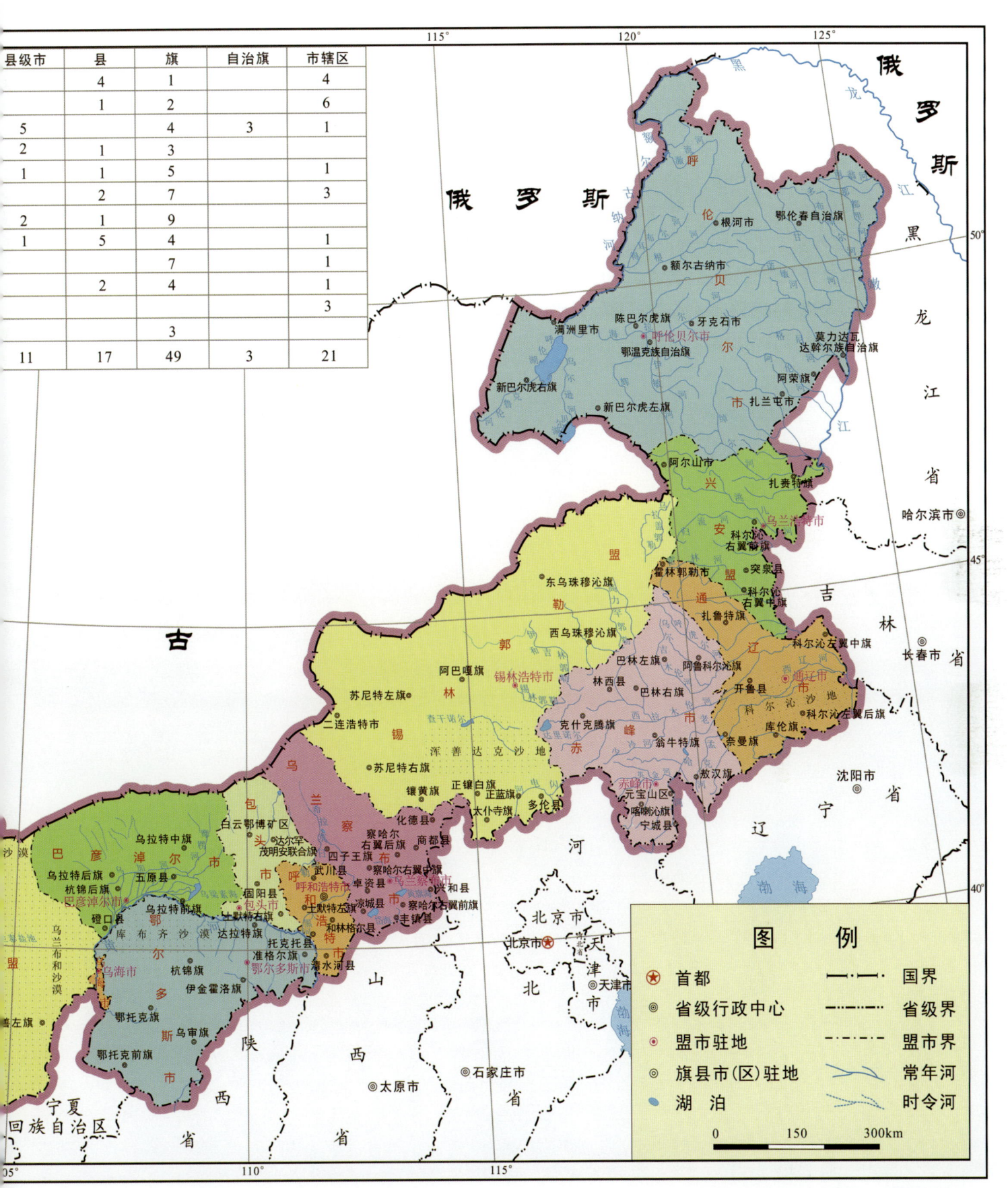

注：图内分区界线为权宜划法，不作为划界依据。

1.2 地貌

　　内蒙古地貌以高原为主，占总土地面积的50％左右，属于高原型地貌区，其次为山地和平原。在世界自然区划中，属于著名的亚洲中部蒙古高原的东南部及其周缘地带，多数地区海拔在1000米以上，统称内蒙古高原，是我国第二大高原。大兴安岭、阴山、贺兰山呈反"S"形横贯全区，与内蒙古高原、河套平原呈带状镶嵌排列，为本区地貌的突出特征。

　　按其地貌组合特征，内蒙古高原由呼伦贝尔高原、锡林郭勒高原、乌兰察布高原和巴彦淖尔、阿拉善及鄂尔多斯高原四部分组成。海拔多在1000～1200米，最高点贺兰山主峰3556米。高原从东北向西南延伸3000千米，地势由南向北、由西向东缓缓倾斜。

◎ 巍巍大兴安岭

高原四周分布着大兴安岭、阴山(由狼山、色尔腾山、大青山、灰腾梁组成)、贺兰山等山脉，构成内蒙古高原地貌的脊梁。内蒙古高原西部分布有巴丹吉林、腾格里、乌兰布和、库布其、毛乌素等沙漠和沙地，总面积15万平方千米。在大兴安岭的东麓、阴山脚下和黄河岸边，有嫩江西岸平原、西辽河平原、土默川平原、河套平原及黄河南岸平原，平原地区地势平坦、土质肥沃、光照充足、水源丰富，是内蒙古粮食和经济作物的主要产区。在山地向高平原、平原的交接地带，分布着黄土丘陵和石质丘陵，其间杂有低山、谷地和盆地，水土流失现象较严重。全区高原面积占全区总面积的53.4%，山地占20.9%，丘陵占16.4%，河流、湖泊、水库等水面面积占0.8%。

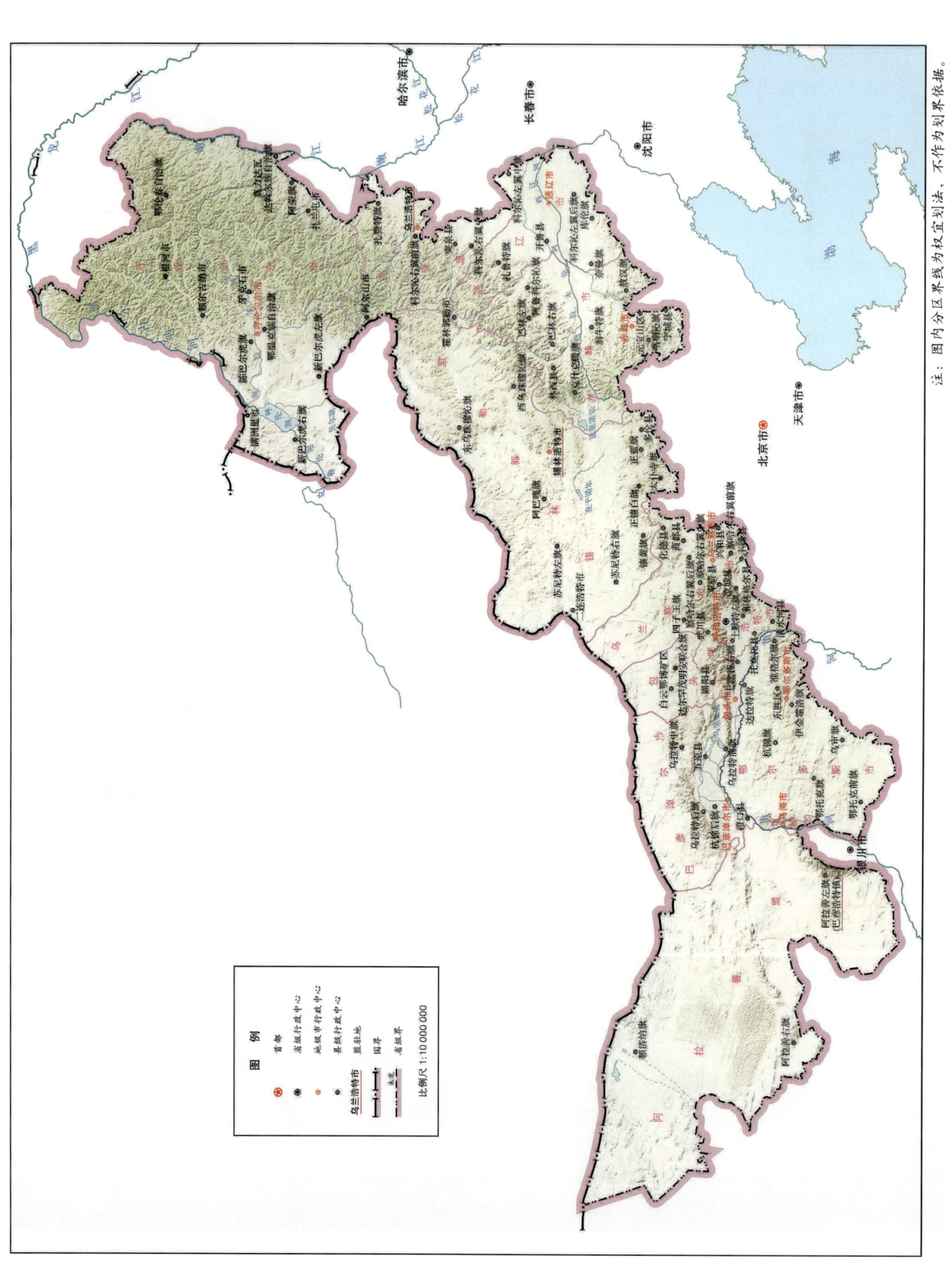

内蒙古自治区遥感影像图

◎ 彩色碎屑岩丘陵景观

1.4 水文

内蒙古境内河流分外流水系和内陆水系。大兴安岭、阴山、龙首山、合黎山等山地为内、外流水系的主要分水岭。山地南侧与东侧为外流水系，主要有额尔古纳河、嫩江、辽河、滦河、黄河，流域面积约69.9×10^4平方千米，占全区面积近59%。山地北侧为内陆水系，主要有乌拉盖河、塔布河、艾不盖河、额济纳河等。水系分布具有东密西疏的特点，共有大小河流1000余条，其中流域面积在1000平方千米以上的河流有70多条；流域面积大于300平方千米的有258条。内蒙古高原还是中国湖泊较多的地区之一，有近千个大小湖泊，主要分布在西辽河平原、内蒙古北部高原、鄂尔多斯高原、阿拉善高原。可分为淡水湖、微咸水湖和咸水湖。水面面积大于100平方千米的天然湖泊有呼伦湖、贝尔湖、达里诺尔、乌梁素海、岱海、黄旗海、呼日查干诺尔等。

全区地表水资源量按多年平均计为$377.71\times10^8 m^3/a$（黄河过境干流量$228.80\times10^8 m^3/a$除外），其中$78.65\times10^8 m^3/a$为基流量，用多年平均地表水资源量减去基流量后，结合现有水利设施来确定地表水资源可利用量，其地表水资源可利用量为$89.72\times10^8 m^3/a$。

1.5 土壤

内蒙古复杂的地貌组合与气候条件决定了自然成土因素的多样性和复杂性，形成多种多样的土壤类型。其性质和生产性能也各不相同，但其共同特点是土壤形成过程中钙积化强烈，有机质积累较多。内蒙古自治区的总面积为118.3万平方千米。

在湿润的森林条件下，形成森林土壤，有灰化土、灰棕壤、棕壤、灰色森林土、褐土等，主要分布于大兴安岭森林比较发育的东坡和西坡。此外，在赤峰市南部的宁城县南部也有少量分布。

在半干旱草原条件下，形成草原土壤，有黑钙土、栗钙土、棕钙土等，主要分布于呼伦贝尔

Soul of Deserts—Natural Geography Features **1** 大漠之灵——自然地理特征

◎ 莫尔格勒河

高原、锡林郭勒高原、乌兰察布高原、鄂尔多斯高原以及大兴安岭山麓的丘陵平原等广阔地区。

在干旱荒漠条件下，形成荒漠土壤，有漠钙土、灰棕色荒漠土等，主要分布于鄂尔多斯高原的西北部、乌兰布和、狼山的西北地区，以及西面的阿拉善高原。

此外，在一些特定地带还有草甸土、沼泽土和碱土等，主要分布在全区中东部大部分地区。

◎ 天下粮仓——河套平原

Soul of Deserts—Natural Geography Features 1 大漠之灵——自然地理特征

1.6 植被

内蒙古地区地带性植被主要有森林植被、草原植被和荒漠植被三大类型，大体上自东向西依经度分布。由于局部地区生态条件的变化，在地带性植被带内，隐约分布着疏林、灌木、草甸和沼泽以及水生、湿生、沙土和盐

◎ 呼伦贝尔花卉草原

生植被。

　　森林植被主要分布于大兴安岭北部山地；草原植被由东北的松辽平原，经大兴安岭南部山地和内蒙古高原到阴山山脉以南的鄂尔多斯高原和黄土高原，组成一个连续的整体；荒漠植被主要分布于鄂尔多斯西部，巴彦淖尔市西部和阿拉善盟，主要由小半灌木盐柴类和矮灌木类组成。

草甸草原 处于半湿润的环境中，属于自然地理上森林和草原的过渡地带。主要分布于呼伦贝尔市、兴安盟、锡林郭勒盟东部的大兴安岭山地及高原上的河流两岸、河谷湖盆低地，海拔在1000多米的高原牧区，是内蒙古最丰美的草原。世界著名三大草原之一的呼伦贝尔草原是中国目前保存最完好的草原，生长着碱草、针茅、苜蓿、冰草等120多种营养丰富的牧草。

◎ 呼伦贝尔草原

Soul of Deserts—Natural Geography Features

1 大漠之灵——自然地理特征

◎ 绿波荡漾—科尔沁草原

典型草原 处于半干旱的气候条件中，是以旱生多年生草本占优势的草原植被，又称干草原。内蒙古有干旱草原393300平方千米，占全区天然草场总面积的48.1%，主要分布于自治区的中部和东部各盟市，是内蒙古草原的主体，其中锡林郭勒盟与呼伦贝尔草原连在一起，被称为我国"东北大草原"。

◎ 荒漠草原——乌兰察布草原

荒漠草原　处于大陆内部，冬季严寒、夏季炎热干燥，植被稀疏，覆盖度15%～25%。荒漠草原上植物种类单调，以灌木、半灌木为主，间生一些旱生草本植物。内蒙古有荒漠草原193300平方千米，占全区天然草原总面积的24.8%，主要分布于乌兰察布市中、西部草原和巴彦淖尔东部。

◎ 荒漠化草原

1.7 矿产

内蒙古自治区地域辽阔，地层发育，构造复杂，岩浆活动频繁，成矿条件优越，形成了丰富的矿产资源。素有"东林、西铁、南粮、北牧、遍地煤"之称，是我国21世纪重要能源及原材料战略基地。

全区共发现各类矿产143种（统计到亚种为161种），占全国发现矿种（171种）的83.63%。具有查明资源储量的矿种为88种，其中73种矿产保有储量居全国前10位，共有30种矿产的查明资源储量居全国前三位；12种矿产的查明资源储量居全国第一位；8种矿产位于全国第二位；9种位于第三位。大部分矿体受褶皱带和台背斜的大地构造所控制，方向明确且集中，分布规律性强，易于开发和勘探。

全区能源矿产资源遍布12个盟市，主要集中于三大盆地：鄂尔多斯盆地、二连盆地（群）、海拉尔盆地（群）；金属矿产资源总体分布特点是中西部富集铜、铁、镍、稀土；中南部富集金；东部富集银、铅锌、铜、锡、稀有、稀散金属元素。金属矿产资源集中分布区域为：北山—阿拉善北部为铜、铁、钼、金、镍、锑、铂族金属元素聚集区；狼山—白云鄂博裂谷带为贵金属、铜、铅、锌、硫多金属、稀土、稀有金属矿产聚集区；华北地台北缘内蒙地轴金矿为资源聚集区；大兴安岭中南段为银、富铅锌、铜、锡、多金属矿聚集区；锡林郭勒盟东乌珠穆沁旗—呼伦贝尔市梨子山为银、铜、锌、铁、稀有、稀散元素聚集区；得尔布为干贵金属、多金属矿产资源聚集区。

Soul of Deserts—Natural Geography Features

大漠之灵——自然地理特征

51

◎ 准格尔露天煤矿——煤炭外运区

2 地景之基——地质特征与演化

Fundation of Geological Heritage—Features and Evolution of Geology

内蒙古构造复杂、地层发育齐全，在大地构造特征上，跨越西伯利亚板块和中朝板块，南北两侧经历了不同的地质发展历史，后又经洪积和冲积形成了台地和平原，复杂多样的地貌和独具特色的锦绣河山是漫长的内营力形成的基本轮廓与现代所受的外营力共同作用的结果。

2 地景之基——地质特征与演化

Fundation of Geological Heritage—Features and Evolution of Geology

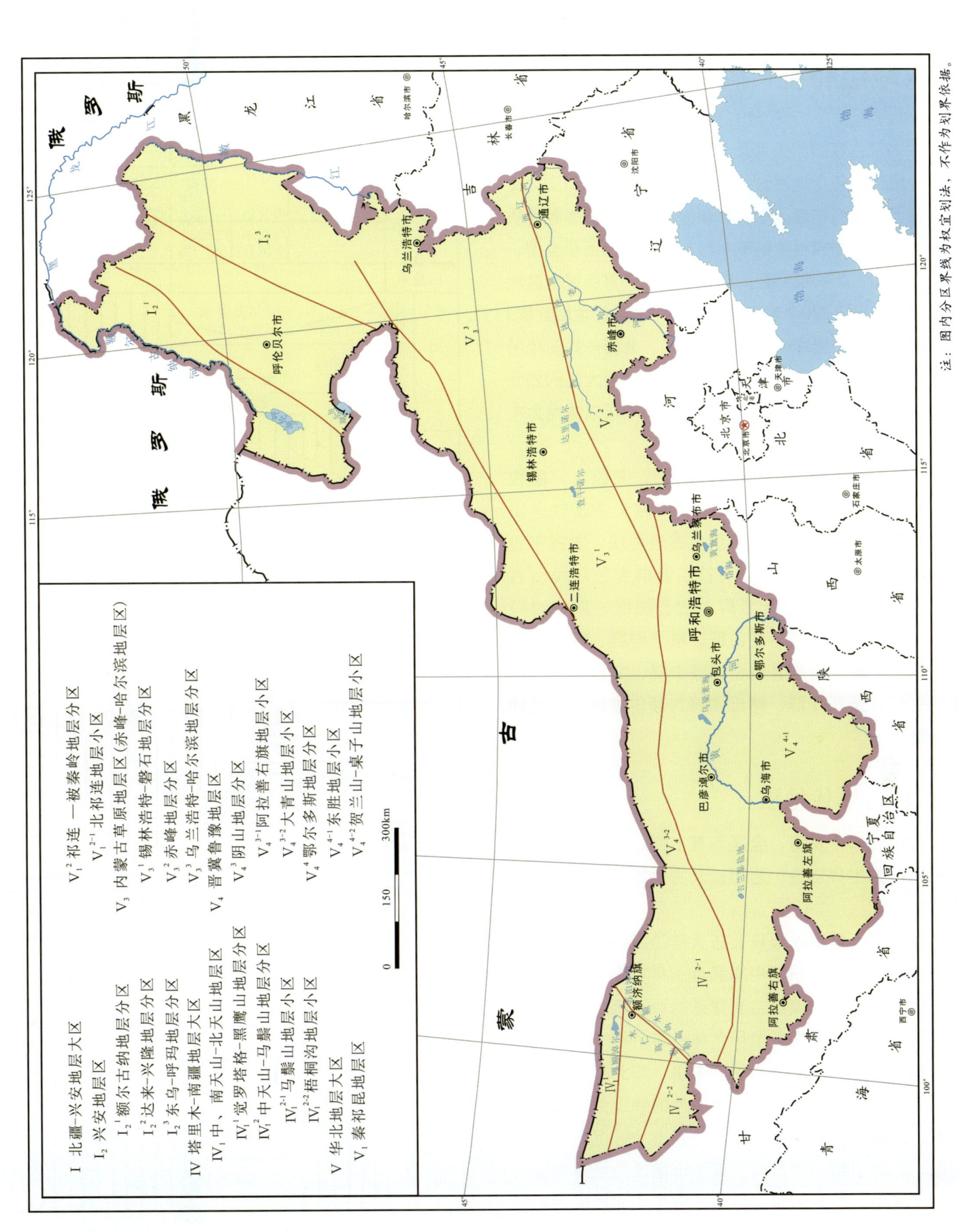

内蒙古古生代地层区划图（根据：内蒙古自治区岩石地层）

图例：

- I 北疆-兴安地层大区
  - I₂ 兴安地层区
    - I₂¹ 额尔古纳地层分区
    - I₂² 达来-兴隆地层分区
    - I₂³ 东乌-呼玛地层分区
- IV 塔里木、南天山-南疆地层大区
  - IV₁ 中、南天山-北天山地层区
    - IV₁¹ 觉罗塔格-黑鹰山地层分区
    - IV₁² 中天山-马鬃山地层分区
    - IV₂₋₁ 马鬃山地层小区
    - IV₂₋₂ 梧桐沟地层小区
- V 华北地层大区
  - V₁ 秦祁昆地层区
    - V₁² 祁连-秦岭地层分区
    - V₁²⁻¹ 北祁连地层小区
  - V₃ 内蒙古草原地层区（赤峰-哈尔滨地层区）
    - V₃¹ 锡林浩特-磐石地层分区
    - V₃² 赤峰地层分区
    - V₃³ 乌兰浩特-哈尔滨地层分区
  - V₄ 晋冀鲁豫地层区
    - V₄³ 阴山地层分区
    - V₄³⁻¹ 阿拉善右旗地层小区
    - V₄³⁻² 大青山地层小区
    - V₄⁴ 鄂尔多斯地层分区
    - V₄⁴⁻¹ 东胜地层小区
    - V₄⁴⁻² 贺兰山-桌子山地层小区

注：图内分区界线为权宜划法，不作为划界依据。

53

2.1 地层特征

在内蒙古辽阔的大地上，发育着距今30多亿年的太古宙—第四纪各个地质时代的地层。同时，经历了地史长河翻天覆地的构造运动、沉积作用、风化侵蚀等地质作用，表现为不同程度的变质和复杂多样的沉积类型、沉积建造和古生物群特征，从古太古代—第四纪全区地层系统可划分出220个岩石地层单位。古生代地层分属3个地层大区：塔里木—南疆地层大区、北疆—兴安地层大区及华北地层大区、5个地层区，3个地层大区的划分与三大板块的划分相一致；中、新生代地层以盆地为中心沉积，分属5个地层区。

太古宇—元古宇主要由片麻岩、变粒岩、麻粒岩、片岩、石英岩、千枚岩等变质岩夹中基性火山岩，碳酸盐岩及碎屑岩建造组成古老地块。太古宇包括兴和岩群、集宁岩群、乌拉山岩群和色尔腾山岩群；元古宇包括二道洼岩群、宝音图群、兴华渡口群、白云鄂博群、渣尔泰山群、墩子沟群、温都尔庙群、白乃庙群、古硐井群、园藻山群、艾勒格庙群、佳疙瘩组、洗肠井群、韩母山群、额尔古纳河组及什那干群。

2.1.1 古生代地层

古生界非常发育，全区均有出露。由于古地理环境不同，古生界岩性、岩相以及古生物特征存在明显的差异。

寒武系 塔里木板块北东大陆边缘阿拉善盟马鬃山—红柳园一带沉积了中寒武世—早奥陶世浅海相陆源碎屑—硅泥质—碳酸盐岩建造的西双鹰山组。西伯利亚东南大陆边缘兴安盟伊尔施一带沉积了早寒武纪浅海相砂泥岩、碳酸盐岩的苏中组。华北板块北部大陆边缘赤峰地区早寒武世为浅变质的锦山组及明安山灰岩，灰岩中含有腕足类化石。阴山地区沉积了色麻沟组、老孤山组；贺兰山—桌子山地区为浅海相馒头组、张夏组、炒米店组、三山子组与华北地区沉积特

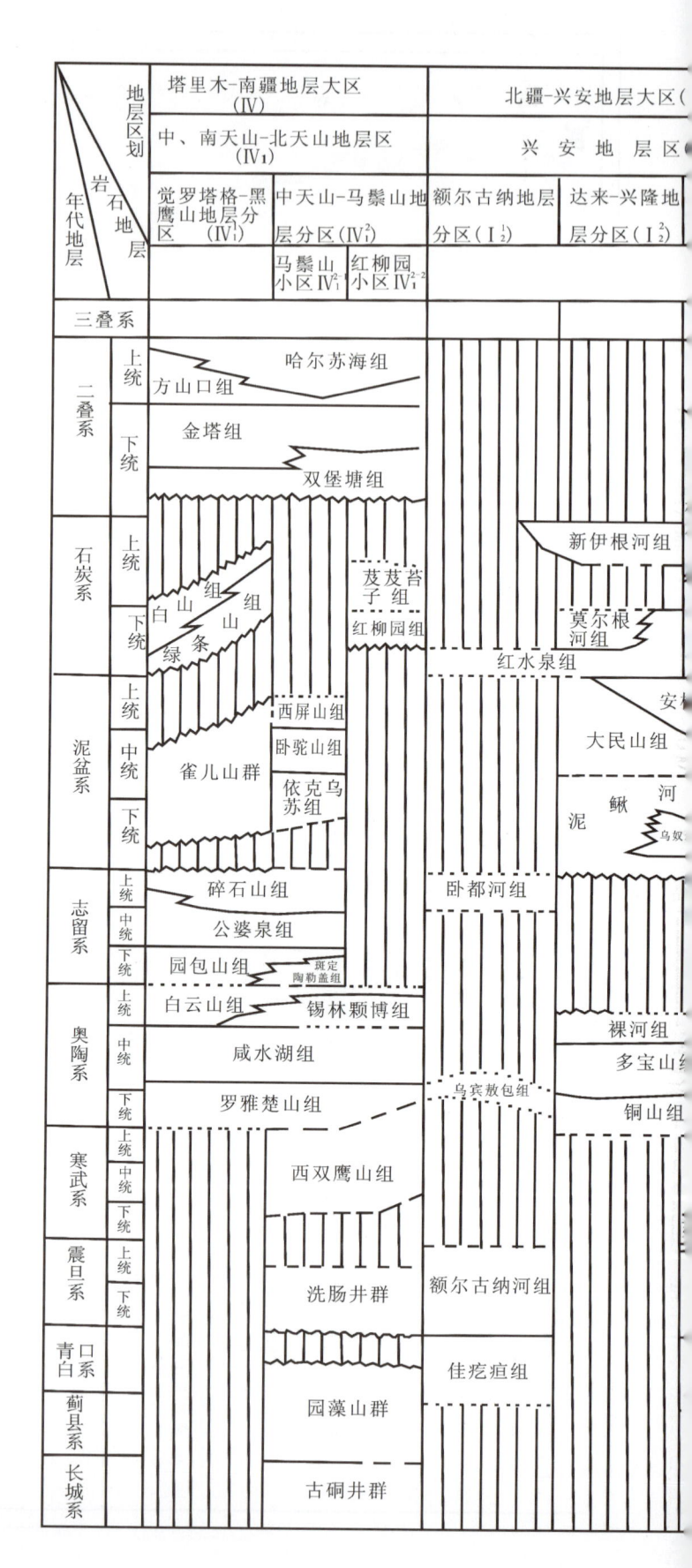

蒙古中晚元古代及古生代岩石地层单位序列表（据内蒙古自治区岩石地层）

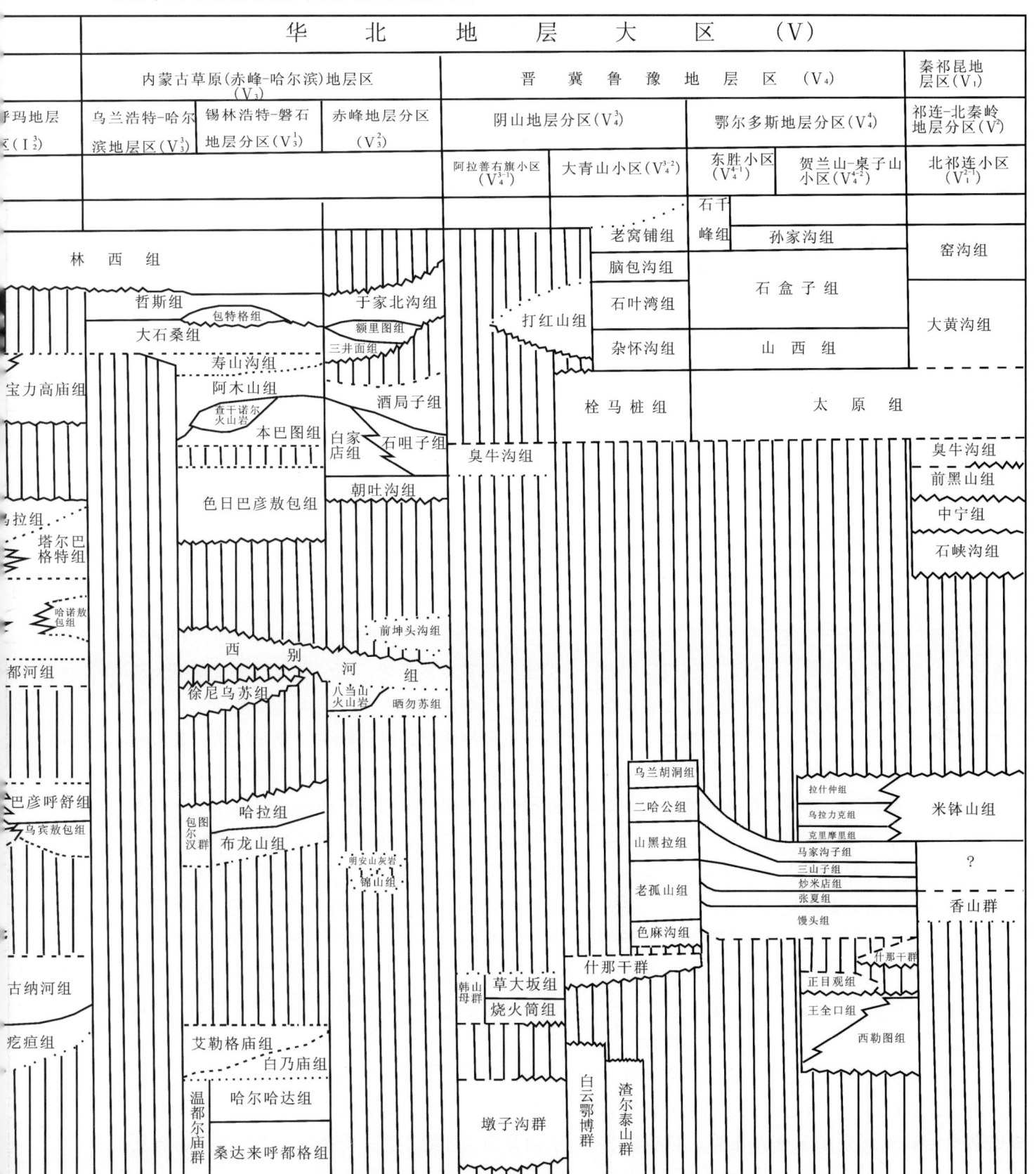

华北地层大区（V）								秦祁昆地层区（V₁）
	内蒙古草原(赤峰-哈尔滨)地层区（V₃）			晋冀鲁豫地层区（V₄）				
兴玛地层区（I₂³）	乌兰浩特-哈尔滨地层区（V₃³）	锡林浩特-磐石地层分区（V₃¹）	赤峰地层分区（V₃²）	阴山地层分区（V₄³）		鄂尔多斯地层分区（V₄⁴）		祁连-北秦岭地层分区（V²）
				阿拉善右旗小区（V₄³⁻¹）	大青山小区（V₄³⁻²）	东胜小区（V₄⁴⁻¹）	贺兰山-桌子山小区（V₄⁴⁻²）	北祁连小区（V₁²⁻¹）

内蒙古中晚元古代及古生代岩石地层单位序列表

征一致，含有大量保存较好的三叶虫化石、竹叶状灰岩等沉积构造。阿拉善左旗沉积与宁夏地区相同为一套浅变质沉积的香山群。

奥陶系　阿拉善盟北山地区沉积了早—中奥陶世浅海相陆源碎屑岩、中基性火山岩，形成罗雅楚山组、咸水湖组、锡林柯博组、白云山组。二连浩特—东乌旗和额尔古纳一带早、中奥陶世为陆源细碎屑岩—碳酸盐岩沉积的乌宾敖包组及巴彦呼舒组，含有笔石、腕足等化石。海拉尔地区为铜山组、多宝山组和裸河组，三者关系为海相正常碎屑岩—基性中酸性火山岩—正常碎屑岩。内蒙古中部达茂旗—克什克腾旗一带，沉积了包尔汗图群，岩性下部为正常碎屑岩；上部为中基性火山岩及其碎屑岩。阴山鄂尔多斯地区奥陶系在寒武系之上连续沉积浅海相地层，还原环境的克里摩里组、乌拉力克组、拉什仲组泥质灰岩、黑色页岩中含有大量的三叶虫、笔石等化石。以碳酸盐岩为主的乌兰胡洞组含有大量的牙形刺、珊瑚、头足类、腹足类等浅海相化石。

志留系　内蒙古西部额济纳旗地区志留系发育齐全，由下至上发育深水相沉积的班定陶勒盖组、园包山组，中基性火山岩为主的公婆泉组及浅海相碎石山组。内蒙古中部地区缺失下、中志留统沉积，在二连浩特—贺根山—大石寨一线以北广大地区沉积了上志留统卧都河组，为一套浅海相碎屑岩，含著名的腕足类"图瓦贝动物群"。华北板块北部大陆边缘中晚志留统为一套陆源碎屑岩和浅海相碳酸盐岩沉积，有徐尼乌苏组、晒勿苏组、西别河组，含有大量的浅海相腕足、珊瑚、层孔虫、苔藓虫等化石，在达茂旗巴特敖包地区发育成"巴特敖包生物礁"。

泥盆系　内蒙古西部黑鹰山、马鬃山地区沉积了浅海相类复理石建造，局部发育有基性、中、酸性火山岩及其碎屑岩建造、陆相细碎屑岩夹碳酸盐岩建造。沉积了雀儿山群、依克乌苏组、卧驼山组、西屏山组，含有大量的腕足类化石。内蒙古中部二连—呼玛地区沉积了滨浅海相陆源碎屑岩夹碳酸盐岩建造的泥鳅河组、塔尔巴格特组、安格尔音乌拉组，含有大量的腕足、珊瑚、苔藓虫、三叶虫等浅海相化石，且在乌奴耳地区发育有生物礁灰岩。大兴安岭地区沉积了海相中基性火山岩及其碎屑岩、硅质岩的大民山组。晚泥盆世色日巴彦敖包组为陆相及滨海相陆源细碎屑岩沉积，局部仍有陆相火山活动。华北板块北部大陆边缘泥盆纪时绝大部分地区处于陆地状态，仅在赤峰地区有范围不大的陆表海盆存在。在西伯利亚板块东南大陆边缘和华北板块北部大陆边缘的贺根山一带，发育深海硅质碧玉岩、结晶灰岩等蛇绿岩套。

石炭系　塔里木板块北东大陆边缘石炭纪时的沉积环境已发生分异。在马鬃山一带为陆地而无石炭纪沉积，而其南北两侧却下陷成海，但活动性却有所不同。北侧黑鹰山一带海盆下陷加剧成新的裂谷，沉积了一套浅海相—半深海的复理石建造绿条山组和中酸性火山岩及其碎屑岩建造的白山组。南侧野马营子—格相沟一带沉积了红柳园组和芨芨台子组。西伯利亚板块东南缘大陆边缘，石炭纪时沉积构造环境发生差异。二连浩特—东乌旗隆升成陆而缺失石炭纪沉积。其以北广大地区沉积了早石炭世早期的浅海相类复理石建造红水泉组。早石炭世晚期，海拉尔—牙克石一带海盆下陷加深并伴有富钠基性、中酸性火山喷发，而堆积了基性、中酸性火山岩及其碎屑岩莫尔根河组。华北板块北部大陆边缘广大地区缺失早石炭世沉积地层，晚石炭世沉积了成熟度不高的浅海相杂砂岩、长石砂岩和石英砂岩，时夹有凝灰质组分。为本巴图组、查干诺尔火山岩和阿本山组，含有大量的蜓类化石。阴山地区沉积了栓马桩组、太原组，为滨海近岸至湖沼相的含煤地层。赤峰地区为朝吐沟组、白家店组、石咀子组及酒局子组，为一套基性、中酸性火山岩及浅海相碳酸盐岩夹碎屑岩沉积。

二叠系 内蒙古西部缺失早二迭世沉积，中二迭世早期沉积了浅海—滨海相碎屑岩及灰岩沉积的双堡塘组，中基性火山岩的金塔组。晚二迭世沉积了陆相中酸性火山岩及其碎屑岩沉积的方山口组及含植物化石的哈尔苏海组。中东部地区二叠系由下中统海相沉积的寿山沟组、大石寨组、三面井组、额里图组、包特格组、哲斯组、于家北沟组及上统陆相沉积的林西组组成，海相地层中含有大量的浅海相化石，尤其是在哲斯组中含有腕足、珊瑚、瓣鳃类、腹足、苔藓虫、海绵、有孔虫等多门类化石，而且在满都拉苏木地区形成了海绵礁。三面井组中的䗴类化石在全国具有对比意义。阴山地、鄂尔多斯地区与化北地层大区沉积一致，阿拉善左旗南部地区属祁连—北秦岭地层分区，沉积特征与其相似。

2.1.2 中生代地层

中生代以后内蒙古地区进入滨太平洋构造域的范畴，全部上升为陆地。由于受太平洋板块俯冲的强烈影响，在以东西向为主的华北板块及西伯利亚板块东部之上叠加了北北东向的大兴安岭岩浆岩带，在地壳演化中，构造应力的改变和新构造的叠加，使本区构造形象更加复杂化。在"东隆西陷"的构造构局下，总体上形成了东北部活动的和西南部稳定的陆相沉积类型。阴山及其北麓地区属环太平洋活动带的一部分，形成了一套厚度大，岩石内容复杂的火山熔岩、火山碎屑岩与正常沉积岩互层的地层序列，内蒙古东部形成高高的大兴安岭，发育著名的阿尔山火山口天池、温泉等地质遗迹。在一些小型山间盆地和断陷盆地中，形成中生代含煤地层，所含叶肢介化石是该套地层对比的主要生物标志。在西部则以发育大型断陷盆地为特征，二连盆地、鄂尔多斯盆地不仅形成了我国重要的石油、煤等能源矿产资源，而且赋存大量的恐龙化石。鄂尔多斯和阿拉善地区的南部，发育不含火山岩的单一陆相沉积地层，属于内陆稳定型坳陷盆地中形成的杂色碎屑岩含煤建造，局部见蒸发岩。

三叠系以鄂尔多斯地区最发育，在阿拉善、北山和大兴安岭地区也有出露。主要为红色杂色砂岩、泥岩，在大兴安岭地区下部夹中性火山岩，形成了下三叠统的老龙头组和哈达陶勒盖组。中三叠统古生物群以中国肯氏兽动物群为代表，上三叠统以延长植物群为特征。侏罗系分布广泛，中、下统以湖沼相砂岩、泥岩为主，夹煤层。古生物以锥叶蕨—拟刺葵植物群为代表；赤峰宁城道虎沟湖相沉积中含有大量的昆虫化石。上统在大兴安岭地区发育巨厚的火山—沉积地层，满克头鄂博组、玛尼吐组、白音高老组沉积岩夹层中含有的叶肢介化石在地层划分对比中具有重要的意义。阴山地区以小型山间盆地沉积为特征，古生物以热河生物群为代表。白垩系遍布全区，沉积了河湖相碎屑岩。下白垩统主要分布在全区低洼地区，以赋存巨厚的褐煤层为特征，含有鱼、昆虫、瓣鳃类等动物化石及植物化石；上白垩统主要分布在阿拉善、二连盆地、固阳盆地及大兴安岭东坡等地，二连组中含有大量的恐龙等化石。

2.1.3 新生代地层

在中生代盆地的基础上，新近纪继承发育了东西或北东向展布的规模不等的沉降盆地，形成以红色为主并以含脊椎动物化石为特征的河湖相碎屑岩及蒸发岩，局部有基性熔岩沉积。古近纪和新近纪时期，主要发育四个较大的沉积盆地。其中二连盆地规模大，地层发育全。从古新世晚期至渐新世早期均以湖相沉积为主，发育了一套含石膏的红色泥质建造；渐新世晚期由于新构造运动的影响，盆地进一步扩大并下陷，发育了河流相，洪泛平原相与湖沼相的含砾粗粒长石

天造地景——内蒙古地质遗迹

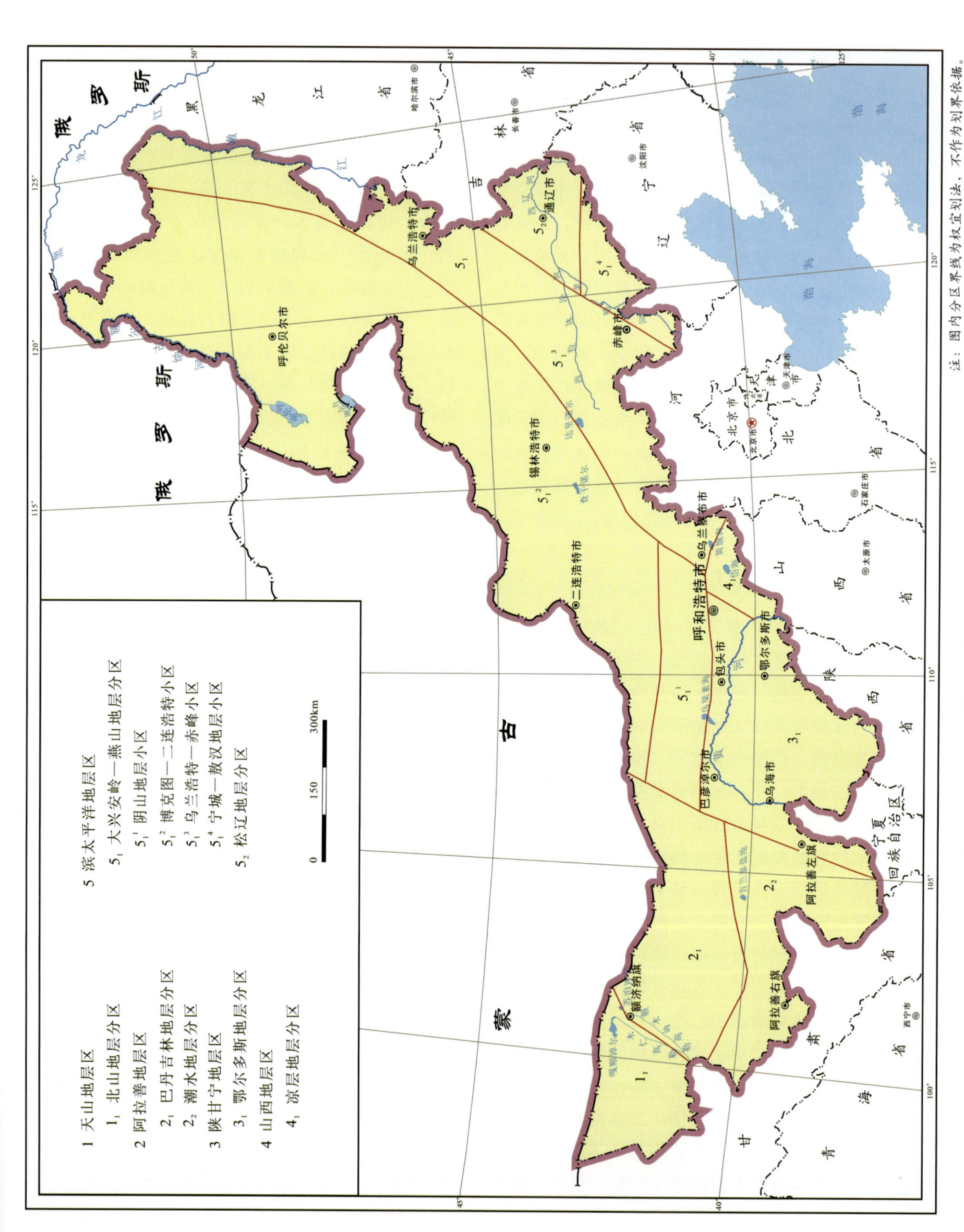

图例

1 天山地层区
  1₁ 北山地层分区
2 阿拉善地层区
  2₁ 巴丹吉林地层分区
  2₂ 潮水地层分区
3 陕甘宁地层区
  3₁ 鄂尔多斯地层区
4 山西地层区
  4₁ 凉城地层分区
5 滨太平洋地层区
  5₁ 大兴安岭—燕山地层分区
    5₁¹ 阴山地层小区
    5₁² 博克图—二连浩特小区
    5₁³ 乌兰浩特—赤峰小区
    5₁⁴ 宁城—敖汉地层小区
  5₂ 松辽地层分区

注：图内分区界线为权宜划法，不作为划界依据。

内蒙古中、新生代地层区划图（根据：内蒙古自治区岩石地层）

内蒙古中、新生代岩石地层单位序列表（据内蒙古自治区岩石地层）

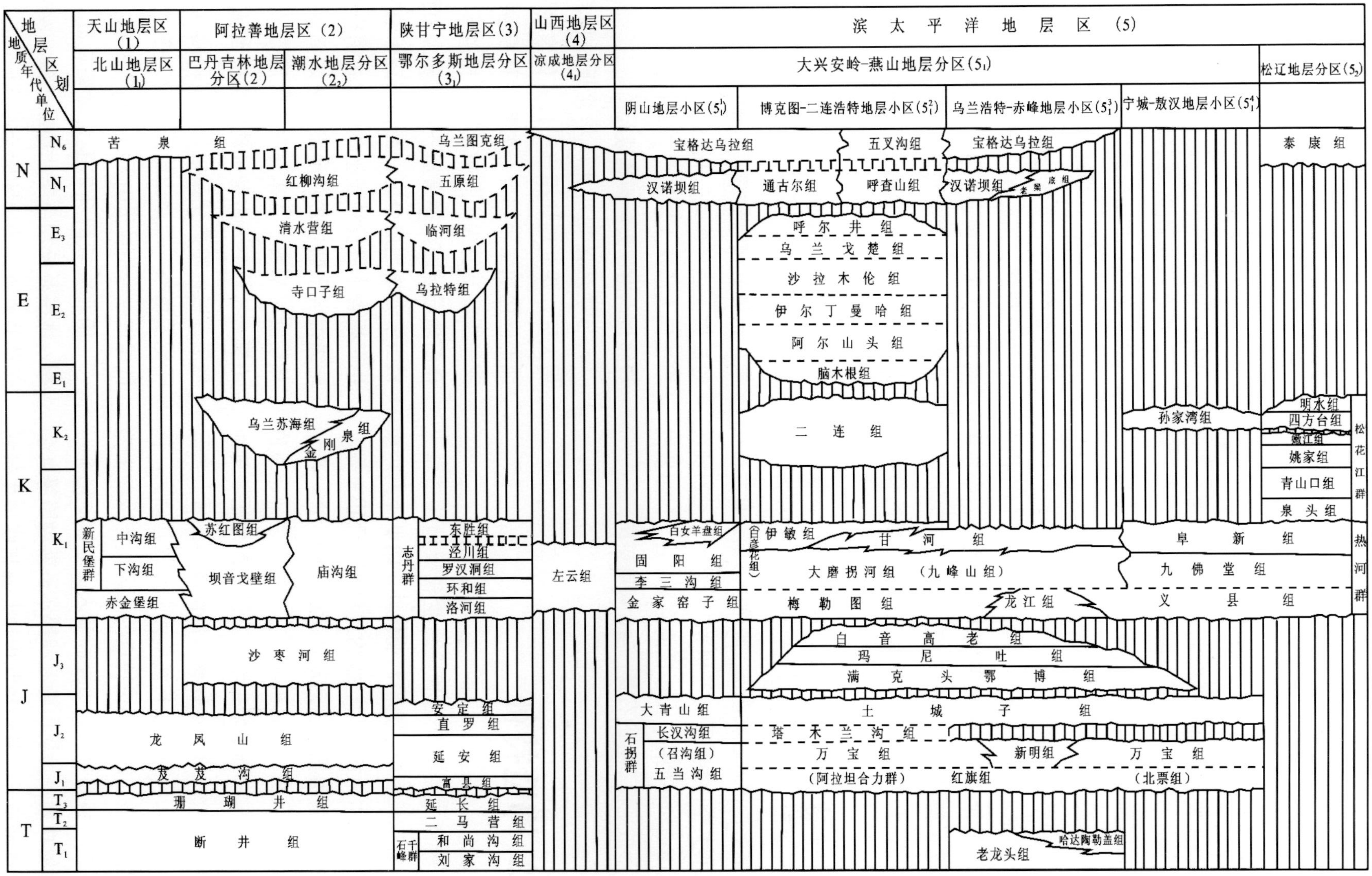

石英砂岩、砂岩、页岩、泥岩，其中的棕红色泥岩建造中，含石膏及天青石晶片。二连盆地化石丰富，划分出脑木根组、阿山头组、伊尔丁曼哈组、沙拉木伦组、乌兰戈楚组和呼尔井组等从下到上六个组，新近系通古尔组是以我国通古尔阶的层型命名剖面，含有大量的脊椎动物化石。汉诺坝组、宝格达乌拉组火山熔岩沉积，形成了该地区完整的火山地质遗迹。

第四系分布更加广泛，在中、东部更新统具有5次冰期的沉积特征，著名的克什克腾旗冰川堆积是世界地质公园的主要地质遗迹之一。鄂尔多斯地区的萨拉乌苏组是华北上更新统河湖相的标准地层，含有河套人、河套文化及丰富的脊椎动物化石。

全新统广泛发育冲积、洪积、湖积、风积等多种成因类型的沉积层，形成别具特色的现代沙漠景观。著名的巴丹吉林沙漠、腾格里沙漠、乌兰布和沙漠和戈壁；残坡积、冲积等广泛而分散地出现在草原山地和谷地中。全新世的盐湖，在全区星罗棋布，形成规模不等的石膏、盐、碱等矿床。

2.2 构造特征

内蒙古中新元古代—古生代大地构造单元划分为华北板块、西伯利亚板块、哈萨克斯坦板块和塔里木板块四个一级构造单元（邵积东等，2011）。并根据构造活动性质的不同，进一步划分为华北地块、华北板块北部陆缘增生带、西伯利亚板块东南陆缘增生带、哈萨克斯坦板块东南陆缘增生带和塔里木板块东部陆缘增生带五个二级构造单元。在二级构造单元划分的基础上，依据建造类型、总体构造特点的不同，陆缘增生带又可进一步划分为火山型和非火山型被动陆缘，华北地块划分为阴山隆起和鄂尔多斯坳陷等九个三级构造单元。其中华北板块北部陆缘增生带划分为镶黄旗—赤峰非火山型被动陆缘，宝音图—锡林浩特火山型被动陆缘。西伯利亚板块东南陆缘增生带可划分为额尔古纳非火山型被动陆缘，乌尔其汉火山型被动陆缘，东乌珠穆沁旗—扎兰屯火山型被动陆缘。

四个一级构造单元的分界线分别由两条板块构造缝合带和一条深大断裂构成。西伯利亚板块与华北板块的分界线位于二连—贺根山一线，即著名的贺根山蛇绿岩带；塔里木板块和华北板块的分界线为恩格尔乌苏蛇绿混杂岩带，向西与阿尔金大断裂相连，在区内位于巴丹吉林沙漠的北部梭梭头—乌兰套海—恩格尔乌苏一线，向北东延入蒙古国；哈萨克斯坦板块与塔里木板块的分界，位于甜水井—黑鹰山—额济纳旗—雅干一带，为一条深大断裂，向北东延入蒙古国。二级构造单元，华北地块与华北北部陆缘增生带的分界，也就是槽台界线，位于巴彦乌拉山北—乌拉特后旗—达茂旗北—化德县—赤峰南一线，为一规模巨大的深大断裂带。其他二级构造单元的分界线也均由深大断裂构成。

与地层区划对比，华北板块相当于华北地层大区，华北地块相当于晋冀鲁豫地层区，华北北部陆缘增生带相当于内蒙古草原地层区，宝音图—锡林浩特火山型被动陆缘相当于锡林浩特—盘石地层分区，镶黄旗—赤峰非火山型被动陆缘相当于赤峰地层分区；西伯利亚板块东南陆缘增生带相当于兴安地层区，额尔古纳非火山型被动陆缘相当于额尔古纳地层分区，乌尔其汉火山型被动陆缘相当于达来—兴隆地层分区，东乌珠穆沁旗—扎兰屯火山型被动陆缘相当于东乌—呼玛地层分区；哈萨克斯坦板块东南陆缘增生带相当于觉罗塔格—黑鹰山地层分区，塔里木板块东部陆缘增生带相当于中天山—马鬃山地层分区。

华北地块的鄂尔多斯坳陷属陆内的稳定沉积，地层系统均与华北地区一致，没有发生构造运动的改造；阴山隆起为基底陆壳出露区，可分

2 地景之基——地质特征与演化

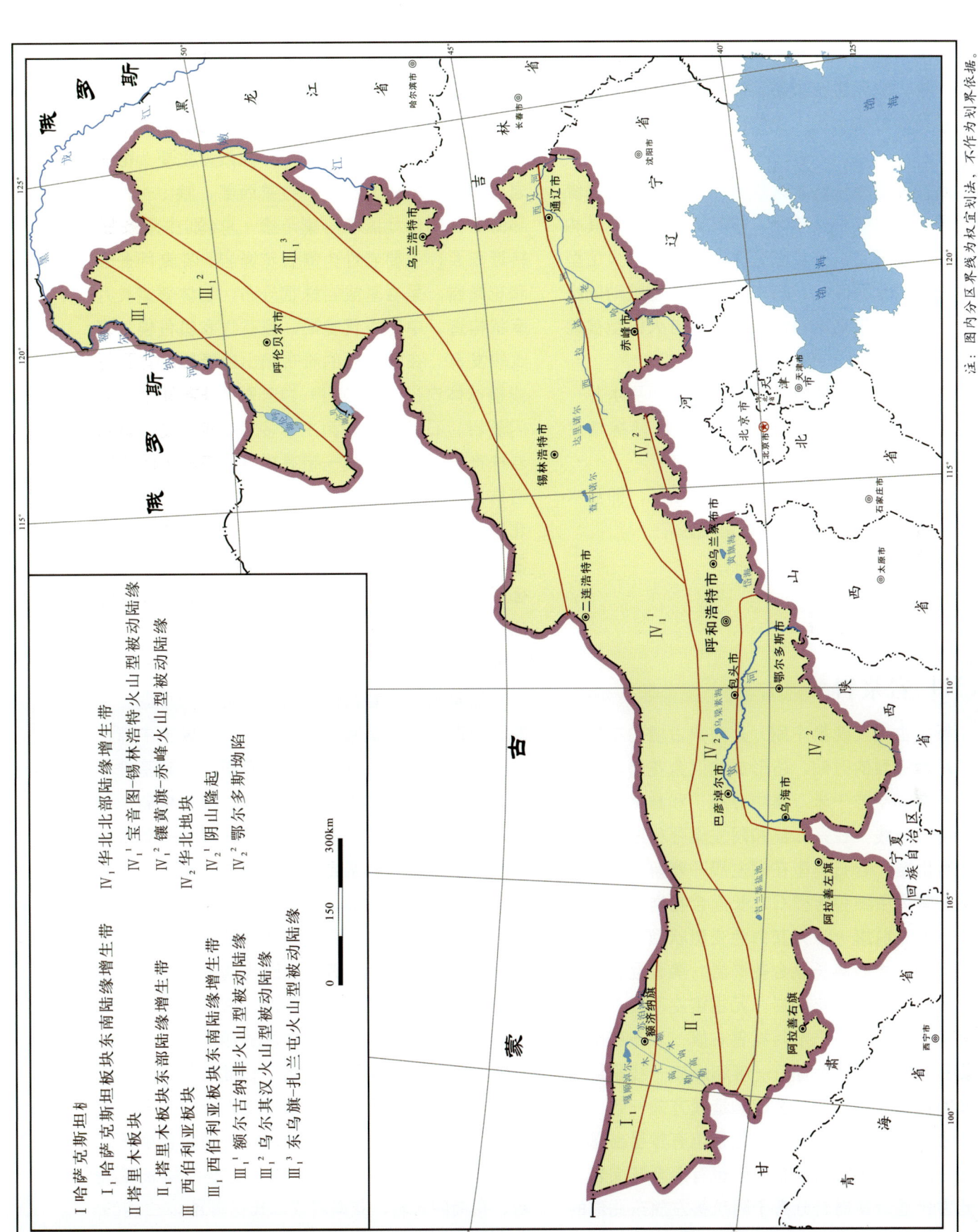

Fundation of Geological Heritage—Features and Evolution of Geology

内蒙古大地构造分区略图（根据：内蒙古自治区岩石地层）

图例：
- Ⅰ 哈萨克斯坦板块
  - Ⅰ₁ 哈萨克斯坦板块东南陆缘增生带
- Ⅱ 塔里木板块
  - Ⅱ₁ 塔里木板块东部陆缘增生带
- Ⅲ 西伯利亚板块
  - Ⅲ₁ 西伯利亚板块东南陆缘增生带
  - Ⅲ₁¹ 额尔古纳非火山型被动陆缘
  - Ⅲ₁² 乌尔其汉火山型被动陆缘
  - Ⅲ₁³ 东乌旗-扎兰屯火山型被动陆缘
- Ⅳ 华北板块
  - Ⅳ₁ 华北北部陆缘增生带
  - Ⅳ₁¹ 宝音图-锡林浩特火山型被动陆缘
  - Ⅳ₁² 镶黄旗-赤峰火山型被动陆缘
  - Ⅳ₂ 华北地块
  - Ⅳ₂¹ 阴山隆起
  - Ⅳ₂² 鄂尔多斯坳陷

比例尺：0　150　300km

注：图内分区界线为权宜划法，不作为划界依据。

61

为太古宙古陆核，晚太古宙晚期—早元古宙增生陆壳，中、晚元古宙裂谷沉积，古生代为滨浅海碎屑岩及碳酸岩沉积，生物组合与华北地区基本一致。

西伯利亚板块在本区仅有西伯利亚东南陆缘增生带一个二级构造单元。按其建造类型及其构造特征的不同又进一步划分为额尔古纳非火山型被动陆缘（北西区）、乌尔其汉火山型被动陆缘（中部区）、东乌珠穆沁旗—扎兰屯火山型被动陆缘（东南区）3个三级构造单元。

哈萨克斯坦板块位于北山北部，即甜水井—黑鹰山—雅干深大断裂以北地区，属陆缘增生带。

塔里木板块地质特征位于北山南部，即甜水井—黑鹰山—雅干深大断裂以南地区。

2.3 岩石特征

2.3.1 岩浆岩

新太古代（晚集宁期）是内蒙古境内花岗岩化作用最强烈的时期，所形成的混合花岗岩出露面积约2000平方千米，集中分布于和林格尔县—察右前旗一线。在兴和县和阿左旗呼鲁斯太镇一带也有出露。岩石类型在阿左旗呼鲁斯太镇阿勒乌拉一带为中细粒含榴石二长混合花岗岩；在和林县—察右前旗一带为灰白色变斑状榴石斜长混合花岗岩、榴石斜长混合花岗岩、黑云混合花岗岩、紫苏榴石混合花岗岩。元古宙旋回侵入岩比较发育，主要分布于沿阿拉善右旗—雅布赖山—狼山—色尔腾山—大青山—喀喇沁旗一线呈近东西向的链弧状展布，与区域构造线方向一致。在内蒙古北部地区的元古代隆起带也有零星出露。另外在阿拉善地区庆格勒一带也有混合花岗岩。古元古代混合花岗岩分布于阿拉善左旗东北部的迭布斯格、牙马图和德尔和通特一带。

古元古代侵入岩主要分布在色尔腾山和大青山山区，主要岩石类型有闪长岩类和花岗岩类。另外，在阿拉善右旗有规模不大的辉长岩体。中元古代早期岩浆侵入活动十分强烈，主要为酸性岩浆侵入，岩体分布在阿拉善西部、狼山—白云鄂博台、阴山地区和喀喇沁旗，总体走向为北东转近东西，主要岩性为斜长花岗岩、花岗闪长岩和花岗岩，呈岩基或岩株状分布，岩体普遍具片麻状构造。中元古代晚期，超基性和基性侵入岩比较发育。在阿拉善的雅布赖山断隆多呈小岩株或捕掳体产出。在狼山—白云鄂博和阴山一带以闪长岩、石英闪长岩为主，多呈小型岩基或大型岩株产出。喀喇沁旗一带有中性、基性和超基性岩株。中元古代晚期花岗岩主要分布在华北板块北缘狼山—白云鄂博，四子王旗—乌兰哈达一带。喀喇沁旗一带亦有出露。主要有乌兰花岩体、三元井岩体、阿力必力格岩体、白音查干岩体和老爷庙岩体，均呈不规则状岩基产出，主要岩性为花岗岩和花岗闪长岩。

加里东旋回岩浆侵入活动，可分为早期、中期和晚期三个亚旋回，主要分布于内蒙古中部，兴安岭地区和阿拉善地区。加里东早期超基性—基性侵入岩，分布于苏尼特右旗、爱力格庙—锡林浩特、温都尔庙—翁牛特旗。在鄂尔多斯西地区也有出露。一般呈岩脉、岩株或岩床产出。岩性为橄榄岩、辉橄岩、辉石岩、蛇纹岩、辉长岩等。该期岩浆活动与温都尔庙群基性火山岩、硅质岩构成蛇绿岩套，其形成时代属寒武纪。加里东中期中性侵入岩散布于狼山—白云鄂博、温都尔庙—翁牛特旗和兴安岭地区的额尔古纳一带。岩体呈岩株和小型岩基产出，一般为石英闪长岩或闪长岩类。加里东晚期酸性侵入岩分布于北山地区、中部爱力格庙—锡林浩特、阿拉善地区。以岩基和小型岩基产出，岩石类型为斜长花岗岩、花岗闪长岩，花岗岩或二长花岗岩。

华力西期形成的各类侵入岩广泛分布在内

蒙古中部、西部、兴安岭地区。华力西早期侵入岩主要分布在牙克石、西乌珠穆沁旗，阿拉善地区巴音诺尔公一带也有出露。各地岩性略有差异：牙克石一带为基性辉长岩、闪长岩类、斜长花岗岩和二长花岗岩；西乌珠穆沁旗贺根山一带为超基性岩；巴音诺尔公一带为花岗岩。华力西中期是内蒙古岩浆活动强烈时期之一，所形成的超基性—酸性侵入岩都十分发育。特别是中酸性侵入岩，呈巨大岩基，广泛分布于内蒙古北部地区。超基性岩—基性侵入岩主要分布在苏尼特右旗，北山地区也有零星分布。华力西中期闪长岩类主要分布在北山一带的六驼山、黑大山、巴音毛道，合黎山—北大山西段和爱力格庙—锡林浩特。此外，阿拉善的巴音诺尔公和内蒙古中部的阴山地区也有不同程度的分布。岩体一般呈岩基，岩株产出。华力西中期花岗岩类主要分布于北山一带的六驼山，黑大山、兴安岭地区的额尔古纳、牙克石，锡盟东乌珠穆沁旗，内蒙中部狼山—白云鄂博地区。华力西晚期构造运动强烈，岩浆活动剧烈，所形成的侵入岩十分发育。以中酸性侵入岩为主，闪长岩类岩体主要分布在内蒙古中部的爱力格庙—锡林浩特、温都尔庙—翁牛特旗、多伦、狼山—白云鄂博地区。其他地区亦有出露。酸性岩浆侵入活动是内蒙古地质发展历史中最强烈的一次，常形成巨大岩基，主要分布于温都尔庙—翁牛特旗、东乌珠穆沁旗、牙克石、北山地区、狼山—白云鄂博一带。

印支期岩浆侵入活动较弱。岩体主要分布于阿拉善地区的雅布赖山、巴音诺尔公、狼山—白云鄂博和内蒙古中部的阴山地区。其他地区亦有零星分布。岩石类型单一，均为酸性花岗岩类。

燕山旋回岩浆侵入活动频繁而剧烈。以早期侵入活动为主，并且在中晚侏罗世伴随强烈的岩浆喷发。侵入活动强度也是地质历史发展过程中的一次高峰，仅次于华力西期。全区燕山早期侵入岩主要分布在内蒙古东部和东北部大兴安岭地区，向中、西部逐渐变少。在大兴安岭地区以花岗岩、花岗斑岩、钾长花岗岩为主，其次为花岗闪长岩、石英正长斑岩。在大兴安岭西坡以二长花岗岩、花岗岩为主。

2.3.2 火山岩

火山岩在内蒙古境内的各个地质时期均有出露。前寒武纪火山岩，由于遭受了不同程度的区域变质作用，从低绿片岩相到麻粒岩相各个变质相岩石均有组成，多属于海相火山岩，主要分布在中部地区，西部和东部区有少量分布。古生代以来的火山岩以海相火山岩为主，一部分为陆相火山岩，由于遭受了不同程度的热液活动影响，往往以蚀变岩石面貌出现，主要分布在西部和东部区，在中部区有少量的出露。中生代火山岩在侏罗纪、白垩纪均有出露，但多以晚侏罗世火山活动为主，集中分布在大兴安岭山地及两侧盆地之中，呈北北东向延伸，构成了大兴安岭—燕山火山活动带，是我国东部区三大火山活动带之一，也是环太平洋火山活动带的主要组成部分，形成了丰富的火山活动地质遗迹。

内蒙古东部大兴安岭地区是我国东部中生代火山活动最活跃的地区之一。其火山活动始于早三叠世，形成了早三叠世陆相火山碎屑岩的老龙头组，此次火山活动较微弱。大规模的陆相火山活动出现在侏罗纪，至晚侏罗世达到高峰，在早白垩世仍有喷溢活动。总体呈北北东向展布。晚侏罗世—早侏罗世的火山喷溢，可明显分为三个亚旋回。以大兴安岭北部层序最完整；南部地区各亚旋回的末期均有不同程度的喷发间歇期，沉积了河湖相砂泥质岩。在大兴安岭北部区晚侏罗世早期第一亚旋回称塔木兰沟旋回，由塔木兰沟组玄武岩、安山岩组成；第二亚旋回称玛尼吐旋回，由玛尼吐组安山岩、中酸性火山碎屑岩夹粗安岩等组成；第三亚旋回称梅勒图旋回，由早白垩世梅勒图组、义县组的玄武岩、安山岩及粗安岩等组成，它标志着大兴安岭中生代大规模火山活动的终结。白垩纪火山岩不太发育，仅在早白垩世有零星的分布。近东西出露在西部苏红图和库乃头喇嘛庙盆地中，中部锡林浩特和固阳一带有零星分布。白垩纪火山岩以裂隙—中心式溢流为主，厚度不大，岩性以基性熔岩为主，夹少量的火山碎屑层（内蒙古自治区区域地质志，1991）。

新生代（喜马拉雅期）火山岩活动总体较弱。但在个别地区表现十分活跃，中新世、上新世、更新世均可见到。其具体特征是：

中新世汉诺坝组分布在内蒙古中部的集宁市、桌子县、丰镇县、凉城县、兴和县和克什克腾旗等地。向南分别延入山西、河北境内。向东延伸到赤峰西北和克什克腾旗东南一带。地貌特征为平坦的高平台，产状近于水平，可分为三个韵律。从熔岩厚度上看，第一、第二韵律厚度不大，第三韵律厚度大，系属中新世火山活动的主要阶段。上新世五叉沟组分布于内蒙古东部的五叉沟、宝格达山等地，向西延入蒙古境内，呈近南北向带状展布，长约150千米，宽4～20千米。岩石类型以基性熔岩为主，出露面积约700平方千米，地貌上具多层台地的特点。上更新世阿巴嘎组主要分布在锡林浩特以南及阿巴嘎旗一带，向北延入蒙古境内，以基性熔岩为主，火山岩呈北西方向展布，长约750千米，宽50～110千米，出露面积约9300平方千米。上更新世大黑沟组主要分布在内蒙古东部阿尔山东北部的伊敏河、绰尔河西岸一带，其分布受现代河谷控制。在伊敏河两岸呈带状分布，以基性熔岩为主、多覆于松散砂砾石层之上。

全新世时期火山活动主要集中在阿尔山地区，著名哈拉哈火山群是这一时期典型代表。据测定，岩山、高山最新的一次喷发活动距今1996年，为活火山。

2.4 地质时期自然环境的演变

2.4.1 陆地的形成

内蒙古陆地地貌的形成，与中国板块、西伯利亚板块、太平洋板块和印度洋板块密切相关；中国板块和西伯利亚板块之间是海洋，其宽度在4000千米以上，名为"蒙古海"。内蒙古的南部属中国板块的华北地块的北部；内蒙古的北部是蒙古海。

内蒙古南部古陆基底为太古代的变质杂岩系，吕梁运动后，即成为陆地。在漫长的地质年代里，曾经三次被海水侵入，造成海陆交替相沉积：第一次海浸是在震旦纪，主要淹没了今天的鄂尔多斯至狼山一带；第二次海浸在早寒武纪至中奥陶纪，海水从南向北，淹没鄂尔多斯至色尔腾山及大青山一带，寒武纪、奥陶纪地层总厚度数百至千米。中奥陶纪经志留、泥盆纪至石炭纪，陆地上升，未受海水的侵入，所以缺失这个时期的地层；第三次海浸在中石炭纪至二叠纪末的海西运动，除鄂尔多斯地区外，东部库伦旗、奈曼旗一带也有海相地层。

内蒙古北部的蒙古海，在早古生代加里东运动时，由于西伯利亚板块向南偏东移动，因而使蒙古海洋板块向西伯利亚板块俯冲，在西伯利亚板块边缘形成大兴安岭北端山脉和阿尔泰山及蒙古国北部山脉。加里东运动后，蒙古海的泥盆纪、石炭纪和二叠纪的地层极为发育，今天大兴安岭晚古生代地层厚度达到8000米，锡林郭勒盟地区晚古生代变质地层总厚度约在15000米，额济纳旗的石炭—二叠纪地层可达4万～5万米，可见当时海浸规模是庞大的。

西伯利亚板块继续向南移动，晚古生代的海西运动，蒙古海洋板块再次俯冲于西伯利亚板块之下，西伯利亚板块与中国板块相碰撞，合成亚洲板块。天山—阴山—图们江构成一个巨大的俯冲带，在中国板块的边缘形成天山，北山和阴山一条东西向的陆缘山系，古生代末，是内蒙古海水消灭，完全成陆地的主要变革时期。

2.4.2 森林鼎盛时期

从晚古生代石炭—二叠纪开始，一直延续到新生代新近纪，是森林鼎盛时期。

石炭二叠纪，气候湿热，沼泽广布，植物繁茂、树木高达数十米，许多地区呈现出原始热带森林景观，所以这个时期是内蒙古最重要的"成煤时代"，著名的准格尔煤田和桌子山、乌海煤田等都是石炭—二叠纪地层中的煤田。

中生代三叠纪末，地壳发生印支运动，内蒙古广大地区产生了许多地堑型内陆盆地。这个时期气候炎热、降水充沛、湖泊累累、植物葱郁繁盛。各地植物孢粉和化石资料表明：景观地带性分异不明显，植物种类组合极为相似，以高大乔木为主，裸子植物占绝对优势，呈现着热带、亚热带景观。中生代是裸子植物时代，盆地中沉积了侏罗纪的砂岩、页岩和砾岩，其中夹着巨厚的煤层。侏罗纪是内蒙古主要的"成煤时代"，煤田广泛分布在鄂尔多斯市、锡林郭勒盟、赤峰市、呼伦贝尔市西部等，其中东胜—神木是世界上巨型煤田之一。

中生代白垩纪，太平洋板块与亚洲板块强烈碰撞，发生燕山运动。内蒙古东部和中部震动较大，把以前运动所形成的各种地形统一起来，形成东北—西南走向的大兴安岭隆起带和它两侧的沉降带，东侧为松辽沉降带，西侧为呼伦贝尔—鄂尔多斯沉降带，中间被阴山山脉隔为两个盆地。内蒙古高原地区在沉降的同时，发生广泛而和缓的小型褶皱隆起与凹陷。大兴安岭有大量花岗岩侵入，形成了大兴安岭的特点之一。西部的阴山和贺兰山发生强烈的逆掩断层，成为高大的山脉，而鄂尔多斯除边沿地区外，受影响很小，只有一些平缓的褶皱，主要是沉降，所以仍保持着平坦的面貌。

中生代历经两次地壳运动，由于我国西南部的特提斯海受大西洋暖流影响，东南部海洋受赤道暖流影响，水温相当高，故内蒙古还保持着亚热带气候。

白垩纪末期，受燕山运动的影响，地势整体上升，西伯利亚海北退，气候逐渐转为干热，湖水浓缩，沉积了厚层紫红色及杂色的砂砾岩。

古近纪的古新世至渐新世，燕山运动所形成的崎岖不平的地形，经过几千万年相对稳定的夷平阶段，该区地形已变得相对低平，形成准平原状态。

渐新世气候逐渐变干，气温进一步降低，湖水咸化，机械风化加强，湖泊沉积变粗。

2.4.3 草原发展阶段

草本植物在古近纪渐新世出现，中新世发展，上新世和第四纪早更新世形成草原景观。

渐新世末与中新世，印度板块与亚洲板块碰撞，发生喜马拉雅运动，印度次大陆与亚洲大陆相接，特提斯海消失，已被削成低平的内蒙古高原和山地，沿着原来的构造线，再度隆起，并出现挠曲、断层和玄武岩喷发，呼伦贝尔—锡林郭勒盆地和鄂尔多斯盆地不断抬升成为高原，大兴安岭、阴山、贺兰山等上升成巍峨之势，但山的顶峰仍显示出过去被夷平的情景。大兴安岭东侧的松辽沉降带和阴山南侧的河套沉降带继续沉降，接受沉积。

由于温暖的特提斯海消失，内蒙古西部地区距海洋更加遥远，因而气候的大陆性明显加强，干寒程度加剧。湖泊广布，冲积、洪积、风积都很普遍。中新世至上新世的沉积岩，由红色砂砾岩转为青灰粉砂岩和灰岩。

植被由落叶阔叶林，针叶林逐渐转变为温带

疏林草原。草本植物在长期演化过程中，成为植物群落中的主要成分，特别是禾本科的针茅属，从渐新世出现，中新世有所发展，至上新世以针茅属为主要成分的草原景观逐步形成。

第四纪早更新世，青藏高原迅速上升，从上新世的海拔1000米，上升到2000米以上，喜马拉雅山已达3000～4000米，因而印度洋湿暖气团北上困难，这就促使西伯利亚高压和干而冷的气团势力加强。内蒙古的气候进一步变干、变冷。

第四纪早更新世，第一次冰期（鄱阳冰期），内蒙古气候较干，没有形成冰川。阴山以北，大陆性气候明显，植被由上新世的疏林草原演变为干草原；阴山以南，海洋气团的影响较大，植被类型为森林草原。

第一次冰期之后（鄱阳—大姑间冰期），气候较为温暖湿润，高原上广泛分布着湖群，如居延海的面积比20世纪50年代大7～8倍，达里诺尔的面积比现代大5倍以上。河套沉降带形成一系列大湖盆，盆地四周被剥蚀，盆地内进行堆积，湖盆淤满。

2.4.4 荒漠化时期

中新世至晚更新世是内蒙古荒漠化时期。中更新世，第二次冰期（大姑冰期）来临，气候再度干冷，大兴安岭发育了山谷冰川，阴山较高处出现永冻现象，阴山以南，植被以荒漠草原和荒漠为主。外营力以剥蚀风化为主，砂砾质洪积物堆积普遍，风蚀强烈，细粒物质被吹走，成为早期黄土的物质来源。河流干涸，地面裸露而粗糙。中更新世后期第二次冰期之后（大姑—庐山间冰期），青藏高原已升至3000米以上，内蒙古东部、中部地区火山活动频繁，形成各种火山地貌。

晚更新世，经历了两次冰期。第三次冰期（庐山冰期）不仅大兴安岭有冰川发育，在大青

山北麓、二连浩特、库伦旗等均有冰缘地貌发现。这个时期，青藏高原已上升到5000米以上，喜马拉雅山超过6000米。

晚更新世中期第三次冰期之后（庐山—大理间冰期），气候转暖，较湿润。低洼处河湖沉积物广泛分布，但以砂砾为主，草原动物繁盛。

晚更新世后期，沙漠与黄土是这一时期最为显著的地质景观。

2.4.5 现代地貌形成

全新世，地质时期最后一次冰期过去，海面回升，气候转暖，降水增多，河流及湖泊广泛发育，永久冻土带北移。中全新世，内蒙古平均气温比现代高2℃～3℃，阿拉善和鄂尔多斯有大面积湖泊，晚更新世所形成的沙丘大部分固定，大部分地区受夏季风影响，荒漠恢复为草原，禾本科成为植被的主要组成成分。

长期的内外力地质作用形成了内蒙古现今的地貌格局，结构整齐，呈带状分布；不论山前丘陵还是平原，从高平原到河谷沿岸到处可以看到连片或零星的风沙地貌存在；大地貌内部火山熔岩台地和盆地广泛分布。不同的地形、地貌具有不同的草原群落分布：从呼伦贝尔到鄂尔多斯为干草原带，东南部为森林草原带，其西北为荒漠草原带。大兴安岭地势较高、气候湿冷，发育了针叶林及针阔混交林。只有阿拉善地区，距海遥远，气候干燥，仍保持着荒漠景观。

2.4.6 沙漠英雄树——胡杨林

胡杨(Populus euphratica Oliv.)，是生活在沙漠中的唯一乔木树种，它自始至终见证了中国西北干旱区走向荒漠化的过程。而今，虽然它已退缩至沙漠河岸地带，但仍然是称为"死亡之海"的沙漠的生命之魂。

（1）分布特征

在内蒙古阿拉善巴丹吉林沙漠额济纳，分布着中国最为壮观的胡杨林，是世界上仅存的三大天然河道胡杨林地之一，总面积达到了56.36平方千米，以青壮年胡杨为主，种群结构处于稳定增长状态，被誉为胡杨林的故乡。

沿额济纳河道便能很方便地欣赏到最精华的景色，额济纳河上隔两三千米便有一道小桥，共有八道桥，从第一道桥徒步到第八道桥，景色各异，各具特色，如漫步在一条色调凝重浓烈、流光溢彩的油画长廊。当所有的生命都退却的时候，胡杨固守在沙海王国，抗争在风和沙的前线

和死亡的边缘，为风沙之外的人们抵抗着大自然的酷烈。

　　胡杨林是阿拉善一道震撼魂魄、旖旎亮丽的风景。黑河水断流、居延海干涸，几十年前的原始胡杨林如今成了大自然根雕艺术的陈列馆，尤如苍龙腾越、虬蟠狂舞、千姿百态，静静地诉说着环境的变迁。

◎ 胡杨，一亿三千万年前遗下的最古老的树种，只生长在戈壁与沙漠。它让人永远激情跌宕、留恋赞美的真正原因，就在于它的抗争意志、生存品格和奉献精神。

(2) 千年不死，千年不倒——胡杨精神

胡杨，最坚韧的树。胡杨能在40℃的烈日中娇艳，能在零下40℃的严寒中挺拔，不怕侵入骨髓的斑斑盐碱，不怕铺天盖地的层层风沙，它是神树，是生命的树，是不死的树。那种遇强则强，逆境奋起、一息尚存、绝不放弃的精神，就像真正的热血男儿。风霜击倒，挣扎爬起，沙尘掩盖，奋力撑出。它们为精神而从容赴义，它们为理想而慷慨献身。虽断臂折腰，仍挺着那副铁铮铮的风骨；虽伤痕累累，仍显现着那股硬朗的本色。

胡杨，最无私的树。胡杨是挡在沙漠前的屏障，身后是城市、是村庄、是青山绿水，是喧闹的红尘世界，是并不了解它们的芸芸众生。保护芸芸众生，是胡杨生下来、活下去、斗到底的唯一意义。然而，它们并不期望被了解，它们将一切浮华虚名让给了牡丹，让给了桃花，让给了所有稍纵即逝的奇花异草，而将摧肝裂胆的风沙留给了自己。

胡杨，最包容的树。胡杨包容了天与地，包容了人与自然。在胡杨林中，有梭梭、甘草、骆驼草，它们和谐共生。容与和，正是儒学的真谛。胡杨林是硕大无边的群体，是典型的东方群体文明的构架。胡杨的根茎很长，穿透虚浮漂移的细沙，竟能深达20米去寻找沙下的泥土，并深深植根于大地。如同我们中国人的心，每个细胞、每个枝干、每个叶瓣，无不流动着文明的血脉，使大中国连绵不息的文化虽经历无数风霜雪雨，仍然同根同种，独秀于东方。

胡杨，最悲壮的树。胡杨生下来一千年不死，死了后一千年不倒，倒下去一千年不朽，这不是神话。在阿拉善的额济纳旗，有着大片壮阔无边的枯杨，它们生前为所挚爱的热土战斗到最后一刻，死后仍挺立在这片热土上，它们让战友落泪，它们让敌人尊敬，那亿万棵宁死不屈、双

◎ 阿拉善胡杨与恶劣的自然环境对抗着，彼此僵持着，以千万年的岁月为证。

◎ 这秋树与夕阳，是人们心中梦中的诗画，而金色的胡杨，便是这诗画中的绝品。

2 Fundation of Geological Heritage—Features and Evolution of Geology
地景之基——地质特征与演化

◎ 一边是空旷得令人窒息的戈壁，一边是鲜活得令人亢奋的生命；一边使人觉得渺小而数着一粒粒流沙去随意抛逝自己的青春，一边使人看到勃勃而生的绿色去挣扎走完人生的旅程。

拳紧握的枯杨，似一幅悲天悯人的历史画卷。一看到它们，就会让人想起岳飞，想起袁崇焕，想起谭嗣同，想起无数中国古人的气节，一种大义凛然的气节。

（3）对比研究

胡杨是上新世古地中海地区河岸夏绿阔叶林的残留成分，是亚洲中部荒漠区分布最广的乔木种之一，曾分布在北纬30°～50°的蒙古、中亚细亚、巴基斯坦、伊朗、伊拉克、埃及、高加索、中国西北干旱区以及北非和欧洲南端。我国胡杨主要集中分布在塔里木河流域和黑河下游地区，是该地区唯一能够独自成林的乔木种。

黑河下游与塔里木河下游气候条件类似，均为胡杨集中分布区域；自2000年以来，这两条内陆河都实施了生态输水工程。生态输水后塔里木河下游胡杨种群年龄结构表现为稳定增长的状态，尤其以胡杨幼苗个体数最多，这与额济纳胡杨核心区年龄结构类似，这反映了生态输水后地下水抬升明显，对胡杨种群恢复产生积极效果。

塔里木河下游胡杨胸径最大为110厘米，主要分布的径级区间为1～14级；低于额济纳胡杨保护缓冲区胡杨分布径级范围1～17级；大于核心区1～11级。从密度分布来看，塔里木河下游胡杨平均密度为174棵/公顷；

黑河下游额济纳胡杨平均密度为191棵/公顷。从长势看，塔里木河下游胡杨林平均冠幅、株高分别为15.76平方米和5.78米，远小于额济纳胡杨保护核心区的20.25平方米和6.76米。

造成上述差异的原因可能有：第一，额济纳国家级胡杨保护区的建立，减少了人为干扰对胡杨种群的影响；第二，黑河下游生态输水在数量和频次上均要强于塔里木河下游。2000～2009年，黑河下游输水达21次，累计输水量为93.9×10^8立方米；同期塔里木河下游输水10次，累计输水量仅为22.7×10^8立方米。

3 丰硕成果——研究历史及成果
Significant and Massive Results—Research History and Achievements

内蒙古地质遗迹的研究基本经历了4个阶段：早期的零星记录；新中国成立之前偶有路线调查，偏向古生物的调查；新中国成立之后，地质工作成果最大，迎来了基础地质的繁荣期，真正意义上的内蒙古地质遗迹调查研究正式拉开序幕；2000年后，随着地质遗迹保护区和地质公园的建立，内蒙古地质遗迹调查和研究进入了一个新的发展阶段，研究成果颇丰。

3.1 研究历史

3.1.1 古代研究阶段

古人对地质遗迹资源的认识零星地反映在一些历史、地理和文学著作中，大多属于记载和描述，而这些记载中以湖泊为多。

早在两千多年前，我国最早的地理著作《山海经》将呼伦湖称之为"大泽"，公元544年前的《魏书》亦称之为"大泽"，《旧唐书》则称之为"俱轮泊"，这些史料记载了当时呼伦湖广大的面积，有几千平方千米。在清末的时候，有一段时间日益干涸，仅剩几个小水泡和大量的湿地。从清末到民国时期及20世纪60到80年代，又开始扩大。

岱海在历史上有详细的文字记载，如《汉书·地理志》称"诸闻泽"，《魏书》称"葫芦海"，宋元时代称为鸳鸯泊，清代蒙古人称之为"岱根塔拉"。

居延海，《水经注》中将其译为弱水流沙，在汉代时曾称其为居延泽，魏晋时称之为西海，唐代起称之为居延海，现称天鹅湖。

达里诺尔又称之为"捕鱼儿海"，《内蒙古地理》曾记载"周围三百里，野猪河、公姑而河及其他二河流汇于此，鱼类颇富，为有名之古迹"。

这些信息为今天进行地质遗迹科学研究提供了宝贵的借鉴。

3.1.2 近现代研究阶段

3.1.2.1 新中国成立前

在新中国成立前，内蒙古由于地处偏僻区，交通闭塞，地质工作基本属于空白区，只有少数中、外地质学家在交通沿线做过少量路线地质调查，且偏重于地层古生物方面的研究。

◎ 国外学者在内蒙考察

最早涉足本区的是安德森（Andersson），他于1919~1920年在化德一带对第三纪地层做过调查，并采集了哺乳动物化石；两年后，美国自然历史博物馆的中亚考察团先后五次在二连盆地考察第三系，并采集了大量的脊椎动物化石，所建始新统阿山头组，伊尔丁曼哈组、沙拉木伦组及渐新统乌兰戈楚组等地层名称至今仍被沿用；1922~1933年，桑志华（E. Licont）、德日进（P. Teiehard）在乌审旗萨拉乌苏地区第四纪地层中最早发现"河套人及河套文化"，采获大量脊椎动物化石，命名为"萨拉乌苏河建造"，成为我国北方晚更新世标准地层之一。

20世纪中期，美国人贝雷尔（C. P. Berrer）、毛里森（P. K. Morris）随美国自然历史博物馆中亚考察团两次考察哲斯敖包地区，采集了大量的古生物化石。随后北京大学教授格雷班（A. W. Graban）编写了《内蒙古的二叠系》，提出的哲斯动物群对内蒙古地槽区早二叠世地层划分及生物群的研究具有重要的指导意义。

1923~1924年，法国地质学家德日进曾到内蒙古东部林西县一带对石炭系、二叠系进行了研究，建立了林西系，并到桌子山、磴口等地做过调查，先后发现含笔石的奥陶纪地层和渐新世哺乳动物化石。

1929年巴伯尔（G. B. Barbour）研究了汉诺坝玄武岩层中所含的动、植物化石，将其时代定为中新世。

3.1.2.2 新中国成立后

新中国成立后，尤其是改革开放近30多年来，内蒙古的地质研究得到飞速发展，基础地质调查工作1：100万区域地质调查工作早在20世纪60年代已经完成。1：20万区域地质调查工作全区共有255幅（包括不完整图幅），除大兴安岭北部原始森林覆盖区16幅（十五期间已被1：25万区调工作所填补）、科尔沁沙地13幅外，其余226幅区域地质调查工作已在2005年前全部完成，共完成面积100.9万平方千米；1：25万区域地质调查工作起步于2000年，工作区主要分布在自治区中部满都拉—白云鄂博—包头地区南北走廊、二连浩特—东乌珠沁旗一带及大兴安岭地区的1：20万区域地质调查工作空白区，现已完成29幅，覆盖面积32.24万平方千米；1：5万区调已完成318幅，正在实施的有12幅，面积为12.4万平方千米。

地质遗迹资源的认识经历了一个发展的过程，即从以研究广泛的地学资源成因、演化、环境效应以及学术价值和实用价值为目的的保护区的建立到以保护、开发和利用地质遗迹资源为目的的地质公园理念的形成。

国外自1989年在华盛顿推出了"全球地质及古生物遗址名录"计划以来，经过10年的时间，提出全球性网络计划：从各国（地区）推荐的地质遗产地中遴选出具有代表性、特殊性的地区纳入地质公园，在全球建立500个世界地质公园，其目的是使这些地区的社会、经济得到可持续发展。

1985年，我国建立了第一个国家级地质自然保护区——天津蓟县"中上元古界地质剖面"。两年后，原地矿部下发的《关于建立地质自然保护区规定的通知（试行）》（地发[1987]311号）文件中，把地质公园作为保护区的一种方式提了出来，并于1995年5月进一步以条文形式把地质公园列入原地矿部颁布的《地质遗迹保护管理规定》中，正式拉开了建设地质公园的序幕。2000年，我国开始建立第一批国家地质公园。

在内蒙古在自治区国土厅、盟（市）、旗（县）国土局、中国地质大学地质公园（地质遗迹）调查评价研究中心共同努力下，截至2011年年底共建立世界地质公园2个，国家地质公园5个，自治区级地质公园5个；矿山公园4个；国家级地质遗迹保护区1个，自治区级地质遗迹保护区9个，旗县级地质遗迹保护区13个。内蒙古自治区地质公园总面积达6622.17平方千米，地质遗迹保护区总面积达2185.68平方千米。

3.2 研究成果

3.2.1 全区地质遗迹调查

1998年，内蒙古地质遗迹调查工作全面启动。自治区国土资源厅高度重视地质遗迹保护工作，在地质环境处的主持下，内蒙古自治区地质环境监测总站首次对全区地质遗迹进行了全面摸底。项目组足迹遍及12个盟市80多个旗县，对87处地质遗迹进行了实地调查，于1999年6月完成了《内蒙古自治区地质遗迹调查报告》。

本次调查基本查明了区内地质遗迹的类型、

◎ 中意考察团

分布和现状，并对地质遗迹形成的地层、岩浆岩、构造及古地理环境进行了论述，按照行政区划对典型地层剖面、古生物化石、奇特地质景观、珍稀岩石矿物、温泉矿泉湖泊瀑布五大类地质遗迹进行了分区描述，并提出了建立国家级、自治区级、县级地质遗迹保护区或地质公园的建设性意见。

2005~2006年再次对全区地质遗迹资源开展了调查，共调查地质遗迹点159个，本次调查的成果主要表现在内蒙古地质遗迹资源分类和特征方面。将全区的地质遗迹分为8类23个亚类，详细阐明了地质遗迹的总体特征和单体特征，并进行了地质遗迹资源评价分级，基于此提出了地质遗迹保护区的建立和地质公园申报备选名录，并提交了《内蒙古自治区地质遗迹保护规划》。

3.2.2 阿拉善地区

3.2.2.1 地质公园申报与建设成果

（1）前期考察

2004年，在地质环境监测院对全区内蒙古地质调查的基础上，中国地质大学（北京）田明中、武法东、刘斯文等人针对阿拉善盟地质遗迹先后进行了十几次野外考察，为申报国家地质公园打下了坚实的基础。

（2）申报材料编制及出版

2005年，田明中、武法东等人编制了《阿拉善沙漠地质公园综合考察报告》、《总体规划》、出版了《大漠秘境——阿拉善》及解说光盘等相关申报材料。

2009年，田明中、武法东等人进一步编撰出版了《大漠之魂——阿拉善》等专著。

（3）地质公园相关科学研究成果

2006年，田明中、武法东、娜仁图雅等人收集了阿拉善沙漠研究的主要成果，编写并出版了《阿拉善沙漠地质公园科学研究论文集》。

2009年，田明中、娜仁图雅在《国家地理》杂志上发表了"敖伦布拉格峡谷"研究论文。

2012年，田明中、武法东、孙洪艳等人系统地对阿拉善地区的地质遗迹进行了全面的总结和研究，出版了《阿拉善沙漠世界地质公园科学综合研究》。

3.2.2.2 巴丹吉林沙漠研究

近5年来对巴丹吉林沙漠的主要研究成果有：

2009年田明中、刘斯文、娜仁图雅等人围绕高大沙山的形成开展了科学调查与研究，提交了《巴丹吉林高大沙山研究》报告并发表了有关研究论文。

2010年，提交了《巴丹吉林沙漠东南缘鸣沙分布及其形成机制》专项研究报告，并发表了论文《巴丹吉林沙漠东南部鸣沙的发育、分布特征及成因机制研究》。

2010年田明中、张绪教、刘斯文、娜仁图雅等人对巴丹吉林沙漠湖泊的分布和形成进行了调查和研究，提交了《巴丹吉林沙漠湖泊研究》的报告。

◎ 田明中、娜仁图雅、刘斯文等在阿拉善盟野外考察

◎ 考察队整装待发

3.2.3 鄂尔多斯地区

3.2.3.1 地质公园申报与建设成果

2008年，内蒙古龙昊古生物研究所编制了鄂托克自治区地质公园申报材料，并申报了鄂尔多斯市级地质公园、鄂托克自治区级地质公园。

2011年，中国地质大学（北京）田明中等编制了鄂尔多斯国家级地质公园申报材料。

3.2.3.2 萨拉乌苏组及其动物群研究

1922～1923年萨拉乌苏旧石器时代文化层发掘物中发现了第一件旧石器时代人类标本——人牙化石，也是亚洲的首次发现（Licent，1927），创建了"萨拉乌苏组"。

1963～1964年，"萨拉乌苏组"命名于鄂尔多斯市乌审旗萨拉乌苏河（又名红柳河）流域。

1978～1980年两次大规模的挖掘和考察取得的成果以及近年来对全球变化研究的展开，对"萨拉乌苏组"的认识更加深化，至今发表论文近百篇。

之后，在萨拉乌苏相继又采集到数件人类化石（汪宇平，1963；李有恒，1963）。裴文中等（1964）将德日进认为的"萨拉乌苏组"顶部的一套灰绿色湖相沉积物的时代推测为全新世，其底部灰蓝色湖相层之下的一套红黄色沙土定为中更新统。袁宝印（1978）将"萨拉乌苏组"顶部的湖相沉积物正式划归全新世，命名为"大沟湾组"。董光荣、卫奇等先后又新发现"河套人"标本11件，其中4件人类化石发现在原生地层"萨拉乌苏组"下部的层位里（董光荣，1981）。

3.2.3.3 鄂托克查布苏恐龙足迹研究

2003年，鄂托克旗牧民萨如拉在阿尔巴斯境内发现了一块恐龙股骨化石。

2004年，中美两国古生物工作者在该处发掘出距今约8000万年前的晚白垩世蜥脚类恐龙化石。经中国科学院古脊椎动物与古人类研究所研究员赵喜进等专家研究后认定，该蜥脚类恐龙化石属于蜥臀目蜥脚类亚目圆顶龙科盘足龙亚科的一个新属——鄂托克龙。

2007年4月份，经国务院审定，鄂托克恐龙遗迹化石自然保护区被列为国家级自然保护区。这是鄂尔多斯市首家地质遗迹类国家级自然保护区，也是继西鄂尔多斯自然保护区之后的第二个国家级自然保护区。

3.2.4 巴彦淖尔地区

3.2.4.1 地质公园申报与建设成果

2005～2011年，武法东、田明中、张建平等人编制了《内蒙古巴彦淖尔地质公园综合考察报告》、《总体规划》，出版了《河套明珠——内蒙古巴彦淖尔地质公园》及解说光盘等相关申报材料，并完成了巴彦淖尔地质公园自治区级、国家级的申报工作。

3.2.4.2 专项研究成果

2008～2009年，武法东、张绪教等人，在河套地区针对黄河演化与环境变迁进行了野外综合考察，并提交了成果报告。一年后，进一步确立专项研究"河套地区（巴彦淖尔市境内）近代高分辨率环境演化"专题，杨桂芳等提交了成果报告。

2011～2012年，对狼山地区新构造运动特质与河套平原的形成演化关系进行初步研究。

3.2.5 乌兰察布地区

3.2.5.1 地质公园申报与建设成果

2008年，内蒙古龙昊地质古生物研究所编制了《内蒙古四子王地质公园综合考察报告》、《走进四子王——内蒙古四子王地质公园》等相关申报材料，并申报了四子王旗自治区级地质公园。

◎ 武法东教授等在巴彦淖尔

3.2.5.2 乌兰哈达火山群研究

中国地质大学（北京）地球资源与科学学院国内著名火山地质专家白志达教授，2008年对乌兰哈达火山群进行了调查。研究认为乌兰哈达火山群是蒙古高原南缘目前发现的唯一全新世有过喷发的火山群，是一处天然火山"博物馆"，是研究蒙古高原南缘现代地壳深部结构及其活动性的天然"窗口"。

3.2.6 赤峰市克什克腾地区

3.2.6.1 地质公园申报与建设成果

2001~2003年，中国地质大学地质公园（地质遗迹）调查评价研究中心田明中、武法东、孙洪艳对克什克腾旗境内地质遗迹资源进行了调查分类；编制了《克什克腾地质公园综合考察报告》、《规划文本》、《规划说明书》、《塞北金三角——克什克腾地质公园》等申报国家地质公园的材料。

2005年，田明中、武法东、孙洪艳等人编制了克什克腾申报世界地质公园的材料，期间针对重要地质遗迹和地质遗迹保护进行了数次科学考察。

3.2.6.2 地质公园的相关科学研究成果

钱方等（2000）在内蒙克什克腾旗境内的大兴安岭山脉的北大山上，发现花岗岩石林地貌景观，并发表了数篇相关研究论文。

2004~2005年，田明中、武法东、孙洪艳等人在海拔1700米左右的山脊上，经过进一步的详细调查，确认在克什克腾地质公园内存在第四纪冰川遗迹并以此为题发表了数篇学术论文。

2005年田明中，孙洪艳等通过调查，根据发育

◎ 克什克腾世界地质公园博物馆落成并揭碑开园（李景章提供）

程度，结合岩石特征、构造条件、气候、地理位置等综合分析，出版了《克什克腾花岗岩景观》。

2005年，田明中、武法东、孙洪艳等人编写并出版了《克什克腾地质公园科学综合研究》。

2010年，田明中、史文强、孙继民等对达里诺尔火山群进行了研究，出版了《达里诺尔火山群研究》专著。

2011年8～9月，田明中、张绪教、孙继民等人与中央电视台组成联合考察队，对西拉木伦河源头进行了探源考察。

2012年，田明中、武法东、孙洪艳等人编制并出版了《克什克腾世界地质公园科学研究论文集》。

2012年，张绪教、田明中等对西拉木伦河新构造进行了研究，出版了《西拉木伦新构造研究》专著。

2012年，田明中、梅耀元、张绪教等对克什克腾环境进行了研究，出版了《克什克腾植被与地貌关系研究》专著。

2012年，田明中、郭婧、张绪教对克什克腾地质公园湿地进行了研究，出版了《克什克腾世界地质公园湿地调查与综合研究》专著。

3.2.7 赤峰市宁城地区

3.2.7.1 地质公园申报与建设成果

2006年中国地质大学地质公园（地质遗迹）调查评价研究中心和第四纪地质环境生态规划研究所，在宁城县开展了宁城地质公园申报省级、国家级地质公园的地质考察，编写了《拟建宁城古生物国家地质公园综合考察报告》、《拟建宁城古生物国家地质公园总体规划》和地质公园画册，对宁城的古生物化石研究成果进行了系统的总结。

◎ 西拉木伦河源头探源野外考察队

◎ 中日考察团

3.2.7.2 古生物化石研究

20世纪末期，就有学者对该地区发现的化石进行分类，统计结果为昆虫类14目50余科200余属种，包括了蜉蝣目（Ephemeroptera）、蜻蜓目（Odonata）、蜚蠊目（Blattaria）等；植物化石次之，现已初步确定有7属；叶肢介1属2种；有尾两栖类2属2种；翼龙类1属1种以及尚未正式描述的种类（张俊峰，2002）。

2000年，王原在该地首次发现奇异热河螈化石（Jeholotriton paradoxus）（Wang，2000），引起广大古生物学者的关注。

2002年，在宁城义县组最下部的湖相沉积物种发现了翼龙宁城热河翼龙（Jeholotriton ningchengensis）（汪筱林等，2002），该化石是所有已知翼龙中翼膜和毛状皮肤衍生物保存最完好的标本；同年，在该地区还发现了短尾型翼手龙类（Jeholopterus ningchenensis）翼龙和长尾型嘴口龙类（Pterodactyloidea）翼龙，它们身上均发育了保存十分精美的皮肤衍生物，这些皮肤衍生物并不像以往人们推测的那样呈"毛发状"，而是像羽毛那样具有分叉现象，翼龙身上发育这种羽毛状结构的皮肤衍生物在世界上尚属首次（季强，2002）。

2006年在道虎沟地区又发现了世界最早会游泳的哺乳动物化石——獭形狸尾兽（Castorocauda lutrasimilis）（Ji，2006）。这一发现将哺乳动物适应水生生活的历史向前推进了至少1.1亿年。同年，还发现了远古翔兽（Volaticotherium antiquus）（Meng，2006），使得哺乳动物滑翔的记录又提早了至少7900万年。

2007年中国地质大学（北京）第四纪教研室程捷、田明中等在宁城地区开展了1∶50000古生物化石专项地质填图工作，并撰写了专项地质调查报告，对区域地层进行划分对比研究，进一步查清了含古生物化石的地层层位和分布范围。中国地质大学（北京）古生物教研室张建平等在宁城等地区进行化石挖掘，并提交了成果报告。

3.2.8 锡林郭勒盟二连浩特地区

3.2.8.1 地质公园申报与建设成果

2006年，内蒙古龙昊古生物研究所谭琳等人编制了二连浩特申报自治区级地质公园的相关材料。

2009年中国地质大学（北京）田明中等人编制了二连浩特国家级地质公园的相关材料：《内蒙古二连浩特恐龙国家地质公园综合考察报告》、《北龙之源、北疆之门——内蒙古二连浩特恐龙国家地质公园》画册。

3.2.8.2 二连浩特恐龙化石研究

1921年，美国纽约自然博物馆成立考察团，团长由安德鲁斯（Roychapmau Andrews）担任，在二连地区做了大量的考察工作，在二连盐池达布苏组中首次发现了恐龙及恐龙蛋化石，证实了恐龙是卵生的爬行动物。1930~1932年，由卓越的古生物学家张席禔教授担任团长，9名中国古生物专家学者加入该团参与考察，中国恐龙研究的奠基人杨钟健教授也参与其中。此次发现的恐龙种类有：霸王龙科的欧氏阿莱龙、似鸟龙科的亚洲似鸟龙、蒙古龙属的坦齿蒙古龙、鸭嘴龙科的姜氏巴克龙、蒙古满洲龙、计尔摩龙等，部分考察成果和重大发现在国际刊物上均有刊登。

1959年，中国与前苏联科学院联合组织的"中国科学院—苏联科学院古生物考察团"在二连展开为期两年的考察发掘，发现了大量的恐龙化石。

1987~1990年，由加拿大国家博物馆馆长戴尔拉赛尔·罗素博士（Daiza Russeilk）和中国科学院古脊椎动物与古人类研究所研究专家、研究员董枝明担任团长组成的"中加恐龙考察团"，在二连达布苏组进行发掘考察。这次研究对全球恐龙分类，揭示恐龙的绝灭之谜有重大的发现。

1995年，由中国内蒙古博物馆和比利时皇家自然科学院联合组织的古生物考察队，在二连盐池发现了一处分布面积近40平方米的骨化石层，出土的化石有鸭嘴类、蜥脚类、似鸟龙、龟鳖类等，发掘到至少4具巴克龙化石。双方以比利时的卡斯巴拉、中国的李虹为代表，编写了考察报告。

1997年，内蒙古自治区地质矿产厅启动了《二连地区的恐龙化石区域调查》项目，经过7年的考察，对二连地区的恐龙化石产地进行了系统的调查研究，发掘了大量的恐龙化石，发现了恐龙集群死亡点分布在二连盐湖附近的三个地点：二连盐湖东侧24千米处、东侧22千米处和西侧1千米处。此阶段的多次考察研究取得了丰硕的科研成果，先后在古脊椎动物学报上发表了数篇论文，建立了首次用内蒙古命名的杨氏内蒙古龙、美掌二连龙、锡林郭勒计尔摩龙、赛罕高毕苏尼特龙等恐龙种类。

2005年，徐星等在二连地区上白垩统二连组

◎ 中苏考察团在二连盆地考察

◎ 恐龙化石挖掘现场

◎ 巨盗龙新闻发布会现场

地层中发现了一具巨型兽脚类恐龙化石。经过2年的研究，2007年6月13日，内蒙古自治区国土资源厅、二连浩特市政府、中国科学院联合在北京召开的新闻发布会上宣布这是当今世界上最大、罕见的似鸟恐龙化石，并被命名为"二连巨盗龙"。第二天，这一成果在世界顶级自然科学杂志——英国《Nature》杂志上刊登并作为重点推荐论文。

3.2.9 兴安盟阿尔山地区

3.2.9.1 地质公园申报与建设成果

2003年以来，中国地质大学（北京）第四纪生态环境研究所开展了阿尔山国家地质公园申报与建设工作，对该地区的火山和温泉进行了详细的野外考察和研究，编制了一整套阿尔山火山国家地质公园申报材料，包括综合考察报告、总体规划、景点集、导游手册等。

2009年，中国地质大学（北京）第四纪生态环境研究所出版了阿尔山国家地质公园画册——《火山王国，温泉天堂》。

2009年，中国地质大学（北京）第四纪生态环境研究所承担了阿尔山国家地质公园总体规划修编任务，在阿尔山地区进行了详细的野外调查工作，对公园内重要的火山地质遗迹分布位置及边界进行了详细的勘定，并编制了阿尔山火山国家地质公园总体规划修编报告，2010年通过国土资源部评审。

3.2.9.2 火山地貌的研究

阿尔山火山地貌的研究始于20世纪80年代，原吉林省地质局（1981）进行了1∶20万区域地质调查，在区域地质调查报告中将该地区的火山喷发年代确定为上新世和更新世。

原地质矿产部航空物探总队（1984）进行了区域性的航空磁测，通过探测资料推测，该地区存在一条断裂带。

刘嘉麒等（1987）根据火山岩的年龄地质产状和岩性特征等情况，将东北地区白垩纪末期以来的火山活动划分为10个幕。认为内蒙古东部大兴安岭火山群在第9幕白头山火山幕时形成，突出特点是均为中心式喷发，岩浆碱性强，不仅有碱性粗面岩生成，在松辽地堑北端还出现一个钾质火山岩区。

1990年原内蒙古地质矿产局出版索伦军马场幅区域地质调查报告，首次提到德勒河北山发育的3座新生代火山。

21世纪初，一些学者（Liu，2001；汤吉，2005）在阿尔山地区通过地球化学、年代学手段和大地电磁测探法，测出阿尔山哈拉哈玄武岩的年龄为34 Ma，并在焰山附近发现两条火山带下存在通往地幔的岩浆通道。

2003年8月，由中国地震局地质研究所、中国地质大学（北京）、中国地震局地球物理研究所的科学家组成的"阿尔山火山科考队"对阿尔山火山进行了考察，发现了全新世以来新喷发的活火山，它们形成一个新的火山带，最新^{14}C测年数据显示，新发现火山最后一次喷发距今大约为2000年（白志达、田明中等，2005）。

赵勇伟（2007）系统研究了这一带的火山特征、火山构造，认为：首先，该区第四纪火山活动强烈，可分为三期；其次，第四纪火山岩以碱性橄榄玄武岩为主，不同时期岩浆具有相同的源区；再次，区内火山喷发方式有裂隙式、裂隙中心式及中心式。火山喷发类型多样，斯通博利式、夏威夷式、亚布里尼式和玛珥式火山。火山爆破方式为岩浆型和射汽—岩浆型，并有从射汽—岩浆型向岩浆型爆发演化的特点，是中国大陆火山作用中的一种新的喷发型式（赵勇伟，2010）；最后，该地区地幔岩浆活动与基底断裂和新构造有密切的关系，现存火山呈线性分布。

3.2.10 呼伦贝尔市

3.2.10.1 地质公园申报与建设成果

（1）呼伦—贝尔湖自治区级地质公园

2009年中国地质大学（北京）第四纪生态环境研究所对新巴尔虎右旗地质遗迹的类型、特征、分布进行了野外考察，同年年底编制了呼伦—贝尔地质公园申报材料：《呼伦—贝尔地质

◎ 新巴尔虎右旗申报地质公园野外考察

公园综合考察报告》、《建设纲要》、《牧歌从这里唱响——呼伦—贝尔地质公园》画册、《申报书》。

（2）扎兰屯火山地质公园

2009年中国地质大学（北京）第四纪生态环境研究所对扎兰屯柴河地区的火山地质遗迹进行了综合考察，并编制了申报材料：《扎兰屯火山地质公园综合考察报告》、《建设纲要》、《火山灵镜——扎兰屯火山地质公园》画册、《申报书》。

（3）鄂伦春火山地质公园

2009年，中国地质大学（北京）第四纪生态环境研究所对该区火山地质遗迹进行了考察，并编制了《鄂伦春火山地质公园综合考察报告》、《建设纲要》、《森林秘境，火山王国——鄂伦春火山地质公园》画册、《申报书》等申报材料。

3.2.10.2 火山地貌的研究

2009～2011年，中国地质大学（北京）白志达、徐德斌等人对扎兰屯市柴河、鄂伦春火山地质遗迹进行全面的调查研究。查明了火山类型、喷发规模及空间展布特征，调查火山喷发时代和喷发序列，研究火山结构、火山喷发物的成因相序和火山喷发过程，主要成果有《扎兰屯市柴河火山地质遗迹调查研究报告》、《扎兰屯市柴河火山群火山地质图》。

因收集资料的时间和渠道有限，对内蒙古地质遗迹，尤其是古生物化石方面的相关研究成果不能一一列举，敬请谅解，我们将在今后的工作中尽可能地完善和充实。

4 细数家珍——地质遗迹分类体系

Describing in Details—Classification of Geological Heritage

地质遗迹，是指在地球漫长的演化过程中，由于地质作用形成的、有重大观赏和重要科学研究价值的地貌景观、地质剖面、构造形迹、古生物化石遗迹、独特的矿物和岩石及其典型产地、有特殊意义的水体资源、典型的地质灾害遗迹等。内蒙古丰富的地质遗迹以天然生态为主，记载着过去、现在，预示着未来，表现出多元性和多样性，无法复制，不能再造，是我们野外地质考察、普及地学知识、增强环境意识、体现传统文化、陶冶情操及生态旅游的最理想场所。

4.1 地质遗迹分类概述

地质遗迹分类是地质遗迹研究的基础,需要从理论上进行研究,其目的在于如实反映地质遗迹特征,为地质遗迹调查、研究、规划、保护、开发地质公园和科学管理提供依据(陈安泽,2003)。由于地质遗迹是内力地质作用和外力地质作用的产物,地质作用的多样性也就决定了地质遗迹的多样性,而目前国内外对地质遗迹的分类不一,还没有统一的分类标准。

4.1.1 国际地质遗迹分类

国外主要地质遗迹分类体现在:美国内政部国土局、联合国教科文组织、英国自然保护委员会的分类方案;虽各自侧重点不同,但是从分类的发展过程看,随着地质工作的不断深入和扩大,分类体系越来越完善、越来越系统、越来越科学(齐岩辛,2004)。

4.1.1.1 美国内政部国土局分类方法

美国内政部国土局把地质遗迹划分为15类,该分类方案主要强调各类地质现象的典型性和其发展研究历史。

具体分类如下:(1)地质特征,岩石类型标准化石,首次发现描述和命名地。(2)重要地质过程或原理首次发现和研究地区。(3)地学教科书范例依据的野外实例地区。(4)古生物演化阶段的重要化石记录区域。(5)由风、水、冰、风化及大规模毁灭性作用产生的典型特征。(6)洞穴和岩溶地形。(7)热泉、自然泉水和含水层。(8)能提供经典性研究和教育机会的地质特征。(9)地球演化史中的重要阶段的突出范例。(10)有众多各类重要地质特征的集中分布,即使其中某些个体不十分重要,但是集合却具有不一般的重要意义。(11)具有重要地质或历史意义的矿山或矿物产地。(12)奇异地景如漂砾、陨石火山口(非火山成因的类似地貌或火山成因)、峰林等。(13)奇特的岩石或矿物产地。(14)地质特征及组合,地质景观具有自然美学性并具有休闲价值。(15)具有休闲和教育价值的岩石标本采集地。

4.1.1.2 联合国教科文组织的分类方法

20世纪80年代末,联合国教科文组织和国际地质科学联合会把地质遗迹分为9个大类:古生物类、地层和标准剖面类、古环境类、岩石类、地质构造类、地貌景观类、经济地质类、其他类型重要的地质现象、地球科学的典型区域。

内蒙古古生物（含古人类）大类地质遗迹的组成（田明中、杨艳，2012）

大类	类	亚类	地质遗迹名称	分布位置
3.古生物（含古人类）	（3-1）古动物	（3-1-1）古无脊椎动物化石及埋藏地	巴特敖包晚志留—早泥盆世生物群	包头市达茂旗达尔罕茂明安联合旗
			哲斯敖包二叠世腕足动物群	包头市达尔罕茂明安联合旗满都拉苏木
		（3-1-2）古脊椎动物化石及埋藏地	宁城中生代生物群	赤峰市宁城县道虎沟地区
			早白垩世恐龙动物群	鄂尔多斯市鄂托克旗查布苏木
			二连盐池晚白垩世二连恐龙动物群	锡林郭勒盟二连浩特市
			巴彦满都呼晚白垩世恐龙动物群	巴彦淖尔市乌拉特后旗西北部宝音图苏木巴彦满都呼嘎查
			乌拉特中旗早侏罗世恐龙足迹	巴彦淖尔市乌拉特中旗
			查布苏木早白垩世恐龙足迹	锡林郭勒盟正黄旗查布苏木
			脑木根晚古新世哺乳动物群	四子王旗脑木根苏木东南
			四子王旗始新世哺乳动物群	乌兰察布市四子王旗
			乌兰戈楚渐新世哺乳动物群	二连浩特
			乌兰塔塔尔渐新世哺乳动物群	阿拉善盟阿拉善左旗
			通古尔中新世晚期动物群	锡林郭勒盟苏尼特左旗胡尔郭金拉哈沙
			乌兰花上新世哺乳动物群	通辽市科尔沁左翼中旗乌兰花
			萨拉乌苏河晚更新世哺乳动物群	鄂尔多斯市乌审旗萨拉乌苏流域
			扎赉诺尔晚更新世哺乳动物群	呼伦贝尔市满洲里
	（3-2）古植物	（3-2-1）古植物化石及保存地	哈诺敖包西山泥盆系植物化石	锡林郭勒盟东乌珠穆沁旗
			宝日恒图硅化木化石	巴彦淖尔市乌拉特中旗
			额济纳旗硅化木化石	阿拉善盟额济纳旗
	（3-3）古人类	（3-3-1）古人类化石及古人类活动遗址	"河套人"化石及其文化遗址	鄂尔多斯市乌审旗萨拉乌苏
			"扎赉诺尔人"化石及其文化遗址	呼伦贝尔市满洲里
			大窑古人类活动遗址	呼和浩特市郊区

一定意义和价值的古采矿遗址。可分为2个类：（6-1）产地矿物；（6-2）矿床。

4.2.3.7 环境地质大类

指因各类地质灾害作用引发而形成的具有一定典型性、完整性或科学意义的灾害遗迹。只有1类：（7-1）灾害地质环境遗迹。对于因一种地质灾害所引发的其他类型的地质灾害，不应分开归类，如因地震引发的滑坡、崩塌等，则应归入地震遗迹处理。

内蒙古风景地貌大类地质遗迹的组成（田明中、杨艳，2012）

大类	类	亚类	地质遗迹名称	分布位置
4.风景地貌	（4-1）山石景观	（4-1-1）花岗岩景观	阿斯哈图花岗岩石林景观	赤峰市克什克腾旗
			青山花岗岩岩臼及峰林景观	赤峰市克什克腾旗
			曼陀山花岗岩石蛋景观	赤峰市克什克腾旗
			七锅山、花加拉嘎乡平顶山、桃石山、查干哈达苏木十八罗汉花岗岩岩臼、峰林景观等	赤峰市巴林左旗
			翁牛特旗花岗岩岛山、石柱、岩臼景观等	赤峰市翁牛特旗
			四十家子乡马鞍山花岗岩奇峰景观	赤峰市喀喇沁旗
			赛罕乌拉花岗岩峰林景观	赤峰市巴林右旗查干哈达苏木
			玫瑰峰花岗岩峰林景观	兴安盟阿尔山
			夏日哈达花岗岩景观	乌兰察布市
			花岗岩峰林等景观	包头市
			东升庙花岗岩峰林景观	巴彦淖尔市乌拉特后旗
			同和太奇花岗岩石林景观	巴彦淖尔市乌拉特中旗
			宝德尔花岗岩石林景观	锡林郭勒盟苏尼特左旗
			呼布沁高壁苏木雅斯太花岗岩峰林景观	锡林浩特盟东乌珠穆沁旗
			喇嘛山花岗岩峰林景观	呼伦贝尔市牙克石市
		（4-1-2）火山岩景观	达里诺尔火山群	
			阿巴嘎旗火山群	锡林郭勒盟阿巴嘎旗
			白音库伦火山群	锡林郭勒盟白音库伦
			哈拉哈火山群	
			阿尔山火山群	兴安盟阿尔山市
			柴河火山群	呼伦贝尔市扎兰屯市
			诺敏火山群	呼伦贝尔市鄂伦春自治旗
			乌兰哈达火山群	乌兰察布市察哈尔右翼前旗
		（4-1-3）碎屑岩景观	敖伦布拉格峡谷	阿拉善盟
			人根峰	阿拉善盟
			红墩子峡谷	阿拉善盟阿拉善右旗额日布盖
			脑木根砂泥岩地貌	乌兰察布市四子王旗
		（4-1-4）变质岩景观	狼山乌拉山群变质岩景观	东升庙、炭窑口和霍各乞一带
			大青山哈拉沁沟变质岩景观	呼和浩特市—包头市之间以北的大青山地区
	（4-2）冰川景观	（4-2-1）第四纪冰川遗迹	黄岗梁第四纪冰川遗迹	赤峰市克什克腾旗
			平顶山第四纪冰斗群	赤峰市克什克腾旗
			赛罕乌拉第四纪冰川遗迹	赤峰市巴林右旗
			马拉嘎山第四纪冰川遗迹	通辽市霍林河
	（4-3）风成景观	（4-3-1）戈壁景观	额济纳戈壁景观	阿拉善盟
		（4-3-2）沙漠景观	巴丹吉林沙漠景观	阿拉善盟
			腾格里沙漠景观	阿拉善盟
			乌兰布和沙漠景观	阿拉善盟
			库布齐沙漠景观	鄂尔多斯市、巴彦淖尔市
		（4-3-3）沙地景观	呼伦贝尔沙地景观	呼伦贝尔市
			科尔沁沙地景观	通辽市大部、赤峰市东部、兴安盟的南部
			浑善达克沙地景观	赤峰市东部、锡林郭勒盟大部
			毛乌素沙地景观	鄂尔多斯高原的南部

内蒙古水体大类地质遗迹的组成（田明中、杨艳，2012）

大类	类	亚类	地质遗迹名称		分布位置
5.水体	（5-1）河流	（5-1-1）风景河段	黄河		鄂尔多斯市
			额尔古纳河	海拉尔河	呼伦贝尔市海拉尔市
				根河	呼伦贝尔市根河市
				莫勒格尔河	呼伦贝尔市鄂温克自治旗
			西辽河水系	西拉木伦河	赤峰市克什克腾旗
				老哈河	赤峰市敖汉旗
			嫩江水系	诺敏河	呼伦贝尔市牙克石市
				雅鲁河	呼伦贝尔市扎兰屯市
				绰尔河	呼伦贝尔市扎兰屯市柴河镇
	（5-2）湖泊	（5-2-1）构造湖	达里湖		赤峰市克什克腾旗
			呼伦湖、贝尔湖		呼伦贝尔市
			岱海、黄旗海		乌兰察布市
			查干诺尔		锡林郭勒盟
			吉兰泰盐湖		阿拉善盟阿拉善左旗
		（5-2-2）火山湖	火山堰塞湖	杜鹃湖、松叶湖、鹿鸣湖、乌苏浪子湖、仙鹤湖、眼镜湖	兴安盟阿尔山市
				达尔滨湖	呼伦贝尔市鄂伦春自治旗
			火山口湖	天池、地池、双沟山天池	兴安盟阿尔山市
				驼峰岭天池、月亮湖、同心天池	呼伦贝尔市扎兰屯市柴河镇
		（5-2-3）河迹湖	乌梁素海		巴彦淖尔市
			翁牛特沙湖		赤峰市翁牛特旗
			居延海		阿拉善盟额济纳旗
			纳林湖		巴彦淖尔市磴口县
			达里诺尔		赤峰市克什克腾旗
			乌兰诺尔		呼伦贝尔市新巴尔虎右旗
		（5-2-4）沙漠湖	巴丹吉林沙漠湖泊群		阿拉善盟
			腾格里沙漠湖泊群		阿拉善盟
	（5-3）瀑布	（5-3-1）瀑布河段	龙口瀑布		赤峰市克什克腾旗浩平呼热乡
			老哈河瀑布		赤峰市翁牛特旗与敖汉旗交界处
			哈布气林场水帘洞瀑布		呼伦贝尔市扎兰屯市柴河镇
	（5-4）泉水	（5-4-1）温（热）泉	热水塘温泉		赤峰市克什克腾旗热水开发区
			八里罕温泉		赤峰市宁城县
			阿尔山热水温泉群		兴安盟阿尔山
			林家地乡北热水汤温泉		赤峰市敖汉旗
			伊克乌素热矿水		鄂尔多斯市杭锦旗
			大佘太温泉		巴彦淖尔市乌拉特前旗大佘太镇
			乌兰镇西南包尔浩晓热矿水		鄂尔多斯市鄂托克旗
			清水湾暖水泉		乌兰察布市卓资县
			三苏木乡中水塘温泉		乌兰察布市凉城县
		（5-4-2）冷泉	玉泉山冷泉群		呼伦贝尔市鄂伦春自治旗
			维纳阿尔善矿泉		呼伦贝尔市鄂温克自治旗
			五里泉		兴安盟阿尔山市
			阿贵庙矿泉		巴彦淖尔市磴口县
			满洲里灵泉		呼伦贝尔市满洲里
			大杨树神泉		呼伦贝尔市鄂伦春自治旗

内蒙古矿物岩石与矿床大类地质遗迹的组成（田明中、杨艳，2012）

大 类	类	亚 类	地 质 遗 迹 名 称	分 布 位 置
6.矿物岩石与矿床	（6-1）矿物产地	（6-1-1）典型矿物产地	宝山玛瑙矿	呼伦贝尔市莫力达瓦旗
			乌兰布冷玛瑙矿	呼伦贝尔市新巴尔虎右旗
			白音昌乡平顶山中华麦饭石	通辽市奈曼旗
			北窑沟麦饭石	呼伦贝尔市扎兰屯市
			阿拉善奇石	阿拉善盟阿拉善左旗
			巴林鸡血石采矿遗迹	赤峰市巴林右旗
			扎赉诺尔矿山遗迹	呼伦贝尔市满洲里市
			霍各乞铜矿采矿遗迹	巴彦淖尔市乌拉特后旗
			天皮山采矿遗迹	乌兰察布市察哈尔右翼前旗
			大井古铜矿遗址	赤峰市林西县
			额尔古纳砂金遗址	呼伦贝尔市额尔古纳市
	（6-2）矿床	（6-2-1）典型金属矿床	白云鄂博特大型铁—稀土—铌矿床	包头市白云鄂博矿区
			林西-乌兰浩特侏罗纪钨、锡、钼、铜等多金属矿床	赤峰市至乌兰浩特市一带
			甲生盘、东升庙、炭窑口、霍各乞大型层控多金属矿床	巴彦淖尔市
			色尔腾山大中型磁铁矿床	巴彦淖尔市
			白乃庙斑岩铜矿、金、钼矿床	乌兰察布市四子王旗
		（6-2-2）典型非金属矿床	准格尔煤田	鄂尔多斯市
			东胜煤田	鄂尔多斯市东胜区
			桌子山煤田	乌海市
			角力格太宝石矿	巴彦淖尔市乌拉特中旗

内蒙古环境地质大类地质遗迹的组成（田明中、杨艳，2012）

类	亚 类	类 型	地 质 遗 迹 名 称	分 布 位 置
7.环境地质	（7-1）灾害地质环境遗迹	（7-1-1）滑坡遗迹	包头市石拐区滑坡遗迹	包头市石拐区
			元宝山露天煤矿西排土场滑坡遗迹	赤峰市
			伊敏滑坡遗迹	呼伦贝尔市海拉尔
		（7-1-2）泥石流遗迹	西柳沟泥石流	包头市
			东山泥石流	呼伦贝尔市扎兰屯市
		（7-1-3）地面塌陷与地裂缝	乌达矿区地面塌陷	乌海市乌达区
			平庄元宝山矿区地面塌陷与地裂缝	赤峰市
			白乃庙铜矿区地面塌陷	乌兰察布市四子王旗
			扎赉诺尔矿区地面塌陷	呼伦贝尔市满洲里
			宝日希勒地面塌陷	呼伦贝尔市陈巴尔虎旗

5 地球密码——地质剖面
Earth Passwords—Stratigraphic Section

内蒙古地区地层出露齐全，从太古宙至第四纪各时代地层都有，发育了大量保存良好的典型地层剖面，包括太古宇、元古宇、寒武—奥陶系、志留—泥盆系、石炭—二叠系、三叠系、侏罗系、白垩系、古近系—新近系、第四系等地层剖面，成为区域或国内地层对比研究的重要依据。

Earth Passwords—Stratigraphic Section

⑤ 地球密码——地质剖面

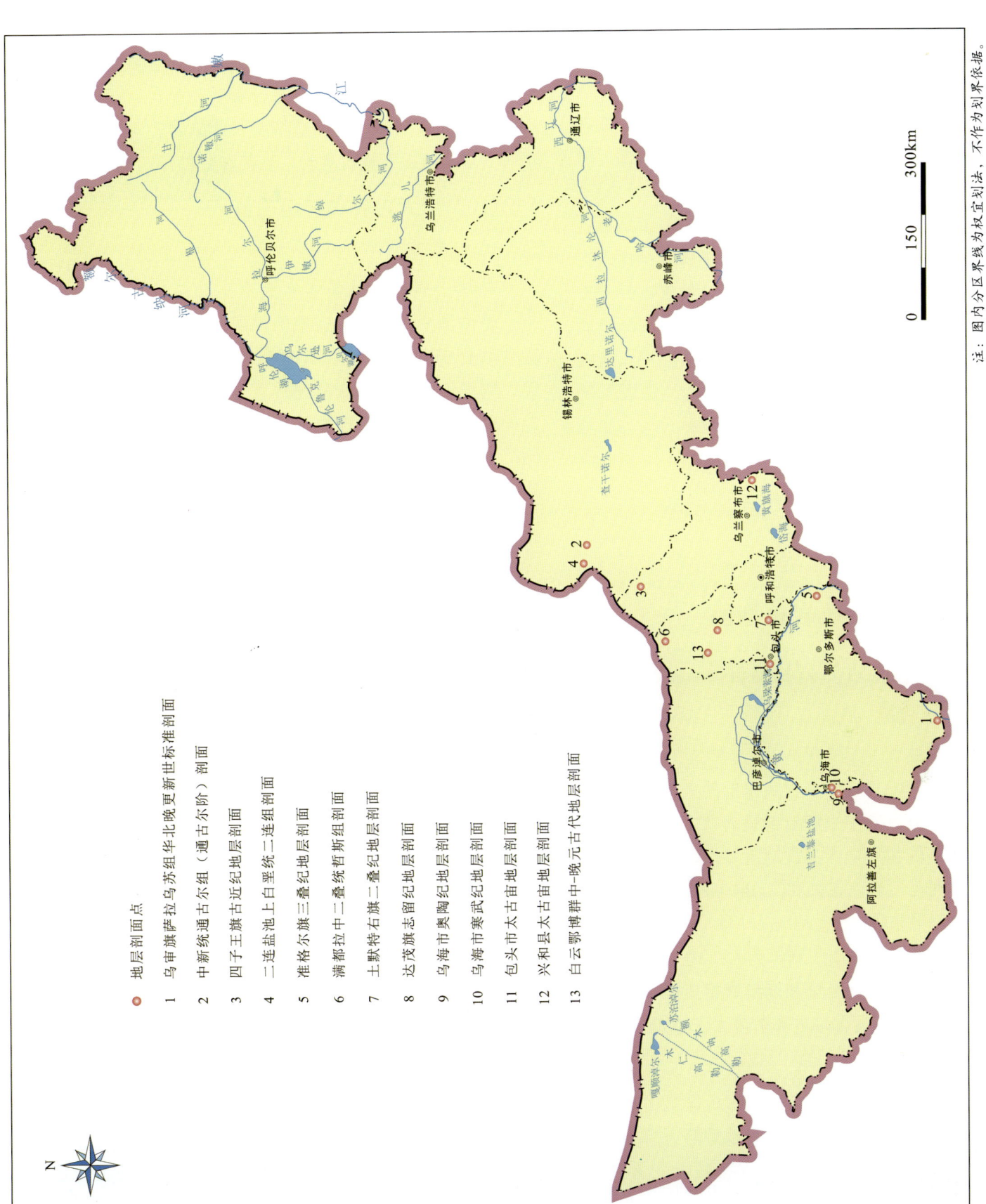

内蒙古地质剖面类主要地质遗迹分布图

图例：
- 地层剖面点
1. 乌审旗萨拉乌苏组华北晚更新世标准剖面
2. 中新统通古尔组（通古尔阶）剖面
3. 四子王旗古近纪地层剖面
4. 二连盐池上白垩统二连组剖面
5. 准格尔旗三叠纪地层剖面
6. 满都拉中二叠统哲斯组剖面
7. 土默特右旗二叠纪地层剖面
8. 达茂旗志留纪地层剖面
9. 乌海市奥陶纪地层剖面
10. 乌海市寒武纪地层剖面
11. 包头市太古宙地层剖面
12. 兴和县太古宙地层剖面
13. 白云鄂博群中﹣晚元古代地层剖面

注：图内分区界线为权宜划法，不作为划界依据。

5.1 总体特征

内蒙古地质剖面大类地质遗迹按照区域特点、岩性组合特征分为3个类：变质岩相剖面、岩浆岩相剖面、沉积岩相剖面，进一步又划分为3个亚类：典型变质岩相剖面、典型岩浆岩相剖面、典型沉积岩相剖面，典型的代表主要有：古太古界兴和岩群、中太古界集宁岩群、新太古界—古元古界色尔腾山岩群、中—晚元古界温都尔庙群、侏罗系—早白垩世火山岩相剖面、中二叠统哲斯组剖面、晚白垩世二连组剖面、古近系剖面、新近系通古尔组剖面及第四纪萨拉乌苏组地层剖面。

5.2 典型代表

5.2.1 典型变质岩相剖面

5.2.1.1 古太古界兴和岩群

（1）概况

内蒙古太古宙岩石—构造单位主要分布在武川县—固阳县一带和包头东部的大青山（卢良兆，1992）。其中兴和岩群是内蒙古中部出露的比较广泛的古太古界变质地层单位，其建群剖面位于兴和县一带。在兴和(岩)群中用Sm—Nd等时线方法测得年龄值为2875 ± 9 Ma；混合紫苏斜长花岗岩中锆石U—Pb法测年为3323 ± 44 Ma。上述数据均代表混合岩化和麻粒岩相变质事件的年龄，兴和岩群实际形成的年龄应大于3500 Ma。

（2）基本特征

兴和（岩）群是目前内蒙古地区最古老，变质程度最深（麻粒岩相），具以重熔为特征的混合岩化、局部形成混合花岗岩的麻粒岩。

该岩群组合经历了强烈的变质作用，内部已丧失了地层的层序特征，是无序的。岩性主要为石榴黑云紫苏斜长麻粒岩、黑云斜长片麻岩、石榴二辉斜长片麻岩、角闪透辉斜长片麻岩、角闪透辉石岩、含铁石榴石英岩、长英麻粒岩。

5.2.1.2 中太古界乌拉山岩群

（1）概况

乌拉山岩群主体集中在大青山和乌拉山一带，是中国中太古代最完整的地层剖面，形成于距今25亿年前。该群有3个岩组28个层，岩石连续、剖面清晰，由原始层理、混合脉体等所显示的同斜倒转褶皱几乎随处可见，曾作为第十三届国际地质大会考察路线之一。包头市北西哈达门沟剖面和公益明南山乌拉山群剖面为典型剖面。该岩群的年龄范围在2800~3000Ma。

（2）基本特征

该岩群是一套中深变质岩系，岩群组合反映出乌拉山岩群自下而上为一个完整的火山沉积旋回，由早期动荡的火山沉积环境逐渐变为较宁静的浅海相沉积。

区域上表现为：下部为深色的片麻岩组合，层状不明显；中部为浅色层状片麻岩，层状明显；上部为长石石英岩等组成的碎屑—碳酸盐沉积。

5.2.1.3 中太古界集宁岩群

（1）概况

集宁岩群的时代属中太古代，分布于集宁、凉城一带，是以富铝片麻岩和大理岩为主的一套深变质浅色岩石组合。层理已被片麻理强烈置换，原有面貌保留极少，不易恢复。命名剖面位于内蒙古集宁三岔口东山和凉城县到卓资县花山。沈其韩在1987年发表的采自集宁岩群的Rb—Sr年龄值为2316 ± 38Ma，这是其变质年龄，其沉积年代应更老，推测为3000Ma（内蒙古自治区地质矿产局，1996）。

◎ 中元古界什那干剖面

（2）基本特征

集宁岩群主要由两部分组成：下部以麻粒岩、片麻岩为主；上部以富铝片麻岩和大理岩为主。

5.2.1.4 新太古界—古元古界色尔腾山岩群

（1）概况

色尔腾山岩群分布在内蒙古色尔腾山一带，东起公义明西到大佘太，长约80千米，北到哈布齐沟，再到营盘湾，宽10～20千米，呈北西西向带状分布。此岩群是一套中级变质的绿片岩建造，内含一定数量的混合岩化片麻岩和混合岩等。自下而上分为5个组：陈三沟组、东五分子组、柳树沟组、北召沟组和点力泰组。

岩群中绿泥阳起石英片岩中锆石U—Pb年龄为2323～2485Ma，黑云斜长角闪片岩的Sm—Nd等时线年龄为2526Ma，侵入该群的斜长花岗岩、花岗闪长岩、花岗岩锆石U—Pb年龄分别为2367Ma、2441Ma、2470Ma，推论其沉积时限为2500～2800Ma（内蒙古自治区地质矿产局，1991）。

（2）基本特征

该岩石组合反映出本地区经历了从地壳活动到稳定反复发展、演化，最终以巨厚的碳酸盐沉积结束的发展历史。构造变形主要分两期：早期为拉伸构造体制下产生的中深构造层次的构造形迹，发育顺层韧性剪切带、顺层掩卧褶皱及无根钩状、肠状等褶曲；晚期变形是强烈纵向构造置换，形成了纵弯褶皱、尖棱褶皱等，还伴随有大规模的韧性逆冲剪切变形。推测该岩群形成于较活动的大陆边缘裂陷槽环境。

该岩群上覆被斜长花岗岩侵入，下伏与乌拉山岩群断层接触。

5.2.1.5 中—新元古界白云鄂博群

白云鄂博群由李毓英1955年创名，命名地点在白云鄂博。根据《内蒙古自治区岩石地层》，白云鄂博群划分为6个组，由老出露层到新出露层序为：都拉哈拉组、尖山组、哈拉霍疙特组、比鲁特组、白音宝拉格组、呼吉尔图组。白云鄂博矿床与白云鄂博群关系极为密切。

（1）都拉哈拉组（Chd）

该组由内蒙古区测一队1971年在白云鄂博地区开展1:20万区域地质调查时建立，底部砾岩中含有古砂金矿层，顶部的纯石英砂岩已具备工业利用的硅石矿床。层型剖面：达尔罕茂明安联合旗白云敖包苏木都拉哈拉山。

（2）尖山组（Chj）

该组是内蒙古区测一队1971年在白云鄂博地区开展1:20万区域地质调查时建立，是白云鄂博储矿极为丰富的层位，层型剖面：达尔罕茂明安联合旗白云敖包苏木西南16千米的尖山。

（3）哈拉霍疙特组（Jxh）

该组由内蒙古区测一队1971年在白云鄂博地区开展1:20万区域地质调查时建立，层型剖面：达尔罕茂明安联合旗白云敖包苏木哈拉霍疙特。

（4）比鲁特组（Jxb）

该组由内蒙古区测一队1971年在白云鄂博地区开展1:20万区域地质调查时建立，是一个良好的铀、金找矿层位。层型剖面：达尔罕茂明安联合旗白云敖包苏木比鲁特。

（5）白音宝拉格组（Qnby）

该组是内蒙古区测一队1971年在白云鄂博地区开展1:20万区域地质调查时建立，层型剖面：达尔罕茂明安联合旗白音宝拉格苏木白音宝拉格剖面。

（6）呼吉尔图组（Qnhj）

该组是内蒙古区测一队1971年在白云鄂博地区开展1:20万区域地质调查时建立，层型剖面：达尔罕茂明安联合旗白音宝拉格苏木呼吉尔图剖面。

5.2.1.6 中—新元古界温都尔庙群

（1）概况

温都尔庙群主要指出露于集宁—二连浩特铁路线以东、朱日和及其以北地区的一套绿片岩相浅变质岩系。研究温都尔庙群对于了解华北板块北缘中、新元古代的构造演化及白云鄂博地区的控矿条件具有重要意义。

（2）基本特征

该岩群主要由黑云石英岩、含铁石英岩、铁矿层、绿泥片岩组成。原岩是基性火山岩和硅—铁质沉积岩，其中标志层是含铁石英岩，呈块状或条带状产出；上部岩性以二云石英片岩、绿泥石英片岩、石英岩为主，局部薄层状、透镜状大理岩和方解石英片岩，下部为绿片岩夹结晶灰岩透镜体。

通过对温都尔庙群岩石进行测年（王楫、陆松年，1995；袁忠信，1992），认为其地质年代为中新元古代，与白云鄂博群属于同一时代不同构造环境的沉积地层组合。中、新元古代时期华北板块北缘早中期为拉张洋壳阶段，到晚期转为汇聚阶段，到青白口纪末期则进入褶皱造山阶段的板块构造格局中。温都尔庙群可能就是在早中期拉张洋壳阶段时形成的（王继青，2011）。

5.2.2 典型火山岩相剖面

古生代海相或海陆交互相火山岩剖面，具有代表性的有多宝山组、大民山组、莫尔根河组、宝力高庙组、格根敖包组、本巴图组等；中生代陆相火山岩剖面具有代表性的有塔木兰沟组、满克头鄂博组、玛尼吐组、白音高老组、梅勒图组、苏红图组等。

（1）古生代海相或海陆交替相火山岩代表剖面

① 多宝山组（Od）

多宝山组指主要分布在嫩江县多宝山、黑河市罕达气等地区，整合在铜山组之上、裸河组之下的中性、中酸性火山岩。本区次层型为东乌珠穆沁旗汗乌拉苏木温都尔呼都格剖面。

在东乌珠穆沁旗岩性主要为安山岩、凝灰岩、安山玢岩、细碧角斑岩、流纹岩等，夹凝灰质细砂岩、板岩、粉砂岩、灰岩等。本组时代为早—中奥陶世。

② 大民山组（Dd）

大民山组指分布于大兴安岭大民山一带的海相中基性、酸性火山岩、火山碎屑岩及碎屑岩、碳酸盐岩及硅质岩、放射虫硅质岩等。厚度百米到数千米不等。纵横向岩性、岩相变化不大。与下伏泥鳅河组平行不整合接触，其上多被第四系覆盖。次层型为内蒙古牙克石市扎敦河林场大民山剖面。

剖面下部以砂砾岩、凝灰质含砾粗砂岩为主，碎屑粒度较粗，向上粒度变细，以细碎屑岩为主，构成一个正粒序沉积旋回。火山活动较弱，偶有酸性熔岩，以平行不整合覆于泥鳅河组之上。时代为中泥盆世晚期—晚泥盆世。

（2）中生代陆相火山岩代表剖面

① 满克头鄂博组（J₃m）

区内分布较广，受基底深大断裂控制，沿大兴安岭主峰呈北北东向带状展布。主要分布于吉尔果山、柴青林场、柴河源林场及得勒河两侧。主要由灰色、灰紫色、灰褐色、灰白色火山角砾岩、晶屑凝灰岩、流纹岩、石英粗面岩、石英斑岩等组成，不整合在华力西中期花岗岩或古生代地层之上。正层型为扎鲁特旗阿日昆都楞苏术满克头鄂博山剖面。

② 白音高老组（J₃b）

区内白音高老组大面积分布，由一套陆相酸性火山岩及沉积火山碎屑岩组成。主要岩石为灰紫色、浅灰色火山角砾岩、含角砾岩屑晶屑凝灰岩、熔结凝灰岩及流纹岩等，局部夹少量凝灰质粉砂岩。与下伏玛尼吐组呈喷发不整合接触。正层型为赤峰市巴林左旗哈达英格乡白音高老剖面。

5.2.3 典型沉积岩相剖面

5.2.3.1 中二叠统哲斯组剖面

哲斯组（Pzs）由美国人伯基（Berkey）和毛里斯（Morris）于1927年创名，指广泛分布于乌兰察布市、锡林郭勒盟及兴安盟北部，分别整合或不整合于早二叠世的包特格组及大石寨组之上的一套浅海相砂岩、板岩和灰岩透镜体的岩石组合，部分地区发育有火山碎屑岩和硅质岩，富含腕足类、珊瑚类、蜓等门类化石。正层型剖面未见顶，但区域上被晚二叠世林西组整合或不整合所覆。

正层型为达尔罕茂明安联合旗满都拉苏木东35千米处的哲斯敖包剖面。

哲斯组的正层型剖面岩性组合分为两部分，上部为灰绿、灰色页岩、砂岩，灰黄色含砾粗粒长石砂岩、中细粒长石砂岩夹生物碎屑灰岩透镜体，下部为厚层块状生物灰岩、砂岩和青灰色燧石条带灰岩等。海相碎屑岩、硅酸盐岩，含丰富的腕足类、珊瑚等，即为著名的哲斯动物群。下界与包特格组的棕褐色砂砾岩为分界标志。

哲斯组分布极为广泛，西起达茂旗向北东延伸到西乌旗、黄岗梁及大石寨和神山地区。区域上岩性组合及厚度变化较大。西部哲斯敖包和东部神山地区碳酸盐岩发育，厚度较大，含丰富的珊瑚、腕足类、头足类、蜓、苔藓虫等化石；中部西乌珠穆沁旗至大石寨碳酸盐岩相对较少，碎屑岩和硅质岩及火山岩相对增多，厚度及生物门类亦相应变小及减少。在西乌珠穆沁旗一带该组未见下界。所见岩性下部为硅质岩及生物碎屑灰

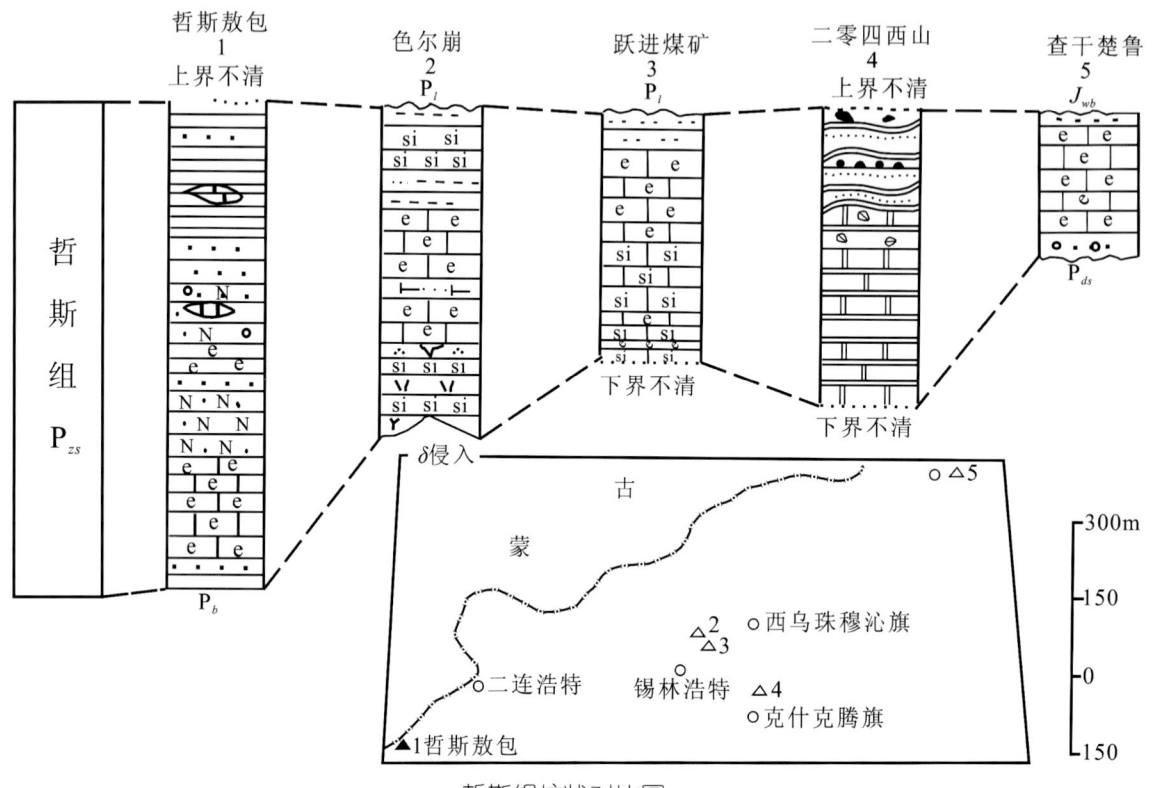

哲斯组柱状对比图

岩；中部为硅质灰岩及生物碎屑灰岩互层夹碎屑岩；上部为砾岩、砂岩、粉砂岩、泥灰岩，含丰富的动物化石。黄梁岗地区该组顶底出露不全，岩性下部为大理岩，上部为板岩。大石寨地区该组上、下分别与林西组和大石寨组整合接触，岩性为海相碎屑岩（多变成板岩）夹碳酸盐岩及火山岩。神山地区下部为碎屑岩，上部为碳酸盐岩。锡林浩特市以北的哲斯组，其底部普遍有一层火山熔岩砾石的砾岩，故认为哲斯组在该区及神山地区应不整合在大石寨组之上。根据本组在各地的上、下接触关系和所含丰富的动物化石，确定哲斯组沉积时限为中二叠世。

5.2.3.2 上白垩统二连组剖面

二连组是格兰杰（W. Granyer）和伯基（C. P. Berkey）于1922年创立。二连盐池位于二连浩特东北约9千米处，海拔964.8米，四周由1000米以上的高原台地所环绕，地形自西向东倾斜，是二连盆地的"盆中之盆"，是陆相沉积最为发育的地区之一。

该剖面沉积分选性强，岩性岩相变化较大，为杂色湖相沉积，岩性分为三部分：下部为浅灰、淡灰绿色泥质砂岩、砂岩、含砾砂岩和砂砾岩；中部为红褐、砖红色泥岩和砂质泥岩；上部为绿黄、灰黄色泥岩。该地层中含有丰富的恐龙化石，其中代表种属有：*Bactrosaurus*；*Gilmoreosaurus*；*Avimimus*；*Alectrosaurus*；*Archaeornithomimus*；*Ornithomimus*；*Ankylosaurus*；*Neimongosaurus*；*Giganroraptor*等。

总之，含恐龙化石的上白垩统二连组层序完整，上下接触关系清楚，是研究晚白垩世恐龙动物群的经典地层，其发掘的恐龙化石群代表着我国晚白垩世恐龙生物群的主要特征，是研究亚洲地区晚白垩世晚期恐龙生物群的典型地区，也是研究鸭嘴龙起源的重要地区。

地层			分层号	分层厚度（米）	岩 性 柱	岩 性 描 述
系	统	组					
白垩系	上统	二连组	7	2		泥岩
^	^	^	6	41		绿黄、米黄色泥岩，具纹层理。顶部和下部夹褐红色泥岩薄层；中下部夹一层浅砖红色泥灰岩，含介形类化石
^	^	^	5	14		红褐、砖红色泥岩及砂质泥岩，夹灰绿色泥岩薄层，含钙质结核
^	^	^	4	39		淡绿灰、淡灰色泥岩不等粒砂岩，夹浅灰色泥灰岩透镜体。在盐池东岸富含恐龙化石
^	^	^	3	2		灰绿、黄绿、淡土红色泥岩
^	^	^	2	5		浅灰、浅黄色含砾细粒长石石英砂岩
^	^	^	1	11		浅灰-褐黄色，含砾粗砂岩、砾砂岩

二连组地层剖面图

◎ 上白垩统二连组剖面

5.2.3.3 古近系剖面

内蒙古古近系典型剖面以四子王旗脑木根苏木的脑木根山和卫境苏木的乌兰希列为代表。自下而上为脑木根组、阿山头组、伊尔丁曼哈组、沙拉木伦组、乌兰戈楚组、呼尔井组。

（1）脑木根组（En）

脑木根组主要分布于二连浩特以南苏崩、乌兰为一套红色泥质岩，以块状坚硬的棕红色泥岩为主，上部夹杂色泥岩，产天青石、石膏，含丰富的脊椎动物化石，出露厚度大于10米，上界与阿山头组呈平行不整合接触，下界不清，时代为晚古新世。正层型为四子王旗脑木根苏木东南哈留特剖面。

（2）阿山头组（Ea）

阿山头组岩性为棕红色泥岩夹灰绿色泥岩、粉砂岩、砂质泥岩，底部含石膏及小砾石，产首施氏獏等哺乳类动物化石，上界与伊尔丁曼哈组、下界与脑木根组均呈平行不整合接触。选层型为四子王旗巴彦乌兰剖面。

（3）伊尔丁曼哈组（Ey）

伊尔丁曼哈组为一套湖相泥岩—碎屑岩组合，主要为灰白色砂岩、粉砂岩夹少量灰绿色泥岩、砖红色泥岩。产哺乳动物化石，下界与阿山头组，上界与沙拉木伦组均呈平行不整合接触，局部与上覆乌兰戈楚组、呼尔井组呈不整合接触。选层型为四子王旗巴彦乌兰剖面。

（4）沙拉木伦组（Esl）

沙拉木伦组下部为灰绿色粉砂质泥岩、泥岩、含钙质结核及石膏晶屑，产脊椎动物、轮藻、介形类化石；上部为灰绿色泥岩夹红色泥岩及钙质结核，下界与伊丁曼哈组，上界与乌兰戈楚组均呈平行不整合接触。有时与下伏地层阿山头组呈不整合接触。选层型为四子王旗乌兰胡哨剖面。

（5）乌兰戈楚组（Ewl）

乌兰戈楚组系一套自下而上为灰白色中粗粒长石石英砂岩，灰绿、微红色泥岩、含锰砂岩，局部含石膏，并产脊椎动物化石，下伏地层为沙

◎ 脑木根组剖面

拉木伦组，上覆地层为呼尔井组，均呈平行不整合接触，时代为早渐新世。选层型为四子王旗额尔登敖包剖面。

（6）呼尔井组（Eh）

呼尔井组为一套粗碎屑岩组合，由灰白色、橘黄色、锈黄色砂砾岩、粗砂岩组成，夹薄层泥岩，含脊椎动物化石，下界与乌兰戈楚组呈平行不整合接触或超覆于伊尔丁曼哈组、沙拉木伦组之上，上界被第四纪沉积覆盖。选层型为四子王旗额尔登敖包剖面。

5.2.3.4 新近纪通古尔组剖面

通古尔组的建组地点在二连浩特东南约70平方千米的通古尔盆地，是美国自然历史博物馆中亚考察团Spock于1929年命名，当时将其时代定为上新世。1934年，科尔伯特（Colbert）在《戈壁沙漠晚中新世猪类化石》一文中首次提出通古尔组的时代是晚中新世，现一般认为是中新世中期。

通古尔组为一套内陆盆地湖泊相沉积为主的砂泥岩（未见底），产状平缓，在通古尔地区呈带状出露，构成相对于赛汉高毕二级台阶前缘的陡壁，顶部遭剥蚀常为后期的砂砾岩层所覆盖，

层位	段	代号	岩性符号	层号	厚度	岩性描述
第四系		Q			(m) >5	黄色含砾砂层
通古尔组（中新统）	上	N_1^{2b}		V	2.5–3.4	灰绿色/黄绿色/浅咖啡色砂质泥岩及泥质砂岩
	下	N_1^{2a}		IV	3.0–7.6	砖红色粉砂质泥岩，含钙质结核
				III	1.8–9.7	土褐色粉砂质泥岩，含大量钙质结核
				II	1.8–20.6	灰白色/灰红色泥质砂岩夹土褐色泥岩；顶部为锈黄色砂层，砂岩风化后呈麻糖状；含鱼/软体动物化石
				I	0–>8.5	杂色泥岩，含鱼/软体动物化石
始新统	？	E？			未见底	灰白色泥灰岩

◎ 通古尔中新世通古尔组综合柱状图（邱铸鼎，1996）

◎ 通古尔组剖面

底部出露不全，但主体的露头非常好。其岩性下部为米黄色、灰白色含砾粗砂岩、砂岩；上部为灰白色砂岩与杂色泥岩互层，局部夹有薄层泥灰岩，砂岩中发育有交错层理，泥岩中常含钙质结核。与下伏大庙组呈假整合接触，或与下伏古近系或白垩系呈不整合接触，并为假整合的上新统所覆盖。

通古尔组在本区不仅分布面积广大，出露条件良好，而且化石埋藏丰富，在地层学及古生物学方面具有极高的意义和科研价值。通古尔动物群化石丰富，其中以铲齿象最多，也最为著名。

5.2.3.5 第四系剖面

萨拉乌苏河发育在海拔1100～1600米的鄂尔多斯高原第四纪更新世的松散堆积层中，地层极易被冲刷切割，由于地质时期的构造抬升，使河流强烈下切，沿岸厚层的第四纪河湖相与风成相沉积地层广泛出露，含中更新统至全新统，以滴哨沟湾剖面、米浪沟湾剖面等具有代表性。其中，滴哨沟湾第四纪地层沉积连续，总厚72米，自下而上可分为成因类型组合不同的5组地层，以下将对河流两岸这5组地层作综合概述。

萨拉乌苏河滴哨沟湾剖面 萨拉乌苏组因在鄂尔多斯市乌审旗萨拉乌苏河流域最发育而得名，最早由桑志华、德日进命名为萨拉乌苏河建造，1956年《中国区域地层表（草案）》改称为萨拉乌苏组。是我国北方特别是华北地区晚更新世河湖相的标准地层，根据董光荣等的研究其地层层序为：

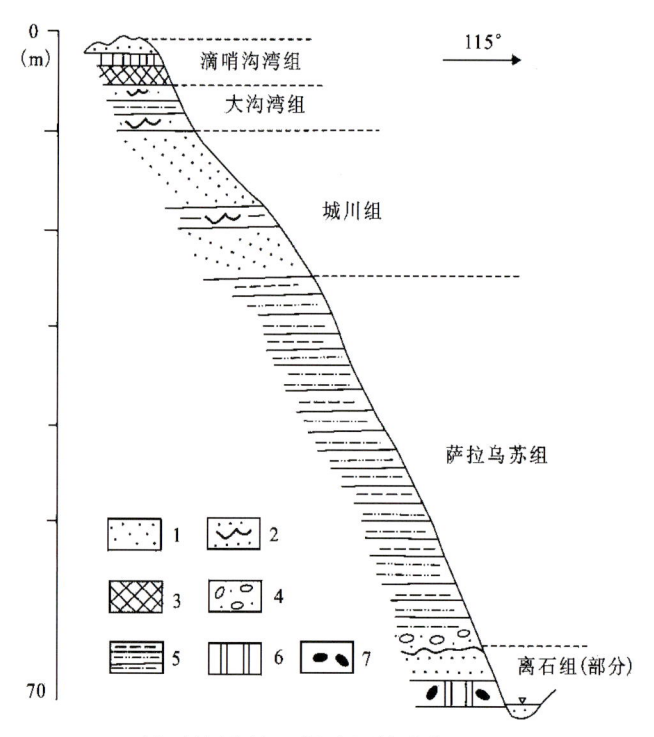

滴哨沟湾第四纪地层综合剖面图
（苏志珠、董光荣，1997）

1. 细沙；2. 融冻褶皱；3. 古土壤；4. 砂土砾岩；5. 河流相；6. 黄土；7. 钙质结核

(1) 中更新统老黄土

断断续续出露于沿岸底部，常成平整的或丘陵起伏陡崖。厚度变化较大。愈近黄土丘陵区厚度愈大。薄者厚度仅1～2米，厚者达30米，除少数为冲积次生黄土外，多数为风成原生黄土，前者分布位置稍低，颜色浅淡，并有明显的水平层理。后者由棕黄－灰黄色粉砂与棕褐色亚粘土组成，含钙结核，唯沙性较大甚至夹风成沙地层，可以新桥水库坝下50米处右岸地层剖面为例。

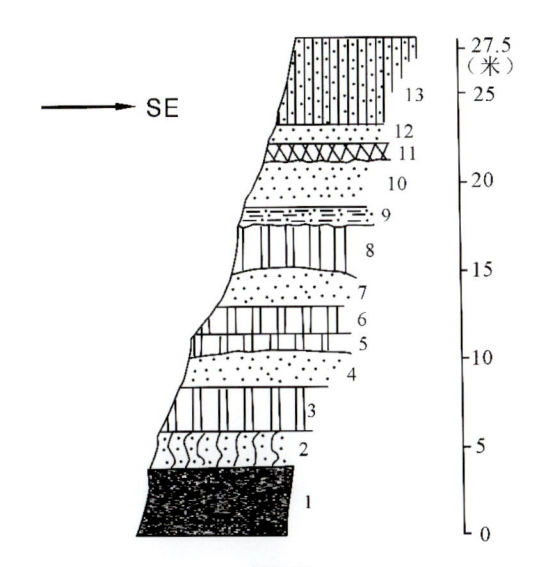

该剖面总厚度28米，自上而下分为13层。从这一地层剖面可以看出，老黄土中的风成沙夹层大致有两类：一为黄棕色与灰棕色松软或略胶结的细砂和极细砂；二为棕红色砂质土壤。前者系古流动沙丘，灌丛沙堆与平沙地；后者系古风成沙经生草成壤过程而形成的沙质古土壤，即固定与半固定沙地。

(2) 上更新统下部萨拉乌苏组

主要由灰绿、灰蓝或灰褐、灰黑色粘质粉砂、亚粘土、粘土与灰黄至棕黄色粉砂质细砂及细砂水平互层组成，偶见呈透镜体状砂土砾石层。质地较硬。在地形上往往形成陡坡，受下伏老黄土古地形影响，厚度变化较大。在滴哨沟湾至米浪沟湾一带的最大厚度可达40米。这一组地层是以河流相为主，并有湖沼相伴生的复杂堆积体，不存在统一大湖沉积。

河岸相（包括天然堤、绝口扇）和泛滥盆地相堆积，在范家沟湾至米浪沟湾一带较为发育，据杨四沟湾两岸、刘家沟湾小桥畔右岸以及米浪沟湾村东北100米处左岸和东南300米处的左右岸等地观察，天然堤位于古河床岸边的老黄土面以上，整个似楔状脊，高1～6米，由灰黄、灰棕至棕黄色细沙粉细沙与灰绿、黄绿至黄褐色粉沙、粘质粉沙互层组成。顶部层理不明显，有时见灰褐色至灰黑褐色古土壤，并零星分布小钙结核。两侧具不平行的倾斜层次，近河床侧单层厚，颗

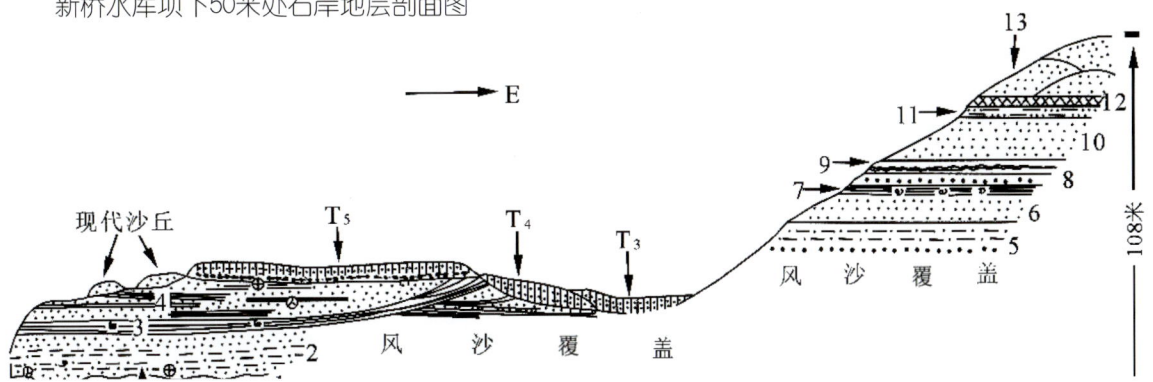

新桥水库坝下50米处右岸地层剖面图

图例：
- 次生黄土
- 粉砂与粉砂质细砂互层
- 风成细沙
- 老黄土
- 黑垆土
- 砂质古土壤
- 黄土古土壤

杨四沟湾右岸绝口扇沉积剖面图（苏志珠等，1997）

粒粗，坡度相对较陡，并渐变为河床沙坝相沉积；背河床侧相反，与绝口扇和泛滥盆地相沉积互为逐渐过渡关系。

杨四沟湾右岸绝口扇沉积由厚层灰棕、灰黄色细砂、极细砂与薄层黄绿、灰绿、灰蓝色粉砂质细砂、粗粉砂、粘质粉砂互层组成。具不规则层次和层理，累积厚度可达20～30米。颗粒比泛滥盆地和天然堤的泥质盖层稍粗。扇状体在靠近天然堤附近，总厚度大，坡度陡（25°～35°），层次与层理极不规则，逐至泛滥盆地边缘厚度急剧减小，坡度变缓（一般在20°以下），逐至见其一定斜度，近于平行的层理构造，往往含较多的脊椎动物化石、破碎淡水和植物残体。

（3）上更新统上部城川组

主要由灰黄、棕黄至红棕色细砂或粉细砂组成，质地松散。在地形上往往形成小于30°的缓坡。但在中部经常出现一层（有时为两层）厚1～4米、坡度较陡的灰蓝或灰绿色粉砂质细砂、粉砂、粘质粉砂、亚粘土和粘土。总厚20～30米。它与下伏萨拉乌苏组地层基本上为连续沉积关系。这组地层既有河流相和湖沼相沉积，也有风成相沉积。

风成相沙质沉积在上、下部地层中均有分布，但以上部分最广，也最为明显。黑老包干沟口沉积剖面显示沉积物通体为棕黄色细砂或粉细砂，质地松散，具风成交错层理，层内分选均匀，未见明显沙质古土壤层。每组层厚几厘米至1～2米，由厚几毫米至1～2厘米、倾角20°～35°的前积纹层组成的板状或楔状交错层理，成一定角度迭置而成，有时也见所有以这种板状或楔状交错层理与每组厚度0.3～0.6米，由厚数毫米至数厘米、倾角不显的加积纹层组成的水平层理迭置而成。

（4）全新统中下部大沟湾组

因这组地层中湖沼相沉积分布普遍而又醒目，在大沟湾地区最为发育，所以，仍沿用大沟湾组这一名称。

本组地层中的湖沼相沉积与黑垆土受下伏地层起伏影响，在发育上尽管有时也存在先后和厚薄的差别，但基本上是同期异相关系，因此，这种湖沼相沉积不是统一的大湖沉积，而是众多的浅小湖泊和沼泽沉积。

由于该组地层在横向上同时存在湖沼相沉积与黑垆土，在纵向上湖沼相沉积厚度都较小（只见两个沉积旋回），而且上部多发育黑垆土，表明此时地壳下沉速度减缓，并转向稳定。

（5）全新统上部滴哨沟湾组

滴哨沟湾组是指大沟湾湖沼相或黑垆土以上一套近地表堆积。自下而上主要包括湖沼相风成沙、淡黑垆土、冲积次生黄土，以及现代固定、半固定沙地和流动沙丘。

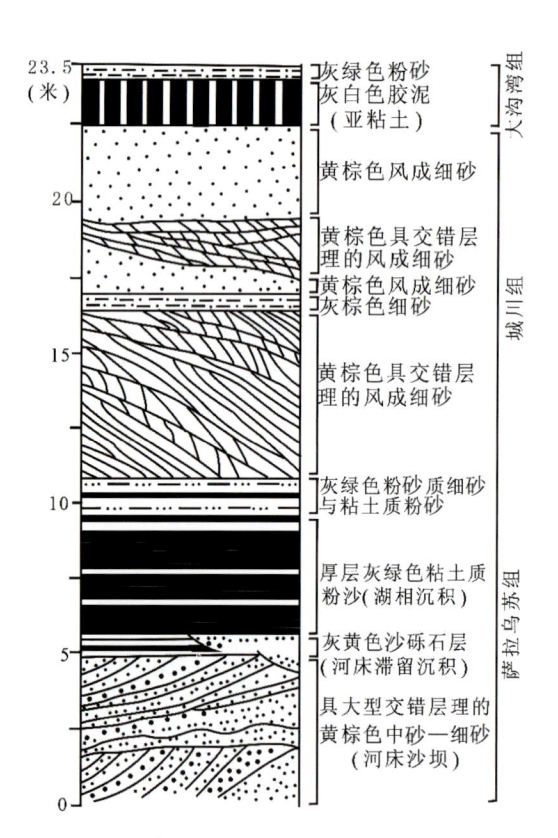

黑老包沟湾干沟口左岸风成沙沉积剖面图

（苏志珠等，1997）

6 变迁行迹——地质构造
Changing Activities—Geological Tectonics

内蒙古地跨中朝板块和西伯利亚板块，地质构造复杂，构造类型丰富，保存了较好的构造类遗迹。这些遗迹中既有反映全球构造意义的巨型构造，如西拉木伦深大断裂，也有区域性的典型构造带，如大兴安岭、阴山、贺兰山构造带。同时，区内发育有大量能反映具体构造形式的褶皱、断裂、构造不整合面以及反映新构造运动抬升的河流阶地和多级夷平面等。

6.1 总体特征

内蒙古所处的地质构造位置特殊，北部为天山—兴蒙造山幕，南部为陆块区，以索伦—希拉木伦为界分别隶属西伯利亚板块和华北板块，可能还地跨塔里木陆块区和秦祁昆造山系。挤压型、拉张型和剪切型变形构造都很发育，大陆演化构造阶段中的离散、汇聚和陆内阶段特征都非常明显，每个构造阶段都有特殊的地质记录和不同的构造演化特点，是研究大地构造的理想地区。

6.2 典型代表

6.2.1 全球（巨型）构造

内蒙古全球（巨型）构造以西拉木伦深大断裂为代表，基本特征和地质意义如下：

6.2.1.1 基本特征

西拉木伦深大断裂带是沿西拉木伦河大致呈东西方向延伸的规模巨大的断裂带，向东沿西辽河达吉林省东部，向西经达来诺尔、温都尔庙、白云鄂博北而没于戈壁沙漠，推测可能与中天山北缘深大断裂连为一体。断裂带宽几十千米，长达1千余千米，是一条长期活动的超壳深大断裂带（姜万德，1990）。断裂两侧的构造线、重力异常、航磁异常等值线的展布方向截然不同。断裂带两侧地壳和岩石圈的结构明显不同，尤其是软流圈顶面埋深在南侧为153千米，在北侧则突降到93千米（赵一鸣等，1997）。

6.2.1.2 地质概况

在中、新生界和局部古生界盖层之下，西拉木伦河两岸由新太古代变质表壳岩及古元古代变质深成侵入岩组成，并与华北陆块古老结晶基底构造层紧密相连。

◎ 太古宇元古宇不整合构造

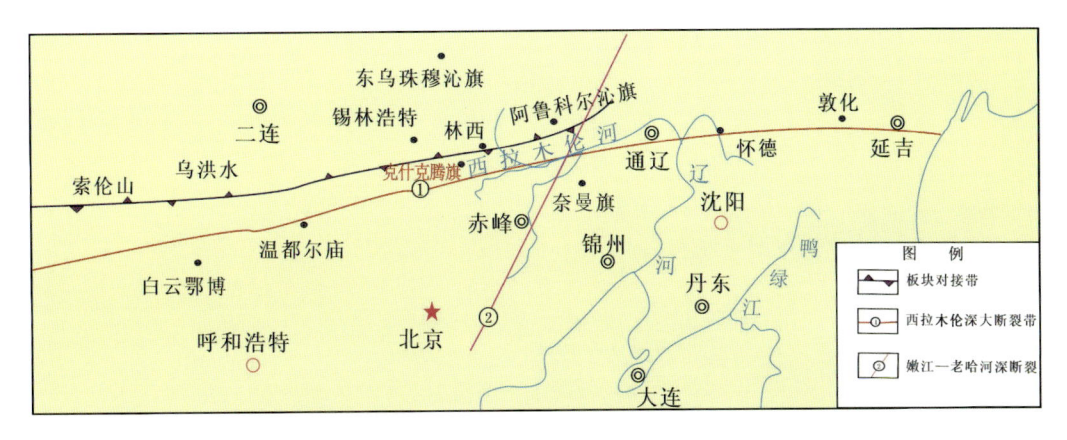

西拉木伦深大断裂带及板块对接带的位置略图（姜万德，1990）

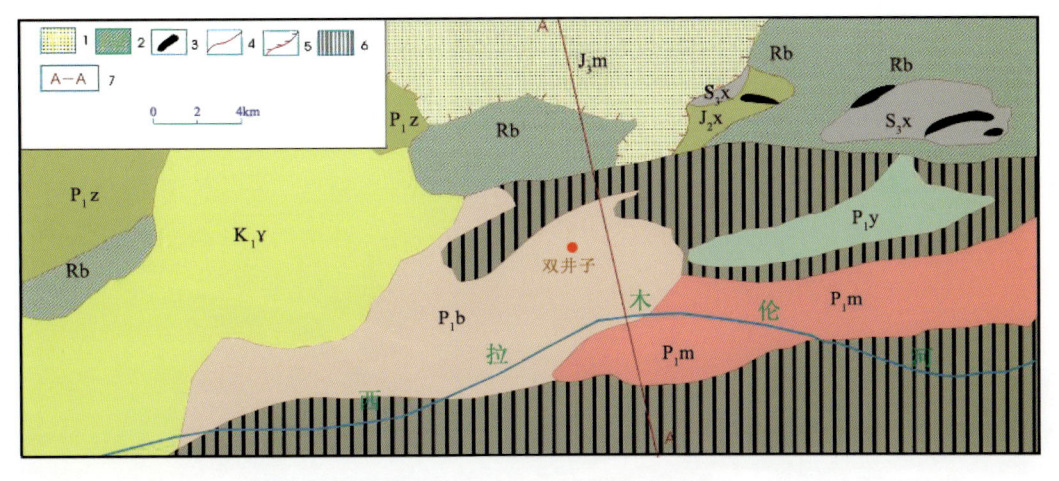

西拉木伦河两岸双井地区地质略图（张振法等，2001）

1. 酸性火山岩；2. 韧性变形带；3. 蛇绿岩；4. 地质界线；5. 不整合界线；6. 新太古界变质表壳岩及古元古代变质深成侵入体；7. 地震测深剖面位置

J₃m，上侏罗统满克头鄂博组；Rb，早二叠世晚期克德河砂砾岩；P₁z，下二叠统哲斯组；S₃x，上志留统杏树洼组；K₁γ，早白垩世花岗岩；P₁m，早二叠世马宗山单元；P₁y，早二叠世元宝山单元；P₁b，早二叠世白音板沟门单元

◎ 克什克腾柯单山蛇绿岩套

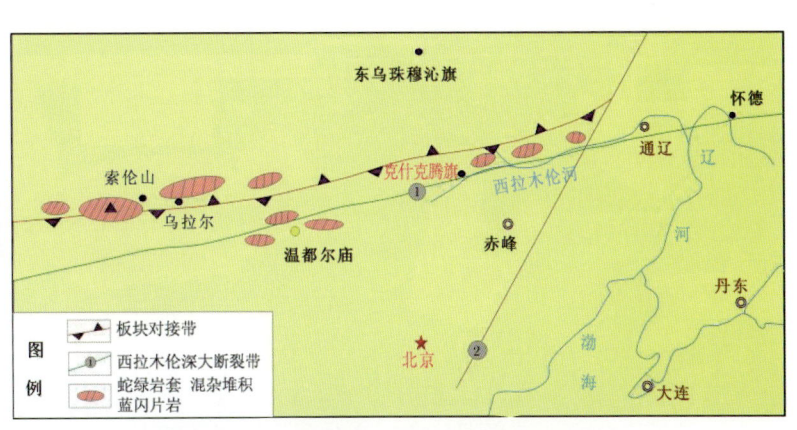

蛇绿岩套、混杂堆积、蓝闪石片岩分布位置

◎ 西伯利亚板块和中朝板块缝合线——西拉木伦河

Changing Activities—Geological Tectonics
6 变迁行迹——地质构造

在西拉木伦深大断裂带两侧发现蛇绿岩套，归纳起来大致划分为南北两个带。南蛇绿岩带主要分布在温都尔庙和西拉木伦河上游北岸，形成时代均属早古生代；北蛇绿岩带主要分布在索伦敖包和贺根山地区。两个带形成时代均为晚古生代中—晚期。在这些蛇绿岩套分布的地区，多处发现有蓝闪石片岩存在。这种古蛇绿岩套、混杂堆积、蓝闪石片岩共生在一起，并嵌夹在强烈的构造变形带里，无疑是古海洋板块俯冲作用的直接产物。

6.2.1.3 深大断裂带的意义

西拉木伦深大断裂带的构造现象非常明显，其活动时间及影响范围非常广泛。它是中生代岩相及古地理区划的分界线，同时也控制着中新生代岩浆活动及火山喷发类型。因此，通过分析西拉木伦断裂带的构造现象及其两侧的岩相、古生物区划、蛇绿岩套、混杂堆积、蓝闪石片岩及航磁重力特征等，可以探讨西拉木伦深大断裂带在西伯利亚板块和中朝板块之间的位置以及这两大板块之间广大区域的构造发展简史（王友，1999）。

6.2.2 区域（大型）构造

6.2.2.1 大兴安岭构造带

（1）隆升和形成

大兴安岭岩石圈在早中生代处于初始伸展的阶段，从晚侏罗世进入强烈的火山喷发阶段，继之是大规模的岩浆侵位，火山——深成岩分布面积占该区面积的75%，火山岩呈带状或串珠状展布，火山机构十分发育，中酸性岩体沿着格子状断裂系统侵入，中生代火山岩盆地与基底隆起带相间排列（赵国龙等，1989）。早白垩世是它隆升的主要时期，导致隆升的伸展作用不仅形成了变质核杂岩或底辟热隆构造（张履桥等，1998；邵济安等，2001），也形成了对称的盆岭格局（邵济安、张履桥等，1999）。

新生代岩石圈伸展减薄，大面积玄武岩喷发，由于受北北东向断裂活动的差异性影响，山体产生了不对称隆起，使大兴安岭成为西坡平缓，东坡陡峭的阶梯状山地地貌特征。

从形成机制与时空演化的角度看，大兴安岭的隆升与西伯利亚板块和华北板块之间的碰撞造山及后造山的伸展构造（邵济安等，1993）无直接关系，也与太平洋板块俯冲导致的造山作用无直接关系，属于年轻陆块内部的山脉，或者看作克拉通化过程（何国琦等，2002）中形成的山脉。它经历了强烈活动和后期隆升的造山作用，应该看做造山带，而且属于陆内造山带的一种类型（邵济安等，2005）。

（2）伸展造山模式

据研究（邵济安，张履桥等，1999），从大兴安岭中生代壳—幔混熔的岩浆来看，中生代在软流圈隆起背景下地壳底部存在大面积的底侵作用。下地壳被熔融的壳源物质与上地幔渗入的幔源物质以不同的比例混合在一起，存在于下地壳

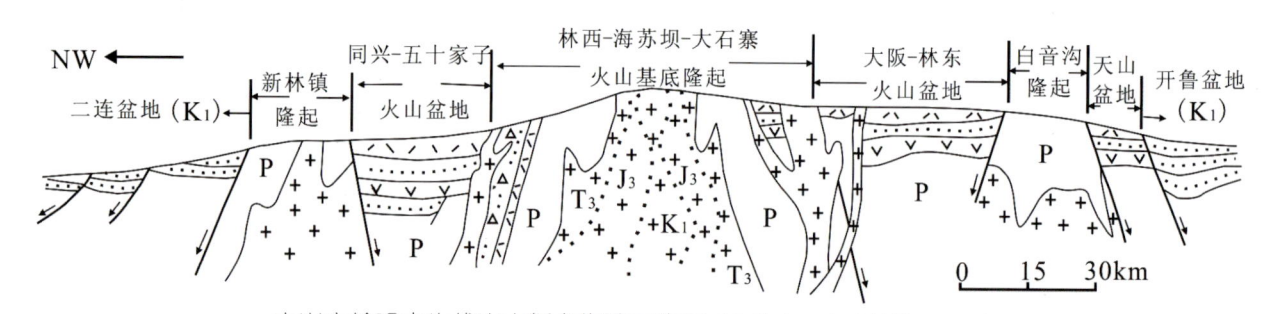

大兴安岭晚中生代火山堑垒构造示意图（邵济安、张履桥等，1999）

◎ 赤峰市赛罕乌拉

底部的岩浆池中，从这里的岩浆房供给的岩浆成为晚中生代岩浆活动的主要来源。由于幔源物质供给的差异、岩浆来源深度的不同、构造活动性质的局部改变都可以造成部分I型、S型与A型花岗岩共生的现象。钙碱性—碱钙性—碱性岩浆演化的趋势清楚地记录了岩石圈不断伸展的过程，稳定同位素更准确地反映了幔源物质的参与。

正是上述底侵作用使大兴安岭的地壳经历了一个垂向增生的过程，再加上陆内造山模式中不可忽略的均衡作用的影响，使得晚中生代大兴安岭隆起成山。从早白垩世开始，一直到新生代，在幔隆背景下持续底侵作用，最终造成大兴安岭的地壳乃至岩石圈的减薄。

◎ 大兴安岭黄岗梁大额头（克什克腾旗）

6.2.2.2 贺兰山构造带

（1）特征

贺兰山北北东向构造带沿贺兰山山体展布，总体走向30°，呈南小北大的楔形体。它影响了太古宙、元古宙以来至白垩纪的所有地层，主要形成于燕山期。第三纪到第四纪仍有活动，具有多期性且构造活动强烈，形变大，形迹复杂等特点。

（2）形成和隆升

侏罗纪以前，贺兰山与银川平原同处于坳陷盆地之中，古生代、中生代沉积数千米的海相、海陆交互相地

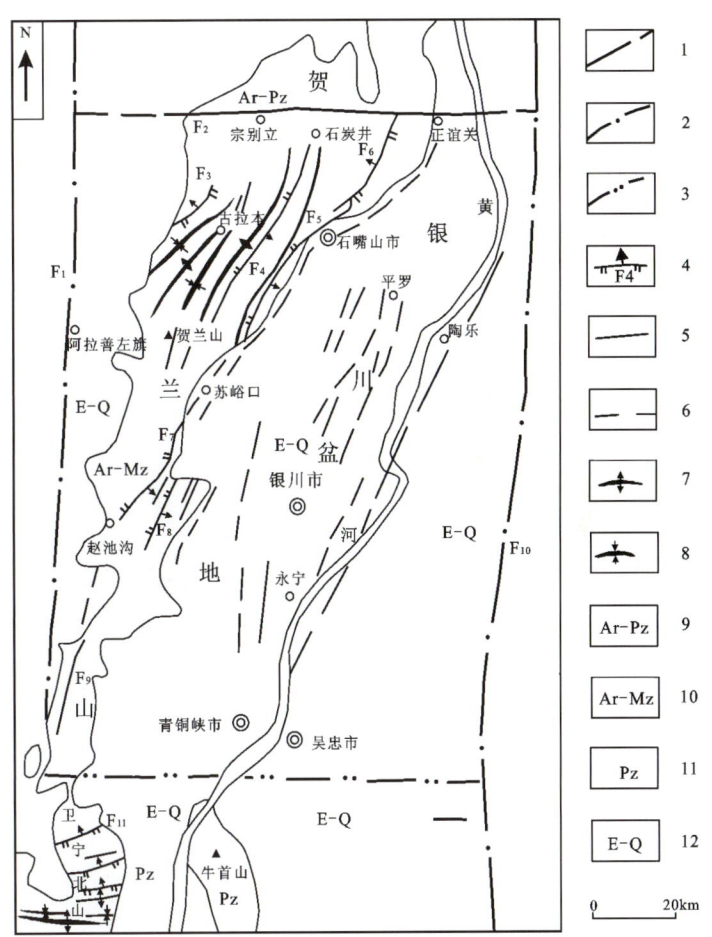

贺兰山北北东向构造及邻区构造展布纲要图

（李天斌，1999）

1. 大断裂及编号；2. 隐伏深大断裂及编号；3. 推测隐伏断裂；4. 逆断层及编号；5. 性质不明断层及编号；6. 新生代断裂；7. 背斜；8. 向斜；9. 太古界—古生界；10. 太古界—中生界；11. 古生界；12. 第三系—第四系

层。燕山运动和喜马拉雅运动使阿拉善地区南部边缘形成了隆升山地与坳陷盆地，贺兰山隆起带就是由这些隆升的山地构成，成为阿拉善与鄂尔多斯高原之间狭长而突出的山系，构成南北向的区域分水岭。受新构造运动的影响，来自南西方向的水平挤压在向北东方向传递时，受到北面的阿拉善和东面的鄂尔多斯两个古老刚性块体的阻挡，于是在二者挟持的三角地区发生应力积累，引起地壳变形，形成弧形断裂及其控制的隆起和断陷。新构造运动的特性决定了现今贺兰山复杂的构造格局和地貌格局。

◎ 大青山

6.2.2.3 大青山大型推覆构造

逆冲推覆构造或推覆构造是由逆冲断层及其上盘推覆体或逆冲岩席组合而成的大型至巨型的构造。逆冲推覆构造主要产出于造山带及其前陆，是挤压或压缩作用的结果（朱志澄，1999）。

大青山东段南侧发育一套总体近东西走向、大致以由南向北逆掩的逆冲推覆构造为主，另外北侧还发育由北向南逆掩的逆冲推覆构造，山势险峻，切割剧烈，露头极好。该逆冲推覆带东西延伸150千米，推覆体南北宽约8千米，推覆距离至少8千米，锋带发育叠瓦扇及向北倒转褶皱，中带地层亦强烈褶皱，其枢纽走向普遍为近东西向，根带位于大青山山前断裂一带（研究区以南区域）。

大青山地区自显生宙以来，整体表现为地层强烈变形和断裂构造的演化，古生代地层多构成近东西向展布

◎ 阴山与山前平原

◎ 褶皱构造

的褶皱，二叠纪末在盘羊山一带发生大规模的自北向南逆冲推覆构造，构成横贯东西的断裂带。中新生代则以差异性升降的断陷盆地和坳陷盆地为主，控制了侏罗系、白垩系乃至新近系的沉积作用。侏罗纪晚期为沿大青山发生逆冲推覆构造的重要板内变形时期，该期推覆构造作用在华北地区都具有重要的构造意义。

综上可见印支期末期以及燕山期早期，该区活动较为剧烈，在垂直山链的水平挤压作用下，在逆冲断层强烈发育的基础上，前者期间主要表现为由北向南的逆冲推覆，后者期间主要表现为由南向北的逆冲推覆，由此致使阴山地区北侧的逆冲断层、低角度叠瓦构造以及相关褶皱普遍发育（内蒙古地质矿产局，1991）。

综合大青山地区推覆构造带断层与褶皱的特点，根据岩石地层组合、构造样式、构造要素的特征和变形强度等方面的因素，由南往北，可将逆冲推覆构造带分为3段：Ⅰ—根部逆冲推覆岩席带，Ⅱ—中部斜歪倒转褶皱—逆冲断层变形带，Ⅲ—前缘断层相关褶皱带（杜菊民，2005）。

6.2.3 中小型构造

6.2.3.1 大青山哈拉沁沟褶皱构造

大青山地区推覆构造，自南向北可分为叠瓦逆冲推覆构造带、紧闭褶皱—逆冲断层变形带、宽缓褶皱—断层转折褶皱带、滑脱褶皱—断层传播褶皱带4个变形带，其中褶皱构造主要特征如下：

（1）紧闭褶皱—逆冲断层变形带

该构造带位于叠瓦逆冲推覆构造带的北部，是大青山逆冲推覆体系的中部，出露宽度10千米左右。该带内主要为古生界及中生界三叠系地层，仅在东部有规模不大的元古宙黑云花岗岩，在西部出露少量的太古宙乌拉山群。带内古生界及中生界地层变形强烈，褶皱紧闭，形成了一系列轴迹呈东西向展布的向斜和背斜构造，其轴面南倾，倾角40°～60°。由于两侧断层的作用，褶皱两翼地层出露不完整，也不对称。

◎ 紧闭褶皱

（2）宽缓褶皱—断层转折褶皱带

紧闭褶皱—逆冲断层变形带的北侧即为宽缓褶皱—断层转折褶皱带。它呈近东西向展布，带宽约8千米，主要出露有侏罗系地层，岩性为灰褐色、紫红色砂岩、粉砂岩，泥质页岩夹煤层。该带的南部以箱状宽缓褶皱为主，北部发育有断层转折褶皱。

（3）滑脱褶皱—断层传播褶皱带

该带分布于宽缓褶皱—断层转折褶皱带的北侧，直至石拐盆地北缘侏罗系地层与乌拉山岩群的不整合界线，宽5～8千米。带内地层主要为侏罗系大青山组、长汉沟组和五当沟组组成。该褶皱构造带以含煤页岩为滑脱层，其上地层在南北向挤压应力下形成紧闭背斜。

6.2.3.2 酒馆—四子王旗韧性剪切带

（1）宏观地质特征

酒馆—四子王旗韧性剪切带发育北纬42°线一带，呈东西向展布，长度大约100千米，宽6~8千米，构造变形强烈，岩石线理、片理、片麻理和糜棱岩发育，强弱合带交替出现。旋转碎斑，S-C组构、石英拔丝、书斜构造、鞘褶皱发育，根据韧性剪切变形所涉及地质体，最新岩体为二叠纪细粒二长花岗岩，由此推断形成时限为古生代晚期。

（2）形成环境及其构造演化

从韧性剪切带中矿物变形及其机制和矿物之间的反应关系可以判断高温韧性剪切带是地壳中、下层次水平分层剪切所致，其形成时代应和乌拉山群、集宁群高角闪岩相—麻粒岩相、麻粒岩相变质作用大体相同，但在其主变形期之前，时代为太古代宙五台期。

◎ 韧性剪切带

6.3 对比研究

6.3.1 国内断裂构造地质遗迹

断裂构造是指岩石因受地壳内的动力，沿着一定方向产生机械破裂，失去其连续性和整体性的一种现象，包括劈理、节理、断层等。在地壳中除了存在一般规模的断层外，还存在区域性的大型断裂构造，如深大断裂、裂谷、逆冲推覆构造等。这类断裂规模很大，常常构成区域性断裂甚至全球性断裂，并可以代表区域的大地构造特征。

国内具有代表性的区域性深大断裂有雅鲁藏布江深断裂带，台湾大纵谷深断裂带，龙门山深断裂带，金沙江—红河深断裂带，郯城—庐江深断裂带等。这些断裂带特征与西拉木伦深大断裂带特征对比如下表。

6.3.1.1 雅鲁藏布江深断裂带

（1）概述

雅鲁藏布江断裂带位于我国青藏高原南部，是印度大陆和亚洲大陆碰撞的缝合带，沿雅鲁藏布江谷地及其附近以东西向展布的主要由4条断层组成3个向西南突出的巨大弧形断裂带组成。在中国境内长达1700千米以上，宽40~50千米，是一个十分宽广的地域范围。南界与特提斯喜马拉雅北带相邻，北界与日喀则弧前盆地接壤，皆为断裂接触。

（2）演化过程

三叠纪末期，随板块的北移，伸展作用进一步加强，完整的冈瓦那大陆北缘开始张裂作用。侏罗纪末期至白垩纪早期，新特提斯洋裂谷进一步伸展扩张，形成晚侏罗世至早白垩世早期的蛇绿岩建造，到白垩纪中期陆壳完全转化为洋壳，晚白垩世，新特提斯洋壳由于印度洋板块开始向北俯冲而开始封闭，裂谷内出现晚三叠世复理石沉积及二叠纪的岛弧陆块。此时，新特提斯洋已

◎ 雅鲁藏布江

西拉木伦深大断裂与其他地区深断裂特征对比表

名称	内蒙古西拉木伦深大断裂	雅鲁藏布江深断裂带	台湾纵谷断裂带	郯城—庐江深断裂带	龙门山深断裂带	金沙江—红河断裂带
位置	内蒙古赤峰	青藏高原南部	台东纵谷	中国东部	四川西部	云南西北部
展布特征	沿西拉木伦河大致呈东西方向延伸，向东沿西辽河达吉林省东部，向西经达来诺尔、温都尔庙、白云鄂博北而没于戈壁沙漠，推测可能与中天山北缘深大断裂连为一体。断裂带长1000余千米，宽20千米，其深度达莫霍面	大致沿雅鲁藏布江谷地及其附近以东西向展布，主要由4条断层组成3个向西南突出的巨大弧形断裂带组成。在中国境内长达1700千米以上，宽40~50千米	以北北东走向延展，长约150千米，宽5~7千米的地堑，两侧边界均为平直的断层。断裂带具有明显的左行走滑特性，其东侧的海岸山脉至少相对北移了170千米，东盘同时还向西逆冲	以北北东向，向北通过渤海、下辽河、吉林伊通、黑龙江伊兰、萝北、抚远至俄罗斯境内，全长约3500千米	以北东—南西向沿着四川盆地的边缘分布。南起泸定、天全，向东北经灌县、茂汶、北后进入陕西，长约500公里，宽30~40千米	北起青藏高原东部和云南西北部，穿越越南北部，向东南延伸入海，全长超过1000千米
形成时代	二叠纪末期	晚白垩世至始新世	新生代末期	三叠纪至古新世	晚三叠世早期至今	古近纪至今
断裂类型	陆陆碰撞断裂带	陆陆碰撞断裂带	弧陆碰撞断裂带	大型走滑断裂带	逆冲断裂、走滑断裂	大型走滑断裂带
构造背景	中朝板块与西伯利亚板块碰撞拼合	印度—亚洲大陆碰撞拼合	菲律宾板块与欧亚板块的弧陆碰撞拼合	扬子板块和华北板块的俯冲碰撞	华南和华北地块南北向陆内汇聚	印度次大陆与欧亚大陆的碰撞汇聚
级别	全球性断裂	全球性断裂	全球性断裂	全球性断裂	区域性断裂	区域性断裂
其他		地震活动带	地震活动带	地震活动带	地震活动带	地震活动带

闭合，洋壳消失，雅鲁藏布江缝合带基本形成。古新世至始新世，雅鲁藏布江缝合带以俯冲、碰撞、造山及洋盆的主体消亡为特点板块碰撞加剧，地壳开始增厚，在持续的挤压作用下，俯冲板块物质被带入带内，而带内各种岩片通过强烈的逆冲推覆断层被挤出洋壳，呈系列推覆叠瓦式。至此，雅鲁藏布江断裂带已成为一个叠置在板块缝合带之上的十分复杂的多期变形、变质的断裂带。沿整个断裂带现代地震活动频繁，震源深度可达10~200千米。

（3）地质意义

雅鲁藏布江缝合带是晚侏罗世以来新特提斯洋演化、大陆碰撞和高原隆升造山运动综合作用而形成的一条非常复杂的构造带。这条缝合带内的一条重要的断裂带——雅鲁藏布江断裂带，长期以来被认为是新特提斯洋关闭之后印度—亚洲大陆碰撞缝合的地带。

6.3.1.2 郯城—庐江深断裂带

该断裂带向南可延伸至湖北黄梅，向北通过渤海、下辽河、吉林伊通、黑龙江伊兰、萝北、抚远至俄罗斯境内，全长约3500千米；在我国境内延伸2400千米，切穿了中国东部不同大地构造单元，规模宏伟，构造性质复杂。

◎ 郯庐断裂西侧

（1）多期构造

该断裂带经过多期构造，它不仅是一条"长寿"的以剪切运动为主的深断裂带，而且是一条运期仍继承着新构造运动方式，以右旋逆推为主的活断裂带。同时具有明显分段、活动程度不同的地震活动带。

自古至今，郯庐断裂带及其附近两侧，大大小小的地震活动从未间断过，是一条地震活动带。自1990年以来一直被国家地震局列为地震危险重点监视区（张岳桥、董树文，2008）。

（2）地质意义

郯庐断裂带被称做世界上最大的大陆走滑断裂带。是东亚大陆上的一系列北北东向巨型断裂系中的一条长期活动的主干断裂带。同时，该断裂带是亚洲东缘中、新生代岩浆活动的地带，属中国已知的最大的导矿构造与控矿构造。

6.3.1.3 台湾纵谷深断裂带

台湾花东纵谷亦称东台纵谷，是台湾东部纵谷地形景观，夹于中央山脉和海岸山脉之间，因横跨花莲、台东两县而得名。

台湾海峡是新生代形成的陆缘残留裂谷，在其发展阶段形成了以北北东向断裂为主的断裂系。这些断裂系对应不同的裂谷发展阶段具有不同的成因，花东纵谷断裂带是弧陆碰撞断裂系中的一条主干断裂带。

弧陆碰撞断裂系是一组走向为北北东—南北的压性冲断裂系，其倾向南东，与台湾岛延伸方向平行展布，长达200~300千米，纵贯整个台湾岛。该组断裂性质为左旋压剪性，控制着台湾岛构造分区，地貌上常表现为陡崖或深谷。断裂系中除台东纵谷断裂外还有中央山脉断裂、宜兰断裂、屈尺—老浓断裂等，它们均是台东纵谷处弧陆碰撞的结果。

台湾纵谷断裂带属于台东活动断裂带，是一条地震活动带，第四纪以来乃至现今仍有强烈活动。

◎ 台湾纵谷深断裂带

6.3.1.4 四川龙门山深断裂带

（1）概述

四川龙门山断裂带位于四川西部，断裂以北东—南西向沿着四川盆地的边缘分布。南起泸定、天全，向东北经灌县、茂汶、北川、广元北后进入陕西勉县一带，长约500千米，宽30～40千米。在大地构造上，龙门山断裂带位于松潘—甘孜造山带与扬子陆块的结合部位，它与岷山隆起共同构成了青藏高原东部边界的中北段。

（2）多期活动

断裂发育历史悠久且具有多期活动。可能自志留纪就开始初现雏形，晚三叠世早期的印支运动早期，华南和华北地块发生了南北向陆内汇聚作用，造成了桐柏—大别山—秦岭造山带的抬升。为了协调，南北向缩短变形挤压造山运动龙门山断裂开始成形，并由北向南逆冲，同时控制了东南缘前陆盆地的发育。晚新生代开始，随着青藏高原被挤压隆升，其东部的地壳块体被挤出且沿一些主要边界断裂向相对约束较弱的东缘滑

◎ 四川龙门山深断裂带

移，从而改造了原先的构造格局，形成新的块断构造系统。龙门山断裂带作为川青地块东南边界，总体上仍显示逆断推覆，但具一定的右旋走滑作用。更新世以来，龙门山断裂带依然表现右旋逆冲活动方式，不过由于不同地段活动的非均一性，使之在构造地貌、地球物理场和地震活动等方面表现出明显的差异。

（3）地质意义

龙门山断裂带及其东南缘最新的前陆盆地是中国中部南北地震构造带的组成部分，属地震多发区内的活动断层。2008年5月12日的汶川大地震，受灾严重的绵阳市北川县坐落在龙门山主中央断裂上，它就属于逆走滑断裂。同样受灾的都江堰市坐落在龙门山主边界断裂上，属于逆冲断裂。它们的活动对解释青藏高原东部的动力学和南北地震带的地震活动具有重要意义。

6.3.1.5 金沙江—红河深断裂带

（1）概述

金沙江—红河断裂带，又称哀牢山—红河构造带，它北起青藏高原东部和云南西北部，穿越南北部，向东南延伸入海，全长超过1000千米。几何结构上，可将整个金沙江—红河断裂系分为北、中、南3个变形区。北区东侧为滇西北伸展裂陷区，以轴向北北西，北北东和近南北向3组上新世以来的裂陷型断盆为特征，北段西侧为兰坪—云龙古近纪、新近纪压缩变形区；中段变形以右旋剪切走滑运动为特征，南部断裂东侧有滇东中新世以来的压缩变形，西侧为藤条河中新世拉伸断陷区。

（2）演化过程

长期以来，金沙江—红河断裂带被视为扬子地台与印支地块间条经历长期演化（陆陆碰撞、陆核增生、挤压剪切）的块间构造变形带。该断裂带由多条次级断裂组成，地层结构复杂，活动

◎ 红河深断裂带

历史悠久。古近纪至新近纪初、中期印度次大陆与欧亚大陆的碰撞汇聚导致印支地块向东南挤出，作为印度地块与扬子地块间的边界断裂，该区域经历了古近纪的大型左旋剪切运动和新近纪（上新世4.7Ma）以来的右旋走滑运动。左行走滑高峰期为中新世（23Ma），该断裂带的大型左旋走滑运动发生在30~20Ma。现代仍有强烈活动，主要集中在断裂带的最北段大理一带，通过近代的地震活动表现（谢建华、夏斌等，2007）。

中国的断裂构造发育，除上述断裂带外，国内其他重要的断裂带还有额尔齐斯深断裂带、北祁连深断裂带、阿尔金深断裂带、东昆仑深断裂带、班公错—怒江深断裂带、沧州深断裂带、吴川四会深断裂带等。

6.3.2 国外断裂构造地质遗迹

国外具有代表性的区域性大断裂有圣安德烈斯活动断裂带、贝加尔活动裂谷带和中央构造线活动断裂系等，对全球的构造活动具有重要的意义。

6.3.2.1 圣安德烈斯活动断裂带

圣安德烈斯断裂带为北美板块和太平洋板块之间的断裂构造带，并伴有一系列平行的和分支状的断裂。圣安德烈斯断裂北端在阿雷纳角的北边伸入太平洋，南端延至加利福尼亚湾。断裂走

◎ 圣安德烈斯断裂（百度）

向北北西，大致与美国西海岸平行，几乎纵贯加利福尼亚州西部，呈中部略向西突出的弧形。圣安德烈斯断层最壮观的地方，是在它穿过旧金山以南约480千米的卡里索平原处。

圣安德烈斯断裂长约1300千米，切割深度超过18千米。断层大部分是隐蔽的，但在有些地方则留下了明显的断裂痕迹。其主断裂是转换断层，但平均走向不平行于由板块运动的全球模型所给出的滑动矢量，具有明显的右旋走向滑动性质。已发生的大的右旋位移达400千米，运动速率为6厘米/年。

沿圣安德烈斯断层两侧，北美板块向南移动，而太平洋板块则向北移动，两边的板块正在以每年25毫米的速度相互冲撞。有时，它们的通道平滑，平安无事；有时，它们相互间摩擦或碰撞。当发生断裂、脱落时，便可能引发大地震。

6.3.2.2 贝加尔活动裂谷带

裂谷属于区域伸展性断裂构造。贝加尔活动是大陆内部较深的裂谷带，比世界其他任何地方的裂谷更远离扩张的洋脊。

裂谷带西起蒙古北部的达尔哈特盆地，东至俄罗斯的托卡盆地，总长至少超过2000千米，宽150~200千米。它位于不同时代贝加尔期和加里东期构造旋回的褶皱基底之上；并且有复杂的

◎ 贝加尔活动裂谷带（Google Earth）

◎ 中央构造线活动断裂系（百度）

结构，其中包括许多狭窄的内陆断陷和海拔超过3000米的大面积上新世—更新世地形隆起。

最底部渐新世—中新世沉积物的存在说明该裂谷带开始形成于晚渐新世—早中新世；上新世构造活动加剧，现今地堑继承了新近纪早期沉降构造的走向，但主要还是上新世和第四纪正断层激烈活动的结果。在裂谷带的上地幔中，存在异常低的弹性波速值的异常体，特别是在其中央部分之下，异常地幔十分接近地表。可以推断，新生代发育的贝加尔裂谷，正是由于低密度上地幔内的对流作用使地壳受到张力形成的。

贝加尔主断裂带地震活动强烈，1862年的大地震，在色楞格三角洲内形成新的湖湾，使三角洲北部沉降7~8米。

6.3.2.3 中央构造线活动断裂系

中央构造线活动断裂系是日本最大的活动断裂系，从九州到关东延伸长达1000千米。它是一条构造运动极为复杂的规模巨大的活动断裂系，在不同地质时代，或在同一时代不同的地区，其运动性质及特点均不相同。该构造系在西南日本琉球弧附近，中轴部分呈纵向延伸。在九州有一些较短的活断层，沿中央构造线呈雁行排列，形成了斜向切穿九州的活动断裂系。在四国北部，中央构造线形成了一条显著的地形边界线。日本中部地区的中央构造线，走向为北北东—南南西向，在地貌上形成了显著的直线状河谷。

从整体看，该断裂系以右旋运动为主；但是位移量和垂直错动方向在不同的地方差异很大。四国中部到东部地区运动速度最大，且越接近现代速度越大，最近几万年间的平均位移速度为每千年错动5~10米。这条右旋活断层的起源，可以追溯到更新世中期。从活断层的走向及错动形式，可以判断出西南日本的最大压缩轴为北西西—南东东向。这样的应力场可被认为是往西运动的太平洋板块和往北运动的菲律宾海板块与亚洲大陆发生碰撞，并俯冲到亚洲大陆之下造成的。日本内陆活断层的平均地震活动周期，短的约有1000年。中央构造线至少近1000年内没有发生过大地震,因此具有较高的发生大震的危险性。

世界上著名的区域性大断裂还有莱茵河、东非大裂谷、新西兰南岛的阿尔卑斯断裂带、土耳其北安那托利亚断裂、缅甸的西芒科断裂带、智利的阿塔卡玛断裂带、巴基斯坦的查门断裂带、加拿大阿西耶克断裂带、新西兰的霍普断裂带、塔拉斯—费尔干纳断裂带、菲律宾断裂带等。

6.3.3 对比研究结论

(1) 区域性断裂构造的成因种类多样,其演化模式、构造背景和具体的构造形迹有多种表现形式。位于不同构造背景下的断裂构造能够具有不同的特征。

(2) 西拉木伦深大断裂的活动主期在二叠纪时期,相对于其他断裂带构造而言,其活动时间较古老,且相对稳定,现代活动不强烈,危害性不大。

(3) 相比较而言,西拉木伦深大断裂带目前的研究程度稍显滞后,对西拉木伦断裂带的形成机制和演化历史,尽管提出了众多的模式,但尚没有一个模式为大众所普遍接受。主要分歧涉及这条大型岩石圈断裂带的形成时代、大地构造属性、演化阶段、区域动力学背景等,这些问题有待进一步地研究。

7 远古生命——古生物化石
Ancient Lives—Paleontological Fossils

古生物化石是地球演化历史忠实的记录者，化石的分布和种类与所处的纬度位置、气候条件等都有密切的关系，借助着这些化石，能恢复地质时期各个阶段的古生物面貌及其古地理环境特征。

远古生命——古生物化石

Ancient Lives—Paleontological Fossils

内蒙古古生物化石及遗迹分布图

图例：
- 古生物化石遗迹点
1. 寒武纪三叶虫化石
2. 大窑古人类活动遗迹及第四纪哺乳动物化石
3. 志留纪珊瑚及腕足类化石
4. 泥盆纪植物化石
5. 二叠纪二齿兽类化石
6. 蕨煤纪类化石
7. 二叠纪珊瑚及腕足鱼类化石
8. 二叠纪腕足类等化石
9. 晚更新世猛犸象化石及扎赉诺尔人遗址
10. 中侏罗世—晚侏罗世道虎沟生物群
11. 早白垩纪狼鳍鱼化石
12. 早白垩纪恐龙和昆虫及植物化石
13. 晚白垩世恐龙化石
14. 中新世通古尔动物群化石
15. 泥盆纪植物化石
16. 上新世古犀牛及三趾马等哺乳动物化石
17. 古近纪哺乳动物化石
18. 华北晚更新世典型哺乳动物群及河套人遗址
19. 早白垩世恐龙遗迹化石和鱼类及叶支介化石
20. 早白垩世恐龙化石
21. 晚白垩世恐龙化石
22. 早白垩世恐龙化石
23. 早白垩世腹足类和双壳类假嚼蚌等化石
24. 晚白垩世恐龙化石
25. 早白垩世恐龙及伴生动物化石

注：图内分区界线为权宜划法，不作为划界依据。

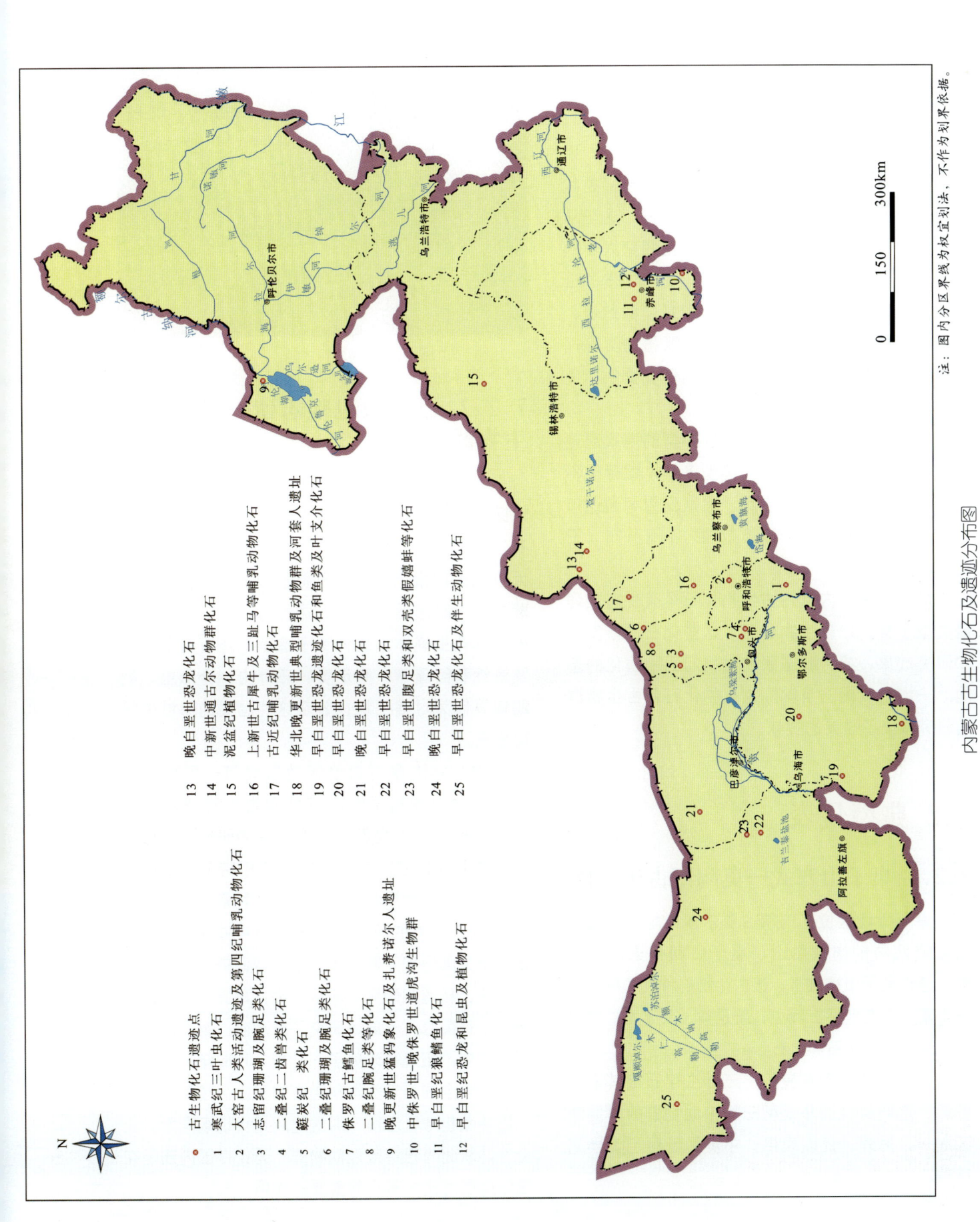

7.1 总体特征

内蒙古沉积类型繁多，古生物群落丰富，因而该省是古生物门类分布最多的省份之一，是我国北方进行古生物研究的理想地区之一。这里从寒武纪"生命大爆发"开始一直到第四纪人类的出现，保存了大量精美的古生物化石：丰富的三叶虫、珊瑚、腕足、层孔虫、牙形刺、鹦鹉螺、鱼类、两栖类、爬行类、哺乳类以及植物类等，保存完整，种类多样，为古生物的研究提供了良好的素材。

古生物化石是内蒙古自治区典型的地质遗迹类型，区内化石资源丰富，典型多样，赋存于不同时期的地层中，分布广泛，除兴安盟和通辽市之外，几乎在区内各个盟市范围内都有分布（王同文，2008）。

总体看来，内蒙古古生物化石具有生态及埋藏类型多样、珍稀生物群多，这些化石的新发现和研究成果，成为我国研究生物起源和演化的基地之一，为我国乃至国际古生物化石及古生物群的研究做出了重要的贡献。

7.2 典型代表

7.2.1 桌子山寒武—奥陶纪古生物群

桌子山地区位于内蒙古鄂尔多斯地台西缘，由呈南北向的岗德尔山、桌子山和千里山所构成，通称桌子山褶皱带。该古生物群种类多样，类型丰富，主要包括三叶虫、腕足类、头足类、腹足类、牙行刺、笔石等化石。

本区寒武系发育良好，三叶虫化石极其丰富多彩，是研究我国华北型三叶虫动物群的重要地区之一。另外，还发现早、中奥陶世腹足类16属18种。

◎ 三叶虫化石

7.2.2 巴特敖包晚志留—早泥盆世生物群

内蒙古自治区达尔罕茂明安联合旗巴特敖包地区西别河组中，发育着大量的各门类古生物化石，西别河至巴特敖包约30千米的范围内发育了大小礁体10余个，其中巴特敖包灰岩是发育于内蒙古境内晚志留世—早泥盆世时期最大的一个珊瑚、层孔虫礁体，此外参于造礁的还有苔藓虫以及海绵和红藻等，腕足类、三叶虫、介形虫、鹦鹉螺等作为附礁生物也曾在这片温暖的海域中繁衍生息。

1978年内蒙古自治区地质局第一区域地质调查队和中国科学院南京地质古生物研究所对这一地区的古生物群进行了详细的研究，出版专著《内蒙古达尔罕茂明安联合旗巴特敖包地区志留——泥盆纪地层与动物群》。巴特敖包动物群包括7个化石门类的77属、162种，其中戎嘉余、苏养正、李文国研究了腕足类；董得源研究了层孔虫；邓占球、杨道荣研究了床板珊瑚；胡兆珣、王以福研究了苔藓虫；王成源研究了牙形刺；邹西平研究了鹦鹉螺；伍鸿基研究了三叶虫。1982年，中国古生物学会全国腕足类学科组在内蒙古达茂旗召开了"巴特敖包地区志留、泥盆纪腕足类现场学术讨论会"，从此"巴特敖包动物群"无论在国内还是在国际地层对比中都起着重要的作用。

7.2.3 哲斯敖包二叠纪腕足动物群

哲斯敖包动物群创名于内蒙古达尔罕茂明安联合旗满都拉苏木东35千米的哲斯敖包，化石赋存于二叠纪哲斯组中，包括腕足、珊瑚、蜓、苔藓虫、双壳、腹足、头足、有孔虫、牙形刺等多个门类。早在1922～1925年，美国人伯基（Berkey）和毛因斯（Morris）等在这一地区进行地学考察时，采集了大量的古生物化石。1927年，我国学者赵亚曾先生描述了长身贝类6属12种，1931美国学者葛利普（A.W.Grabau）研究了其余的化石，描述腕足类32属99种，并在美国纽约发表专著《THE PERMIAN OF MONGOLIA》。1976年，华北地质科学研究所与内蒙古自治区地质局第一区域地质调查队又对该区进行了系统、深入的古生物专题研究，并于1982年出版了《内蒙古哲斯地区早二叠世地层及动物群》，使得"哲斯敖包动物群"得到了进一步的研究。其中夏国英将蜓划分为两个生物带，丁蕴杰将珊瑚划分为四个组合，段承华、李文国将腕足类划分为冷水型和暖水型两个组合，刘效良研究了苔藓虫，梁仲发研究了软体动物，赵松银研究了牙形刺。1997～1998年内蒙古第一区域地质调查院在该区开展1∶5万区域地质调查时，除上述古生物门类外，又发现了海绵化石，并以小型礁体的形态出现，确认了哲斯敖包是中二叠世发育的一个生物礁。

◎ 鹦鹉螺化石

7.2.4 道虎沟侏罗纪生物群

7.2.4.1 总体特征

近十年来，在内蒙古宁城东南缘道虎沟地区的中生代陆相地层中陆续发现了许多珍稀的古生物化石。此前，道虎沟地区一直被认为是热河生物群的化石埋藏地之一。但是，新发现的化石却以原始哺乳类、带"毛"的翼龙、有尾两栖类、恐龙类、昆虫类和裸子植物类为主，它们的面貌与热河生物群大不相同，且化石类型也要比热河生物群的相对原始。这个化石群是热河生物群的重要补充部分，还是一个新的不同的生物群呢？此后，众多中外专家和学者相继对道虎沟地区的古生物化石和含化石地层进行了研究。2002年，季强将该生物群正式命名为道虎沟生物群（季强等，2005），时代初步确定为早—中侏罗世（J_{1-2}）（柳永清，2002；柳永清，2004；柳永清，2006）。

近十年来，道虎沟生物群的研究取得了巨大的进展，每年都有具有重大科学价值的新发现，如獭形狸尾兽、远古翔兽、假碾磨齿兽、天义初螈、奇异热河螈、道虎沟辽西螈、蝌蚪、宁城热河翼龙、胡氏耀龙、道虎沟足羽龙、宁城树息龙等化石的发现引起了学术界的广泛关注。截至2007年年底，道虎沟生物群已发现原始哺乳类、翼龙类、恐龙类、两栖类、双壳类、叶肢介类、昆虫类、裸子植物类等十余个门类的古生物化石。据不完全统计，其中哺乳类3属3种，两栖类4属4种，翼龙3属3种，恐龙2属2种，双壳类1属1种，叶肢介类1属4种，植物类6属6种，昆虫类多

◎ 翼手龙复原图

达14目50余科200余种。显而易见，道虎沟生物群的组成及其影响远比人们以往认为的要丰富得多、深刻得多，它们为中生代生物的演化历史、古气候及古环境的研究提供了重要的化石证据，对国内及国际生物进化史的补充和完善提供了实物依据（耿玉环，2008）。

7.2.4.2 典型化石

（1）昆虫纲

在道虎沟古生物化石的研究中，所发现化石的种类、昆虫的种类是最丰富的，主要包括蜉蝣目(Ephemeroptera)、蜻蜓目(Odonata)、蜚蠊目(Blattaria)、直翅目(Orthoptera)、革翅目(Dermaptera)、䘂翅目(Plecoptera)、半翅目(Himeptera =同翅亚目Homoptera+异翅亚目Heteroptera)、鞘翅目(Coleoptera)、蛇蛉目(Raphidioptera)、脉翅目(Neuroptera)、长翅目(Mecoptera)、毛翅目(Trichoptera)、双翅目(Diptera)和膜翅目(Hymenoptera)等14目50余科200余属种（张俊峰，2002）。

据学者研究，本区中侏罗世的昆虫群落在横向上可以根据昆虫的生活环境划分为水生群落、土壤群落、森林或草地群落（洪友崇，1983；Ren，1993；任东等，1995；Kyzeminski & Ren，2001；任东等，2002）。通过划分昆虫群落及每个群落的组成特点，推测当时这个地区的古环境特点为气候温暖潮湿，地势平坦，有丰富的湖水，还有溪流或小河；植被茂密繁盛，覆盖度大，种类多；土壤水分充足，适宜多种植物生长（谭京晶等，2002）。

这些化石对研究中侏罗世时期各类生态环境中昆虫群的组成、演化和时空分布规律有巨大帮助；不仅在探索昆虫演化模式和现今地理分布格局的形成等方面有重要的理论意义，而且对于恢复古生态环境及提高地层划分与对比精度也具有重要的科学价值及现实的生态意义（郭殿勇，2010）。

◎ 殷氏苏尤特古蝉
Suljuktocossus yinae Wang&Ren,2007

◎ 多脉原始小蝎蛉
Protochoristella polyneura

◎ 弯脉假古蝉
Pseudocossus ancylivenius

◎ 祯翅目稚虫
Plecoptera

◎ 美丽假古蝉
Pseudocossus bellus

◎ 巨大蝶古蝉
Papilioncossus giganteus Wang, Ren & Shih, 2007

◎ 石氏道虎沟古蝉
Daohugoucossus shii Wang, Ren & Shih, 2007

◎ 蚊蝎蛉科未知种
Bittacidae sp.

◎ 纺织娘化石

◎ 蝴蝶
Butterfly

◎ 金黄圆阿博鸣螽
Circulaboilus aureus

（2）双壳纲和甲壳纲

在道虎沟发现的双壳纲种类不多，主要为北亚费尔干蚌（*Ferganoconcha sibirica*）；甲壳纲主要为叶肢介类，道虎沟组中的叶肢介化石仅1属4种，个体偏小但数量极其丰富。目前发现的为自流井真叶肢介 *Euestheria ziliujingensis*、海房沟真叶肢介 *Euestheria haifanggouensis*，靖远真叶肢介 *Euesthertheria jingyuanensis* 和滦平真叶肢介 *Euesthertheria luanpingensis*。陈丕基认为自流井真叶肢介和海房沟真叶肢介这两个种是我国中侏罗世分布最广泛的代表分子，曾见于四川下沙溪庙组、新疆头屯河组、甘肃靖远王家山组、辽西北票海房沟组以及其他地区许多相当层位（张俊峰，2002）。

（3）爬行纲

①翼龙目

A.宁城热河翼龙

翼龙的翼膜和其他软组织一般很难完整保存，宁城热河翼龙（*Jeholopterus ningchengensis*）不但保存了较完整的骨架（汪筱林，2002；钱迈平，2002），而且保存了较清晰的翼膜及毛状皮肤衍生物等软组织的结构痕迹，是所有已知翼龙中翼膜和毛状皮肤衍生物保存最好的标本之一。

宁城热河翼龙身上发育毛状皮肤衍生物在世界上尚属首次，具有重要的生物学意义。这些毛状皮肤衍生物很可能是一类原始羽毛，或者是与羽毛同源的，推测这些毛状皮肤衍生物的出现是为了调节体温或者适应其他功能的需要。这表明在生命演化的过程中，不仅兽脚类恐龙和鸟类是长有羽毛的温血动物，翼龙类动物也可能是温血动物。

B.两类具羽毛的翼龙

宁城中生代道虎沟生物群中长尾型嘴口龙类翼龙和短尾型翼手龙类翼龙的出现具有非常重要的地层学意义（季强等，2002）。

长尾型嘴口龙类翼龙仅分布于侏罗系地层中，迄今为止还未见有任何在白垩系地层中出现

◎ 长尾型嘴口龙类翼龙（季强提供）

◎ 宁城热河翼龙化石

◎ 短尾型翼手龙类翼龙

◎ 宁城热河翼龙复原图

◎ 长尾型嘴口龙类翼龙复原图

←宁城树息龙化石
↓宁城树息龙复原图

的报道。短尾型翼手龙类翼龙最早出现于晚侏罗世，灭绝于晚白垩世晚期。这两类翼龙的同时出现表明它们所处的时代是晚侏罗世。

此外，长尾型嘴口龙类翼龙和短尾型翼手龙类翼龙身上均发育了保存十分精美的皮肤衍生物，再次佐证了"翼龙类动物也可能为温血动物"这一论点。

② **蜥臀目**

A. 宁城树息龙

宁城树息龙（*Epidendrosaurus ningchengensis*）（Zhang F C. et al., 2002）标本所代表的个体较小，如果不考虑长尾，它只有麻雀大小。它的第三手趾远远长于其他两趾，前肢、第二手指和脚趾的次枚指（趾）节（从末端计数的第二枚指或趾节）都比较长，第一至第四跖骨的远端几乎处在同一水平面上，这些特征表明了这个生物可能是一种适应在树上生活的种类。

宁城树息龙的这些树栖特征比目前世界上公认的最原始的鸟类始祖鸟还要进步。这一点可能说明，一些兽脚类恐龙最初的树上生活可能与搜寻食物和躲避被捕食有关，而不是与飞行有关。

树息龙的生活时代和适于树上生活的特征还表明，在早白垩世鸟类大量繁衍之前，已经有兽脚类恐龙开始在树上生活了。这一发现，使得鸟类起源于恐龙的假说更加完善，同时也进一步支持了鸟类飞行的树栖起源学说。鸟类的祖先更可能是一群生活在树上的类群，而不是一群在地面上奔跑的种类。

B.胡氏耀龙

2008年10月23日，中科院古脊椎动物与古人类研究所的张福成、周忠和、徐星、汪筱林和该所的美籍博士后Corwin Sullivan在《Nature》上发表了一项重要的科研成果——胡氏耀龙（*Epidexipteryx hui*）（张福成、周忠和

◎ 胡氏耀龙（*Epidexipteryx hui*）化石及复原图
（引自：http://bbs.tiexue.net/post2_3129870_1.html）

等，2008），该项成果的发现，已被列为2008年中国重大科学、技术与工程进展之一。

胡氏耀龙没有飞羽，不具有飞行能力，很可能生活在中晚侏罗世，距今1.76亿～1.46亿年，这意味着其比始祖鸟还要古老，后者生活在1.55亿～1.5亿年前。研究表明，胡氏耀龙是和鸟类关系最为接近的恐龙之一，它的形态特征为揭开鸟类起源、飞行的起源、羽毛的起源提供了新证据。

◎ 道虎沟足羽龙化石（王原提供）

C.道虎沟足羽龙

2005年，德国《自然科学杂志》发表了中科院古脊椎动物与古人类研究所的一项科研成果，在道虎沟发现的道虎沟足羽龙（*Pedopenna daohugouensis*）。道虎沟足羽龙是发现于侏罗纪地层中的长有羽毛的真手盗龙类兽脚类恐龙。这具长1米的真手盗龙类恐龙骨骼化石保存了完整的跖骨区域，从胫部到脚趾都覆盖有清晰可见的羽毛。

道虎沟足羽龙与鸟类具有极为紧密的关系，它不是鸟类，却长着像鸟类那样真正的羽毛（姬书安，2007），这表明在晚侏罗世羽毛已经出现在恐龙的许多类群中，因此羽毛不能再被作为区分恐龙与鸟类的标志（季强等，2003），它还再次证明了"鸟类是由兽脚类恐龙演化而来"的观点，同时极大地支持了鸟类飞行起源的树栖起源说，这必将为恐龙的后续研究和鸟类的飞行起源问题带来更多的惊喜。

长羽毛的恐龙化石的发现以及它们所包含的有关鸟类起源和羽毛早期演化的重要信息（姬书安，2007），是道虎沟生物群近十年来最为重要的研究成果之一。全球古生物学家都寄希望于道虎沟生物群，它的研究将有待于最终解决鸟类的起源问题。

◎ 道虎沟足羽龙复原图

←孔子鸟化石
↓孔子鸟生态复原图

Ancient Lives—Paleontological Fossils 远古生命——古生物化石

145

（4）两栖纲

①有尾两栖类

我国中生代有尾两栖类化石的发现具有重要的意义，它们是世界上已知最早的现代蝾螈类的代表，对探讨有尾两栖类的起源、早期骨骼性状演化、生物地理分布以及现生科级类型的出现和分异提供了重要的信息。

A.天义初螈

2003年3月，北京大学教授高克勤和美国芝加哥大学教授Shubin在《Nature》联合发表了《最早的冠群真螈类化石》——天义初螈（*Chunerpeton tianyiensis*）（Gao Keqin et al., 2003）。这一研究成果将娃娃鱼这一世界珍稀动物的起源时间向前推进了1亿多年。

◎ 天义初螈化石

◎ 天义初螈复原图

娃娃鱼学名大鲵（*Andrias davidianus*），属于真螈类隐鳃鲵科。此前所知这类动物的最早化石产自北美洲，距今仅6000万年左右，其中所蕴含的进化信息相当有限。2002年以后，陆续在内蒙古发现了众多蝾螈化石。通过对这些化石的分析、对比和研究发现，包括娃娃鱼在内的隐鳃鲵科动物应该起源于侏罗纪时期的亚洲大陆而不是北美洲，娃娃鱼的祖先早在1.65亿年前就生活在内蒙古地区了。此外，现存的娃娃鱼与这些化石虽然相隔长达1.65亿年，但是二者在解剖结构上并没有根本性的差异，具有罕见的演化停滞现象，被称为生物进化的"活化石"。

B.奇异热河螈

我国已知的滑体两栖动物化石十分稀少，这不仅仅是因为它们的骨骼都非常细弱，而且它们大多生活在温暖潮湿的环境中，一旦死去，尸骨很快就会腐烂，所以很难保存为化石。奇异热河螈（*Jeholotriton paradoxus*）（王原，2000）保存了完好的相关节的骨架印痕，这对研究解剖学细节有很大帮助。

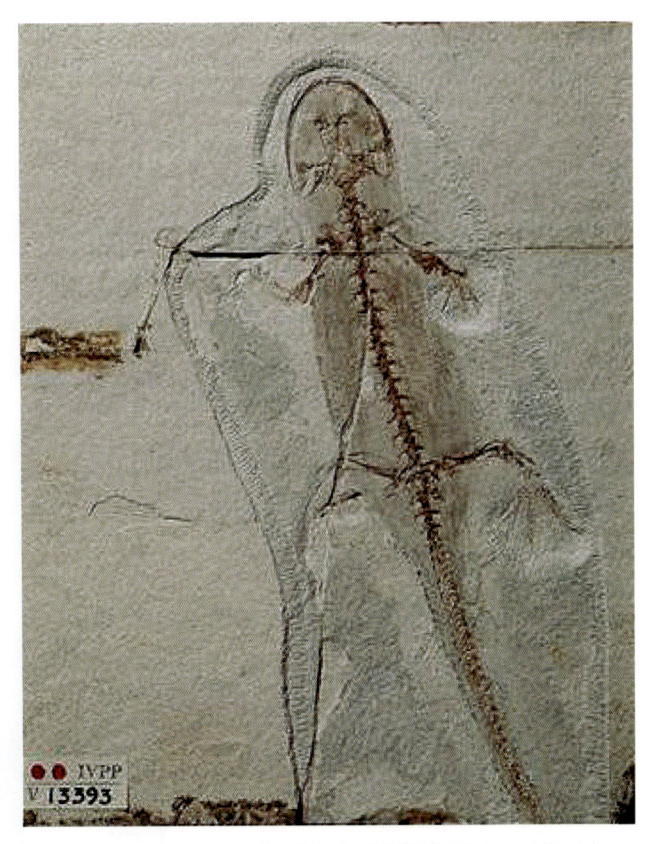

◎ 道虎沟辽西螈化石（王原提供）

C.道虎沟辽西螈

道虎沟辽西螈（*Liaoxitriton daohugouensis*）（王原，2004）是在宁城道虎沟地区发现的辽西螈一新种，它的骨骼特征与奇异热河螈和天义初螈不同，而与辽宁葫芦岛热河群的钟健辽西螈相似。它的发现为解决相关地层对比和时代问题提供了重要信息，并进一步补充了辽西螈的骨骼学特征。

辽西螈属型种发现于辽宁西南部九佛堂组的深色河湖相泥岩中（姬书安，2007），与道虎沟的中晚侏罗系地层有很大差异。道虎沟层的有尾类分异较大，显示演化速度较快，而两种辽西螈的差异较小。

◎ 奇异热河螈化石

6500万年前

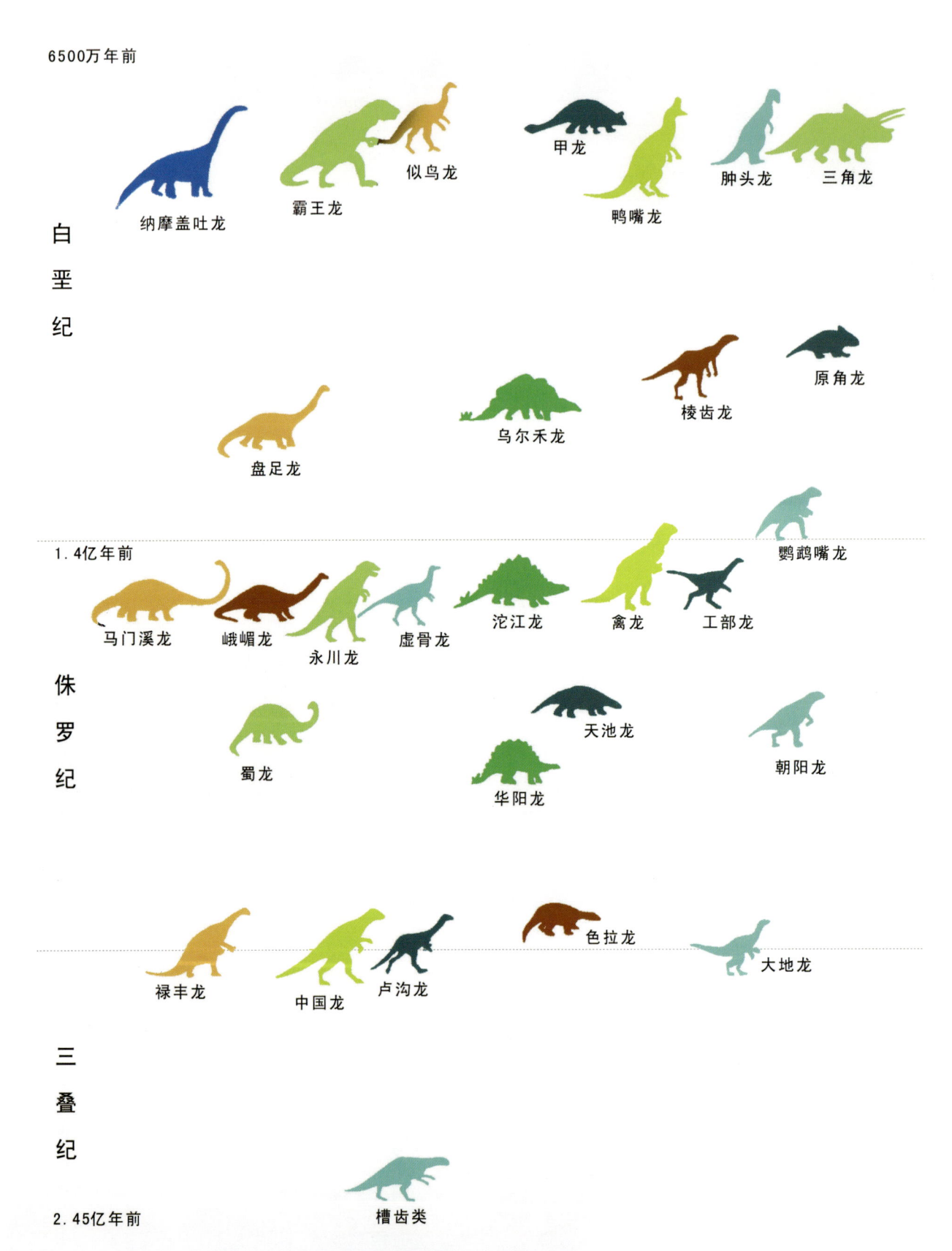

白垩纪
- 纳摩盖吐龙
- 霸王龙
- 似鸟龙
- 甲龙
- 鸭嘴龙
- 肿头龙
- 三角龙
- 盘足龙
- 乌尔禾龙
- 棱齿龙
- 原角龙

1.4亿年前

侏罗纪
- 马门溪龙
- 峨嵋龙
- 永川龙
- 虚骨龙
- 沱江龙
- 禽龙
- 工部龙
- 鹦鹉嘴龙
- 蜀龙
- 华阳龙
- 天池龙
- 朝阳龙

三叠纪
- 禄丰龙
- 中国龙
- 卢沟龙
- 色拉龙
- 大地龙

2.45亿年前
- 槽齿类

恐龙的演化系谱（董枝明，2003）

7.2.5 二连浩特晚白垩世恐龙动物群

恐龙是产生、发展、繁盛且绝灭于中生代的一类爬行动物。它们最早出现于晚三叠世早期，繁盛于侏罗纪与白垩纪，绝灭于白垩纪末期（6500万年前），在地球上生存了大约1.6亿年。恐龙地理分布广泛，个体形态多样，以巨大奇特的体征和神秘的集群绝灭而特别引人关注，是世界各地自然博物馆中最吸引观众的展品。所以，中生代被人们称为"恐龙的时代"（董枝明，2003）。中国中生代陆相盆地发育，地层连续，恐龙化石埋藏丰富，除了福建和台湾等少数几个省没有确切的化石报道外，其他地区均发现了恐龙化石。侏罗纪时期，恐龙化石多集中在云贵川等省，到了白垩纪，随着古气候与古地理环境的变化，恐龙逐渐向北迁徙发展。

根据董枝明对我国恐龙和动物群的划分，内蒙古地区发现的恐龙化石多为白垩纪时期，其动物群应多属于早白垩世翼龙—鹦鹉嘴龙动物群和晚白垩世巨龙—鸭嘴龙动物群（董枝明，2000）。内蒙古恐龙化石埋藏丰富，所发现的恐龙化石既有恐龙骨骼化石，又有恐龙足迹，时代多是白垩纪，化石数量多、代表性强，保存完好。目前，内蒙古自治区建立的地质公园中，二连浩特恐龙国家地质公园、巴彦淖尔国家地质公园及鄂尔多斯国家地质公园是以恐龙化石为主要保护对象的地质公园。另外，阿拉善沙漠世界地质公园中也发现了恐龙化石，建立了相应的恐龙化石遗迹保护区。地质公园、保护区的建设，为恐龙化石的保护、研究及开展科普教育提供了良

◎ 恐龙之乡——二连浩特

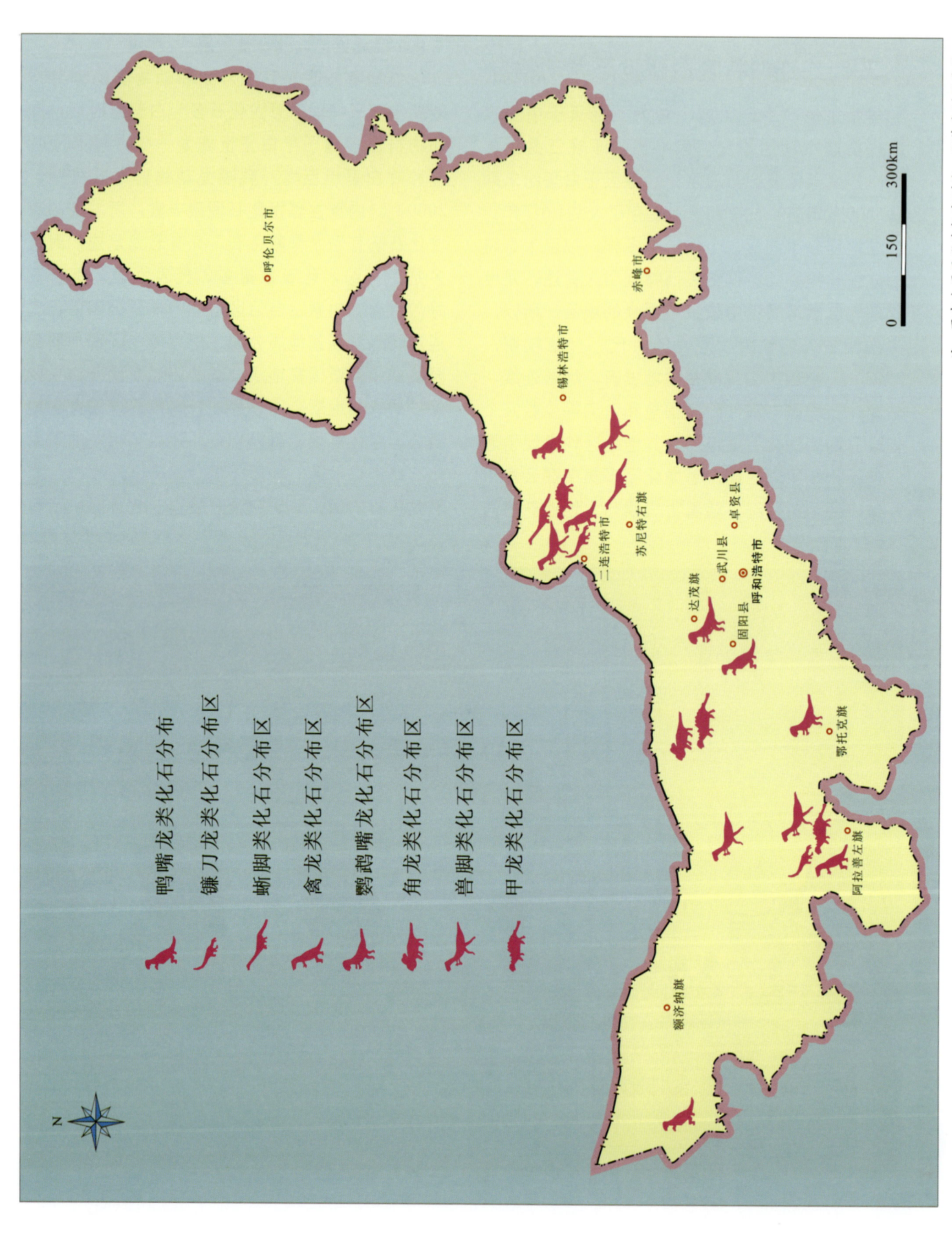

内蒙古白垩纪各类恐龙化石分布图

◎ 二连浩特恐龙主题公园

好的场所。

二连浩特地区的恐龙研究历史悠久，1922~1923年，美国纽约自然历史博物馆第三次"中亚古生物考察团"，在二连浩特盐池首次发现了恐龙化石。这一发现，揭开了二连浩特恐龙动物群研究的帷幕，掀开了中国乃至亚洲恐龙化石研究的第一页。我国著名古生物学家杨钟键教授对二连浩特的古生物化石给予了高度的评价："在内蒙古二连浩特，大量恐龙、鳄鱼等化石的发现，揭开了亚洲低等四脚类之谜（《十年来的中国科学》1959年）。"

二连浩特地区被古生物学家称为"恐龙的故乡"，在内蒙古地区已经发现的30余种恐龙化石之中，二连浩特地区发现的恐龙化石约占内蒙古地区恐龙化石总数的1/3。

（1）典型化石

鸟臀目、鸭嘴龙科的姜氏巴克龙（*Bactrosaurus johnsoni*）（Gilmore，1933）、锡林郭勒计尔摩龙（*Gilmoresaurus xilingolensis*）（Xu，2007）；蜥臀目、巨龙科的赛汉高毕苏尼特龙（*Sonidosaurus saihangaobiensis*）；古似鸟龙科的亚洲古似鸟龙（*Archaeornithomimus asiaticus*）；霸王龙科的欧氏阿莱龙（*Alectrosaurus olseni*）（鹰龙）；窃蛋龙类的二连巨盗龙（*Giganroraptor erlianensis*）（Xu，2007）；镰刀龙类的杨氏内蒙古龙（*Neimongosaurus yangi*）（张晓虹等，2001）、美掌二连龙（*Erliansaurus bellamanus*）（Xu et al.，2002）等，代表着距今8000万年左右晚白垩世亚洲特有的生物群。

① 姜氏巴克龙

姜氏巴克龙（Bactrosaurus johnsoni）为Gilmore在1933年描述并命名。化石产于上白垩统二连组上部灰绿色、紫红色砂质泥岩中。中亚考察团在20世纪20年代曾发现姜氏巴克龙化石，现均陈列在美国纽约自然历史博物馆。内蒙古博物馆在20世纪70年代又发掘了一具较为完整的姜氏巴克龙化石，身高4米、体长7米，现在标本已装架陈列在内蒙古博物馆里，该具化石曾随内蒙古博物馆内其他展品一同赴日本、美国展出。在"二连盆地恐龙化石及哺乳动物化石"项目研究过程中，采集到了十分丰富的从幼年个体到成年个体的巴克龙骨骼化石。

◎ 姜氏巴克龙（Bactrosaurus johnsoni）骨架及复原图

② 锡林郭勒计尔摩龙

锡林郭勒计尔摩龙（Glimoreosaurus xilingolensis）产于上白垩统二连组上部灰绿色、紫红色砂质泥岩中。标本的特征表明，它应属于鸭嘴龙亚科的计尔摩龙属，但与其属型种——蒙古计尔摩龙有较大差别。它是计尔摩龙属的一个新种，属于鸭嘴龙类演化过程中的早期类型，为中型鸭嘴龙类，体长约9米（现已完成复原装架工作），属平头鸭嘴龙类。其生存时代相当于晚白垩世早期。

◎ 锡林郭勒计尔摩龙（Glimoreosaurus xilingolensis）复原与骨架图（Xu，2007）

③二连巨盗龙

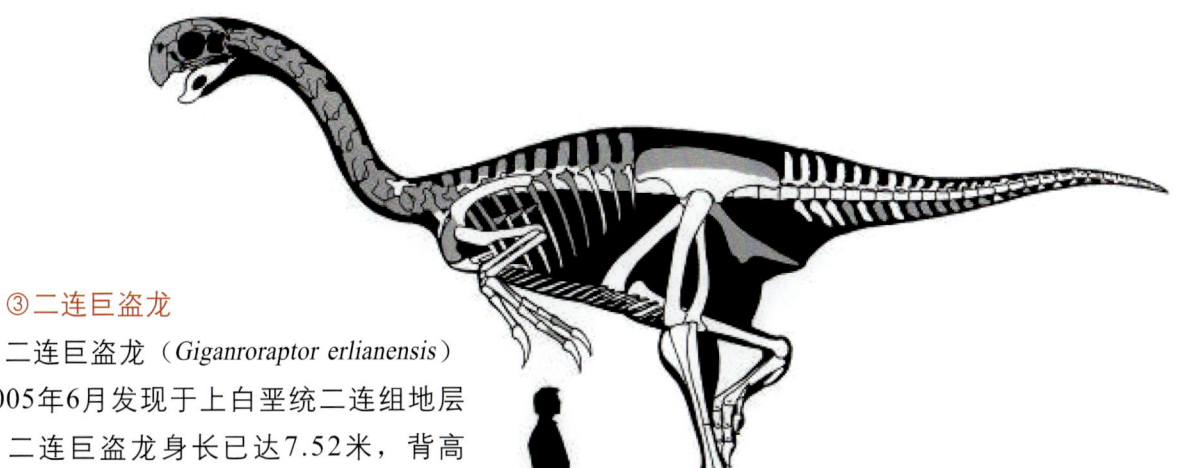

二连巨盗龙（*Giganroraptor erlianensis*）于2005年6月发现于上白垩统二连组地层中，二连巨盗龙身长已达7.52米，背高3.55米，头高5.21米，体重大约1400公斤，体形可与世界著名的暴龙类相比。研究结果表明，二连巨盗龙的前肢可能长有羽毛，各种骨骼构造特征表明，二连巨盗龙是一个由恐龙向鸟类进化程度较高的兽脚类恐龙化石。它的发现填补了窃蛋龙类的一个空白，在恐龙进化史上有重要的科学价值，这一成果被美国《时代》周刊评选为2007年十大科学发现之一，是中国学者对鸟类起源研究领域的又一重要贡献。2008年9月，"二连巨盗龙"作为迄今世界上发现的最大的窃蛋类恐龙化石（Xu et al., 2007），由吉尼斯纪录认证官员代表伦敦总部宣读了认证结果并颁发了认证证书。

◎ 二连巨盗龙（*Giganroraptor erlianensis*）骨骼构造图和复原图
（Xu X et al, 2007）

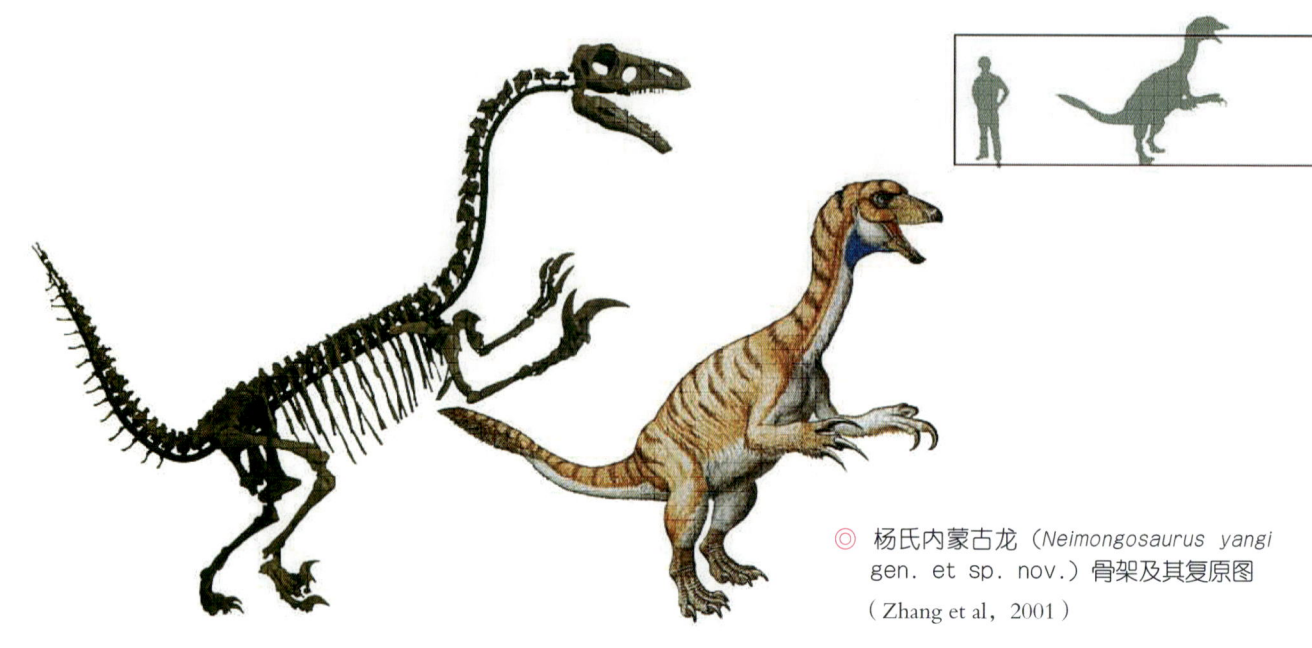

◎ 杨氏内蒙古龙（*Neimongosaurus yangi gen. et sp. nov.*）骨架及其复原图（Zhang et al, 2001）

④杨氏内蒙古龙

杨氏内蒙古龙（*Neimongosaurus yangi gen. et sp. nov.*）化石产于二连组中上部白色粉砂质泥岩中。它是一类杂食性的中小型恐龙，大约生活在距今8000万年前，体长2米，高不超过1米，长着狭长的脑袋、超长的脖颈、带钩的爪子、尖细的牙齿和瘦长的尾巴。脖颈长是杨氏内蒙古龙与目前已发现的镰刀龙的主要区别（Zhang et al, 2001）。

除上述化石外，二连浩特恐龙国家地质公园内还有其他类的恐龙化石，包括甲龙、大型蜥脚类、肉食龙类和似鸟龙类等。

（2）恐龙蛋化石

二连浩特国家地质公园是我国及亚洲地区最早发现中生代恐龙蛋化石的产地，它在我国及中亚恐龙蛋研究史上占有重要的地位。经过专家学者的考察发掘研究，二连浩特恐龙蛋属圆形，薄皮蛋，产卵方式为双枚齐下，呈圆圈排列，近现代有多次较重要的发现，各考察队先后挖掘出20多窝恐龙蛋化石。

在二连浩特恐龙国家地质公园内，除恐龙化石外，还发现了大量的龟蟹类化石，它们是生活在河湖地带与恐龙共生的动物，此外，还发现的种类有淡水软骨鱼、中华弓鳍鱼、簇蟹、张家口龟、鳄鱼、蜥蜴等。这些恐龙伴生动物化石的发现证实：二连浩特地区在晚白垩世时期，曾是一个广阔的湖泊地带，有比较潮湿的亚热带气候下的雨林，主要有松柏类、银杏类等植物，还有多姿的蕨类、绚丽的苏铁、棕榈等。

（3）其他动植物化石

公园内，在含恐龙化石的二连组之上，广泛分布着一套以褐黄色巨厚层含砂砾岩为主的、第三纪河湖相地层，其中含有丰富的奇蹄类、偶蹄类和一些肉食类哺乳动物化石。

此外，在二连浩特国家地质公园内及其附近还发现多处植物化石遗址。其中，2007年2月25

◎ 恐龙蛋化石

副巨犀牙齿化石

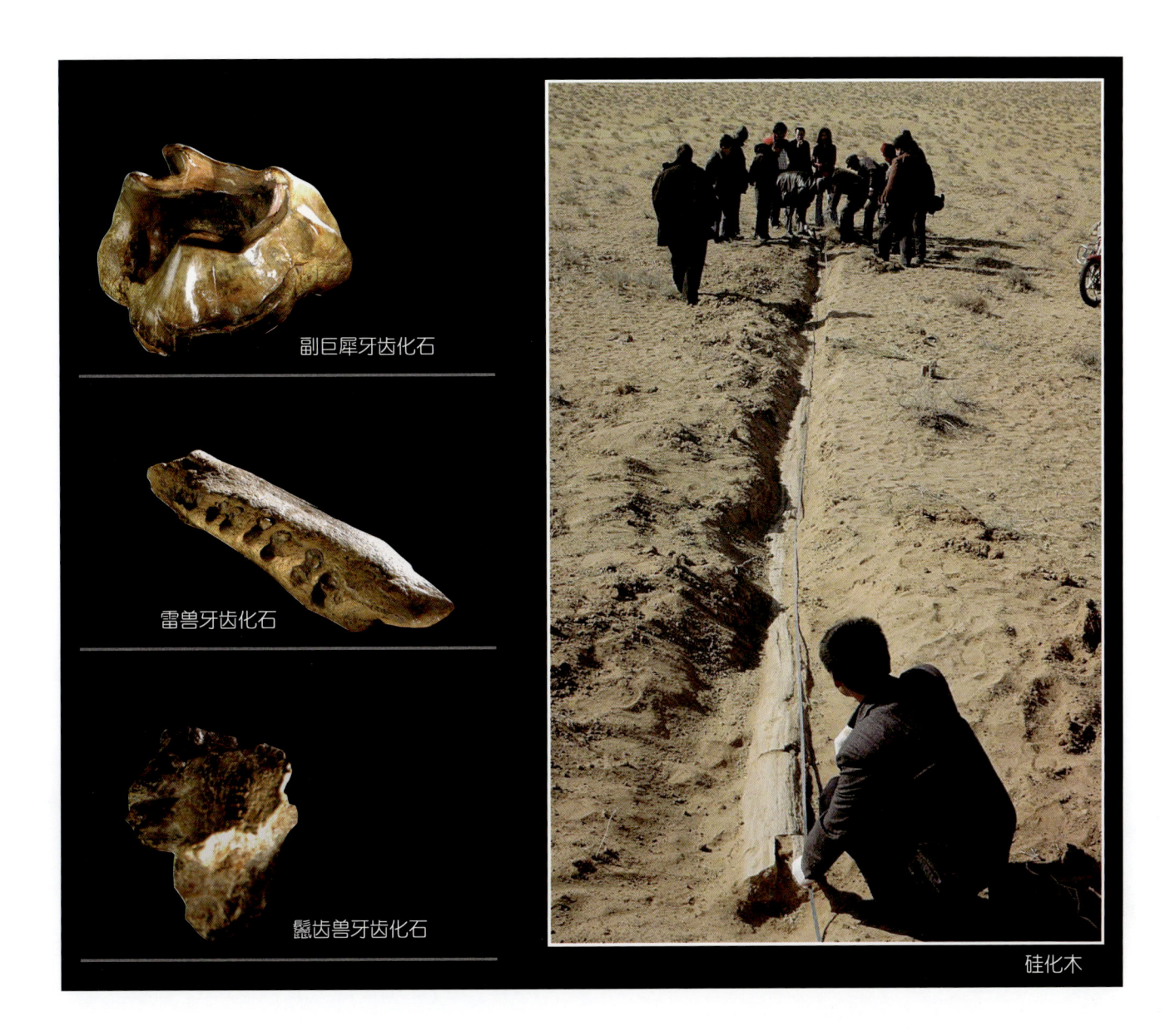

雷兽牙齿化石

鬣齿兽牙齿化石

硅化木

日，在二连浩特市呼格吉勒嘎查发现一根硅化木化石，长达16.1米，直径约为30厘米，表层距地表约30厘米，由根到梢保存完整，自东向西横于地层，埋藏地在市区西南30公里处。

7.2.6 阿拉善白垩纪恐龙动物群

（1）阿拉善左旗乌力吉苏木白垩纪恐龙生物群

阿拉善左旗乌力吉苏木白垩纪恐龙生物群分为早、晚二期生物群。

早白垩世恐龙生物群为鹦鹉嘴龙（Psittacosaurus）生物群，该生物群广泛分布于早白垩世苏红图组和巴音戈壁组中。生物组合为蒙古鹦鹉嘴龙（Psittacosaurus mongoliensis）、鹦鹉嘴龙未定种（Psittcosaurus sp.）、奔龙科（Dromaeosauridae）等。本区鹦鹉嘴龙个体较小，与杨氏鹦鹉嘴龙形态较为接近，代表着鹦鹉嘴龙早期生物种群特征。

（2）额济纳旗马鬃山恐龙生物群

额济纳旗马鬃山古生物化石保护区现已发现的恐龙化石主要有鸟臀目的鹦鹉嘴龙化石、禽龙

◎ 原角龙

化石及蜥臀类化石，以及恐龙足迹化石及其蛋化石。主要恐龙化石有：张氏丝路龙（*Siluosaurus*）（棱齿龙科）、马鬃山原巴克龙（*Probactrosaurus mazongshanensis*）（禽龙科）、马鬃山鹦鹉嘴龙（*Psittacosaurus mazongshanensis*）（鹦鹉嘴龙科）、大岛氏古角龙（*Archaeoceratops oshimai*）（新角龙类）、布林氏南雄龙（*Nanshiungosaurus bohlini*）（懒龙类）。同时，与恐龙相伴生的龟鳖类化石、鳄类化石及钙化木等古生物化石。

7.2.7 巴彦满都呼晚白垩世恐龙动物群

巴彦满都呼化石群的产地位于内蒙古巴彦淖尔市乌拉特后旗西北部的宝音图苏木巴彦满都呼嘎查，现在巴彦淖尔国家级地质公园内。

20世纪80年代末期，中加考察团先后两次进行考察，发现了大量晚白垩世恐龙、恐龙蛋、龟类等古生物化石。1996年，中比考察团又在此发掘到大量恐龙和其他古脊椎动物化石。现已发现的恐龙化石主要包括原角龙、微角龙、窃蛋龙、伶盗龙、似鸟龙、绘龙、临河盗龙、乌拉特爪龙、谭氏猎龙和鸟脚类等，共生的种类有蜥蜴类、鳄类、龟类等爬行动物及原始哺乳动物化石多瘤齿兽，以及大量的长椭圆形恐龙蛋、短圆形龟类蛋、小圆形蛋化石及恐龙足迹化石。

该区恐龙化石以体形小，保存完整为显著特征，主要产于上白垩统乌兰苏海组，为河湖相堆积的砖红色泥岩、粉砂质泥岩、粉砂岩、土黄色粉细砂岩以及粗砂岩或含砾粗砂岩中。

7.2.8 鄂托克旗白垩纪恐龙足迹

（1）鄂托克旗恐龙足迹化石的分布

鄂托克旗的查布苏木地区出露着大量的早白垩世湖相沉积地层，岩性为灰绿、蓝灰、棕灰色及暗棕、砖红色泥岩、砂岩。其中，多个层位中都保存有恐龙足迹化石，不仅数量大、种类多，而且分布广泛，面积约10平方千米，估计可达500多平方千米，主要分布在陶利嘎查、阿如布拉格、哈达图一带，是我国最大的恐龙足迹产区之一。自1979年首次发现以来，吸引了世界各地的科学家。

①恐龙蛋化石 ③恐龙足迹
②长形恐龙蛋化石 ④恐龙足迹博物馆

Ancient Lives—Paleontological Fossils 远古生命——古生物化石

◎ 鸟类与兽脚类足迹复原场景

Ancient Lives—Paleontological Fossils 远古生命——古生物化石

（2）恐龙遗迹化石

所发现的恐龙遗迹化石包括蜥脚类、兽脚类恐龙足迹，恐龙尾迹以及恐龙腿铸模等，其中最多的是兽脚类恐龙足迹。兽脚类恐龙有大有小，大型的主要是巨齿龙类，而小型的则以奔龙类为主。这里的蜥脚类恐龙主要是一些和雷龙相似的恐龙。足印大小不同，形态各异，长度最小的为2~3厘米，最大的达60厘米，足迹间的跨度一般在1米左右。

蜥脚类恐龙足迹与兽脚类恐龙的足迹差别很大，且有许多处蜥脚类恐龙足迹与兽脚类恐龙足迹穿插分布。蜥脚类恐龙是"恐龙王国"中的巨人，腿非常粗壮，且前后腿的差别比较大，后腿较前腿粗，因而后足印大，前足印小，且单个足迹一般是圆的。从排列看，均为一大一小在一起，而且后脚的足迹往往是踩在前脚的脚印上，故前脚的脚印不完整，常常呈半月形。而兽脚类恐龙大都是三趾型的，脚印之间的距离也比较大，很容易判断出恐龙前进的方向。

此外，该地区还发现了半条恐龙腿的铸模，经鉴定为蜥脚类恐龙腿铸模，这是世界上首次发现的铸模痕迹。

7.2.9 乌拉特中旗中侏罗世恐龙足迹

恐龙足迹化石位于乌拉特中旗温更煤矿东北，出露地层主要为早、中侏罗世含煤地层和早白垩世沉积地层，化石就保存在中侏罗世地层的硅化石英砂岩中。古生物专家在大约80平方米的范围内，共发现兽脚类、蜥脚类、鸟脚类等多种恐龙类型足迹化石数十枚。其中兽脚类恐龙足迹发现较多，保存较好的有4种10余枚，最大的足迹长40厘米、宽36厘米，中趾长27厘米。而鸟脚类恐龙足迹仅发现一行3枚。

内蒙古国土资源厅地质环境处处长王剑民认为，这一发现将内蒙古恐龙足迹史向前推进了数千万年，也反映出中侏罗世在这一地区活动的恐龙数量较多。

7.2.10 四子王旗晚古新世脑木根哺乳动物化石

四子王旗是我国乃至世界著名的哺乳动物化石产地，特别是大量古近纪哺乳动物化石，种类繁多，形态多样，不仅具有鲜明的时代演化特征，同时也具有明显的区域特点，以至成为内蒙古地区这一时期的特有种类。

a 蜥脚类足迹　　　　　　　　　　　　b 兽脚类足迹

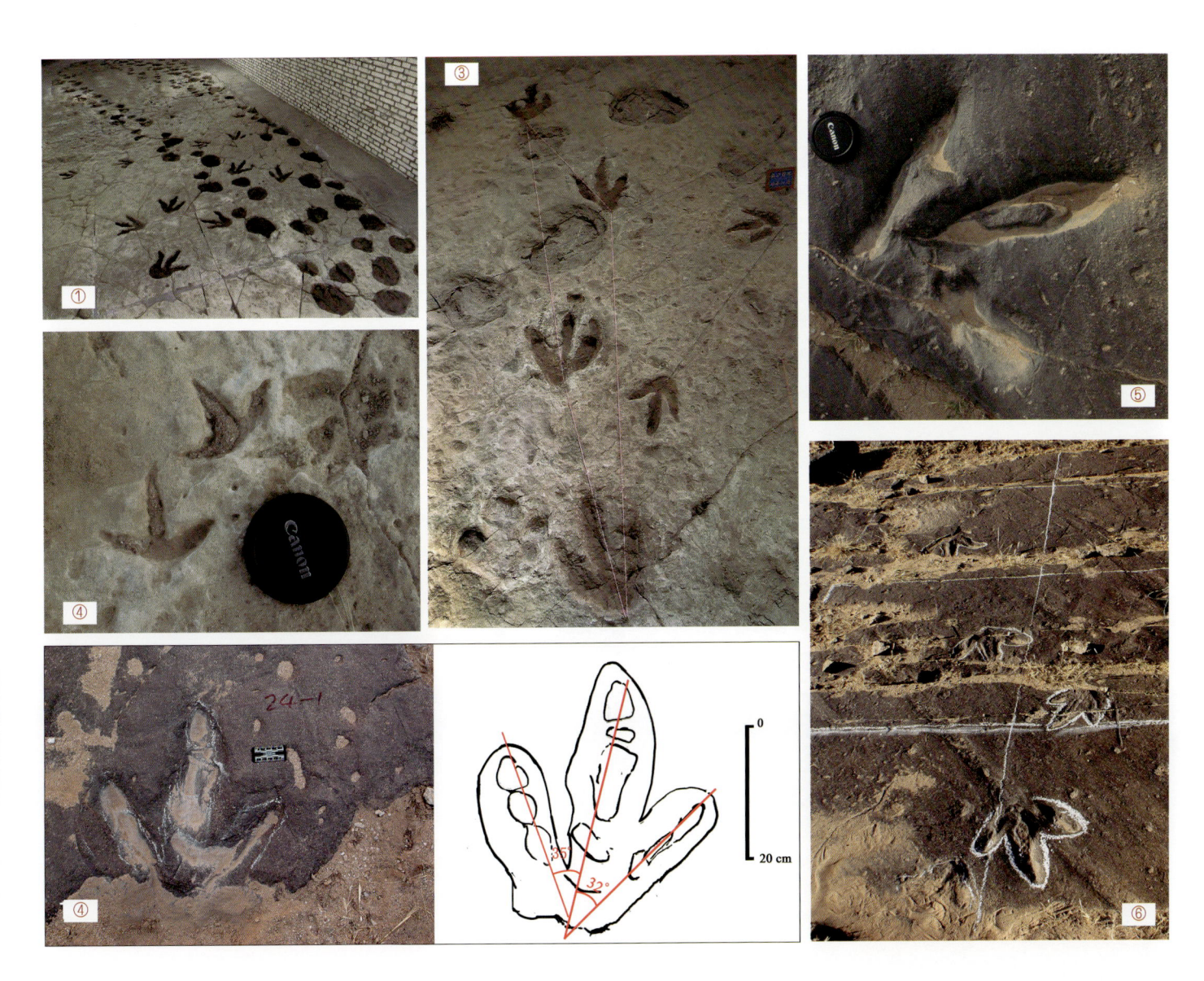

①伯德雷龙足迹（*Brontopodus birdi*）和粗壮亚洲足迹（*Asianopodus robustus*）
②查布鵵鴉鸟足迹（*Tatarornipes chabuensis*）14号点
③洛克里查布足迹（*Chapus lockleyi*）模式标本
④海流图玫瑰实雷龙足迹（*Eubrontes glenrosensis*）及其轮廓
⑤乌拉特中旗早侏罗玫瑰实雷龙足迹（*Eubrontes glenrosensis*）
⑥海流图卡岩塔足迹（*Kayentapus hailiutuensis*）

◎ 乌拉特中旗海流图早侏罗中型异样龙足迹（*Anomoepus intermedius*）

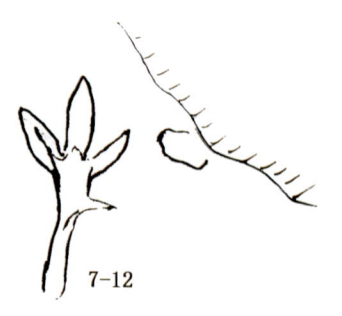

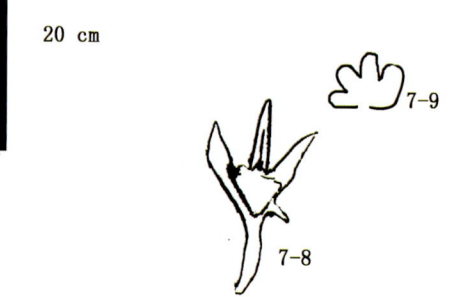

四子王旗古近纪哺乳动物群可以进一步划分为古新世脑木根化石古动物群、早始新世巴彦乌兰古动物群、中始新世早期阿山头古动物群、中始新世晚期伊尔丁曼哈古动物群、乌兰希热古动物群、晚始新世沙拉木伦古动物群、晚始新世乌兰戈楚古动物群等（郭殿勇等，2000）。

7.2.11 苏尼特左旗中新世晚期通古尔古动物群

1928年，美国纽约自然历史博物馆组织的第三次中亚考察团发现通古尔化石地点，并于1928年、1930年对该地区进行了大规模发掘，获得了大量的化石标本。1959年，中苏考察团又对该地区作了调查和发掘。至此，在通古尔地区发现的哺乳动物化石达27种，以铲齿象最多，被命名为"通古尔动物群"。

由于化石种类丰富，这个以铲齿象为代表的哺乳动物群成为我国除三趾马之外在国际上知名度最高的中新世哺乳动物群。至今，通古尔动物群已至少增加到57种，其中小哺乳动物化石种类增加最多（邱铸鼎，1996），是我国含化石最丰富、种类最多的一个中新世中期哺乳动物群。在中国新生代哺乳动物分期中，以通古尔动物群命名为"通古尔期"，介于山旺期和保德期之间（童永生，1995）。但是，第三次中亚考察团采集的化石标本几乎都由国外学者研究，并全部收藏在美国自然历史博物馆里。作为通古尔动物群众多新属和新种模式产地的中国，却没有保存多少重要的标本，甚为遗憾。

通古尔动物群的时代，最初被定为上新世，

四子王旗古近纪哺乳动物群组成

时代		动物群	目/科/种	特征
早渐新世		乌兰戈楚古动物群	6/11/33	个体大、形态特化的雷兽、两栖犀、犀等类奇蹄目占绝对优势
晚始新世		沙拉木伦古动物群	6/14/33	大量反刍类古鼷鹿的繁荣和炭兽类的分化，打破伊尔丁曼哈动物群奇蹄目占绝对优势的局面
中始新世	晚期	伊尔丁曼哈古动物群	10/21/59	以雷兽类、脊齿貘、戴氏貘类等奇蹄目占统治地位，首次出现两栖犀、始爪兽、犀等科分子和偶蹄目中的河猪兽、异鼷鹿等科分子，肉齿目、食肉目等食肉动物相对增加，而大型的古有蹄类趋于衰落，是古近纪已知哺乳动物种类最多的类群
		乌兰希热古动物群	6/16/33	四子王旗伊尔丁曼哈动物群向西北延伸的重要一支；依照新生代哺乳动物分期（童永生等，1995），是伊尔丁曼哈期动物群中最具代表性的群落
	早期	阿山头古动物群	7/16/47	出现雷兽和施氏貘状的脊齿貘、戴氏貘等奇蹄类、大型恐角兽类、冠齿兽类的存在和分化
早始新世		巴彦乌兰古动物群	8/9/13	多瘤齿兽、古柱齿兽等早期种类与恐角兽等晚期种类共生。
古新世		脑木根古动物群	7/916	多瘤齿兽、古柱齿兽最多，约占化石总数的90%以上

注：据郭殿勇等（2000）整理

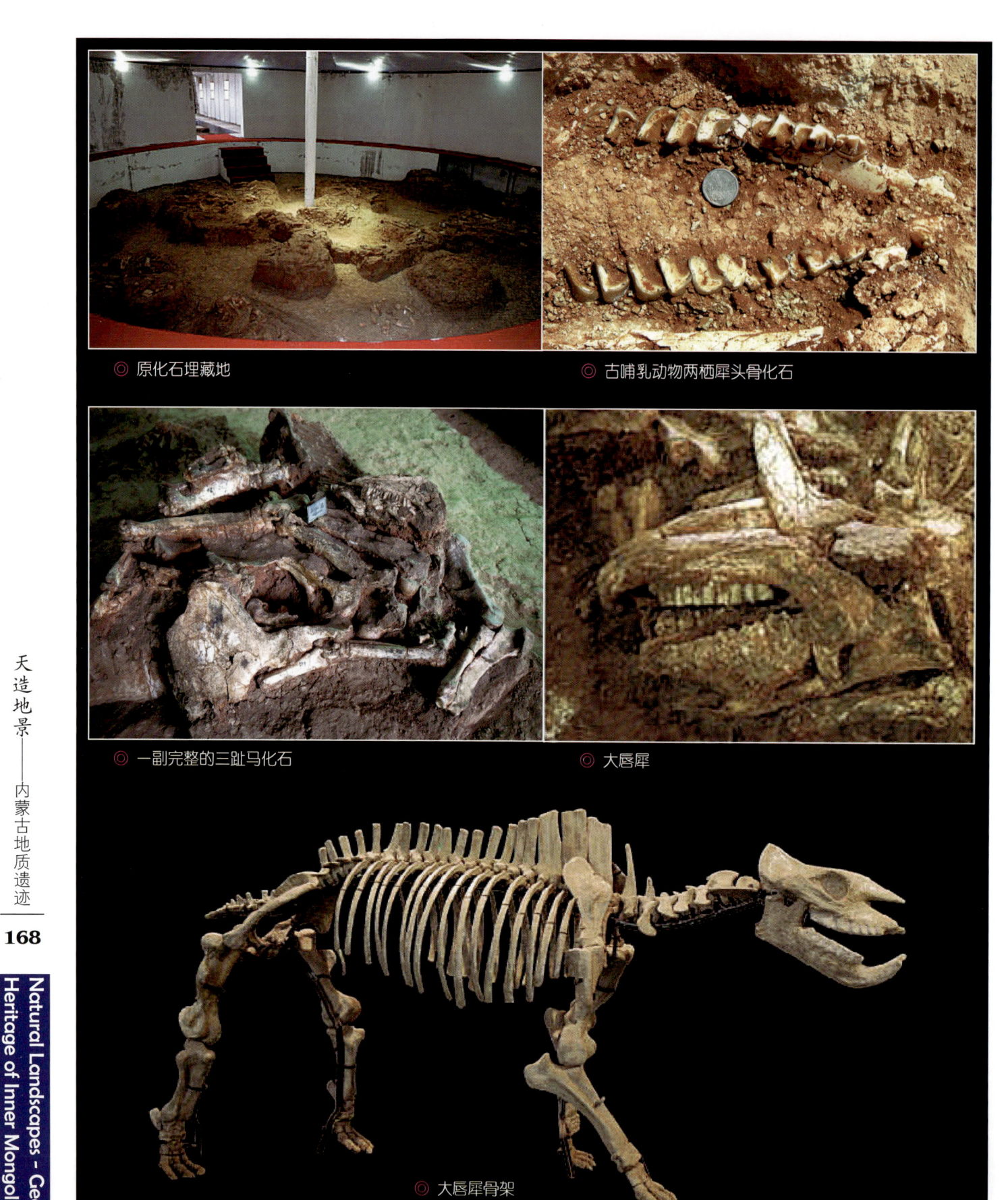

◎ 原化石埋藏地　　　　　　　　　　　◎ 古哺乳动物两栖犀头骨化石

◎ 一副完整的三趾马化石　　　　　　　◎ 大唇犀

◎ 大唇犀骨架

后经过一系列的研究，被确认为中新世晚期，并长期沿用。但随着欧美新近纪研究的进展，特别是经典地点海陆相对比的实现，证明欧洲含三趾马动物群的陆相蓬蒂期与地中海地区典型的海相道尔顿（Tortonian）相当，从而使以往作为上新世的蓬蒂期被归入中新世晚期。这一传统方案的改变，导致通古尔动物群时代的相应改变。因此，李传夔等（1984）在《中国陆相新第三系的初步划分与对比》及邱占祥等（1990）在《中国晚第三纪地方哺乳动物群的排序及其分期》中，都把通古尔动物群的时代放到中新世中期，但其实质内容并没有变化。

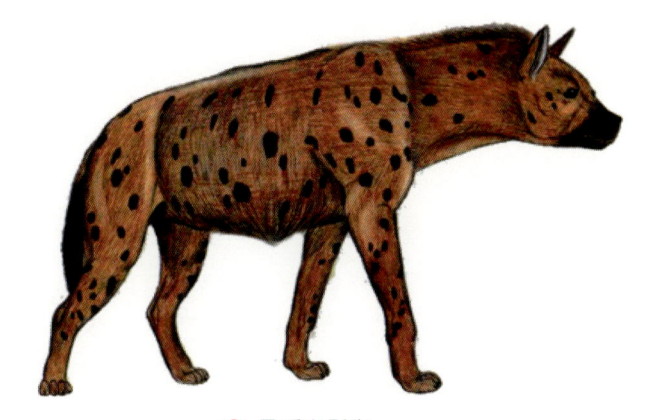

◎ 最后斑鬣狗

7.2.12 乌审旗晚更新世萨拉乌苏动物群

萨拉乌苏动物群是华北地区晚更新世的代表性动物群，因首先在乌审旗萨拉乌苏流域发现而得名，是研究更新世古地理、古气候、古生物的经典标尺。主要代表动物有披毛犀、野驴、河套大角鹿、原始牛、王氏水牛、普氏野马、普氏羚羊、诺氏象、鸵鸟等46种，其中哺乳动物34种，鸟类12种。其在地层层位上的分布情况见下页表。

上述34种哺乳动物中，能鉴定到种的有27种，其中绝种的有诺氏象、最晚斑鬣狗、诺氏驼、河套大角鹿、许家窑扭角羊、王氏水牛、披毛犀、原始牛8种。此外，谢骏义等（1995）把上部的城川组中因缺少诺氏象、许家窑扭角羊、王氏水牛、河套大角鹿，而以干旱喜冷的种类占优势的动物群称为"城川动物群"，与真正的萨拉乌苏动物群区别开。

◎ 披毛犀

据统计，萨拉乌苏动物群中目前能够确定层位的34种哺乳动物中，一般生活于森林草原的占39%，生活于草原的占33%，生活于荒漠草原的占22%，三者合计达到94%，而一般见于森林和荒漠的只占6%。其中，既有喜湿热的诺氏象和在湿润环境中生活的王氏水牛、原始牛存在，又有喜冷的蒙古野马、野驴生活，这种现象反映出萨拉乌苏地区当时处在温暖湿润的森林草原向较为干燥的荒漠草原的过渡带。11种鸟类化石中有4种为水鸟，其中翘鼻麻鸭生活于海岸河口，有时也见于碱水湖中。这些水鸟都得在靠近水域的河岸湖滩产卵繁殖，说明这里应该有相当面积的湖泊。诺氏驼和鸵鸟的存在，说明附近有干燥的沙漠荒原，而老虎的发现又反映附近还有一定面积的森林。

萨拉乌苏动物群组成及其层位分布（谢骏义，1995）

化 石	A	B	C	化 石	A	B	C
刺猬（Erinaceus sp.）	+			野猪（Sus serofa）	+		
麝掘鼹（Scaptochirus moschatus）	+			诺氏驼（Camelus knoblocki）	+	sp.	
翼手类（Chiroptere gen. indet）	+			马鹿（Cervus elaphus）	+	sp.	
鼠兔（Ochotona sp.）	+			蒙古鹿（C. mongoliae）	+?		
草兔（Lepus sp.）	+			河套大角鹿（Megaloceros ordosianus）	+		
蒙古黄鼠（Citellus mongolicus）	+			普氏羚羊（Gazella przewalskyi）	+		
索氏三趾跳鼠（Dipus sowerbyi）	+			鹅喉羚（Gazella subgutturosa）	+	sp.	
五趾跳鼠（Alactaga cf. annulata）	+			许家窑扭角羊（Spirocerus hsuchlayaocus）	+		
子午杀鼠（Meriones meridianus）	+			盘羊（Ovis ammon）	+?		
中华鼢鼠（Myospalax fontanier）	+	+	+	王氏水牛（Bubalus wasjocki）	+		
绒鼠（Eothimomys sp.）	+			原始牛（Bos primigenius）	+	+	Bovidae
灰仓鼠（Cricetulus cf. griseus）	+	sp.		鵟（Buteo cf. ferox）	+		
斯氏高山鼠（Alticola cf. stracheyi）	+			兀鹰（Vultur monachuus）	+		
鼠头田鼠（Microtus cf. ratticeps）	+			麻雀（Passereux）	+		
小耳鼠（M. sp.）	+			山鹑（Perdix cf. perdix）	+		
狼（Canis lupus）	+			鹌鹑（Cotunmix sp.）	+		
最晚斑鬣狗（Crocuta ultima）	+			毛腿沙鸡（Syrrhaptes paradoxus）	+		
虎（Panthera tigris）	+			沙禽（Echassier）	+		
狗獾（Meles meles leucaras）	+			角䴘（Podiceps auritus）	+		
诺氏象（Palaeoloxodon naumanni）	+			野鸭（Anas boschas）	+	sp.	
披毛犀（Coelodonta antiqitatis）	+	+		翘鼻麻鸭（Tadorna tadorna）	+		
野驴（Equus hermionus）	+	+		哑天鹅（Cygnas olov）		+	
野马（E. cf. przewalskyi）	+	sp.	sp.	鸵鸟（Struthio sp.）	+	+	

注：A.萨拉乌苏组；B.城川组；C.大沟湾组。

7.2.13 古植物王国——古植物

内蒙古植物化石主要发育于晚古生代的石炭—二叠纪地层及中生代地层中,形成了内蒙古的三大成煤盆地,即鄂尔多斯盆地、二连盆地、海拉尔盆地。

7.2.13.1 古生代植物化石特征

石炭—二叠纪时期,主要发育两个植物群:隶属西伯利亚板块的南部边缘地区,发育着安格拉植物群,并混生有少量的华夏植物群分子,产于宝力高庙组、新伊根河组及林西组地层中;隶属华北板块北部地区的鄂尔多斯盆地发育着典型的华夏植物群,化石主要产于阴山中部地区的拴马桩组、太原组、山西组地层中,以发育蕨类、鳞木及大型羊齿类为特征,是晚古生代的重要成煤期。

华夏植物群

安格拉植物群

异羽叶 *Anomozamite*

辽宁枝

7.2.13.2 中生代植物化石特征

中生代是重要成煤期，鄂尔多斯盆地、固阳盆地、二连盆地及海拉尔盆地是内蒙古自治区的重要能源基地，三叠纪—白垩纪地层中植物化石丰富，以蕨类、苏铁类、银杏类、松柏类等最为发育。主要产于鄂尔多斯盆地中晚三叠世二马营组、延长组；固阳盆地早—中侏罗世石拐群，白垩纪李三沟组、固阳组等沉积地层中。

7.2.14 人类及文化遗址

7.2.14.1 "河套人"及其文化遗址

(1) "河套人"化石及石器出土情况

1922~1923年，桑志华和德日进在萨拉乌苏河流域进行地质调查时，发现了一枚幼童的左上外侧门齿，并命名为Ordos Man。其后经过多次调查与发掘，在萨拉乌苏地区共发现额骨两件，枕骨、下颌骨、肩胛骨、胫骨各一件。1948年，裴文中先生在《中国史前时期之研究》一书中首次提出了"河套人"的中文名称。

20世纪50年代之后，中国学者多次进行发掘，找到了不少人类化石及大量旧石器文化遗物和哺乳动物化石。迄今为止，已发现的河套人类化石材料有额骨、顶骨、枕骨、下颌骨、椎骨、肩胛骨、肱骨、股骨、胫骨、腓骨、单个门齿等，共计23件。时代为距今3.5万~5万年（铀系法测定距今3.7万~5万年；^{14}C测定距今3.5万年）。

出土的石器中有刮削器、钻具、尖状器和雕刻器，总数不超过500件（黄慰文等，2003）。石器工艺一方面继承了周口店第1地点、第15地点和许家窑的小石器传统工业的基本特点，即利用不规则的小石片或石块制作小石器，打片和修整以直接打击技术为主。另一方面，技术水平比前期有所提高。"河套人"用来制作石器的砾石直径一般只有20~40毫米，因而制成的石器特别细小。石器多半用石片制成，少数用石核改作。石器的修整痕迹非常细小，有一部分石器不能排除经过了压制技术修整。

(2) "河套人"的特征

"河套人"顶骨矢状方向上的长度、弯曲的程度与现代人的接近，脑膜中动脉压迹明显，后肢比前肢发达，骨壁厚度较现代人的平均值大，骨缝简单，股骨骨壁厚，髓腔很小，这些都是原始性质。门齿大小与现代人的相近，舌面呈铲形。河套人额骨眉弓显著，其上方与额鳞之间无明显浅沟。眉间凸度与资阳人接近，在现代人数值范围之内。下颌骨齿槽缘明显后缩，颏隆突不够明显，颏孔位置偏低，下颌枝属宽低形。

"河套人"的体质特征接近现代人，但还保留着某些较现代人原始的性状，在人类进化阶段无疑属晚期智人。晚期智人是人类发展的最后阶段，包括晚更新世晚期和全新世，距今约4万年前开始直至现在的人类。

(3) 河套人与其他古人类的对比

根据人化石的特征及共生的动物群，"河套人"应晚于大荔人、许家窑人、丁村人，而早于峙峪人。在我国，与"河套人"大概同期的晚期智人化石主要还有北京周口店山顶洞人、广西柳江人、四川资阳人、贵州穿洞人等。

◎ 河套人复原素描图（田明中，2007）

"河套人"与大概同期的晚期智人对比

时期	名称	地　点	特　征
晚期智人	河套人	内蒙古乌审旗大沟湾	顶骨矢状方向上的长度、弯曲的程度与现代人的接近,脑膜中动脉压迹明显,后肢比前肢发达,骨壁厚度较现代人的平均值大,骨缝简单,髓腔很小等特点
	山顶洞人	北京周口店龙骨山	头骨的最宽处在顶结节附近,牙齿较小,齿冠较高,下颌前内曲极为明显,代表原始蒙古人种,但个体之间有一些差别,表明正在形成中
	柳江人	广西柳江新兴农场	头骨具有一些比现代人原始的特征,眉脊粗壮,额部向后倾斜,面部短而宽,颅盖指数低于现代人的下限,前卤角和额角呈现比资阳人原始特征。柳江人头骨具有蒙古人的大多数特征
	资阳人	四川资阳黄鳝溪	眉嵴上方稍隆起,有一个相当明显的矢状嵴,由此向后延伸,到顶骨中部而逐消失。颧骨向后与发达的孔突上嵴相连积。和山顶洞人也有相同特征
	穿洞人	贵州普定	和资阳人很接近,比柳江人和山顶洞人进步

7.2.14.2 扎赉诺尔人及文化遗址

扎赉诺尔人及文化遗址的典型地点在满洲里市扎赉诺尔东露天煤矿,是中国中石器时代文化的代表。1933年,发现了第一个较完整的古人类头骨化石,迄今已陆续出土16个,经考古学家研究定名为"扎赉诺尔人"。1948年,我国古人类学家裴文中在《中国史前之研究》中提出了"扎赉诺尔文化",指出了中国北方文化起源于扎赉诺尔文化。

这里人化石和文化遗物丰富,地层堆积自上而下可分6层,用 ^{14}C 测定含哺乳动物及人类遗物的第5层的年代,上部是距今7070±200年,下部是11400±230年或11669±130年。在第5层的文化遗物中,有粗制的陶片出现,结合上述的年代测定,扎赉诺尔人的生存年代属于中石器时代,与北京猿人、山顶洞人一样同属蒙古人种,扎赉诺尔人处于更新世末期到全新世早期。

该时期的石器细小,出现箭镞状石器。扎赉诺尔人已经穿上了用兽皮缝制的衣服,栖身于简易的茅草房中,端着做工粗糙的陶碗,人类的生存能力已经明显增强。由此证明,扎赉诺尔是古人类生存的故乡,是中华民族古老人类的摇篮之一。

7.2.14.3 大窑文化遗址

大窑文化遗址位于呼和浩特市新城区大窑村,于1973年由汪宇平先生发现,目前,已发现四道沟、二道沟和八道沟三处较大型的文化遗址。这几处大型遗址的发掘已经出土的石器反映了内蒙古中部古人类从旧石器时代早期至新石器时代活动的全过程(魏永明,1997)。

四道沟文化遗址属距今40万~70万年前的旧石器时代早期的文化遗迹。该处发现一个长24米、厚15米的典型地层剖面,自下而上每层都出露有旧石器时代早期、中期、晚期的人类文化遗迹和遗物,并发现了众多的肿骨鹿和披毛犀化石。地层剖面底部发现的经过打击开采的十数块巨大燧石及同层发现的石制品是内蒙古目前发现唯一旧石器时代早期的古人类石器制造场遗址(汪英华,2002)。

二道沟文化遗址属旧石器时代晚期(约3万~5万年前)的文化遗迹,含有旧石器时代晚期典型的龟背型刮削器,另有石锤、石核、石片、砍砸器等石器,石器型号偏大,以及原始牛、赤鹿、扭角羚、披毛犀等动物化石。

八道沟文化遗址属新石器时代中晚期(约5000年前),面积达25000平方米,包括石器、陶器和人类生活遗迹3个方面。石器型号较小,为石锤、磨光石斧、石核(锤状为主)、石片、石叶、石磨盘、石磨棒、石环等。陶器以褐陶为主,红陶次之,彩陶仅一片,泥质粗糙,火候不高。纹锦有绳纹,附加堆纹,但以素面陶片居多。器形有罐类、钵类、瓮类等。人类生活遗迹主要发现有沟崖上暴露的灶址3处,另有多处埋藏的灶址。

7.2.14.4 对比研究

内蒙古的古人类化石和古文化遗存以河套人和扎赉诺尔人及其文化遗存为代表,研究历史悠久,在我国的古人类及其文化形成发展的研究中占有重要的地位。

"河套人"及其文化遗址是中国境内第一件有准确出土地点的人类化石以及旧石器时代文化遗存,揭开了中国旧石器时代考古研究的序幕。"河套人"属人类进化史上的晚期智人阶段,是中国迄今发现的时代最早的晚期智人之一,与"北京人"和"山顶洞人"及其文化曾经以"三步曲"长期掌控中国旧石器时代的考古舞台,在中国古人类研究历史中具有极其重要的地位。

扎赉诺尔文化是中国中石器时代文化的代表,除东北区外,沿长城一带和在喜马拉雅山麓都有发现。

这些珍贵的古人类化石和古文化遗存在内蒙古都得到了特别的重视和保护,它们为我国古人类及文化的研究提供了重要研究场所与资料。

河套人、扎赉诺尔人及文化期对比表

年代 (ka BP)	地质时代	石器时代 (ka)	古文化期及古人类	古人类阶段	欧洲文化期
3	Q₄	历史时期	殷墟文化	现代人	
		新石器	仰韶文化 半坡人及其文化		
6					
10		中石器	扎赉诺尔人及其文化		
	Q₃²	晚	小南海文化 山顶洞人及其文化 峙峪文化 河套人及其文化 资阳人 柳江人	晚期智人	马格达林期 梭鲁特期 欧利纳期
50	Q₃¹	旧石器时代 50 中	许家窑人及其文化 丁村人及其文化 长阳人及其文化 马坝人及其文化 大荔人	早期智人	莫斯提期 阿舍利期
130	Q₂²				
300	Q₂ Q₂¹	300 早	和县猿人 北京猿人及其文化 匼河文化 蓝田猿人	晚期猿人	
730		1000			舍利期
	Q₁		元谋人 西侯渡文化 小长梁文化	早期猿人	前舍利期
2400					

8 地球容颜——地貌景观
Earth Features—Landscape

内蒙古地大物博，上帝赐予了她丰富而独特的地质地貌景观，有复杂奇特的花岗岩景观，有类型齐全的火山景观，有形态独特的碎屑岩景观，有保存完好的第四纪古冰川景观，有广袤无垠的草原和风成景观……这些奇特地质景观为开展地球科学研究、发展旅游、振兴地方经济，提供了广泛的场所，是一座天然的地学科普博物馆。

天造地景——内蒙古地质遗迹

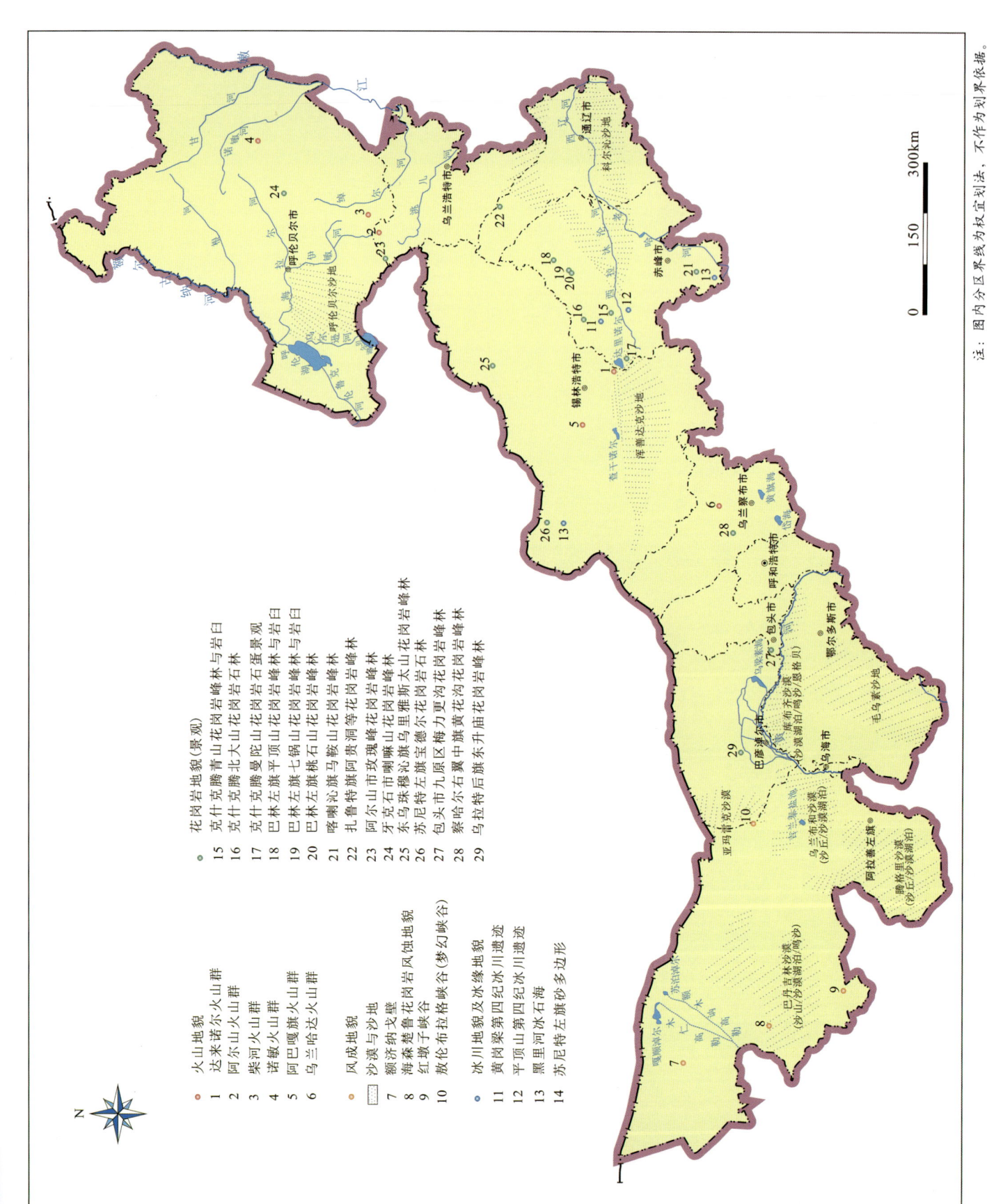

地貌景观类主要地质遗迹分布图

火山地貌
1 达来诺尔火山群
2 阿尔山火山群
3 柴河火山群
4 诺敏火山群
5 阿巴嘎旗火山群
6 乌兰哈达火山群

风成地貌
7 沙漠与沙地
8 额济纳戈壁
9 海森楚鲁花岗岩风蚀地貌
10 红墩子峡谷
11 敖伦布拉格峡谷（梦幻峡谷）

冰川地貌及冰缘地貌
11 黄岗梁第四纪冰川遗迹
12 平顶山第四纪冰川遗迹
13 黑里河冰石海
14 苏尼特左旗砂多边形

花岗岩地貌（景观）
15 克什克腾青山花岗岩峰林与岩臼
16 克什克腾北大山花岗岩石林
17 克什克腾曼陀山花岗岩石蛋景观
18 巴林左旗平顶山花岗岩峰林与岩臼
19 巴林左旗七锅山花岗岩峰林与岩臼
20 巴林左旗桃石花岗岩岩峰林
21 喀喇沁旗马鞍山花岗岩岩峰林
22 扎鲁特旗阿贵洞等花岗岩岩峰林
23 阿鲁科尔沁旗玫瑰峰花岗岩峰林
24 牙克石市喇嘛沁花岗岩峰林
25 东乌珠穆沁旗乌里雅斯太山花岗岩峰林
26 苏尼特左旗宝德尔花岗岩石林
27 包头市九原区梅力更沟花岗岩峰林
28 察哈尔右翼中旗黄花沟花岗岩岩峰林
29 乌拉特后旗东升庙花岗岩峰林

注：图内分区界线为权宜划法，不作为划界依据。

8.1 总体特征

内蒙古特殊的大地构造位置及其地质地理格局，决定了其地貌景观的特点。各地质时期的沉积物、火山喷发物和岩浆侵入体构成了各种地貌景观的物质基础，构造运动和各种地质作用为地貌景观的形成发育提供了动力。

在上述不同的地貌单元内具有不同的地质遗迹和景观特色，而在不同的地貌单元交会部位往往形成类型丰富的地质遗迹和景观。

从空间分布上看，地貌景观的区域特色非常明显，东部以火山岩地貌、花岗岩地貌和冰川地貌为主要特色，中部主要为火山岩地貌和花岗岩地貌，西部则以风成地貌为主。

8.2 花岗岩景观

8.2.1 总体特征

由于内蒙古大地构造位置的特殊性，伴随多次构造运动，发生了多期次强烈的岩浆活动，所形成的岩浆岩分布广泛，出露面积约占全区面积的一半，其中花岗岩分布最广，类型复杂。在不

◎ 克什克腾旗花岗岩石林

8 Earth Features—Landscape 地球容颜——地貌景观

内蒙古花岗岩时代及分布

侵入期次	岩石类型	分布范围
燕山期	二长花岗岩、黑云母花岗岩、花岗斑岩、碱性花岗岩	东部最发育，西部稍次
印支期	二长花岗岩、黑云母花岗岩	地台区
华力西期	二长花岗岩、斜长花岗岩、石英闪长岩	地台北缘、北部褶皱区
加里东期	斜长花岗岩、黑云母花岗岩、花岗闪长岩、英云闪长岩	温都尔庙、额尔古纳及锡林浩特地区
前寒武纪	石英闪长岩、花岗闪长岩、斜长花岗岩	多分布于南部地台区，兴安岭地区仅见元古期岩体

同的外力条件下，出露的各类花岗岩体逐渐改造成不同类型的花岗岩地貌景观。

8.2.1.1 岩石时代及分布

内蒙古地区的花岗岩从太古宙至燕山期均有分布，以华力西期花岗岩最为发育。前寒武纪花岗岩多分布于南部地台区，兴安岭地区仅见元古期岩体。岩石类型以石英闪长岩、花岗闪长岩及斜长花岗岩为主，其成分硅低、铝高，A/CNK值一般在1.04～1.20之间，均属壳源成因。加里东期的岩体分布于温都尔庙、额尔古纳及锡林浩特地区，以斜长花岗岩、黑云母花岗岩、花岗闪长岩、英云闪长岩为主。华力西期岩体最为发育，无论地台北缘还是北部褶皱区均有大面积出露。岩石类型复杂，尤其以二长花岗岩、斜长花岗岩、石英闪长岩分布广泛，成分上以钠、钾含量高为特点。印支期岩浆活动相对较弱，主要发生在地台区，多为壳源二长花岗岩及黑云母花岗岩。燕山期花岗岩东部最发育，西部稍次，多以小型岩基和岩株产出，岩石类型为二长花岗岩、黑云母花岗岩及花岗斑岩、碱性花岗岩，化学成分高铝、富碱。

8.2.1.2 成景因素

结合国内外关于花岗岩地貌成景因素的研究，影响小型和微地貌的主要因素为气候、岩石性质以及岩体中的构造。

花岗岩侵位背景主要控制花岗岩大型地貌的类型。花岗岩大型地貌的形成在很大程度上与花岗岩体的形状、规模、形成的深度和构造有密切的关系。在这些背景下，有的花岗岩在地表形成大型浑圆山体，有的形成绵延的山脊，有的形成高山峡谷。

气候带对花岗岩地貌发育具有严格的严格控制（崔之久等，2007），花岗岩地貌的多带性也是气候变化的标志。内蒙古的花岗岩地貌自东向西随不同气候区有明显的地带性分异。东部地区气候条件复杂，地处半干旱半湿润区，降水较西部多，冬季长而干冷，风力大，盛行物理风化，高处的花岗岩体遭受的寒冻风化强烈，加上第四纪时期冰川作用，形成了多种多样的花岗岩地貌景观。中、西部地区地处干旱区，降水稀少，风力极大，只是气候过于干旱，并不利于寒冻风化所需的时干、时湿、时热、时冷的高冻融频率要求，形成以花岗岩风蚀地貌为主的地貌特征。

花岗岩岩石性质对地貌演化有着不可忽视的影响（崔之久等，2007），岩性的差别能导致不同的花岗岩地貌形态。一般而言，花岗岩中主要矿物石英、长石结晶度高，并呈良好的镶嵌结构，质地坚硬，抗风化能力强。内蒙古地区广泛分布的多期次的花岗岩岩体，岩性、结构、构造条件差异较大，使得其抗风化剥蚀能力不同，为形成多样的花岗岩地貌景观奠定了物质基础。

断裂、节理的多少、类型及其组合方式，是花岗岩地貌形成的重要控制因素。其中，断裂（包括断层）控制山体格局，而节理控制山体的造型和造景地貌。节理分布稀疏的花岗岩抗侵蚀能力强，风化过程很难深入；而节理密集的花岗岩抗侵蚀能力大减，地表水、地下水沿节理活动，特别是沿垂直节理，水和具风化性的化学物质可以长驱直入。但垂直节理多半只作为通道而不易存水，而水平节理和横节理不但是通道，而且易于存水进而促进风化。垂直、水平、斜交三组节理的格局、疏密、数量、走向等控制花岗岩地貌组合的分布规律和地貌格局。在同一地区、相同气候条件下形成的地貌不同，取决于花岗岩结构、构造的差异。例如，克什克腾青山地区的花岗岩水平节理稀疏，形成了花岗岩峰林景观；岩臼发育处，花岗岩节理十分稀疏，更少见水平节理，花岗岩体整体性很强；北大山花岗岩石林发育处的垂直和水平节理发育，特别是水平节理密集，地表岩体被分割得十分破碎，加之寒冻风化以及流水和风力侵蚀形成石林；曼陀山地区的横节理比较发育，对地貌的破坏严重，形成低矮的浑圆状山丘。

8.2.2 典型代表

8.2.2.1 石林型

花岗岩石林是指由于暴露地表的花岗岩在冰川作用、断裂、流水、冻裂、差异风化、重力崩塌及风蚀等地质作用下形成的一种水平节理和垂直节理高度发育、顶部参差不齐的地质地貌。其

◎ 克什克腾石林型景观

天造地景——内蒙古地质遗迹

Natural Landscapes - Geological Heritage of Inner Mongolia

8 Earth Features—Landscape 地球容颜——地貌景观

◎ 克什克腾旗石林

◎ 克什克腾花岗岩石林

形态类似石灰岩石林、土林等，多以底部相连的峰丛和石柱群出现。

花岗岩石林型景观主要分布于克什克腾旗境内，在北大山、平顶山、黄岗梁、青山、嘎拉德斯太山等地的山顶或分水岭的部位均有发育，尤以大兴安岭最高峰黄岗梁北约40千米的北大山花岗岩石林最为典型（武法东等，2004）。北大山地区花岗岩石林型景观呈北东向展布于山脊，连绵几百米，宽几十米，面积约5平方千米，海拔1700米左右。

花岗岩石林基本上是由花岗岩石柱群、石丛和石墙组合而成，石林一般相对高5～20米，个别石柱可超过20米。这些千姿百态的石柱群、石丛和石墙构成了类型不一、形态万千的花岗岩石林。根据石林的基本形态和形态组合，将北大山地区的花岗岩石林划分为石墙、石塔、石丛、石柱、柱状石林、蘑菇状石林、饼状石林、不规则状石林、象形石等。

其主要有两个特点，其一是花岗岩石林的层状性，这一罕见特征决定了花岗岩石林的世界独特性；其二是花岗岩的分布，这类花岗岩石林主要分布在北大山绵延的山脊上，而山坡、山谷等其他地方并不见这类花岗岩石林出露。这种分布特征决定了花岗岩石林景观的地貌形态。

8.2.2.2 峰林型

花岗岩峰林一般是指节理、劈理和断裂发育的花岗岩岩体在流水、冰冻、差异风化及崩塌地质作用下形成的地质地貌景观，多以穹状、锥状、脊状、柱状及怪石状等地貌形态出现。峰林型地貌景观分布相对较广，在内蒙古中部的克什克腾旗、翁牛特旗以及东部阿尔山、牙克石等地均有分布。

在克什克腾地质公园的青山地区花岗岩峰林形态与中国东南部地区的花岗岩峰林有一定的差异性。克什克腾的峰林其峰柱和峰顶基本为浑圆

天造地景——内蒙古地质遗迹

Natural Landscapes - Geological Heritage of Inner Mongolia

◎ 克什克腾峰林型花岗岩景观

8 Earth Features—Landscape 地球容颜——地貌景观

◎ 克什克腾峰林型花岗岩景观

态，而黄山、三清山等地的峰林大多是尖峰状。克什克腾的峰林有的直指云霄，有的如菩提匍匐跪拜，有的如纤小美女，有的如巨鹰昂首，有的独立成景，有的与松石为伴，巧妙组合成各种造型的景观，惟妙惟肖，栩栩如生，构成了克什克腾地质公园的独特风景。

阿尔山峰林型花岗岩景观位于伊尔施镇西北10千米处的玫瑰峰景区，阿尔山市的正北方向，距阿尔山市25千米。玫瑰峰当地又称作"红石砬子"。花岗岩峰林呈北北东向断续展布于山脊上，连绵上千米，宽几十米，海拔1000米左右。玫瑰峰峰林由十几座石峰组成，错落有致，犬牙交错，险峻挺拔。有的像直插云端的青铜宝剑，有的像持戟的武士，有的像蹁跹的舞女；有的像威猛的雄狮。阿尔山玫瑰峰花岗岩峰林地貌在形态上与内蒙古克什克腾旗阿斯哈图花岗岩石林有

◎ 阿尔山峰林型花岗岩景观

◎ 翁牛特峰林型花岗岩景观（白显林提供）

8 Earth Features—Landscape
地球容颜——地貌景观

喇嘛山群峰

些相似，但与花岗岩石林最大的不同在于水平节理不发育，而与中国东部、东南部常见的花岗岩峰林地貌一样，究其原因，可能与该区的气候湿冷有关。

翁牛特峰林型花岗岩景观相对上述两地的景观有个非常不同的特征，即花岗岩峰林相对低矮且形态浑圆，是介于峰林型与石蛋型之间的一种类型。

牙克石巴林喇嘛山峰林地貌相对上述几个地方的同类地貌也有其独特之处。由于该区位于内蒙古中西部，降水量大而且湿度大，构造作用也使得花岗岩垂直节理和垂向裂隙较发育，经风化剥落后，形成一个个彼此孤立的峰柱，沿不同方向的山脊线零散分布于喇嘛山的不同海拔高度上，组合而成峰林地貌。据不完全统计约有30座奇峰。其中主峰喇嘛峰海拔810米，相对海拔75米。因峰东南端有一岩石造像，酷似喇嘛而得名（凝眸山峰主体，亦似袒腹露胸的弥勒佛），为本景区峰林景观之最。喇嘛峰北偏西方向，有多个花岗岩峰柱构成"五指山"似的峰林景观，突兀挺拔、陡峭嶙峋、巧夺天工。

8.2.2.3 石蛋型

石蛋型花岗岩景观在境内许多景区均有分布。在此仅以克什克腾世界地质公园达里湖园区的曼陀山、新巴尔虎右旗阿敦础鲁、巴彦淖尔乌拉特中旗为重点介绍。

曼陀山位于克什克腾地质公园达里湖的西南，整个曼陀山是由穹窿状的花岗岩体经风化剥蚀后形成的一个巨大石蛋，外形呈雄伟浑圆状，形似馒头，当地人本意打算称之为馒头山，觉得此名不雅，于是谐称之为"曼陀山"。其东临贡格尔草原，北接达里诺尔湖，南有浑善达克沙地，西南是灌木丛林，自然奇景集山川、湖泊、沙地、草原、灌木丛林于一体。形成石蛋型景观的岩石为早白垩世侵入的花岗斑岩。新鲜面肉红色，风化面粉白色，花岗斑状结构。整个山形浑圆，在山体的南缘，由于受浑善达克沙地的影响，残存有低矮的浑圆石柱和小型石蛋景观。

新巴尔虎右旗西北部的阿敦础鲁石蛋型地貌因有两处组合起来宛若马群，被当地牧民称为"阿敦础鲁"，蒙古语意为"马群石"。由于花岗岩节理发育，使其破碎，被切成菱形，后期经水、风的侵蚀作用，使得棱角处的花岗岩先风化破碎，渐成球形，形成了一系列大小不一的石蛋。这些石蛋彼此架接，构成不同的组合景观。有的似"群马奔腾"；有的似"群马卧状"；有的似老翁、似仙女；有的似金龟、似圆蛋等。

巴彦淖尔市乌拉特中旗的花岗岩石蛋在海流图镇同和太奇一带分布最为典型。该区的花岗岩石蛋与新巴尔虎右旗阿敦础鲁的石蛋地貌类似，也是以石蛋造型石为主，石蛋多呈圆形、椭圆形、长椭圆形等，少数呈方形、短柱形，最大4米×5米，最小0.5米×0.5米。这些石蛋有的散布山头，有的组合成粗壮的蘑菇石，有的成垄成群分布如牛背，形成牛背石。

◎ 曼陀山南侧石蛋和低矮石柱

天造地景——内蒙古地质遗迹

194

Natural Landscapes - Geological Heritage of Inner Mongolia

◎ 阿敦楚鲁花岗岩地貌

8 Earth Features—Landscape
地球容颜——地貌景观

◎ 翁牛特旗石蛋地貌——沙中石

Earth Features—Landscape 地球容颜——地貌景观

8.2.2.5 岭脊型

岭脊型花岗岩景观指主要是由狭窄花岗岩石墙构成的分水岭和山脊形成的景观。这种景观主要分布于克什克腾世界地质公园。目前初步认为该景观与冰川作用有关,构成景观的岭脊基本上是古冰斗的斗壁或古刃脊。在克什克腾旗境内,这种地貌在北大山、青山、平顶山等地均有分布,但以平顶山最为典型,保存得也最为完好。平顶山地区的岭脊型景观主要是由冰斗、刃脊和角峰、U形谷等彼此相连组合而成。其中,冰斗常呈围椅状,花岗岩水平节理在冰斗后壁基本水平,而在两侧壁则与冰斗底部倾斜坡度近似。由于几组不同朝向的冰斗交会,形成了蜿蜒数千米的刃脊,尤其是南北向的刃脊最为发育,犹如蜿蜒延伸的万里长城,构成该地区的分水岭。由于冰斗的发育,三组及以上不同朝向的冰斗交会现象十分常见,从而在冰斗的后壁形成十分典型的角峰地貌。

构成克什克腾岭脊型的花岗岩基本上都是燕山期侵入形成。大多呈北东向展布。该地区岭脊型花岗岩景观的一个共同特征,就是花岗岩体中水平节理和垂直节理非常发育。水平节理的倾向与坡向基本一致。尤其形成冰斗后缘和刃脊的花岗岩,其整体特征犹如前述的花岗岩石林景观中的石墙。

◎ 克什克腾平顶山花岗岩石林

8 Earth Features—Landscape
地球容颜——地貌景观

8.2.2.6 风蚀型

风蚀型的花岗岩景观主要分布于内蒙古西北沙漠边缘。尤以阿拉善境内最为典型。阿拉善的风蚀型花岗岩景观位于阿拉善右旗西北部的努日盖苏木境内，因其出露形状奇特的花岗岩风蚀地貌，当地人称之为海森楚鲁。海森楚鲁为蒙古语，意为"像锅一样的山石"。与通常见到的、广泛分布的花岗岩球形风化地貌不同，该处花岗岩岩体表面千疮百孔，形如蜂巢，状如巨龛，数量众多，大小参差，形态各异。有的高达数米，有的仅如蜂巢大小，有的气势磅礴如流云翻浪，有的精致玲珑似百兽飞禽。伟硕岩体已被掏蚀得薄如蛋壳，花岗岩体绵延分布近百里，行于其间，一步一景，变幻莫测，令人兴致盎然。置身于嶙峋怪石之中，不由得令人深深地感受到大自然造化的魅力。

该地貌分布区处于我国西北内陆干旱地带，干燥多风的气候为花岗岩的风化剥蚀提供了有利的条件。河西走廊的风力全年平均可达3m/s以上，许多地方都达4～5m/s。由于花岗岩的矿物颗粒较粗，结构较为松散，抗风蚀能力相对较弱，大风及其扬沙对花岗岩体进行长期的磨蚀，久而久之便形成了这种典型的风蚀地貌景观。相对中东部地区，该区更加干旱，风沙流更强，因此出露地表的岩体千疮百孔，更加地参差不齐，粗糙尖棱。

◎ 阿拉善阿敦础鲁花岗岩风蚀地貌

8 Earth Features—Landscape 地球容颜——地貌景观

203

◎ 赤峰红山残山型花岗岩地貌

8.2.2.7 残山型

残山型花岗岩景观主要是由于岩体的构造隆起，形成正地形，岩石顶部发育向上突出的弧形节理和一组垂直节理，然后经过一系列的外力地质作用如差异风化等形成呈穹状或棱角状的山丘。

残山型花岗岩景观多发育于内蒙古中部地区。以赤峰地区的红山为代表。红山，蒙古语称之为"乌兰哈达"，意即"红色之山"，赤峰也因此山而得名。它位于内蒙古赤峰市城区东北约6千米处的英金河畔，地势西高东低，由凤凰峰等九座主山峰构成，海拔746米，面积约10平方千米，呈南北走向（张彤，1998；赵爱民，2009）。

红山之红在于其岩性为肉红色钾二长花岗岩、长花岗岩、文象斑状钾长花岗岩，每当朝霞夕晖，反射壁上，通体赭红，灿若丹霞，分外夺目。红山花岗岩体呈穹隆状，经风化剥蚀后形成雄伟浑圆状山体。红山西侧的山体由于构造作用影响和所处位置特殊，基岩出露，赤壁奇崛，常形成各种棱角状山丘；红山东侧因为外力剥蚀、风化等作用影响，多形成低矮丘陵岗地。而丘陵岗地的低洼处被覆盖着厚厚的砂质黄土。

8.2.2.8 岩臼型

花岗岩岩臼（孙洪艳等，2007）是指一种发育在花岗岩表面上的不规则凹穴，这种凹穴以口小肚大、底部平坦、内壁具螺旋纹为特征。在内蒙古的克什克腾旗、巴林左旗、阿尔山等大部分花岗岩分布区都有发现。在此重点介绍克什克腾旗和巴林左旗境内的花岗岩臼。

克什克腾青山花岗岩臼位于大兴安岭南段黄岗梁东南30多千米处的青山山顶。山顶较平坦，长800米，宽不到400米，呈椭圆形，北面山峰高1574米，南面最高点为1534米，由此向南缓缓倾斜，四周较高，中间低洼如长碟状，中间有一条高5米的坎子，将浅盆分为上、下两片，出水口向东南方向。山顶四周高处，花岗岩体裸露。中间低洼处则分布有灌木丛、草地和白桦林。岩臼主要分布在山顶南面两边较高的平缓起伏的坚硬花岗岩面上，但在北面的花岗岩顶面上却很少见到

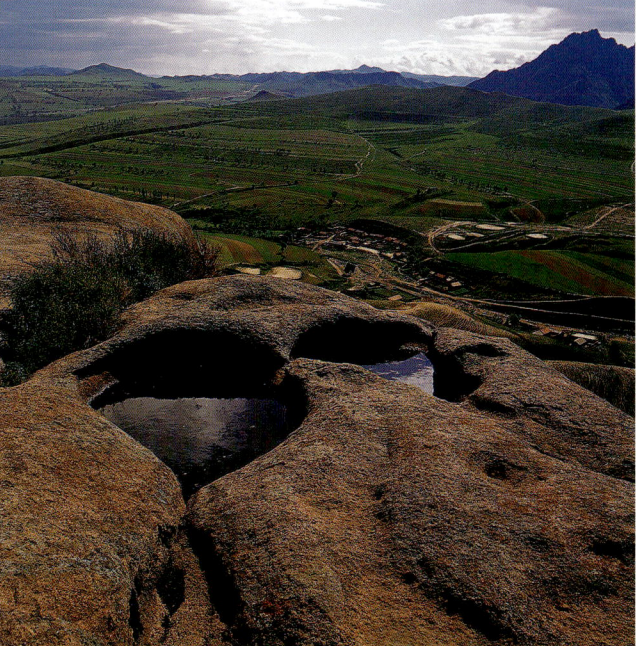

◎ 克什克腾青山各种形态的花岗岩臼

岩臼。在约1000平方米的范围内，数量达200多个。在岩臼群的外围两侧，均为悬崖、峭壁；而在岩臼群的内侧，为宽200多米低洼草地，两者之间高差10~20米，有的地方逐渐倾斜过渡。

在平面上，青山的岩臼一般为椭圆形、圆形、匙形和不规则的半圆形等，其形状总体上犹如水缸。而在青山北部，岩臼以锅状为主，镶嵌在花岗岩体之中，故当地人将这些岩臼称为"九缸十八锅"。一般岩臼的口略小，肚大而底较平坦或呈锅状微凹是最为显著的特征之一。在岩臼的周边高处无进水口，在低处有出水口，有的岩臼位于陡壁边，底部与陡壁贯通，水直接从陡壁中泻出；有的岩臼受花岗岩节理和风化崩塌作用的影响，现只保存半边岩臼；少数岩臼之间底部互相连通，中间形成穿洞。岩臼口宽一般长径为1.0~3.5米，深0.3~1.0米。山上最大的岩臼长10.3米，宽6.5米，深3.5米，是一个连体岩臼，长有白桦树和灌丛。岩臼内部的壁大部分陡而光滑，常见有螺旋状纹凸起，底部微凹。岩臼中大部分无物，在个别岩臼中偶见有小砾石。

巴林左旗的岩臼型花岗岩景观主要分布于巴林左旗七锅山自然保护区，地理坐标为：东经119°18′41″～119°23′50″，北纬43°49′05″～43°52′01″。该区的岩臼群主要分布于七锅山相对平坦的山顶上，形态上与克什克腾青山类似，都是肚大口小，底部常有风化的花岗岩碎屑，少有存水。在山顶的西北面，臼群数量相对较多，而且臼穴向东南向深凹，臼底的岩屑也堆积于东南侧。

8.2.2.9 象形型

克什克腾花岗岩石林的各种象形石则是天然奇观。有的像虎视巍巍大兴安岭的雄狮，有的像傲视长空的鲲鹏。这些象形石是由风化到不同阶段的石柱或石塔等演化而来。

石林景观中还有的如城堡，有的似海底世界。每个登临者都可以展开丰富的想象，任你构思出神奇的世界和故事。

◎ 克什克腾象形石——将军石

（1）鲲鹏落草原

景区犹如一个天然的动物乐园，各种动物造型惟妙惟肖，有多情的鸳鸯石、灵动的金蝉石、神奇的蚌石……尤其是北天门入口处的巨大的鲲鹏石，犹如在巍巍的大兴安岭上傲视长空，保护着这片神奇的岩石。

◎ 克什克腾象形石——鲲鹏落草原

Earth Features—Landscape 地球容颜——地貌景观

◎ 克什克腾象形石——母子石

◎ 克什克腾象形石——夫妻石

（2）人间真情

几位古稀的老者端坐屋前，正深情地凝望寂静的夜空，企盼亲人归来；年过花甲的老奶奶正和对面的老爷爷回忆他们同甘共苦的点点滴滴；那不正是一位美丽的妙龄少女吗？她长的发好似刚洗过一样，她那企盼的神情似乎在等待远方的郎君……

中国重要花岗岩地貌景区一览表（陈安泽，2007）（不完全统计）

景区类别	景 区 名 称
世界遗产地	安徽黄山自然遗产、山东泰山自然与文化遗产（太古宙变质花岗岩）
国家重点风景名胜区（国家公园）	北京八达岭、天津盘山、山西北武当山、辽宁鞍山千山、辽宁丹东凤凰山、辽宁医巫闾山、浙江普陀山、浙江雁荡山（局部为花岗岩）、浙江天台山、安徽天柱山、安徽黄山、安徽九华山、福建鼓山、福建海坛、福建鼓浪屿—万石山、福建清源山、福建太姥山、福建大金湖（其中有一处花岗岩景区）、江西滕王阁—梅岭、江西三清山、江西井冈山、山东崂山、山东泰山、河南鸡公山、河南石人山、湖南衡山、广东罗浮山、海南三亚、陕西华山
世界地质公园	安徽黄山、内蒙古克什克腾、山东泰山、福建大金湖（其中金铙山园区为花岗岩）
国家地质公园	安徽祁门牯牛降、安徽大别山（六安）、福建德化石牛山、河南遂平嵖岈山、河南洛宁神灵寨、河南内乡宝天曼、广东封开、江西武功山、黑龙江伊春、新疆富蕴可可托海、陕西翠华山（元古宙变质花岗岩）

中国花岗岩景观分类（陈安泽，2007整理）

景观类型	景观特色	典型地区	备注
（高山）尖峰花岗岩地貌景观——黄山—三清山型	绝对高度在1500米以上，比高在1000米，顶部尖锐、棱角鲜明而离立，成群的山峰，伴有深切峡谷。	江西三清山、安徽黄山	
（高山）断壁悬崖花岗岩地貌景观——华山型	海拔1500米以上，比高上千米的巨型花岗岩断块山，有大型断裂存在。	陕西华山	
（低山）圆丘（巨丘）花岗岩地貌景观——洛宁型	海拔1000米以下的花岗岩体形成外貌呈巨大圆丘的地貌景观。	河南洛宁神灵寨和广东封开	
石蛋花岗岩地貌景观——鼓浪屿型	外貌呈浑圆的蛋状。	福建厦门鼓浪屿、山东邹城县峄山	
石柱群花岗岩地貌景观——克什克腾型	石柱高度在5米以上，棱角平直或浑圆，离立或联体成群的石柱体成片分布，次生密集的水平节理及相对稀疏的垂直节理。	内蒙古克什克腾、黑龙江伊春	
（低山）塔峰花岗岩地貌景观——嵖岈山型	类似尖峰地貌，但其峰顶多呈浑圆状，故也可称之为"钝顶塔峰地貌"。它是尖峰地貌和石蛋地貌的过渡类型。	河南嵖岈山	
崩塌叠石（石棚）花岗岩地貌景观——天柱山型	巨大的崩塌岩块相互叠置搭连构成不规则的空洞，称为"石棚"或"叠石洞"。	安徽天柱山、陕西翠花山	
海蚀崖、柱、穴花岗岩地貌景观——平潭型	海蚀作用形成海蚀柱、海蚀崖、海蚀洞等为特征。	福建平潭	
风蚀蜂窝花岗岩地貌景观——怪石沟、阿拉善型	风力吹蚀，使花岗岩体表面形成极不规则的蜂窝状洞穴或风蚀蘑菇。	新疆博尔塔拉怪石沟、内蒙古阿拉善	
犬齿状岭脊花岗岩地貌景观——崂山型	山脊上散布的一系列犬齿状山峰，峰体棱角鲜明参差嶙峋。	山东崂山	形态类似克什克腾岭脊型
圆顶峰长脊岭花岗岩地貌景观——南岳衡山型	以修长的岭脊上散布着浑圆山峰为特征。	湖南衡山	
岩穴型花岗岩地貌景观——福安型	花岗岩谷地底部分布着岩穴，其形态以圆筒或水缸状岩穴为基本形状的各种变形。	福建福安	形态类似内蒙古正地形表面分布的岩臼

8.2.3 综述与对比

8.2.3.1 中国花岗岩景观分布及类型

中国是世界上花岗岩分布最广的国家之一，出露面积达86万平方千米，约占全国陆地面积的9%。花岗岩的活动时代漫长，从太古宙直到新生代呈多幕式展现。各种成因、时代、岩性、产状、气候带、海拔高度、剥蚀深度、造貌地质营力等，形成了不同的花岗岩地貌景观，构成了景色各异，或雄、或险、或奇、或秀的花岗岩景区。据（陈安泽，2007）不完全统计，中国以花岗岩地貌景观为主构成的国家级及世界级景区40多处，其中世界遗产2处（黄山、泰山）、世界地质公园3处（黄山、泰山、内蒙古克什克腾）、国家重点风景名胜区29处、国家地质公园10处，如果加上其他花岗岩旅游景区则数量更多。

陈安泽（2007）从服务旅游的角度出发，将中国现有的花岗岩景区中的最重要地貌形态特征进行归纳总结，提出了12类花岗岩地貌景观。

8.2.3.2 全球花岗岩景观的分布和类型

花岗岩是地球上分布最广、最常见的岩石类型，其可以形成于不同的地质构造背景下，如大洋中脊、岛弧、活动大陆边缘、大陆板块内、碰撞造山带等。如此广泛分布的花岗岩，在各种内外力地质作用下，形成了类型多样、分布广泛的花岗岩地貌。

据王连勇等（2009）对全球现已公布的878处世界遗产地、世界保护区以及国家公园进行的花岗岩景观搜索统计，共获得160条完整的花岗岩遗产（景区）简明记录。这160个花岗岩景区分布于除南极洲以外其他6大洲，集中分布于亚洲东南部，北美洲的西部山区、五大湖区和阿巴拉契亚山脉北段地区，大洋洲东部和南部海岸，欧洲西北部，非洲中部及东南部。

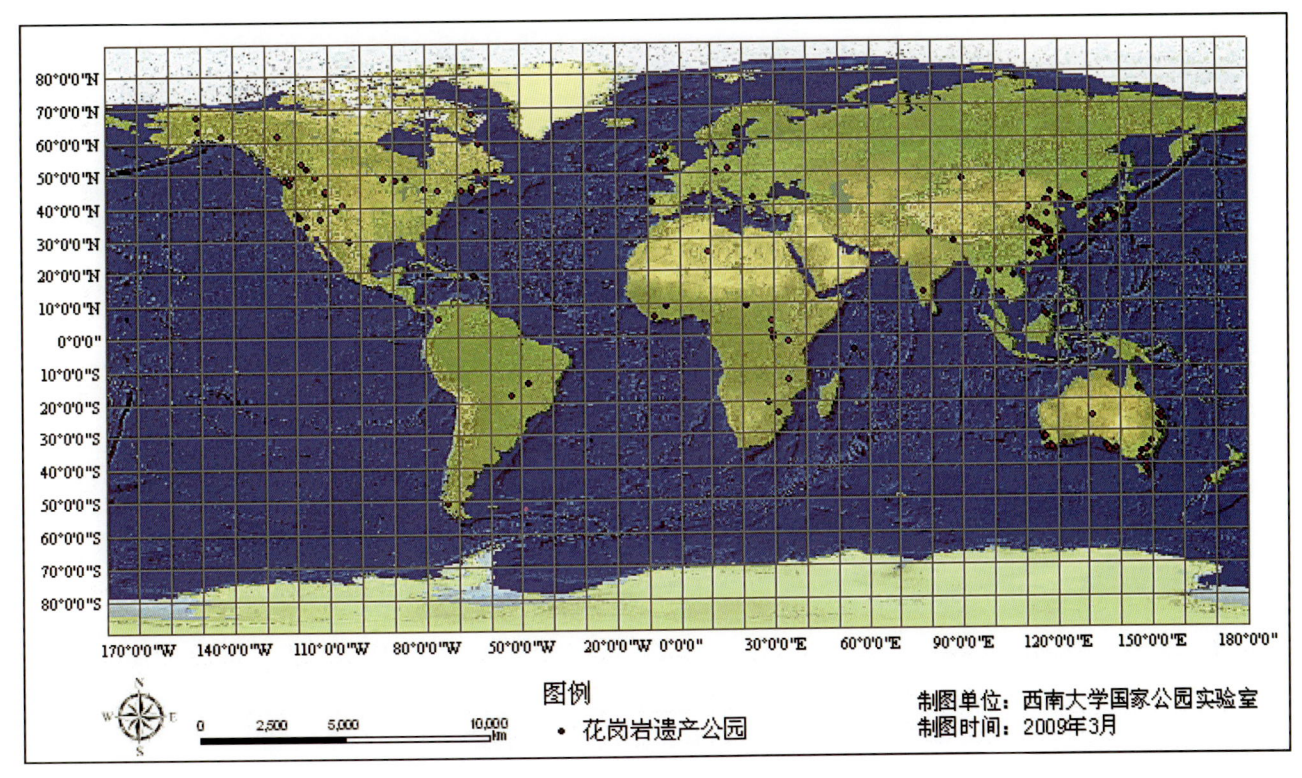

全球花岗岩地貌遗产（景区）分布（王连勇，2009）

按洲、国家统计的花岗岩遗产景区（王连勇，2009）

大洲(公园数)	国家/地区名称(公园数)
亚洲（62）	中国（42） 印度（2） 蒙古（1） 日本（8） 马来西亚（1） 尼泊尔（1） 韩国（2） 泰国（3） 越南（1） 文莱（1）
北美洲（35）	美国（22） 加拿大（13）
大洋洲（34）	澳大利亚（32） 新西兰（2）
非洲（13）	阿尔及利亚（1） 中非（1） 科特迪瓦（1） 刚果（2） 马拉维（1） 塞舌尔（1） 南非（1） 坦桑尼亚（1） 乌干达（2） 津巴布韦（1）
欧洲（12）	保加利亚（1） 捷克（1） 德国（1） 爱尔兰（2） 葡萄牙（1） 瑞典（2） 英国（4）
南美洲（4）	巴西（2） 智利（1） 哥伦比亚（1）

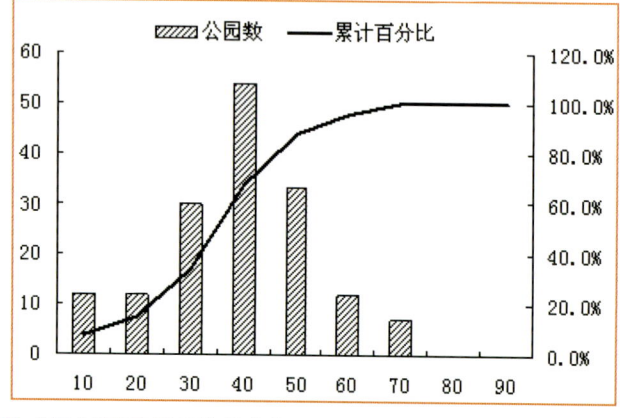

◎ 花岗岩遗产景区的纬度带分布及累计曲线（王连勇，2009）

以大洲分布而论，亚洲数量最多，高达62个，其次是北美洲35个、大洋洲34个、非洲13个、欧洲12个、南美洲4个。从国家分布来看，花岗岩遗产景区分布在全球34个国家和地区，其中，中国分布最多，高达42个。其次为澳大利亚32个，美国22个。

从地域分异律来看，纬度地带性最为典型。据王连勇等（2009）的统计分析，全球花岗岩景区主要集中在低纬度和中纬度地区。分布最多的是南北纬30°～40°地区，为54个，其次是南北

大型花岗岩地貌的分类（魏罕蓉，2007）

类 型	亚 类	典 型 地 区
巨石	核岩（corestones）	美国内华达东Lake Tahoe
	碎砾（Grus）	法国Palmer
	摇摆石（Logging stone）	津巴布韦Salisbury
	坡栖漂砾（Perched boulder）	法国南Peyro Clabado
岛山	残山（bornhardt）	阿尔及利亚南撒哈拉沙漠
	基岩残丘（Nubbin）	澳大利亚西Pilbara
	城堡岛山（Castle koppie）	津巴布韦Mrewe-Marandellas
尖顶山	四周倾斜山（All-slope mountains）	格林兰南Sermasoq
	峰林（Peak forest）	中国黄山
花岗岩平原	掩埋和剥露平原（Buried and exhumed plains）	南非Cape Town
	刻蚀平原（Etch plain）	澳大利亚西Wiluna
	山前侵蚀平原（Pediments）	南非Ucontic-hie Hill
	准平原（Peneplains）	南非Eyre半岛
	阶梯状平原（Stepped assemblages）	南非Namaqualand

小型花岗岩地貌的分类（魏罕蓉，2007）

亚 类		典 型 地 区
缓倾斜	岩盆（Rock basin）	澳大利亚pildappa
	蘑菇石（Pedestal）	津巴布韦Domboshawa
	岩环（Rock dougfnut）	美国得克萨斯州Enchanted Rock
	浅沟（Gutters）	南非Murray盆地
陡倾斜	喇叭形倾斜（Flared slope）	澳大利亚西部Hyden Rock
	底部侵蚀倾斜（Fretted basal slopes）	南非Eyre半岛
	浪蚀台地（Rock platform）	南非Eyre半岛
	崖麓凹陷（Scarp foot depressions）	南非Eyre半岛
	山麓角（Piedmont angle）	澳大利亚Naraku
	槽沟（Flutings）	南非Kangaroo岛
洞穴和蜂窝穴	洞穴（Caves）	美国得克萨斯Enchanted Rock
	蜂窝穴（Tafoni）	南非Eyre半岛
碎裂岩	分裂岩（Split rocks）	澳大利亚Devil
	片状岩（Parted rocks）	澳大利亚Devil
	多边型碎裂岩（Polygonal cracking）	南非Eyre半岛
	位移块（Displaced slabs）	南非Eyre半岛

纬40°～60°地区计33个，南北纬20°～30°地区计30个，南北纬50°～60°地区，10°～20°地区及0°～10°地区各分布12个，70°以上的高纬度地区无分布。从累计百分比来看，南北纬30°以内的遗产景区数占全球总数的33.8%，而在南北纬50°以内，已积累88.1%。这从另外一个角度说明，全球花岗岩遗产景区主要分布在暖温带、温带、热带、亚热带。

花岗岩地貌的特色与所处的气候带和大地构造位置密切相关。从全球花岗岩景区分布的纬度地带性也可以看出，在暖温带、温带、热带和亚热带这样的气候带，对花岗岩的影响最大，容易形成景观性地貌。

Twidale（1982，2005）和Migon（2006）系统总结了国外主要花岗岩地貌的特征，但遗憾的是没有包括中国的一些典型花岗岩地貌。魏罕蓉等（2007）在上述基础上补充了部分中国的景观，但总体上是以中国东部和东南部为主，对北方的花岗岩景观类型没有补充。而且该种划分方案主要从地貌形态进行描述，没有考虑地貌观赏价值。

8.2.3.3 内蒙古花岗岩景观的价值

综合国内外花岗岩地貌，内蒙古花岗岩地貌景观无论从观赏角度还是研究角度，都有其特殊价值。

如前所述，内蒙古区域的花岗岩地貌景观类型丰富，从大型峰林地貌（克什克腾青山峰林、阿尔山峰林）和浑圆石蛋山型地貌（新巴尔虎右旗宝格德乌拉圣山、克什克腾黄岗梁），到小型石柱、岩臼、风蚀蘑菇、石洞、石龛等，在区域均有分布。最为重要的是，这些大型、小型地貌与周边的人文、植被等结合，就构成了具有观赏性的景观，有的甚至自身成景，具有开发利用的价值。

除此之外，内蒙古地域横跨东西，不仅形成的花岗岩地貌类型丰富，最为重要的是具有一定的独特性。综上对国内外花岗岩地貌类型的对比可见，其花岗岩地貌既有与其他地区类似的地貌，如大型花岗岩浑圆山体，无论在中国南方还是国外同纬度地带，均有分布；花岗岩峰林地貌在中国的东部和东南部也有大量分布；花岗岩残丘地貌在国内外也常见，甚至一直以来认为形态独特的花岗岩石林地貌，在国外一些地方（如澳大利亚Devil的片状岩）也可常见。但结合于内蒙古所处的地理位置和地貌组合景观，其特殊性明显显现。

（1）花岗岩残丘地貌

内蒙古地区的花岗岩残丘并不如下表所列的几种岛山的形成环境。下表所列岛山主要是在湿热气候条件或干热气候环境下的产物。在内蒙古地区，残丘的形成与内蒙古高原上的夷平面有关，为大型构造剥蚀夷平残留，但受到相对干冷气候影响，构成残丘的花岗岩水平节理高度发育。而西部的花岗岩残丘则地处极干旱寒冷区域，形成的残丘表面上发育大量风蚀洞穴。

（2）花岗岩峰林地貌

无论在国内还在国外，花岗岩峰林地貌都是比较常见的，尤其是中国东部地区的峰林地貌更是巍峨壮观。内蒙古地区的花岗岩峰林地貌规模、峰林的相对高度远不及中国东部的黄山、三清山等。但内蒙古地区的峰林地貌的形成主要是沿垂直节理寒冻风化形成，并受风力吹蚀作用的影响，所以峰林相对浑圆，一峰一景，别具一格。

（3）花岗岩石林地貌

这是一种国内外都比较少见的地貌。其独特之处就是花岗岩水平节理发育，目前国内主要见于内蒙古中东部和黑龙江伊春地区，即大兴安岭山脉区域。而国外在德国巴伐利亚东部有少许这种层状花岗岩，但地貌特征不明显。在澳大利亚也有这种层状花岗岩（Twidale，1982），即上页表中所提到的片状岩地貌，但因为垂直节理不发

全球花岗岩地貌发育的气候特点及其地貌特色

代表地		气候	地貌特色
内蒙古	阿尔山、新巴尔虎右旗	湿冷	①水平节理稀疏的峰林，顶部浑圆平坦 ②小型石蛋，石蛋组合，浑圆粗大风蚀蘑菇
	克什克腾	干冷	①水平节理发育的石林，主要由浑圆状石柱（群）、石丛、方柱（群）、石墙等组合而成 ②水平节理稀疏的峰林，顶部尖圆 ③残丘，小型石蛋 ④岩臼
	二连浩特	干冷偏冷	残丘，风蚀蘑菇，水平节理相对发育
	巴林左旗	干冷偏湿	风蚀壁龛，岩臼
	赤峰红山	干冷偏湿	残山
	阿拉善	极干旱	风蚀龛、风蚀蘑菇，几乎不见水平节理
黑龙江伊春		湿冷	石林，水平节理和垂直节理发育
安徽黄山		湿热	高山峡谷、尖峰，犬齿状山脊
福建福安		湿热	壶穴，为负地形中的负地形
美国约塞米蒂		干冷	圆丘、U形谷，为冰川剥蚀地貌
澳大利亚秃石国家公园		湿热	浑圆山顶（花岗岩岛山）、球状风化
澳大利亚Devil		湿热	片状岩
朝鲜金刚山		温湿	尖顶山，壶穴

◎ 克什克腾石林——垂直水平节理

育，地貌整体呈现出矮丘状。这种花岗岩体中的片状特征的成因，目前尚无令人信服的解释。

（4）岩臼地貌

尽管岩臼地貌在国内外许多地区均有分布，甚至陈安泽（2007）从景观形态上将其归为福安型景观的一种，但福安型地貌代表的是一种负地貌形态中的负地貌，主要是发育于沟谷中的壶穴。而内蒙古地区的这种岩臼，其特殊性就在于是发育于正地貌中的一种负地貌，故其成因存在诸多争议，有待深入的研究。

（5）岭脊型花岗岩地貌

这种构成山脊分水岭的花岗岩地貌在国内外很常见，但内蒙古地区的这种地貌特殊之处在于岭脊所构成的冰斗—刃脊—角峰组合保存完好。在有的冰斗内部，有大片花岗岩砾石组成的石海。美国约瑟米蒂国家公园，尽管属于第四纪冰川作用区，但所形成地貌刃脊、角峰并不明显，而以浑圆山丘和U形谷常见。内蒙古地区该地貌的另一个特殊之处就是构成地貌的岩体中水平节理也是高度发育。

由于所处的大地构造位置、地理区位、气候带以及岩石性质的差异，花岗岩地貌有着明显的区别，甚至同一类，也因气候带的差异而形态上有一定的差别。但总体看来，寒冷干旱气候带，物理风化作用强，容易形成风蚀壁龛、风蚀柱等；温暖湿润气候带，化学风化作用强，容易形成浑圆的花岗岩岛丘、巨型石蛋等；而在过渡地带，形成的花岗岩地貌则相对复杂，大多是前述二者的特征都有。而在冰川作用区，受冰川侵蚀的影响，形成的花岗岩地貌具有明显的冰川作用痕迹。

8.3 火山（熔岩）景观

8.3.1 总体特征

中国是一个多火山的国家，火山分布比较广泛，虽然缺少现代火山喷发，但晚新生代火山活动频繁。根据刘嘉麒（1999）的研究，中国的火山主要分布在两大区域：一是沿中国东部大陆边缘分布，成为环太平洋火山带的一部分，如黑龙江的五大连池、山西的大同、江苏的六合、台湾的大屯、广东的雷州半岛、海南的琼北、云南的腾冲；二是青藏高原及其周边地区，属于地中海—喜马拉雅—印度尼西亚火山带的一部分，如阿什库勒、黑石北湖、可可西里等。

内蒙古的新生代火山（熔岩）是上述环太平洋火山带的重要组成，主要受大同—大兴安岭新生代火山活动带的控制，呈北东向展布于大兴安岭山地及其紧邻区域，以中心式喷发为主。根据这些火山（熔岩）地质遗迹的分布区域，将内蒙古的新生代火山遗迹划分为4个火山群，即达里诺尔火山群、诺敏火山群、哈拉哈火山群、乌兰哈达火山群。这4个火山群在景观构成上，基本都是以火山锥和熔岩流为主体。但从火山喷发强度来看，从东北向西南火山喷发应该是逐渐减弱的。在东北部区域火山规模大、期次多，地貌以火山锥、熔岩台地、堰塞湖常见，其中在该区的火山口多发育有火山口湖。而在内蒙古偏中部区域，火山地貌常见多形态的火山锥和熔岩台地，堰塞湖数量减少，几乎无火山口湖的发育。下节将根据火山群分布的位置从北东至南西对这4个火山群的典型景观进行介绍。

8.3.2 典型代表

8.3.2.1 达里诺尔火山群

(1) 火山群的分布、数量与特征

达里诺尔火山群分南、北两个独立台地，北部台地在阿巴嘎旗境内，向西北延伸与蒙古国境内南部的达里甘嘎火山群接壤；南部台地包括锡林浩特市东南部和克什克腾旗达里诺尔湖西北岸宽广辽阔的熔岩台地，总面积约1万平方千米。典型的火山喷气碟以及沿新华夏系方向雁行式排列的火山锥，是该火山群的典型特征。该火山群火山锥数目达240余个，著名的火山有阿尔更其格、浩特乌拉、巴彦温都尔和车勒乌拉等。宽广辽阔的熔岩台地，突兀的火山口、裂嘴火山口、复合火山口、火山喷气碟、熔岩颈、微观火山地貌及火山喷出堆积物和火山弹、火山渣、岩饼、岩球等，给参观旅游者展示了完整的火山景观，内容丰富，观赏价值高。

◎ 达里诺尔火山群

（2）火山锥

①截头圆锥火山

截头圆锥火山具有典型的火山外貌，山口清晰可见，比高一般在50～120米之间。一般是上部陡下部缓，通常有一个1000～3000米直径的玄武岩底座，其上为火山碎屑物堆积的锥形体，显示着中心式喷发的特征，如阿巴嘎旗东南部的巴彦查千、巴达尔乌拉以及沙尔准木尔等火山锥。

②钟状火山锥

钟状火山锥的形状呈一些小丘的形态，火山口很不明显或无，比高60～90米。例如，巴音苏木东北的沙里鄂博火山锥，顶部高出附近地面约60米，呈小圆丘状坐落于上新世玄武岩之上，底座直径约1000米。由四层玄武岩及火山碎屑物组成，即火山集块岩及凝灰岩、灰褐色致密玄武岩、红色火山集块岩及凝灰岩、灰绿色致密玄武岩。钟状火山锥的排列多数呈北东东向，基本上与裂隙喷发带方向相吻合，时代较新。

③不规则形火山锥

不规则形火山锥多被外力强烈破坏失去原有形态，锥壁切割强烈，比高120～160米，其底座直径达1000～2000米。锥体主要由火山集块岩和多孔的浮石组成，如白音敖包火山由厚达60～80米的浮石、集块岩及致密玄武岩组成，在集块中火山弹特别多。在阿巴嘎旗东部的火山锥一般是由如下岩石组成：火山集块岩、致密状玄武岩、气孔发育的玄武岩夹集块岩、浮石集块岩、气孔发育的玄武岩及浮石、黑色致密状玄武岩。

④马蹄形火山锥

马蹄形火山锥的地理坐标为北纬43°23′35.5″，东经117°50′38.2″，顶底高差约100米，内、外直径分别约为500米和850米，从外观看起来非常壮观。火山锥上部由灰褐色致密块状玄武岩组成，风化比较强烈；火山锥下部可见到气孔状玄武岩和浮石。锥壁一侧被切开，破火山口保存清晰，状如马蹄。

◎ 达里诺尔马蹄形火山锥

阿巴嘎地区熔岩台地分布图

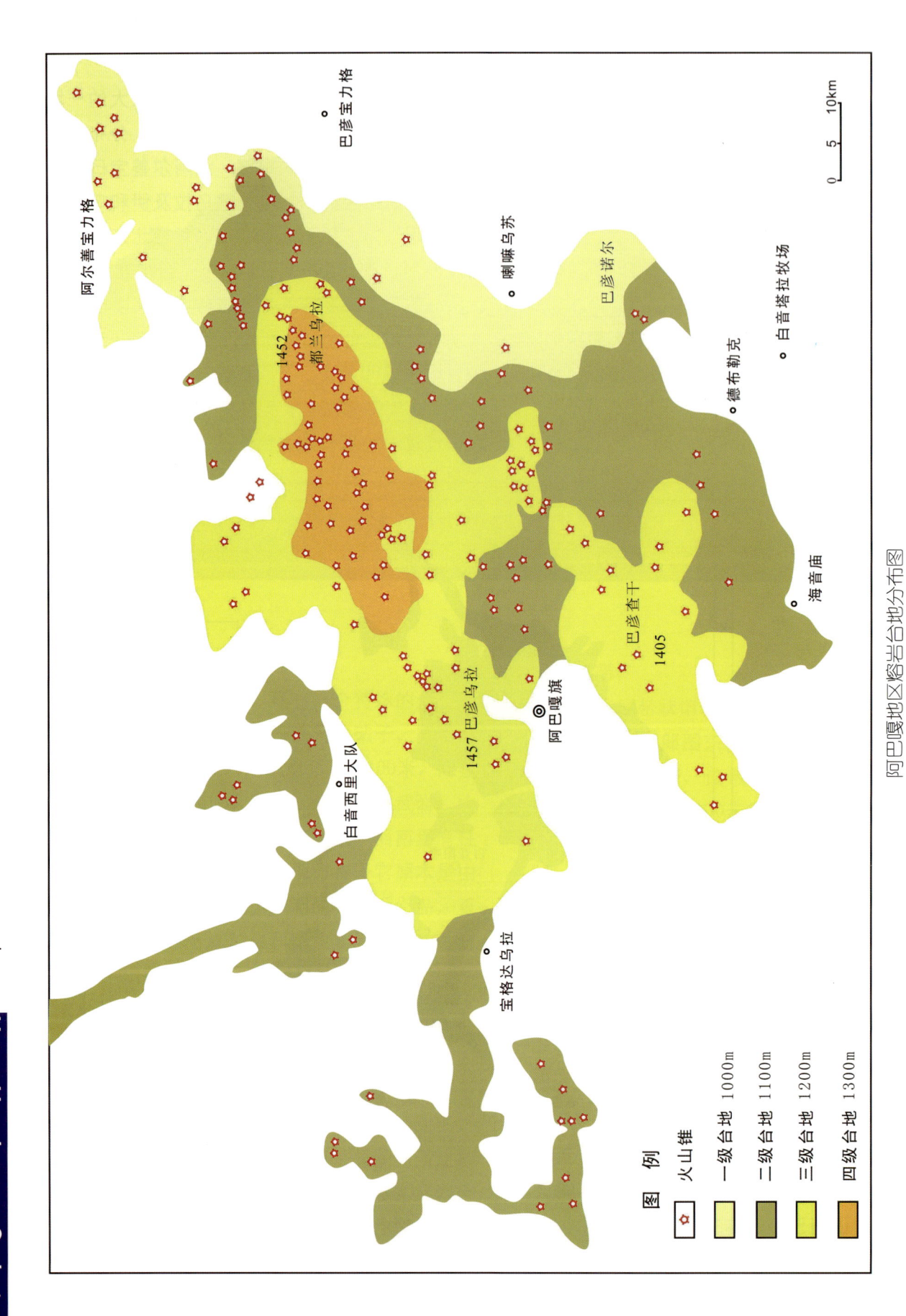

面亦有起伏，除突起的火山锥外，还有一些封闭的台间洼地发育季节性的湖泡。此外，台地上还常常覆盖有风积沙，部分地点还形成沙丘地貌。

⑧达里诺尔熔岩台地

达里诺尔熔岩台地是以南部的达里诺尔湖命名的。达里诺尔熔岩台地面积约2800平方千米，位于达里诺尔—白音库伦诺尔以北地区，北起贝力克牧场以北的石灰夭，南至白音库伦，西起巴彦高勒，东至伊和乌苏，呈菱形状分布，长轴北东向，短轴北西向。台地海拔在1200米以上，并以阶梯式层状台面结构为基本特征，一般可看到2~5级台阶。最高一级台面海拔在1450米左右，台面皆为玄武岩所覆盖，两相邻的台面多数以相差50~80米的陡坎相接，在台地的东北侧和东南侧较为明显，而西侧和北侧往往是以缓坡形式逐渐向另一级台地过渡。

⑨喷气碟

喷气碟主要成片分布于达里诺尔湖北岸的草原上，这些火山喷气碟有的保存完好，有的残缺不全，多呈碟状，中间有喷气口。喷气碟内直径多在3~4米，外直径在5~7米，高约1米，它是由气体喷发时伴随的少量熔浆在喷出口形成碟瓦状的口垣并不断堆叠而形成的，属于蒸气岩浆喷发，是一种次生喷发物。

◎ 达里诺尔喷气碟

8.3.2.2 哈拉哈火山群

（1）火山群的分布、数量与特征

哈拉哈火山群又称阿尔山—柴河火山群，主要分布在大兴安岭中段主峰区域，分布于阿尔山哈拉哈河和扎兰屯绰尔河河谷及其西侧的柴河和德勒河一带，出露面积约2000平方千米。阿尔山—柴河火山群火山活动跨越整个新生代，第四纪以来大体可分为中更新世、晚更新世和全新世三期。中更新世的代表性火山有水帘洞和卧牛泡子；晚更新世火山活动强烈，形成阿尔山—柴河火山群的主体，代表性火山为黑瞎洞、驼峰岭火山及卧牛泡子北东缘等火山。全新世火山包括高山、焰山、十号沟盆地、小东沟和子宫山等火山。

这里保存有完整的火山熔岩地貌系列，有著名的高山火山锥，天池、地池等一系列火山口湖，以及堰塞湖、石塘林等熔岩地貌。概略统计本区火山锥达46座之多，多数为截头圆锥层状火山锥，海拔在1000多米以上；现已发现的各种类型的火山湖达20余个，既有典型的玛珥湖，也有串珠状分布的堰塞湖。在一个火山区有如此类型齐全、数量之多的湖泊在全国实属罕见。

（2）火山锥

①高山火山锥

高山（又称摩天岭）火山锥位于兴安盟阿尔山市东北大黑沟上游，地理坐标为北纬47°22′15″，东经120°39′6″，海拔1711.7米，山脚海拔为1350米，相对高差为362米。为复式火山锥。早期喷发应在中更新世晚期至晚更新世早期，火山锥体下部直径很大，火山口垣西部被破坏，第二次喷发形成的火山锥是在第一次喷发形成的火山口内部偏东侧，新火山锥与老火山锥外侧锥坡明显不一致，中间有一环形平台。新火山锥也是破火山口向西的马蹄形熔渣火山锥，口垣内略呈半环状，锥壁陡峭，坡度多为50°～60°，已被森林覆盖。

◎ 扎兰屯火山锥—伴月山

②岩山火山锥

岩山火山锥位于高山南侧，属复式火山锥，为火山多次喷发形成。锥底直径约1600米，面积约2平方千米。锥体底部海拔为1390米，顶部为1623米，锥体高度约233米。火山口深度约140米，火山口略呈椭圆形，长轴约1000米，短轴约800米，平均距底部约60米，火山口在底部呈上凸形。锥体主要由褐红、紫红色熔结集块岩和少量熔岩组成。

③伴月山火山锥

伴月山火山锥位于扎兰屯柴河基尔果山天池北东约3千米处，地理坐标北纬47°30′40″，东经120°54′30″。火山由锥体和熔岩流组成，火山锥体总体呈椭圆形，长轴约800米，短轴约300米。长轴呈北东向展布，北东65°方向发育岩浆溢出口，溢出口溢出的熔岩肢解锥体，使火口成为马蹄形。

（3）熔岩景观

①石塘林

石塘林是在火山喷发的晚期，熔岩流速减慢，前端已冷却并裂为大的块体，后期熔岩流继续推动的结果，在阿尔山、柴河地区均有分布。

②翻花石

这种景观远望似波涛汹涌，犹如"石海"，近看皆是岩渣岩块，怪石嶙峋。有些石块间微有连接，貌似整体，踏之即碎，这种景观像岩山翻花，称为"翻花石"。翻花石是翻花岩流（渣块岩流）形成的。翻花石中还常见似人、似马、似牛、似鸟等各种惟妙惟肖的象形石。

◎ 阿尔山翻花石

◎ 扎兰屯柴河石塘林

◎ 熔岩冢（丘）

③熔岩冢（丘）

在火山群的熔岩台地中常见一种塔状熔岩小丘，外形为馒头状，一般高度为3～5米，底部直径多为4～15米之间，熔岩冢（丘）由黑色斑状中粒玄武岩组成。这种馒头状小丘也属喷气溢流构造，又称熔岩塔，是熔岩活动过程中上涌但又没有形成喷气构造。熔岩冢（丘）也是该区的特征火山地貌之一，仅阿尔山石塘林中就发育数百个熔岩冢（丘），形成了非常壮观的火山地貌景观。

◎ 阿尔山喷气锥

◎ 阿尔山喷气碟

④喷气锥和喷气碟

在阿尔山石塘林中，分布有数以百计的喷气锥和喷气碟，黑色的熔岩犹如瓦片一样堆叠而成。其成因与该区水体有密切关系。它是由于熔融的熔岩使地表水汽化而产生大量气体，并不断外逸而吹动熔岩外掀，每次气体喷出就伴随一些熔浆外溢，在喷出口形成叠瓦状的口垣，这样间歇喷溢多次并逐渐向上堆叠起来，形成了规模不大的喷气锥。喷气锥特殊的构造是口垣呈叠瓦状的喷气口及其喷气通道。喷气口一般为0.8～1.5米，保存形态不一，完整者构造非常清楚。喷气通道一般呈上细下粗的锥状，通道壁上有明显的熔岩喷气构造。

与喷气锥伴生的还有喷气碟，它是喷气锥的雏形，其形状有的像喇叭，有的像花冠、盘子、碟子。其顶部朝天开的喷口比喷气锥的喷口大。喷气碟也发育叠瓦状的熔岩，形状浑圆。它的成因与喷气锥类似，只是液态熔岩间歇喷出次数较少，而没有形成锥状。

⑤ 熔岩陷谷（坑）

在该区熔岩台地上还常常发育特殊的长条形陷谷或近于圆形的陷坑。陷谷的成因，一种可能是由于熔岩覆盖在古河床上，其下伏河床流沙被地下水淘空，造成上覆玄武岩塌陷，形成沿河谷方向展布的线形陷谷；另一种可能是由熔岩隧洞塌陷而成。熔岩坑的成因多是由于熔岩活动时地下存在大量液态组分，待冷却后体积收缩从而导致地表的熔岩陷落。

⑥ 熔岩峡谷

熔岩峡谷位于柴河镇西南70千米处的原始森林中，由南向北呈W形长约11千米，峡谷底宽30～150米，谷深30～130米，每千米落差20米。该大峡谷非单一成因，而是由一系列因素综合引起的。大峡谷的熔岩流源于驼峰岭，刚开始形成的玄武岩沟谷可能源于原来的河谷；熔岩流盖在原来的河道上，由于河道中的水蒸发上升及熔岩流的冷却收缩，造成熔岩流的崩裂；后期河流不断冲蚀形成峡谷。在大峡谷的末端玄武岩盖在中生代岩层上，沟谷开始变宽加深，此时水的冲蚀作用是峡谷的主要成因。

◎ 阿尔山熔岩陷谷（坑）

8 Earth Features—Landscape 地球容颜——地貌景观

◎ 柴河大峡谷

⑦射汽剖面

代表性的射汽剖面位于天池林场西2.5千米处，是一种较为罕见的火山堆积类型。剖面的地理坐标为北纬47°17′05″，东经120°22′59″，海拔1080米左右。该剖面北东南西向延伸，垂直高度16米多，总体可分为两部分：

主体部分：为剖面中下部，由火山喷气携带的碎屑物形成的近水平的溅落堆积，由于成分不同而显示近水平的纹层。碎屑成分可分为三种：火山围岩碎屑，火山碎屑，火山尘、火山灰降落物。前两者均为砂砾级，可见大型交错层理和丘状构造。该部分颜色多为褐黄色（围岩碎屑、火山渣）和黑色（火山灰）。

顶部：为似层状熔岩层，为灰或灰黑色，拉斑气孔构造发育，属后期火山熔岩。这种堆积物代表了喷气型火山类型，熔岩与碎屑交互，意味着两种典型的火山活动的交互。

⑧龟背状熔岩

龟背状熔岩位于兴安林场东北200米左右的平坦熔岩台地上，地形平整，纵横两个方向发育两组收缩裂隙，呈网格状切割结壳状熔岩，使平整的熔岩面形似龟背，故得名。收缩裂隙间距约1米，裂隙本身宽度5～10厘米，内部充填了后期的熔岩。在龟背状熔岩面上，流动构造发育，可辨出多方向变化的熔岩流。

◎ 阿尔山龟背岩

8.3.2.3 诺敏火山群

(1) 火山群的分布、数量与特征

诺敏火山群位于内蒙古呼伦贝尔市鄂伦春自治旗南部，地处大兴安岭北段东坡。涉及区域面积约7500平方千米，大致地理坐标为东经122°54′~124°00′，北纬49°18′~50°00′，但火山岩分布面积仅820平方千米左右（白志达，2008）。李福田利用TM图像对火山群进行了解译，圈定了10片岩流和43个火山锥（口）。火山活动时期主要集中于晚更新世和全新世。主要分布于诺敏河中上游、诺敏河支流毕拉河和甘河支流奎勒河河谷等三个区域。火山群内火山地貌景观丰富，且景观壮美、奇特，火山、石塘、石海及大峡谷等保存完好。另外，由于火山喷发，熔岩壅塞河道形成一系列堰塞湖，主要有达尔滨湖、达尔滨罗等。火山喷发而在火山口形成的火口湖也是火山的重要遗迹。位于四方山火山口的天池，"久旱不涸，久雨不溢"。此外，还有不同类型的火山锥、火山口、熔岩台地、石龙熔岩、火山碎屑席、火口森林、寄生火口等，完全可与五大连池和镜泊湖火山群媲美，具有极高的科学研究和考察、地学教育、旅游观光价值。

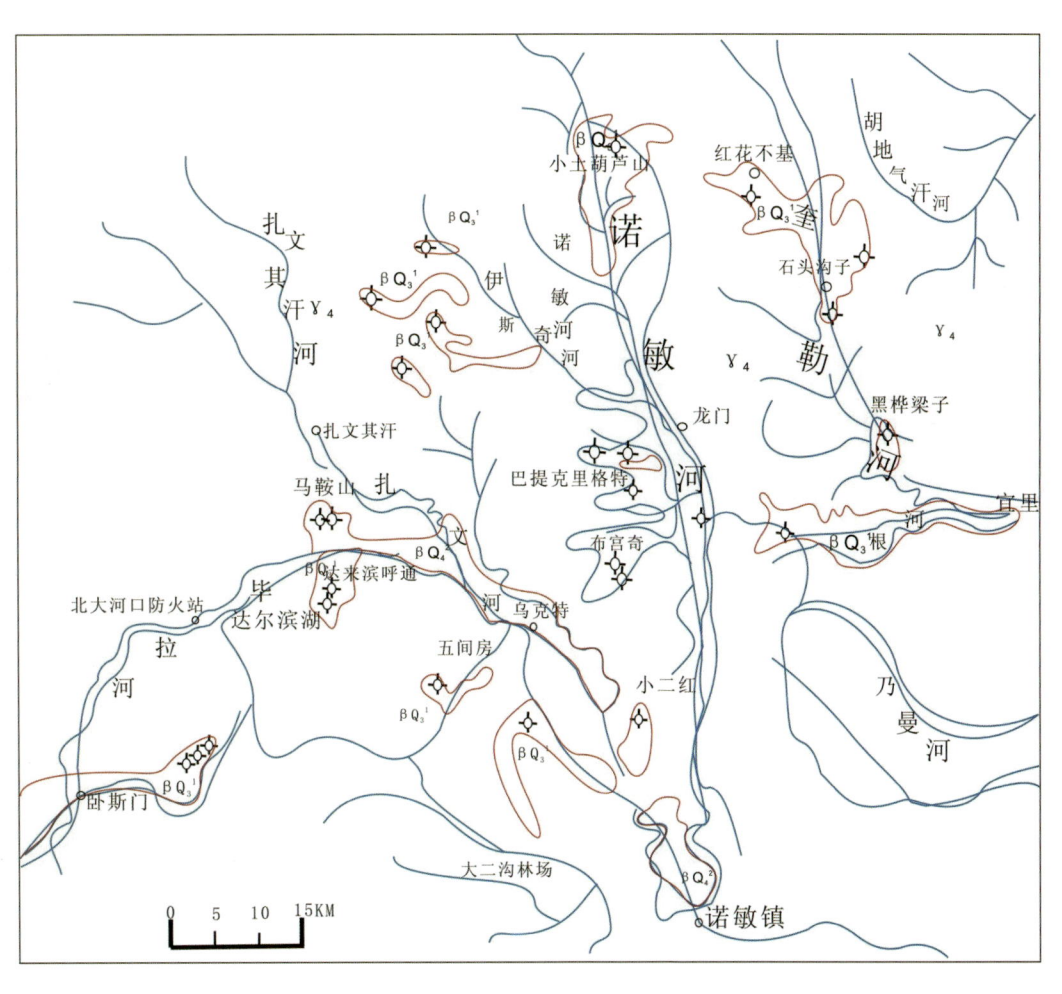

诺敏火山群分布图

（2）火山锥

诺敏地区火山喷发类型主要为中心式喷发，火山锥呈盾形、马鞍状、新月形、椭圆状、破裂状等多种形态。

①马鞍山火山锥

马鞍山火山锥是亚布里尼式火山的代表，位于扎文其汗和毕拉河之间的马鞍山，地理坐标为东经123°9′50″，北纬49°33′30″。火山锥是一双火口构成的复合锥，两火口东西排列，均发育岩浆溢出口，中间共用一火口沿，地貌状如马鞍，故称马鞍山。

锥体共用火口沿高度为246米，锥底直径东西约1500米，南北约1000米，面积约2平方千米。东、西火口均呈马蹄形，西火口深58米，直径500米，东口被岩浆溢出形成的塌陷沟取代。锥体主要由较强爆发的降落火山渣构成，锥坡18°～20°。锥脚处粒度大，一般为5～15厘米，含少量火山弹，个别火山弹达30～80厘米。渣锥上叠加了溅落锥，溅落锥由熔岩饼、火山弹堆砌而成，由砖红色、杂色熔结集块岩组成，锥体陡峻，坡度一般为25°～30°，局部约60°。共用火口沿宽仅1～1.5米，锥体南侧见有碎成熔岩。

②达来滨呼通火山锥

达来滨呼通火山锥分布在达尔滨湖畔，主火口地理坐标为东经123°10′45″，北纬49°28′50″，为一复合锥体，规模大，是大兴安岭地区全新世最大的玄武质火山之一。

达来滨呼通锥体首先形成盾形熔岩锥，其上又叠加有溅落锥和一系列寄生火山口。盾形熔岩锥长轴为北北东向，长约3000米，宽约2000米，面积约6平方千米，呈椭圆形盾状展布，北坡低缓，坡度8°～10°，南坡较陡，坡度15°～20°。熔岩盾的西侧堵塞毕拉河支流水系，形成水域面积约4平方千米的堰塞湖——达尔滨湖。盾形熔岩锥上叠加了溅落锥和熔岩穹丘，二者呈东西向并列。东侧为溅落锥，由溅落堆积的熔结集块岩构成，锥体底径约1000米，火口直径约500米，喷火口直径约100米，高度约110米，火口西侧被熔岩穹丘占据。

③四方山火山锥

四方山火山锥位于诺敏镇西北约30千米，毕拉河以南，诺敏河以西的群山峻岭之中，为一斯通博利式火山。地理坐标为东经123°26′30″，北纬49°22′30″。它是本区海拔最高的山峰，状如烽火台，号称"巨魁"。火山由锥体和熔岩流构成；锥体海拔933.4米，山顶东西长500米，南北宽300多米，相对高度为283米，底径2000米。主要由降落的松散火山渣组成，构成降落渣锥。锥坡15°～18°。火山渣在锥脚处粒度大，一般为5～15厘米，个别达30～60厘米，含少量火山弹，锥体上粒度相对较小，

8 Earth Features—Landscape 地球容颜——地貌景观

◎ 鄂伦春马鞍山远眺

◎ 达来滨呼通火山

8 Earth Features—Landscape 地球容颜——地貌景观

反映火山渣降落在锥体上有一定滚动搬运。降落渣锥上叠加了溅落锥，溅落锥由高度塑性的熔岩饼、火山弹堆砌而成的砖红色熔结集块岩组成，锥体陡峻，坡度26°～32°，火口北侧溅落堆积物局部垮塌，形成陡崖。

锥体顶部较平坦，林木茂密。登临四方山，极目远望，群山低首朝拜，一览众山小，崇山峻岭尽收眼底。毕拉河林场护林防火指挥部的瞭望台就设在这里，可以随时发现方圆百里之遥的火情，人称大兴安岭的"眼睛"。火口呈圆形，南侧发育豁口，直径约500米，深度约70米，中心有积水，形成火口天池，是大兴安岭中最高的天池。火口周围是溅落堆

◎ 四方山火山锥

积紫红色熔结集块岩,状如礁石,陡直如壁,在夕阳的映照下,显出红色的丹霞地貌,雄伟壮观。

④西热克特奇呼通锥

西热克特奇呼通锥火山地理坐标为东经122°59′20″,北纬49°21′00″,为一玛珥式火山,形态为低平火山锥。该火山锥呈近圆形,南侧有缺口发育,直径约1800米,锥高西侧约50米,东侧70米。火口长轴近南北,直径约700米,东西约600米,由射汽岩浆爆发的火山碎屑物组成。火口底平整,曾经有积水,现主要是沼泽湿地。

⑤小土葫芦火山锥

　　小土葫芦火山锥地处火山群最北部，锥体完整，但规模小，属溅落锥，由溅落堆积的熔结集块岩构成，早期发育少量降落火山渣，锥底直径为1000米，高约120米。火山口呈马蹄形，深58米，直径250米。该火山锥形成于晚更新世，属夏威夷式火山。

◎ 小土葫芦火山口

8 Earth Features—Landscape 地球容颜——地貌景观

（2）熔岩景观

①马鞍山石塘林

"石塘"实为块状熔岩流，是马鞍山火山的特征熔岩流，熔浆自火山口溢出，顺势而下，直抵毕拉河河谷，形成规模宏大且壮观的"石塘林"。块状玄武岩岩块直径1~2米，岩块裸露，基本无植被，只发育苔藓，局部有爬地松艰难地生长着。熔岩流长约4.5千米，宽1~2千米，熔岩流轴线部位常发育陷落坑，有些深达2米。岩流表面崎岖不平，通行困难，也有人称为石龙熔岩或石块地，可与五大连池火山群的老黑山和科洛火山群的南山熔岩流媲美。它是除五大连池老黑山火山外，最大的块状熔岩流。

②石海

"石海"是结壳熔岩的表壳在岩流流动过程中被挤碎掀起，形成大小、高低不一的岩块，状如大海中的波涛，俗称"石海"。诺敏河火山群"石海"景观发育，集中分布在毕拉河河谷，自东南毕拉河河口，到北西达来滨呼通，长约70千米。这种规模在国内外均罕见，是371高地、358高地和达来滨呼通火山共同构筑的结果，因大多数石海区通行困难，故保存完好。在达来毕诺堰塞湖西南分布的石海可代表石海的基本面貌。石海中的玄武岩呈黝黑或灰褐色，蜂窝状，岩块的大小、形态各异，一望无际，十分壮观。石海中土壤少，故植物不发育，但生长着特有的树种——黄菠萝和爬地松。在石海附近的湿地中，密密麻麻的马兰花、金莲花形成一片片花湖，蓝黄相映，蜂飞蝶舞，美丽壮观，让人流连忘返。

8 Earth Features—Landscape 地球容颜——地貌景观

◎ 马鞍山石塘林

◎ 神指峡火山熔岩台地

③熔岩台地

区内熔岩台地发育，如诺敏河、毕拉河等，以诺敏河上游小土葫芦台地最为典型。熔岩台地呈三角形，北宽南窄，东西宽10千米，南北长20千米，由三个岩流单元组成，岩流单元均呈扇状展布，第一单元规模大，长度约12千米，厚度20～50米，第二、第三单元流动范围明显缩小，厚度30～60米。岩浆溢出后填充在诺敏河河谷，使宽阔的诺敏河U形谷成为峡谷。其北侧又限制并改造陶来罕红花尔基河使其倒流，反向汇入诺敏河。熔岩台地生长着疏林。

④熔岩峡谷

在毕拉河河谷中发育着玄武岩峡谷,长约30千米,宽30～80米,深10～20米,最深可达40米,峡谷两壁陡直如劈。毕拉河在峡谷中穿过,水深流急,涤荡陡崖,两岸森林茂密,蓝天一线,碧水东流,分外壮观。河岸垂直如壁,层层玄武岩在夕阳的照射下多彩斑斓。溪水从上方跌落下来,在石壁处形成重重叠叠的小瀑布,溅起的小水珠似珍珠碎玉,在阳光的映照下闪烁着缤纷的光彩,石壁上方又长满了白桦,整个景象似一幅浓墨重彩的油画。如此大规模的玄武岩峡谷,在整个大兴安岭是唯一的。

◎ 鄂伦春熔岩峡谷

8.3.2.4 乌兰哈达火山群

（1）火山群的分布、数量与特征

乌兰哈达火山群位于察右后旗白音查干苏木—乌兰哈达嘎查一带，地处蒙古高原南缘，第四纪火山产物分布面积约260平方千米，岩性为碱性玄武岩。火山群坐落在前寒武纪乌拉山岩群、海西期花岗闪长岩和汉诺坝玄武岩之上，有30余座火山。火山群严格受北东和北西向基底断裂控制，火山沿断裂呈串珠状展布，构成特征的裂隙或裂隙为中心式火山机构，但岩浆的溢出率却很低。火山锥之间的距离很近，有些仅几十米，单个火口多呈圆形，有些呈长垣形，向下连成墙状通道。火山锥均分布在北西部，受现代地形控制，熔岩流自北西向南东流淌，形成规模宏大的熔岩流，熔岩流类型主要为结壳熔岩，次为渣状熔岩。熔岩流前缘堰塞河谷水系形成一系列火山堰塞湖。

（2）火山锥

①中火烧山火山锥

中火烧山火山锥是火烧山火山链中保存最好的一个火山锥。火烧山火山链位于乌兰哈达东南红山嘎查一带，共有5座火山沿北西向排列，从北西到南东依次是西火烧山、中火烧山、东火烧山、大红山和小红山。中火烧山火山锥地理坐标为东经113°12′，北纬41°37′。火山锥底座直径约200米，相对高度20～30米，锥体东侧较陡。熔岩饼降落在火口垣上，形成玄武质熔结集块岩。整个锥体平均坡度14°左右，火口垣剥蚀强烈，现剩余火口深度不足2米。

②黑脑包火山锥

黑脑包火山锥位于乌兰哈达西南6000米处，地理坐标为东经113°08′，北纬41°36′，其顶西北侧最高海拔为1581米，锥体高度约45米，直径约300米，其东侧已被人工挖开。火山锥由红色、灰黑色的玄武质火山渣、熔结集块岩、碎成熔岩

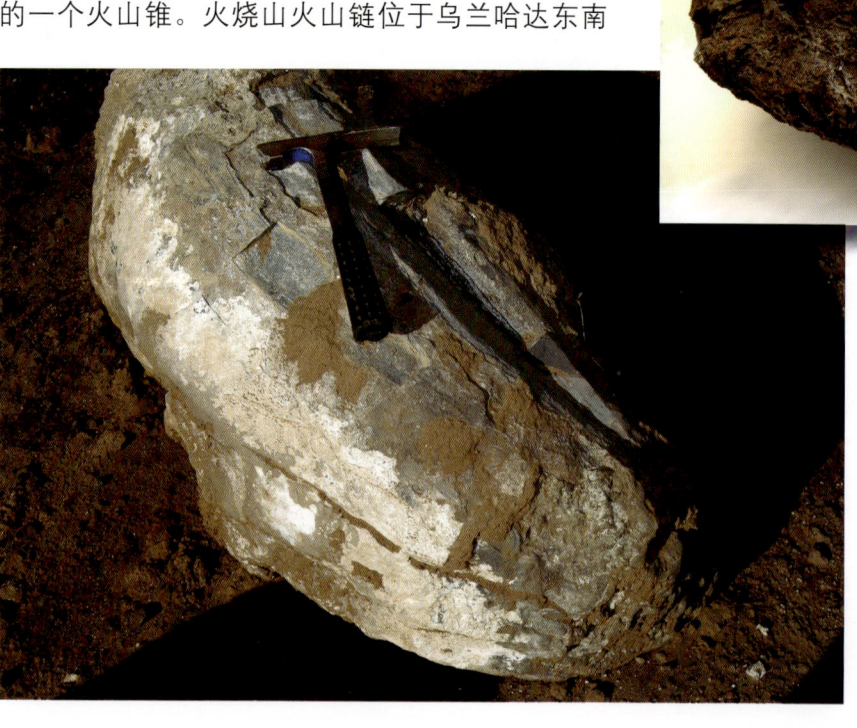

◎ 火山弹

和玄武岩等构成。火山活动的频率较高，火山活动以岩浆爆发开始，形成降落火山碎屑物；之后是溅落堆积，火口喷出大量熔岩的团块，甩在火口沿上，由于温度比较高，岩浆团块互相黏结在一起，形成熔结集块岩（厚度约10米），有的浆屑重新熔融，产生二次流动，而成为碎成熔岩；火山活动晚期为熔岩流的溢出，岩浆从火口中缓慢涌出占据整个火口，然后再蔓延在整个火山锥上，形成特征的熔壳状火山锥，这种结构的火山锥非常罕见。黑脑包火山至少有三期喷发，火山活动从岩浆爆发降落堆积、溅落堆积到熔岩流的溢出构成完整的火山喷发旋回（张楠，2008）。

③北炼丹炉火山锥

北炼丹炉火山锥紧邻乌兰哈达嘎查，地理坐标为东经113°10′，北纬41°37′。火山锥保存完好，平面呈圆形，东西直径长700米，南北直径约600米，高度为80米，火口直径为180米，火口深度约30米，火山锥坡28°～30°，东北侧坡度相对较陡，火口沿较窄，而西北侧海拔最高为1571米。火山由渣锥和熔岩流组成。北炼丹炉火山锥由早期的降落和晚期的溅落火山碎屑物组成。碎屑物中常夹有火山弹和少量熔岩饼，火山弹大的长轴有1米，短轴有50厘米。

④中炼丹炉火山锥

中炼丹炉火山锥位于乌兰哈达西南7.5千米，中阿力乌苏正西2千米处，火口地理坐标为北纬41°36′，东经113°07′。火山由玄武质锥体和熔岩流组成，火山结构完整。火山锥体完整，火山地貌特征清晰，平面上呈近等轴状，锥底直径780～620毫米，锥体坡度较大，外沿坡度为13°～21°，火口内沿坡度14°～15°。锥体底部海拔为1536米，锥体西侧顶部海拔最高，为1621米，锥体高度约85米。锥体中部为火山口，火口沿西高东低，北高南低，宽度3～10米。喷火口最宽处直径有100米，窄处有70米，火口深度约26米，火口内还保留火山喷发晚期形成的火口内小锥体，小锥体底部直径20～30米，由熔结火山碎屑岩和玄武岩组成。火山产物的分布面积约1平方千米。该火山锥是一多期造锥喷发形成的复式锥，是乌兰哈达火山群中保存最好的一座火山，是一座天然火山"博物馆"。

⑤南炼丹炉火山锥

南炼丹炉火山锥位于乌兰哈达西南，火口地理坐标为东经113°06′，北纬41°35′，和中炼丹炉火山相距不足1000米，与中炼丹炉具有极其相似的火山组成。火山锥体结构保存完整，为一复式锥，由早期的降落锥和晚期的溅落锥叠置构成。火口内保留有火山活动晚期熔岩上涌喷溅和侵出小锥体，整个火山锥体平面上呈等轴状，锥体直径为500～600米，面积约0.3平方千米，火口沿宽3～8米，火口深度为23～29米，喷火口直径50～80米。锥体陡峻，其东北侧火口沿最高，海拔高度约1584.8米，锥体底部海拔为1520米，锥体高度45～65米，锥体外侧坡度20°～29°，内侧18°～29°。

（3）熔岩景观

①白音淖石海

主要是中炼丹炉火山锥体喷发的熔岩流在流动过程中，岩流前缘半固结时，后续熔浆向前推挤造成的。熔岩流的前缘由于受后续岩浆的推挤，使岩流表面的结壳破裂、掀起，形成一系列翻花石，形如大海的波涛，汹涌澎湃，故常称为"石海"。

②熔岩冢

熔岩冢位于白音淖（小海子）以北，分布面积约6平方千米。该处熔岩冢是中炼丹炉火山岩熔流流经沼泽和湿地时形成的。熔岩冢规模大，总体呈馒头状，高度3～10米不等，直径一般为10～30米，个别达50米，其上发育特征的张裂谷，裂谷宽0.5～1米，数量之多、规模之大实属罕见。

◎ 乌兰哈达火山群——中炼丹炉火山锥

8 Earth Features—Landscape
地球容颜——地貌景观

251

8.4 碎屑岩景观

8.4.1 总体特征

内蒙古碎屑岩景观主要集中分布在西部阿拉善盟，典型代表有敖伦布拉格峡谷景观和石柱。

峡谷最基本的形成条件有两个，一是流水作用，二是地壳的抬升运动。峡谷是在新构造运动中形成的，也就是在新近纪末期以来发生的地壳抬升中形成的。地壳抬升，流水下切，经历数10年到数百万年才形成了今天的峡谷景观。

8.4.2 典型代表

8.4.2.1 敖伦布拉格峡谷

敖伦布拉格峡谷位于阿拉善左旗敖伦布拉格镇境内。峡谷由褐红色的含砾砂石构成，全长5000米。它是在早期流水侵蚀作用下形成的峡谷地貌的基础上，又叠加了风蚀作用形成现在的峡谷地貌，谷壁上有风蚀龛（凹槽），部分地段还有变质花岗岩出露。峡谷曲折蜿蜒，在蓝天、白云的衬托下，瑰丽无比，气势恢宏。峡谷两侧的悬崖峭壁如刀切一般，仰望长空可见两侧石壁几欲封顶，天幕中仅有一条亮线，可谓一线天。

◎ 敖伦布拉格峡谷

○ 阿拉善人根峰

敖伦布拉格镇的峡谷位于阴山中,其形成与造山运动密不可分。在新近纪末期,阴山随着喜山运动而隆起。此后在地面流水为主的作用下,叠加后期的风蚀作用,最终形成了现今峡谷的地貌形态。

敖伦布拉格在蒙古语中意为"泉水多的地方",但戈壁和沙漠却是四处蔓延,早已与人们想象中的"风吹草低见牛羊"的景致相疏离。万千溪流纵横、无垠草原铺陈的秀色,在弥漫的风尘中错失了敖伦布拉格。敖伦布拉格却以自己的方式造就了自己的体格。

8.4.2.2 阿拉善人根峰

在敖伦布拉格的查森高勒矗立着一根石柱,俗称"神根"。石柱整体呈浅红色,表面粗糙,由砾岩和粗砂岩互层构成。基部直径约8米,上部直径约4米,高约28.5米。石柱的形成是由于该处构造裂隙发育,在裂隙交会处形成了石柱的雏形。特定的外力地质作用使石柱沿裂隙剥蚀、崩塌,最终成形。

阿拉善人根峰下的敖包,是蒙古族人爱护自然、崇拜生命的见证、生命的图腾,引导着生命的延续和强壮,真可谓"阳刚天下雄,阴柔世上美"。

8.4.2.3 红墩子峡谷

红墩子峡谷位于阿拉善右旗额日布盖东南约10千米的红敦子山内,距旗政府所在地60千米,由沉积型红褐色砂砾岩构成,时代为晚白垩纪,属于丹霞作用为主的地貌。峡谷由北向南呈"人"字形构造。长约5000米,谷壁陡峭险峻,高达数十米,最高处达七八十米,其上遍布风蚀龛,十分壮观。峡谷两侧各有一道石墙,相传为古战场遗迹。峡谷东5000米处的文字塔巨崖高达100多米,十分险峻,底有一巨大石蛙,张口向天。峡谷深处悬崖陡壁上有一凸起的山石,酷似昂首问天的"龙头",龙角向上,龙须向下,形态逼真。山内峡谷纵横交错,绵延数十千米。

红墩子峡谷历经风雨侵蚀、冲刷,悬崖壁上

◎ 居延海中湖蚀岛

布满了大大小小的洞穴，形似蜂巢，尽显沧桑之壮美。峡谷内有赤壁丹峡、坠落、涡穴等景点。

8.4.2.3 脑木根砂泥岩地貌

乌兰察布市四子王地质公园脑木根景区，主要展示古近纪标准剖面和相关的哺乳动物化石。其地层剖面为我国乃至亚洲地区最为完整、出露最好、化石最为丰富的古近纪标准剖面。该区含有丰富的古哺乳动物化石，为一套棕红色泥岩及粉砂质泥岩，灰绿、黄绿色泥岩，有时夹灰白色粉砂岩及薄层泥灰岩。含脊椎动物化石。上与阿山头组呈平行不整合接触，或伊尔丁曼哈组等超覆其上，下限不清。含剖面化石的地层均为壮观的侵蚀地貌，堪称"中国的科罗拉多大峡谷"。

◎ 阿拉善红墩子峡谷

8 Earth Features—Landscape 地球容颜——地貌景观

◎ 四子王旗侵蚀砂泥岩地貌

8.5 第四纪冰川

8.5.1 总体特征

在内蒙古中部的大青山、东部的大兴安岭都曾有第四纪冰川遗迹的报道。这些古冰川遗迹多以第四纪冰川剥蚀形成的U形谷、冰斗等地貌常见，而相关的沉积地貌报道较少。这也是一直以来内蒙古地区，尤其是东部大兴安岭地区有无第四纪冰川存在着争议的主要原因（施雅风等，1989；徐煜坚，1989）。以施雅风等为代表的学者坚持认为所报道的地貌更可能是冰缘地貌。但近年在克什克腾旗所发现的一些地貌，形态上与冰川地貌更加吻合。总体看来，这些地貌从形态上看，有砾石海、冰斗、刃脊、角峰、U形谷、侧碛堤、终碛垄等。

8.5.2 典型代表景观

8.5.2.1 平顶山古冰斗群

冰斗是一种比较常见的冰川剥蚀地貌，形成于雪线附近，是雪蚀和冰川剥蚀的结果，其平面形态为椭圆形的围椅状，两侧和后壁（靠山峰）都比较陡直，向坡（谷地）下有一开口。平顶山地区由于冰川的消融，雪线的后退，在分水岭附近形成了大小不一和高度不同的冰斗群，据不完全统计有近百个，我们称之为平顶山冰斗群。平顶山古冰川型花岗岩景观主要分布在东经117°48′33″～117°52′15″，北纬43°02′06″～43°05′47″的范围内。其岩性基本上均为花岗岩，其水平节理由于冰川的作用使得节理不同的部位其倾向不同，基本上与冰斗底部

◎ 冰斗底部擦痕

◎ 冰川阶步

的坡度一致。根据平顶山冰斗群分布高度的不同，初步划分为4期，分别分布在海拔1200~1700米的位置。平顶山冰斗的朝向基本上为四个方向：南西、南东、北东和北西向。冰斗的内外侧壁坡度陡直，坡度近90°。但冰斗的底部相对平缓。冰斗的内部，在冰川的刻蚀作用下，留下了一道道冰川刻痕。确定冰斗的真假及其发育完善程度，一般是用冰斗平坦指数(F=a/2c)进行测量和计算的。真正冰川塑造的冰斗平坦指数分布范围为1.7~5。通过对研究区不同海拔高度的20余个冰斗进行测量并计算其平坦指数，发现不同地区冰斗的平坦指数不同，平顶山冰斗的平坦指数基本上在1.7~4.5之间。

8.5.2.2 平顶山刃脊和角峰

刃脊，也称鳍脊（fish crest），常与冰斗相伴，它是由于两个冰斗或两个冰川谷的侧壁不断后退，使其之间的山脊或分水岭变得非常尖锐，就形成了刃脊。内蒙古发育典型且壮观的刃脊主要分布于克什克腾旗平顶山地区，与上述平顶山冰斗群伴生。平顶山地区的刃脊正是由于几组不同朝向的冰斗交会而成，蜿蜒数千米，尤其是海拔最高处的南北向刃脊最为发育，犹如蜿蜒延伸的万里长城，构成该地区的分水岭。

在该区多组不同朝向的冰斗交会现象十分常见，从而在冰斗的后壁形成尖锐的山峰，即角峰。角峰的外形与金字塔相似，具有锐利的棱和尖。

天造地景——内蒙古地质遗迹

260

Natural Landscapes - Geological Heritage of Inner Mongolia

◎ 平顶山古冰斗群

8 Earth Features—Landscape 地球容颜——地貌景观

天造地景——内蒙古地质遗迹

262

Natural Landscapes - Geological Heritage of Inner Mongolia

◎ 大青山古冰斗群

8 Earth Features—Landscape 地球容颜——地貌景观

263

◎ 角峰

8 Earth Features—Landscape
地球容颜——地貌景观

◎ 刃脊

8 Earth Features—Landscape 地球容颜——地貌景观

◎ 刃脊

◎ 冰碛垄群

8.5.2.3 平顶山冰碛垄

在平顶山一方向约为30°的U形谷内，发现有巨型冰碛垄群。从该冰碛垄群的分布看，该处至少存在四次冰期，四期冰碛垄的走向为25°，反映由北向南，冰川逐渐消融的过程，与该区四期古冰斗群配套。经测量，该冰碛垄群其中四期的冰碛物宽度由北向南分别为5.3米、7.3米、8.5米和6.2米，其间隔宽度分别为34米、5.8米和4.3米。在冰碛垄群的北西方向（左侧）约500米处，有一长500余米、高10米左右的侧碛堤，侧碛堤上部覆盖的为全新世黄土。因此可推测该冰碛垄群是一终碛垄群。冰碛垄群中有一处冰川漂砾，其为椭球体：a轴长6米，b轴长3.5米，c轴长1.5米，覆于砾径在几厘米的砾石层之上。

8.5.2.4 黄岗梁终积碛

黄岗梁终积碛位于克什克腾旗黄岗梁圆蛋子山西侧。它呈堤坝状近北东—南西分布，长约300米，因后期流水侵蚀中部被破坏，形成缺口。冰碛物包括巨石、砾石和各粒级的混杂堆积物，无分选、磨圆。终积碛近于垂直宽阔的"U"形谷展布，是古冰川融化卸载时的堆积物，是古冰川活动的极好证据。

8.5.2.5 黄岗梁侧积碛

黄岗梁侧积碛位于克什克腾旗黄岗梁大鹿圈沟。侧积碛堤长3000～4000米，顺山谷走向延伸且近谷边缘分布。冰碛物粒（砾）径变化大，结构复杂，局部地貌被后期地质作用侵蚀破坏。侧积碛是山谷冰川消融时，在冰川前进方向的侧方形成的冰积物。

◎ 克什克腾地质公园黄岗梁侧碛堤

◎ 黄岗梁的"U"形谷

8.5.2.6 "U"形谷

谷冰川顺山谷流动时，在上覆重力的作用下，冰川及其携带物对谷底及谷侧刨蚀，在剖面上使山谷形成"U"形，称为"U"形谷。黄岗梁的"U"形谷规模较大，谷底宽度可达50～300米，谷深达30～150米。与侧积碛、终积碛相印证，表明了该区第四纪山谷冰川活动的存在。

8.5.2.7 石海

大小不一的片状砾石分布在黄岗峰东北侧，面积约6000平方米，海拔1900米左右。这主要是由于该区长期处在0℃以下，物理风化作用非常强烈，尤其是冰劈作用使基岩表面破裂，形成大面积分布在基岩面上的碎石块群，这种地貌称为石海。黄岗梁地区的石海由规模不等的花岗岩巨石组成，多呈棱角状。巨石表面见有擦痕、阶步，有的呈马鞍状。

8.5.3 中国华北—东北的第四纪冰川遗迹

如前所述，中国东部第四纪冰川研究一直是热点且富争议性的话题。以施雅风等（1998）为代表的学者一直坚持，中国东部华北—东北仅在太白山、贺兰山、长白山3个地区存在第四纪冰川遗迹，而该区其他的"冰川遗迹"应该是冰缘现象。

8.5.3.1 太白山

太白山是秦岭山脉的重要组成部分，地理坐标为北纬33°41′～34°10′，东经107°19′～107°58′。主峰八仙台海拔3767米，第四纪冰川遗迹主要分布于其周围地带。在八仙台的南北坡，分布有典型的冰斗和冰川槽谷地形。该区的冰碛物主要分布于南坡的二爷海槽谷和佛爷槽谷之中，形成三道冰碛堤。

根据前人研究结果，太白山冰川遗迹主要分布于海拔2800米之上，冰斗底部主要在3350～3650米之间，侧碛堤主要分布在海拔2850～3310米处。从该区冰碛物的热释光年龄推断，其冰川作用时间大约在18ka BP以前。崔之久等（2005）推测，该区的冰川作用期应为晚更新世的末次冰期，发生了2次冰川的进退。

8.5.3.2 贺兰山

贺兰山位于我国西北部，地理坐标为北纬37°08′～39°36′，东经105°18′～106°48′，横亘于宁夏平原和阿拉善高原之间，山地呈北北东—南南西走向，海拔1600～3200米，主峰3505米。王学印（1988）曾认为该区在海拔2200米、2300米、2400～2500米和3100米处发育了4组冰斗，发生时间为更新世。崔之久等（2005）只认可在3100米之上见小U形谷，海拔3400米之上才见小型冰斗，从而推测该区晚更新世确有冰川发育，古雪线在3400米左右，冰川末端在3100米以上。

8.5.3.3 长白山

长白山位于东北中朝边境线上，地理位置为北纬42°，东经128°，距离日本海不到150千米，是我国东北地区第一高峰。其外围山峰海拔多在2500米以上。由于受砾石时期频繁的火山活动的影响，该区的冰川遗迹相对贺兰山、太白山不易辨认。在20世纪30年代，有学者提出长白山天池水面以上有古冰斗地形。崔之久等于1986年经过短期考察后也认为，在东坡海拔2050米处有终碛堤的分布，山地外侧有悬冰川曾发育的可能，结合该区的气候资料，推算出末次冰期时长白山天池一带的雪线高度应在2100～2200米。

从我国华北—东北的第四纪冰川遗迹看，在北纬42°的长白山地区，雪线可能高度在2100～2200米，那么比其高一个纬度的大兴安岭山脉区，其降水受东部沿海的影响相对较大，气候也比长白山地区相对寒冷，那么末次冰期时雪线的高度可能更低，发生冰川的可能性也相对较大。根据克什克腾旗冰斗的位置，该地区雪线的海拔应该在1500米左右，其高度受降水、气温和地形的控制。但关于该区冰川形成时代，通过冰碛物的覆盖，有可能是发育于晚更新世。这还需进一步验证其年代。

8.6 风成景观

8.6.1 总体特征

这里所讲的风成地貌主要是指风力搬运的物质沉积下来后形成的地貌，地貌的物质成分以沙砾为主。而风携带沙石吹蚀其他岩石或岩体所形成的风蚀地貌在此不论述。内蒙古自治区的风成地貌根据物质成分的粗细和形成的景观特征，可分为三类，即戈壁、沙漠和沙地。其中，戈壁分布于内蒙古西北地区，位于沙漠的西北外缘，主要指由地表无植被，各种大小砾石、石块遍布但地势相对平坦的区域。内蒙古的沙漠主要分布于内蒙古西北地区，位于戈壁地貌的东南缘，属于戈壁地貌与沙地之间的过渡地带；在地貌景观上，主要指地面完全被大片的沙丘（或沙）覆盖、缺乏流水、植被稀少的区域。沙地主要指地表被固定—半固定沙丘覆盖，沙丘间常有植被发育的地区。在我国北方内陆地区有八大沙漠，即塔克拉玛干沙漠、古尔班通古特沙漠、库姆塔格沙漠、柴达木盆地的沙漠、巴丹吉林沙漠、腾格里沙漠、乌兰布和沙漠、库布齐沙漠，内蒙古境内就分布了四个。内蒙古境内的沙地主要分布在其中东部，自沙漠边缘至东北，分别分布了毛乌素沙地、浑善达克沙地（又称小腾格里沙漠）、科尔沁沙地、呼伦贝尔沙地，这也是中国的四大沙地。

◎ 沙漠奇迹——胡杨林（哈斯巴根提供）

8 Earth Features—Landscape 地球容颜——地貌景观

273

8.6.2 典型代表

8.6.2.1 戈壁

内蒙古的戈壁主要分布于阿拉善盟，该境内戈壁面积共91000平方千米。以阿拉善盟的额济纳旗为代表，该旗境内的戈壁面积达60.78平方千米，占全旗总面积的50%；主要分布于该旗中部，尤其在马鬃山以东、额济纳河以西地带最显著，多为"黑戈壁"。地表碎石累累，多具有明显的棱角和油黑发光的漆皮，称之为"荒漠漆"。

由于地质构造和地貌单元的位置不同，以及剥蚀、侵蚀和堆积作用不同，戈壁的地面组成物质以及其他特征也随之各异。因此，根据地质和地貌上的成因，戈壁分为堆积戈壁和剥蚀（侵蚀）—堆积戈壁两大类型。

（1）堆积戈壁

堆积戈壁分布在黑河下游东、西河沿岸地带及两河之间的广阔地区。这些戈壁有的分布于古

老湖相沉积物之上，有的则散布于古近纪红色泥岩上。戈壁中的砾石有的有一定磨圆。部分地段由于流水切割和风蚀的作用，形成了一些风蚀洼地，深达5米。黑河下游两岸戈壁上，发育了原始灰棕荒漠土，具有不同程度的盐渍化，其上生长有胡杨（Populus euphratica Olivier）和沙枣（Elaeagnus moorcroftii）疏林以及柽柳（Tamarix chinensis）、黑果枸杞（Lycium ruthenicum）等盐生灌丛。这里是唯一有天然乔木林分布的戈壁地区。

形成这类戈壁的气候条件是风大，冷热变化剧烈，雨量少而集中。冷热骤变使岩石强烈风化和剥蚀，形成松散物堆积。短暂集中的降水，又将风化碎屑向下游方向搬运，构成了戈壁形成的物质基础。加上风的作用，把细粒物质吹走，使地表仅剩较粗的石质碎屑，这便形成了现在的戈壁地貌。

◎ 马鬃山地区的黑戈壁

（2）剥蚀（侵蚀）—堆积戈壁

这种类型的戈壁主要分布在黑河以西的马鬃山地区。以残丘起伏的剥蚀戈壁（吉格德查干戈壁）为主。多为黑色戈壁，水土俱缺，人烟稀疏，号称"戈壁的戈壁"（赵松乔，1982）。由于受现代地质地貌作用的强烈控制，戈壁大体呈东西向的带状分布。

与堆积戈壁相比，这种类型的戈壁地表组成物质较粗，地面起伏较大，砾石堆积较薄，反映的温度稍低。其戈壁分布特点是与石质低山以及山间盆地交错，有时广布成片，有时比较零星。地面比较平坦，戈壁由碎石或沙砾组成，砾石成分与山地基岩相同，多为花岗岩、片麻岩、石英岩、石英片岩等，砾径多达3～10厘米。花岗岩地区沙粒较多，一般具有明显的油黑漆面，形成了"漆皮戈壁"或称"黑戈壁"。戈壁表面温度差别很大，经常有大风，降雨和地面径流稀少，地下水多在10～20米以下。

8.6.2.2 沙漠

（1）巴丹吉林沙漠

巴丹吉林沙漠主要分布于弱水东岸的古鲁乃湖以东，宗乃山和雅布赖山以西，拐子湖以南，北大山以北的地区。它是中国第三大沙漠，总面积50510平方千米（钟德才，1998）。巴丹吉林沙漠地貌形态平缓，主要由剥蚀的低山残丘与山间洼地相间组成。沙漠的景观形态主要是以风为作用营力而产生的地形，除边部有小面积的准平原基岩和残丘外，广大地区全为沙丘覆盖。

巴丹吉林沙漠有三个显著的特征（朱震达，1980）：①高大沙山密集分布，约占沙漠总面积的60%；②流沙占整个沙漠的85%，但其中生长着稀疏的植物；③沙丘之间的沙漠湖泊分布广泛，有100多个，集中分布在沙漠的东南部，多为咸水湖，但在湖盆边缘和小湖的中心有上升泉或下降泉出露，水质较好。

◎ 梦回巴丹吉林，多少次在远方把你眺望，多少次在梦里将你追寻；这方我魂牵梦绕的大漠秘境，悠悠苍穹、茫茫旷野，轻风吹拂着你的千般秀色、万种风情。

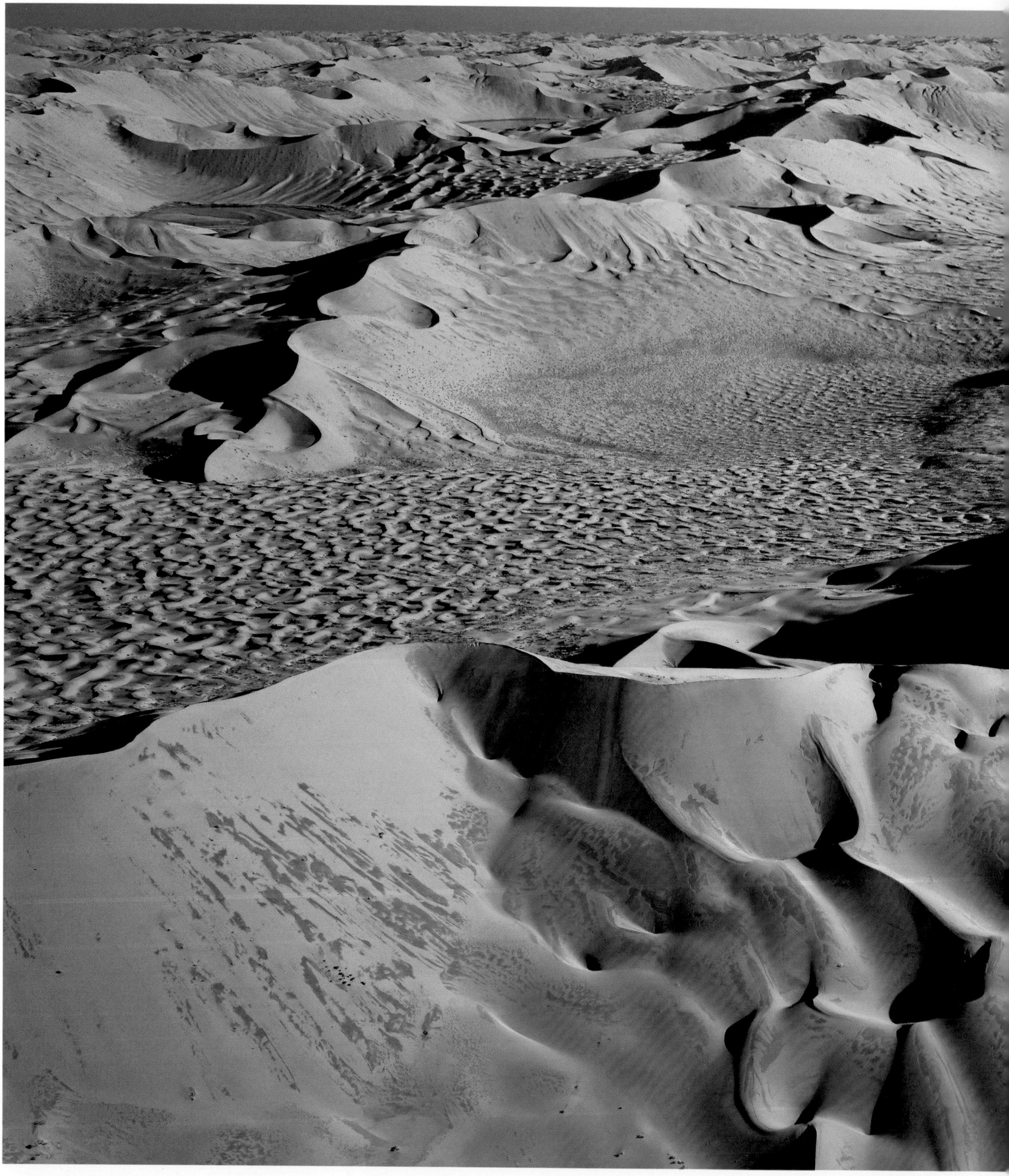

8 Earth Features—Landscape 地球容颜——地貌景观

◎ 巴丹吉林沙漠

①沙丘

巴丹吉林沙漠沙丘系统主要由简单新月形沙丘、新月形沙丘链、金字塔形沙丘和高大沙山四类组成。其中以新月形沙丘链和高大沙山分布最广。

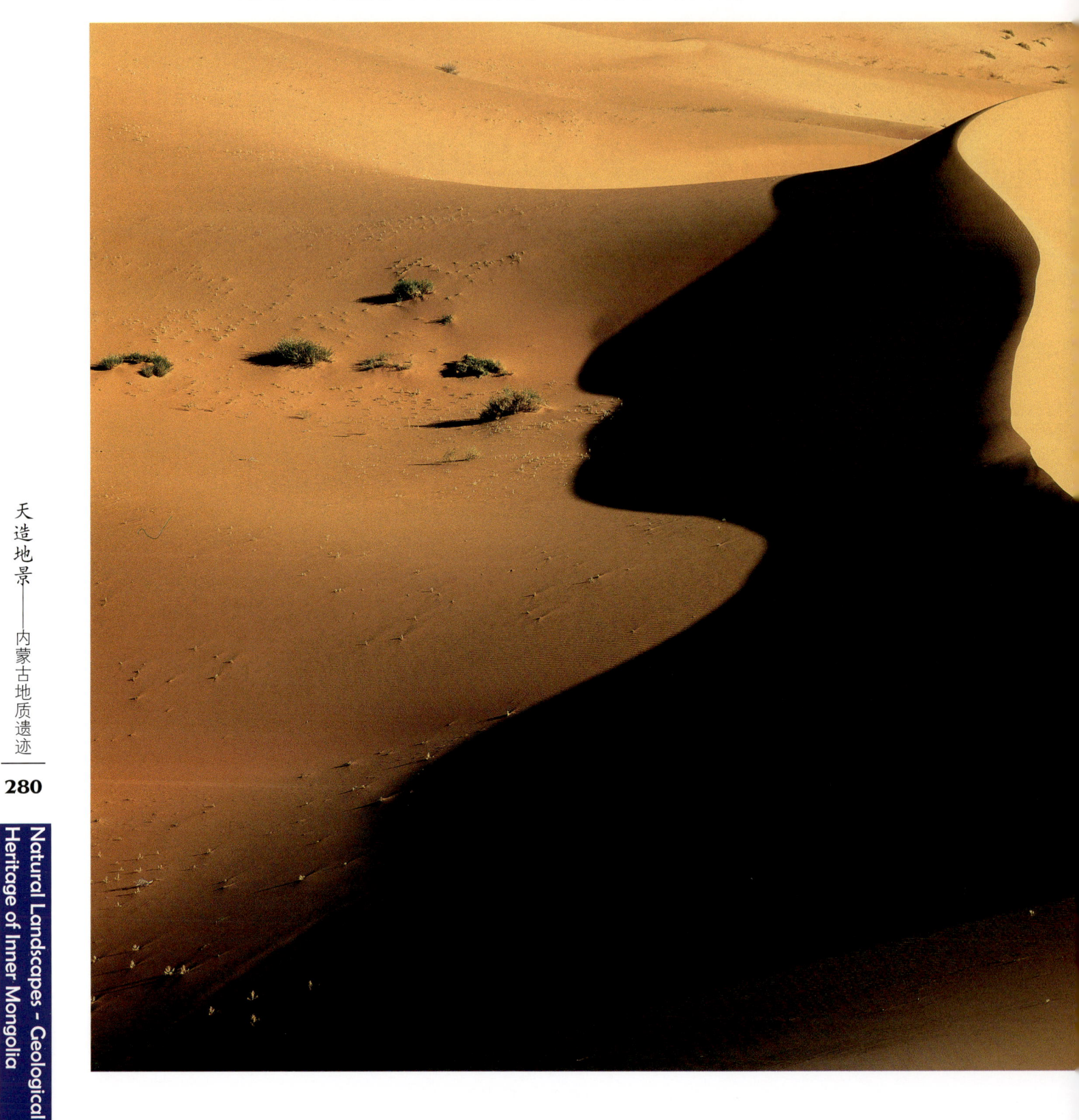

Earth Features—Landscape

8 地球容颜——地貌景观

简单新月形沙丘　主要分布于沙漠边缘地区，集中在沙漠西南缘鼎新、东缘树贵、东南缘雅布赖山前等区域，其余分布较为零星。新月形沙丘高2～3米，迎风坡上凸平缓，坡度5°～20°，背风坡凹而陡，坡度25°～34°。这种沙丘一般发育在山前冲洪积、干河床等地貌单元上。

新月形沙丘链　主要分布于沙漠北部拐子湖以西、沙漠西缘古日乃以北地区。新月形沙丘链一般较平直，曲弧体不很明显。沙丘高5～20米，宽50～300米，一般延伸1000～3000米，最长延伸达5000米以上。新月形沙丘链在形态上保留原简单新月形沙丘弯曲弧形体痕迹，沙丘超覆于河湖相沉积层之上。

复合型山状新月形沙垄 又称为"沙山",主要分布于沙漠中部和东南部,面积占沙漠总面积的1/2以上。沙山一般延伸5000～10000米,宽1000～3000米,最高点在沙山中央脊线,脊线向两侧逐渐降低。沙山迎风坡和缓,坡长1000～3000米。迎风坡上2/3处有一波折,下部坡度10°～15°,上部坡度24°～27°;落沙坡较陡,坡度28°～35°,个别达45°左右。迎风坡上叠置有新月形沙丘、沙丘链、横向沙丘等次级沙丘。据地形图并结合航卫片测量,高大沙山总体走向为北东30°～40°,落沙坡倾向120°～150°,表明主导风向为西北风。

金字塔形沙丘（星状沙丘）　主要分布于沙漠东南缘雅布赖山前、沙漠东缘等地区。金字塔形沙丘多孤立分布，沙丘高度一般为50～80米，个别高达100米以上。沙丘具有三角形斜面尖锐的顶和狭窄的棱脊线，发育于冲洪积扇之上。金字塔形沙丘四周多发育一些矮小的新月形沙丘和沙丘链。其形成主要受西北风、西风和东北风的共同作用。

②高大沙山

沙山（Sand mountains或Mega-dunes），实际是一种巨大的沙丘，是风成床面（Bedform）最基本的地貌形态。巴丹吉林沙漠的高大沙山密集分布于沙漠的腹地，面积几乎占整个沙漠的一半以上。

高大沙山呈北东方向有序排列，一般高200～300米，最高可达500米。位于沙漠腹地的大沙丘——必鲁图峰，相对高差达400多米，享有"沙漠珠峰"的美誉。构成巴丹吉林沙漠高大沙山的沙丘几乎都是复合型沙丘，大致可以归纳为三种：①复合型链状沙山和复合型沙丘链。该类沙丘迎风面坡度缓和，变化较大，一般在13°～28°，沙丘长5000～10000米，宽1000～3000米，大沙丘上往往迭置发育沙丘链、沙垄等形态；背风面陡峻兀立，光滑平直，坡度一般为27°～35°，无迭置沙丘形态发育，该类沙丘主要分布于沙漠腹地。②复合型沙丘链。该类沙丘迎风面更为缓和，无迭置形态的沙丘发育，高度变化一般25～50米，长度一般为1000～3000米。③星状沙丘，该类沙丘主要分布于沙漠的东、南缘的山前地带，一般呈金字塔状独立分布，是东南部沙山的主要组成部分，其高度一般为50～80米（吴正，2009）。

对于巴丹吉林沙漠高大沙山是如何形成的，现在有多种观点和认识。纵观这些研究成果，人们对沙山形成机理的认识逐渐由沙山下伏的地层，到大气环流和季风影响，再到地下水的远距离输送和气候的共同作用，形成了相互联系的综合认识。

◎ 巴丹吉林沙漠高大沙山

◎ 鸣沙野外考察

③鸣沙

巴丹吉林沙漠位于戈壁、沙漠与黄土的过渡带，位于几个气候带的交会处，有其特殊的地貌、植被、水文特征。鸣沙的形成主要与沙粒自身形态特征、地貌特征、气候条件有关。其发育条件主要为：

◇沙粒均匀，形态单一，在摩擦和碰撞中，更容易产生声波的共振。

◇背风坡的坡度多在25°～32°之间。

◇沙坡长度必须大于50米。

◇沙山前有一片水域。鸣沙受到扰动后平静的湖面可以反射声波，能够产生进一步放大的作用。

◇鸣沙现象多发生在夏秋季。沙子松软、干燥，流动性强。

具备了以上条件，流动性强的干燥沙子，在人为扰动或强风作用下，流动起来，无以计数的沙粒产生共鸣，就形成了神奇的鸣沙现象。

◎ 巴丹吉林沙漠必鲁图峰

8 Earth Features—Landscape
地球容颜——地貌景观

(2) 腾格里沙漠

腾格里沙漠介于贺兰山山前平原与民勤绿洲之间，地处阿拉善台地东南部的断陷盆地之中，东界贺兰山，西北以雅布赖山为界与巴丹吉林沙漠相隔，北部以哈拉乌山为界，南部与祁连山山前洪积扇前缘相接，区内大部分为流动沙丘覆盖，面积42320平方千米，是我国的第四大沙漠。

腾格里沙漠的内部地质遗迹内容非常丰富。沙漠内部地貌类型多样，沙丘、湖盆、山地丘陵、绿洲交错分布，沙丘占71%，湖盆草滩占7%。

腾格里沙漠至少在180万年前就开始形成了（杨东等，2006），之后经历了多次的扩张与缩小。

◎ 在鸿雁高飞的蓝天下，有我长生天的故乡。风沙的往复是一支无言的歌，岁月的沧桑不曾改变你的信念，你用最后的深情，吟唱一首地老天荒的歌谣，守望那份深刻的永恒。

◎ 一路驼铃，西风飞卷漫天黄沙，晓星夜寒，圆月画满凄凉剪影。岁月剥蚀，留下无奈的伤痕累累，你在大漠上抚摸着重叠的阳光，缕缕清风吹去多少古老的沧桑。

（3）乌兰布和沙漠

乌兰布和沙漠分布于河套平原西南部，介于黄河、狼山、巴音乌拉山之间，面积近10750平方千米。由于乌兰布和沙漠紧临黄河，水分条件较好，流动沙丘、半固定沙丘和固定沙丘各占1/3。沙丘以磴口—敖伦布拉格—吉兰泰一线为界，东南部以流动沙丘为主，以新月形沙丘链、格状新月形沙丘和新月形沙山为特征，一般高10～30米，中心可达50～100米。沙面裸露。西部则是古冲积平原（孙培善，1964）。沙漠内有167个湖泊，大多为咸水，地下潜水条件很好（吴正，2009）。现开采的吉兰泰盐湖为我国著名的陆相盐湖之一。乌兰布和沙漠中裸沙地面积广大，沙生植物稀少，生物作用十分微弱，植被覆盖度仅为1.5%～3%。亩产草25～30千克，每平方千米允许载畜量绵羊50只，且植被覆盖率从东向西递减。

（4）库布齐沙漠

"库布齐"为蒙古语，意思是"弓上的弦"。库布齐沙漠总面积约145万公顷，是中国第七大沙漠，也是距北京最近的沙漠。它位于鄂尔多斯高原脊线的北部，地跨内蒙古自治区鄂尔多斯市盟杭锦旗、达拉特旗和准格尔旗三旗。西、北、东三面均以黄河为界，地势南高北低。在这里，350千米的黄河宛如弓背，迤逦东去的茫茫沙漠宛如一束弓弦，如诗如画的新月形沙丘链、罕见的垄沙和蜂窝状的连片沙丘等诸多沙漠景观，是原汁原味的大漠风光，给人发自内心的震撼。

地处库布齐沙漠东北部达拉特旗境内大杨树镇南的响沙湾是国内最具知名度的三大响沙分布区之一。在这里，沙丘上没有任何的植被覆盖，金黄色的沙坡掩映在蓝天白云下，有一种茫茫沙海入云天的壮丽景象。当你猫着腰，吃力地爬到沙顶时，眼前便是连绵起伏的大漠景观。在干燥的气候条件下，当你顺着沙坡下滑时，便可听到沙子发出的如同击鼓、吹号的呜呜声。若是三五游人相随同时下滑，则其声如洪钟，又似飞机的轰鸣声，仿佛感到下面的沙漠在颤动，神妙莫测。同样有趣的是，在爬沙丘的过程中，随着脚步声的大小、快慢缓急，沙丘也会发出有节奏的响声。响沙湾的沙鸣奇迹至今仍是一个谜。

库布齐沙漠曾被称为不可治理的沙漠，但近20余年来，位于达拉特旗西部、库布齐沙漠中段的恩格贝，使这块曾被人类放弃的土地重新散发光彩。恩格贝自1990年开始治沙到现在，治沙17万亩，规划治沙30万亩，将原来的茫茫沙漠变成了中国最大的人工绿洲，成果令人震撼。恩格贝的事业，托付着人类对自身生存环境的忧患与希冀。所以，得到各级政府和部门的支持，得到各国各界人士的鼎立相助。各地志愿者伸出真诚的手，在沙漠中留下了珍贵的绿色。创业的20余年时间里，恩格贝的农业、林业、牧业、水利、渔业、旅游业从无到有，渐上台阶；科研、工业、贸易、种植、养殖、加工力争上游。原始式的油灯点燃了希望之光，狂风沙暴中孕育出了绿色。恩格贝目前是全国农业生态旅游示范点。

◎ 鄂尔多斯响沙湾

天造地景——内蒙古地质遗迹

294

Natural Landscapes - Geological Heritage of Inner Mongolia

◎ 黄河与沙漠

8 Earth Features—Landscape
地球容颜——地貌景观

◎ 腾格里沙漠月亮湖旅游区

Earth Features—Landscape 地球容颜——地貌景观

297

8.6.2.3 沙地

(1) 呼伦贝尔沙地

呼伦贝尔沙地位于内蒙古东北部呼伦贝尔高原中部。东部为大兴安岭西麓丘陵漫岗，西至呼伦湖（达赉湖）和克鲁伦河，南与蒙古国相连，北达海拉尔河北岸。行政区域包括鄂温克自治旗、陈巴尔虎旗、新巴尔虎左旗、新巴尔虎右旗、海拉尔区和满洲里市的部分地区。其地理坐标为东经117°00′～121°10′，北纬47°20′～49°59′。总面积约2.51万平方千米（邹继峰等，2011），为中国第四大沙地，而且是目前四大沙地中唯一仍在扩展的沙地。

呼伦贝尔沙地为平坦的沙质高平原地貌，地势由东向西逐渐降低，且南部高于北部，微有波状起伏。沙地海拔在600～800米，以呼伦湖为最低，海拔545米。沙丘大部分分布在冲积、湖积平原上，多为固定和半固定蜂窝状和梁窝状沙丘。地表物质组成主要为结构疏松的第四纪河湖相沉积沙层，并呈带状沙丘分布。风蚀地貌也很发育，风蚀洼地多分布在丘间低平地上，风蚀残丘常附加在风蚀洼地之中（万勤琴，2008）。呼伦贝尔沙地在风蚀和风积作用下形成三条大沙带：①北部沙带位于海拉尔河南岸的古河道两侧，东起鄂旗霍吉洁尔，西迄新巴尔虎左旗嵯岗附近，东西伸延80多千米，东段宽3～5千米，西段赫尔洪得一带最宽达35千米；②中部沙带作西北—东南向，从鄂龙诺尔到英吉苏木沿辉河古河道分布，长约30千米，宽5～10千米；③南部沙带分布最广，东南起自伊敏河上的头道桥，西北迄甘珠尔庙附近的沼泽边缘，长150千米，宽15～70千米，为一处宽阔的沙丘起伏的波状沙地（邓芳等，1997；孙毅等，2007；万勤琴，2008）。

呼伦贝尔草原是世界三大著名草原之一，也是目前我国保存最完好的草原，享有"北国碧玉"的美誉。长期以来，由于气候干燥、沙源丰富以及人类不合理的活动等，造成草原生态系统不堪重负，导致生态平衡严重失调，草场退化沙化，最终在其核心区形成了呼伦贝尔沙地，成为我国四大沙地之一。

◎ 沙漠化的呼伦贝尔沙地（照片来源：百度百科）

◎ 呼伦贝尔沙地（照片来源：百度百科）

(2) 科尔沁沙地

科尔沁沙地位于大兴安岭东侧的辽河平原，地势西高东低，海拔180～650米，地表富含疏松沙质沉积物，总面积4.23×10⁴平方千米（王蕾等，2004），为中国四大沙地之首。其南为东西向的燕山山系，西为北东向的大兴安岭山地，北经通榆、挑南与松嫩沙地相连，东则以东辽河为界，总体形态呈西部为三角形，东部向北东方向延伸的寻状（殷志强等，2010）。从行政属地看，科尔沁沙地包括内蒙古通辽市大部、赤峰市东部、兴安盟的南部，以及吉林西部通榆县、双辽县和辽宁西部彰武县。该沙地地貌最显著的特点就是沙层有广泛的覆盖，丘间平地开阔，形成了坨甸相间的地形组合，当地人称它为"坨甸地"。沙丘多是西北—东南走向的垄岗状，在沙岗上广泛分布着沙地榆树疏林（金向荣等，2006）。东部的沙丘以固定、半固定为主；地貌上可见规模宏大的纵向沙垄（沙带），其宽度可达1~5千米，长度最大可达150千米以上；地表有较好的植被覆盖，沙垄构成的岗地多数已被开垦成农田。而西部则分布大量活动沙丘，以大片长宽规模较小的纵向沙丘为特征（秦小光等，2010）。西拉木伦河、西辽河、霍林河、新开河、老哈河等河流蜿蜒流淌于科尔沁沙地，在许多风蚀洼地发育有沙漠湖泊群，构成沙地别样风景。

科尔沁沙地在历史上曾经为水草丰美的疏林草原景观，是传统的宜牧地区（晓兰等，2009）。近一二百年来，受干旱、多风等气候因素和沙质、贫瘠等土壤因素的影响，加之农耕界限不断北移和人口的急剧增加，其草原景观已逐渐演变成为农田、草场与流沙、半固定和固定沙丘镶嵌分布的景观（王雷等，2004；金向荣等，2006）。

近半个世纪以来，科尔沁沙地的沙漠化已经得到政府、社会和学术界的广泛关注。科研工作者围绕科尔沁沙地沙漠化成因、过程及综合整治等做了大量的工作，取得了丰硕的科研成果并积累了大量宝贵的经验。但当前科尔沁沙地沙漠化仍在发展，生态环境日趋恶化的局面尚未得到制止，科尔沁沙地每年绿化面积仍然大于沙化面积，也是我国土地沙漠化迅速发展的地区之一。

◎ 科尔沁沙地

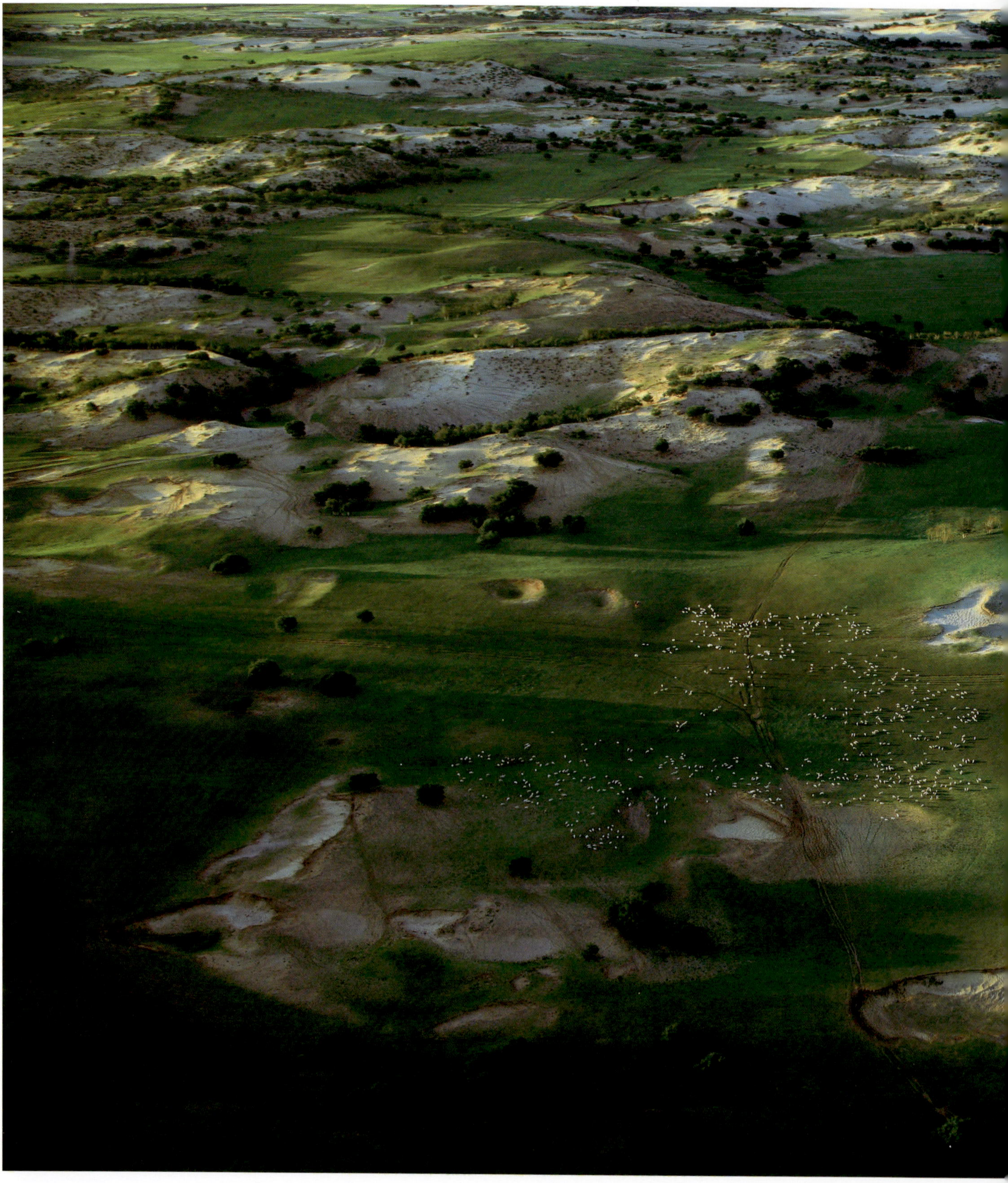

◎ 科尔沁西部勃隆克沙地

（3）浑善达克沙地

浑善达克沙地又称小腾格里沙漠。大致位于东经112°22′～117°57′，北纬41°56′～44°24′，沿东西向横亘于内蒙古高原的东部，紧贴燕山丘陵的北麓，东西长400多千米，南北最宽处为120多千米，跨越了内蒙古克什克腾旗、锡林浩特市、阿巴嘎旗、苏尼特左旗、苏尼特右旗、镶黄旗、正镶白旗、正蓝旗和多伦县等9个旗县（市），土地面积为2.7万平方千米。浑善达克沙地多为固定、半固定沙丘，沙丘大部分为垄状、链状，少部分为新月状，呈北西向南东向展布，丘高10～30米，丘间多甸子地，形成坨甸相间的地貌景观。海拔1100～1300米，地势由南向北缓降，地面起伏不大。由于沙地孔隙充分吸收降水和拦截源于南部山地的地表水和地下潜流的补给，因而其潜水储量丰富，沙地中散布着众多大小不等的湖沼洼地，是中国著名的有水沙地。在浑善达克沙地的腹地，沙丘连绵不断，在

沙丘间形成的平坦草地上发育着疏林、灌丛和草甸，与其他草原构成独特的牧区风光。浑善达克沙地水草丰美，景观奇特，风光秀丽，有"塞外江南"、"花园沙漠"之美誉。

沙地是在晚新生代全球进入第四纪冰期和青藏高原隆升的大背景下形成演变的，受气候波动和新构造运动的共同影响，使沙地在不同地质时期具有不同成因机制（李孝泽等，1998）。新近纪沙地主要持续受控于亚热带高压，兼受较弱东亚季风及其变迁的影响，经历亚热带温暖森林草原、草原及荒漠的气候变化，形成红色风成沙或风成红土/红色古土壤沉积。当时沙地属亚热带红色季风型沙漠。第四纪沙地主要受控于东亚季风及其变迁的影响，经历温带森林草原、干草原及荒漠草原的环境变化，发育灰黄、棕黄、灰白色风成沙与灰黑、棕灰、棕红色古土壤沉积，属温带黄色季风型沙漠（李孝泽等，1998）。

◎ 浑善达克沙地

（4）毛乌素沙地

毛乌素沙地位于鄂尔多斯高原的南部和黄土高原的北部区域，地理坐标大致为北纬29°27.5′～39°22.5′，东经107°20′～111°30′。整个沙地包括内蒙古自治区伊克昭盟的南部（伊金霍洛旗的南部、鄂托克前旗的东部、鄂托克旗的东南部和乌审旗的全部）、陕西榆林地区北部（榆林市、神木县、横山县、靖边县、定边县和府谷县6县市的一部分和佳县西北的一小部分）和宁夏回族自治区盐池县的东北部，面积约为$4×10^4$平方千米（郭坚等，2006）。毛乌素沙地海拔1100～1300米，自西北向东南倾斜。毛乌素沙地西北部以固定、半固定沙丘为主，逐渐向东南发展为流沙密集、成片出现的状态。流动沙丘以新月形沙丘占优势，占沙地总面积的31.6%；半固定和固定沙丘以梁窝状沙丘和抛物线沙丘为主，各占36.5%和31.9%（刘建秋，2010）。主要地貌为起伏的丘陵、梁地、缓平的洪积—冲积台地与宽阔的谷地或滩地。在台地与滩地上大部分覆盖着不同流动或固定程度的沙丘与沙地，沙丘高度一般在5～10米以下。滩地有埋藏深度不等的地下水，或在盆谷底部形成碱淖（湖），故称为"毛乌素"，为劣质水之意（张新时，1994）。

毛乌素沙地河流众多，水资源相对全国其他沙地较为丰富。主要有八里河、蟒盖河、前庙河等内陆河,以及注入黄河的无定河、窟野河、秃尾河等。此外,沙区还分布着大小不等的上百个海子，其中多半为盐碱湖。毛乌素沙地从西北到东南呈现出明显的地域分异特征（郭坚等，2006）。从植被地带上讲，沙地的西北部边缘具有荒漠化草原向草原化荒漠过渡的特征，而沙地的中部和东部的大部分地区则属典型草原地带，其东南部边缘则具有典型草原向森林草原过渡的特征（贺学林，2005）。

毛乌素沙地也曾是广泽清流、水草丰美、牛羊繁茂的草地。该区的土地沙化成因问题在荒漠化和沙漠化研究中占有重要地位，一直是国内外学者关注的热点，其驱动因素主要来自自然条件和人类活动。毛乌素沙地中部和西北部基底以中生代侏罗纪与白垩纪的砂、页岩为骨架,东部和南部边缘覆盖在黄土丘陵上。在地质历史时期由于地壳变动，这里就形成了一系列湖盆洼地，并堆积了厚约100米的第四纪中细沙层，为沙地形成提供了丰富沙源。由于第四纪以来气候干旱，风大少雨，将古河湖相沙层吹扬、堆积，逐渐塑造了现代沙地的地貌形态。加之近代人类不合理的

◎ 毛乌素沙地

垦荒与樵采，尤其是不合理农垦和过度放牧引起了严重的草地退化、土地沙化与荒漠化过程，光裸的流动沙丘与严重碱化的滩地成为优势的景观（牛兰兰等，2006），使得草原成沙地。

8.6.3 对比研究

8.6.3.1 国内沙漠景观的对比研究

我国狭义上的沙漠，即沙质荒漠，仅分布在狼山—黄河—贺兰山一线，大约东经107°以西地区。从沙漠形成的大环境来看，我国的沙漠形成的控制因素基本相似。沙漠地区大都深居内陆，远离海洋，距离海洋最近的沙漠也有1000千米，加之青藏高原的巨大屏障改变了大气环流，"雨影效应"使得本来不属于沙漠的温带、暖温带地区形成了今天的沙漠分布带。

（1）各沙漠自然属性特征

我国最大的沙漠是塔克拉玛干沙漠，位于新疆塔里木盆地中央，三面环山，整体形状似不规则的菱形。塔克拉玛干沙漠面积为365000平方千米，新疆83%的沙漠面积分布于此，占我国沙漠总面积的45%，占新疆维吾尔自治区面积的22%。我国第二大沙漠是古尔班通古特沙漠，它位于新疆北部准噶尔盆地中南部，周围被准噶尔界山、阿尔泰山和天山所包围，状似三角形，沙漠总面积为51130平方千米，约占全国沙漠总面积的6.3%。库木塔格沙漠，位于新疆的东部，罗布泊东南，阿尔金山以北，北临阿奇克谷地，向东延伸至玉门关附近。库木塔格沙漠总面积为21970平方千米，占全国沙漠面积的2.7%。柴达木盆地沙漠，位于青藏高原东北部的柴达木盆地内，沙漠主要分布于盆地的东南部、南部和新南部的边远地区，是我国沙漠分布最高的地区之一，沙漠

中国主要沙漠自然属性对比

沙漠名称	范围	面积（平方千米）	年降水量（毫米）	年蒸发量（毫米）	自然带	行政辖属
塔克拉玛干	东经77°～90° 北纬37°～41°	365000	15～60	3200	暖温带干旱荒漠	新疆
古尔班通古特沙漠	东经84°～91° 北纬44°～46°	51130	沙漠边缘100～200 沙漠腹地70～100	1400～2000	温带干旱荒漠	新疆
巴丹吉林沙漠	东经99°～103° 北纬39°～41°	50510	东南部<100 西北部<40	东部2400～2800 西部3500～4000	温带干旱荒漠	内蒙古
腾格里沙漠	东经103°～105° 北纬37°～40°	42320	100～200	3000～3500	温带干旱荒漠	内蒙古
库木塔格沙漠	东经90°～94° 北纬38°～40°	21970	<10	2800～3000	温带干旱荒漠	新疆
河西走廊沙漠	东经92°～103° 北纬37°～40°	19740	-	-	温带干旱荒漠	甘肃省
库布齐沙漠	东经106°～110° 北纬40°	17310	东部250～400 西部150～250	2100～2700	温带干旱半荒漠	内蒙古
柴达木盆地沙漠	东经91°～98° 北纬36°～39°	14940	东部150～180 西部40～50	东部2000～2500 西部>3000	高寒干旱	青海
乌兰布和沙漠	东经106° 北纬40°	10750	100～140	3500	温带干旱荒漠	内蒙古

面积为14940平方千米，约占我国沙漠总面积的1.8%（钟德才，1999）。河西走廊沙漠，零星分布于内陆河流中下游沿岸绿洲附近和绿洲之中，总面积为19740平方千米。

（2）各沙漠地质背景

沙漠的形成不是单一因素作用的结果，而是一定区域内地质地貌和气候共同作用的产物，这些因素构成了独特的沙漠及周边地质景观。尽管从宏观而言，沙漠的形成具有很大的相似性，但我国各个沙漠由于所处地理位置和地质背景的巨大差异，形成了风格迥异的沙漠地质景观。本次研究选取平均海拔、地质特征、地貌、地表沉积、地表水、地下水、古河湖痕迹、风成地貌景观8个指标对阿拉善沙漠和我国其他沙漠进行对比。

从中国大地构造的角度看，我国西北部的塔克拉玛干沙漠、古尔班通古特沙漠和柴达木盆地沙漠分别发育在塔里木地台、准噶尔褶皱系和东昆仑褶皱系单元内的巨大盆地之中。地质景观

中国主要沙漠及周围地理单元地质景观对比

沙漠名称	平均海拔（米）	地质特征	地貌	地表沉积	地表水	地下水	古河湖痕迹	风成地貌景观
塔克拉玛干沙漠	1000	塔里木地台	山前冲洪积扇、冲积平原、干三角洲、沙漠、戈壁、雅丹	砾石、沙、亚沙土	内流河	潜水、湖泊	罗布泊，风蚀雅丹，雅丹	沙山、沙丘、沙堆、风蚀雅丹、戈壁
古尔班通古特沙漠	600	准噶尔褶皱系，准噶尔凹陷	洪积平原、湖积平原、乌尔禾风蚀地貌	砾石、沙	无	潜水>5米	无	树枝状沙垄、沙丘、风蚀地貌
巴丹吉林沙漠	1300	中朝准地台，阿拉善台块	沙漠、戈壁	沙砾石、沙	丘间湖泊	潜水<1米	古湖盆地	沙山、丘间湖泊、风蚀雅丹、戈壁
腾格里沙漠	1300	中朝准地台，阿拉善台块	沙漠、残山、戈壁、平原	冲洪积碎屑物、沙	丘间湖泊	潜水<1米	古湖盆	格状沙丘、山地残丘、湖盆草滩、平原
库木塔格沙漠	1100	塔里木陆块	剥蚀残山、山前冲洪积扇、风蚀地貌	沙、土	无	>30米	无	羽毛状沙丘、风蚀雅丹、白龙堆
河西走廊沙漠	2000	祁连褶皱系，走廊过渡带	冲洪积扇山前平原、沙漠、戈壁	沙砾石、沙	内流河	-	古河床	沙丘、沙堆、敦煌鸣沙、绿洲
库布齐沙漠	1000	中朝准地台，鄂尔多斯台凹	黄河阶地、河漫滩、沙漠	沙	内流河	潜水1~3米	古河床	沙丘、河流、鸣沙
柴达木盆地沙漠	3000	东昆仑褶皱系，柴达木凹陷	低山丘陵、沙漠、戈壁、风蚀地貌、盐湖山前洪积平原	砾石、沙、土	盐湖	-	古湖盆	沙丘、风蚀长丘、高原湖泊
乌兰布和沙漠	1100	中朝准地台，鄂尔多斯台缘褶皱带	冲积平原、沙漠	沙砾层、沙、土	湖泊	1.5~3米	古湖盆	沙丘、丘间湖泊

主要表现为高山环绕盆地，山前冲洪积平原、盆地内冲积平原，湖相沉积，风积地貌如沙丘、沙堆、各类风蚀地貌如风蚀雅丹、风蚀劣地等，在盆地之中还有河流汇聚，并且有盐湖、干盐湖或者浅层地下水出露。

塔克拉玛干沙漠所在的塔里木盆地为一处高原封闭式的盆地，四周山地海拔在4000～5000米，中间盆地平均高度1000米，盆地内西高东低、南高北低，最低处为罗布泊仅有760米。盆地地貌景观分布呈显著的有规则的环状特征（朱震达等，1981）。盆地外围接近山麓的地带是有洪积扇和冲积—洪积扇组成的山前倾斜平原，北部为昆仑山前冲洪积平原，南部为天山南麓冲洪积平原，第四纪时期西昆仑间歇性运动使得这里发育多级冲积扇。塔里木盆地内部是一个广大的古冲积平原，南部为昆仑山北麓诸河的古代干三角洲，北部为塔里木河冲积平原，已被黄沙覆盖。罗布泊地区是整个盆地的集水中心，为一处巨大的古湖盆，古湖盆面积曾达2万平方千米。罗布泊以东主要分布着雅丹地貌和盐土平原。风蚀地貌遍布于沙漠中，是在湖成地貌、河流地貌、基岩风化地貌及固定沙丘上形成的，多分布于沙漠边缘。古尔班通古特沙漠所在的准噶尔盆地，是一个被群山环绕的巨大山间盆地。整个盆地向西、西北倾斜，东高西低。盆地外围接近山麓地带是宽广的山前洪积倾斜平原，内侧为湖积平原所替代，西部、西北部低洼区域分布着湖积平原（赵运昌，1964）。柴达木盆地是一个巨大的内陆断陷盆地，受断裂构造控制，整体又为局部隆起的低山丘陵分割为许多小盆地。盆地呈现的风沙地貌主要有风蚀地、沙丘、戈壁、盐湖和盐土平原交错分布。风蚀地广泛发育，主要分布于盆地西北部地区，该地区主要是褶皱隆起和因断裂而破碎的裸露第三纪近水平产状地层，经常见风力吹蚀作用形成的多种垄岗状残丘和风蚀劣地形态。

全盆地共有大小湖泊36个，总面积为1600平方千米，由于封闭的地下和干燥的气候共同作用的结果，多为盐湖。柴达木盆地的戈壁主要分布于盆地边缘的山前地带，如昆仑山北麓和阿尔金山南麓。从构造单元来，看库木塔格沙漠属于塔里木陆块，但沙漠下伏地貌微向西倾斜，属残丘起伏的极干燥剥蚀高地，其中安南坝北坡山麓冲积扇被径流切割达100～200米，大部分山坡发育南北向干谷，沙漠覆盖于海拔1000～2000米的石质山坡上或古洪积、冲积平原上。沙漠东部、西部和西北部为古河湖相沉积层，发育了面积全国第二的风蚀地。

河西走廊沙漠处于祁连褶皱系的走廊地带，是一个狭长的平原，接受了从祁连山和走廊北部山系冲积物的覆盖，搬运距离和重力分选影响沉积物的分布，使得其呈明显的带状分布。南山北麓和北山南麓大多为粗大的碎石和类似黄土的沉积物，南山更为发育。祁连山前为洪积扇，主要物质是粗砾，冲沟发育。中央凹陷带发育山前倾斜堆积平原，堆积厚度可达300～700米。侵蚀下降地带为冲积倾斜平原，古湖泊发育，地下水浅藏区形成盐沼。沙漠零星分布其间。

巴丹吉林沙漠和腾格里沙漠、乌兰布和沙漠以及库布齐沙漠都属于中朝准地台，巴丹吉林沙漠和腾格里沙漠发育在阿拉善地块内的凹陷盆地内，而乌兰布和沙漠和库布齐沙漠则发育在鄂尔多斯地块的边缘地带。阿拉善沙漠及周围的地质景观已如5.2.1所述，不再赘述。库布齐沙漠发育所在的鄂尔多斯地台整体地貌格局表现为四面环山的盆地，盆地内为宽阔的内陆高平原，无山脉发育，地势总体表现为西高东低，东西高差达2000米（马玉明，1984）。库布齐沙漠位于台地的北缘，沿黄河南岸分布，南部为构造台地，中间为覆盖在河流阶地上的风成沙丘，北部是河漫滩（宋德明，1989）。

天造地景——内蒙古地质遗迹

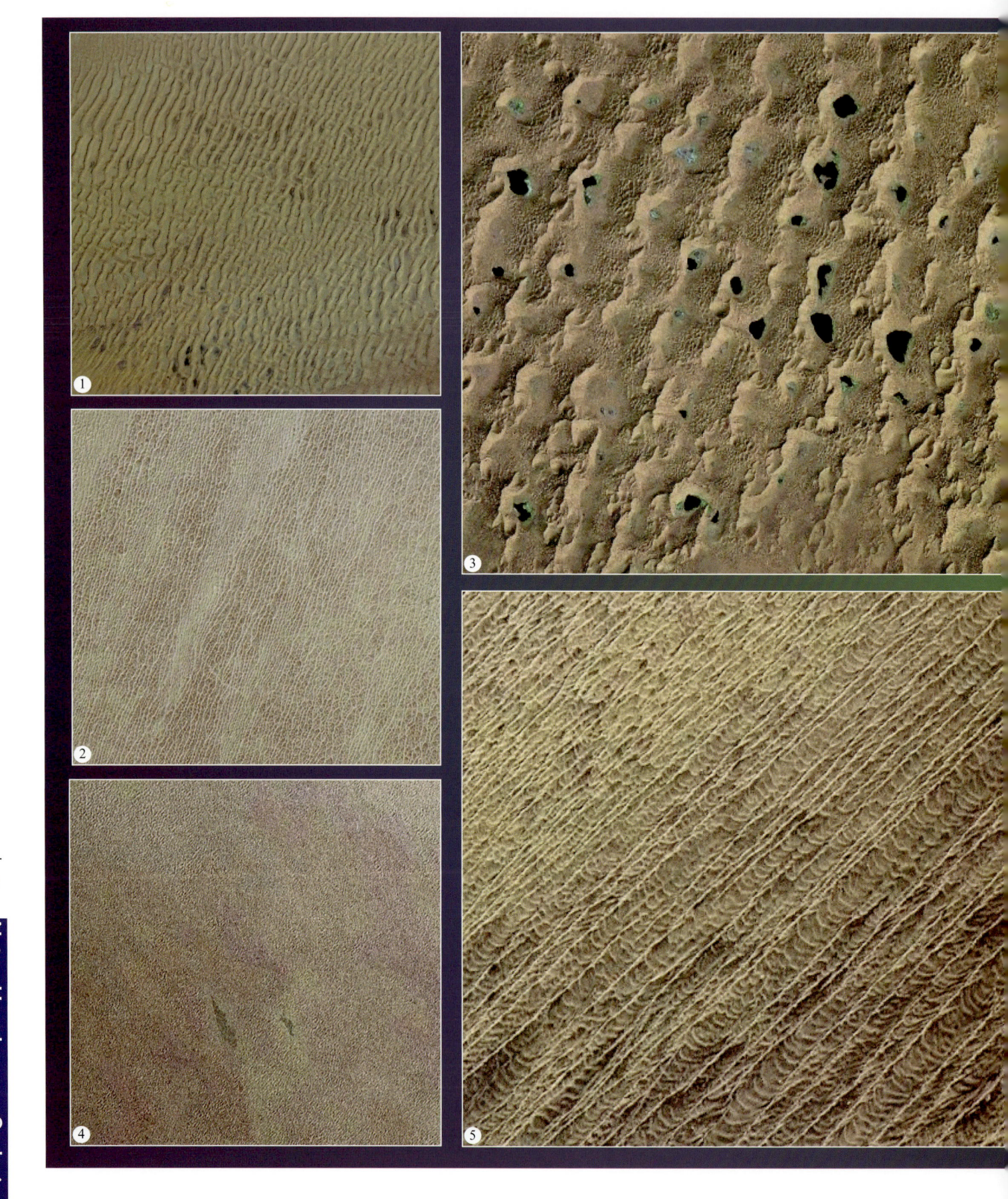

308

Natural Landscapes - Geological Heritage of Inner Mongolia

①塔克拉玛干沙漠复合型垄状沙山；②古尔班通古特沙漠树枝状沙垄；③巴丹吉林沙漠高大沙山；④腾格里沙漠格状沙丘；⑤库木塔格沙漠羽毛状沙丘；⑥河西走廊沙漠段黄链状沙山；⑦库布齐沙漠沙丘链；⑧柴达木盆地沙漠新月形沙丘及沙丘链；⑨乌兰布和沙漠新月形沙丘及沙丘链

中国主要沙漠沙丘类地质遗迹对比

沙漠名称	代表性沙丘 形态	代表性沙丘 所处沙漠位置	遥感图像编号	其他沙丘类型	流动沙丘占沙漠总面积（%）	最高大沙丘 高度范围	最高大沙丘 在沙漠中的位置	盛行风向	沙丘运动方向	鸣沙报道
塔克拉玛干沙漠	复合型垄状沙山	东部	1	新月形沙丘及沙丘链、格状沙丘、穹状沙丘、复合沙丘链、复合链状沙山、星状沙丘、鱼鳞状沙丘	85	100～200	南部克里雅河下游	东北风、西北风	西南、南、东南	无
古尔班通古特沙漠	树枝状沙垄	东部	2	新月形沙丘及沙丘链、蜂窝状沙丘、垄状沙链	1.2	10～30	大部	西风、西北风	东南、南	有
巴丹吉林沙漠	高大沙山	东南	3	新月形沙丘及沙丘链、格状沙丘、星状沙丘	83	300～400	东南部	西北风、西风	东南	有
腾格里沙漠	格状沙丘	东北部、西南部	4	新月形沙丘及沙丘链、星状沙丘、复合型沙丘链、梁窝状沙丘	67.2	100～200	东部	西北风、东北风	东南	无
库木塔格沙漠	羽毛状沙丘	北部	5	新月形沙丘及沙丘链、复合沙垄、星状沙丘	90	100～200	南部	东北风	西南、西北	无
河西走廊沙漠	链状沙山	敦煌沙漠	6	新月形沙丘及沙丘链、格状沙丘、星状沙丘	62	60～170	西部	西北风	东南	有
库布齐沙漠	沙丘链	北部	7	格状沙丘、复合型沙丘链	61	50～100	北部	西北风、北风、东南风	东	有
柴达木盆地沙漠	新月形沙丘及沙丘链	西南部	8	格状沙丘、链状沙丘、复合型沙丘链	53	100～200	祁漫塔格山西南部	西风	东南	无
乌兰布和沙漠	新月形沙丘及沙丘链	东南部	9	格状沙丘、新月形沙丘链条	36.9	50～80	南部	西南风	东南	无

（3）各沙漠沙丘特征

沙丘是沙漠中占比例最大的地质遗迹类型，这些"风的摄影师"不仅记录了沙物质的来源，而且还记录了风向等气候变化的信息。中国不同沙漠内的沙丘既有相似之处，也存在着差异。仅就阿拉善沙漠中的沙丘而言，最具代表性的是巴丹吉林沙漠的高大沙山。它不仅在中国独一无二，而且在全球该种类型的沙丘中都屈指可数，它是特定地形和气候条件下的产物。因此，本研究选取全国9个沙漠，基于Landsat7遥感影像，利用代表性沙丘、遥感图像、其他沙丘类型、沙丘流动性、最高大沙丘分布、盛行风向、沙丘运动方向（王涛，2007）和是否发育鸣沙指标进行比较。

通过对全国的沙丘对比发现，巴丹吉林沙漠是我国高大沙丘发育最好的沙漠，无论是沙丘高度还是规模都是独一无二的，沙丘形态组合多样。

（4）各沙漠成因分析

沙漠地质遗迹的形成同沙漠的形成和演化关系密切，沙漠的形成对于理解沙漠地质遗迹的形成具有重要的意义。沙漠成因是复杂多样的，但归纳起来主要包括自然和社会两方面的因素。自然因素往往是沙漠形成的基本因素，而社会因素则起到加速或延缓的作用。最主要的自然因素是地质地貌因素和气候因素，前者通过构造运动和风化等地质作用直接创造了丰富的沙物质来源，并间接地为干旱气候创造了条件。干旱气候则是沙漠形成的动力条件。

尽管在我国已发现第三系或更早的风成沙（董光荣，1991），但大部分的沙漠还是形成于第四纪时期，这主要是由第三纪末开始的喜马

中国沙漠成因对比

沙漠名称	沙物质来源	沙源形成年代	沙漠形成年代	
			最老	最新
塔克拉玛干沙漠	河流冲积物、洪积—冲积物、基岩风化的残积—坡积物	第四纪中晚更新世	中更新世	
古尔班通古特沙漠	河流冲积物、基岩风化的残积—坡积物	第四纪中晚更新世	中更新世	
巴丹吉林沙漠	河湖相沉积物、洪积—冲积物	大约是晚第三纪末	中更新世（王涛，1990；阎满存等，2001）	
腾格里沙漠	河湖相沉积物、基岩风化的残积—坡积物			中更新世（阎满存，1998）
库木塔格沙漠	基岩风化的残积—坡积物	第四纪中晚更新世	中更新世（夏训诚，1987）	晚更新世晚期（曾永年等，2003）
河西走廊沙漠	河湖相沉积物			
库布齐沙漠	河流冲积物、基岩风化的残积—坡积物	中更新世	早更新世后期（董光荣，1991）	
柴达木盆地沙漠	河流冲积物、洪积—冲积物		中更新世（钟德才，1986）	
乌兰布和沙漠	河流冲积物、河湖相沉积物、洪积—冲积物	中更新世	晚更新世（春喜，2007）	

拉雅造山运动导致的青藏高原隆升所决定的。上新世青藏高原的高度仅为1000米（李吉均，1979），我国的气候主要受纬度带影响，广袤的大西北受印度洋影响，是水草丰美的森林草原，不存在西伯利亚高压。到上新世末，以青藏高原为中心的广大地区剧烈隆升，到中更新世青藏高原的高山海拔已达4500米，冬季的弱高压向北推移到塔里木盆地的东南部，气候变得逐渐干旱。中更新世到全新世，青藏高原整体急剧抬升，当时的海拔已与现在相当，现代季风形成，中国的西北地区也因此变得更加干旱多风，沙漠逐渐形成。

另外，沙漠的形成与其所在地区的地质背景关系密切。塔克拉玛干沙漠所处的塔里木盆地是一个古老的地块，它的周围被一系列晚期隆起的地槽型褶皱山系所环绕。塔里木地块在震旦纪以前就开始了地台发育，基底由古老的片麻岩、石英片岩及花岗岩组成。盖层与基底之间有明显的角度不整合。震旦纪和早古生代塔里木地块较为稳定，地块大部分处于隆升阶段，仅在地块北缘有边缘凹陷发生沉积。奥陶纪末期，地块开始上升。二叠纪、三叠纪，山前凹陷轮廓已经开始形成。侏罗纪以后的时期，地块边缘洼地中有侏罗纪、白垩纪及第三纪沉积，而地块的大部分地区为缓缓上升的平原。古尔班通古特沙漠所处的准噶尔盆地是一个三面被海西、加里东褶皱围绕的巨大山间盆地。海西运动以后，天山、阿尔泰山地槽体系几乎全部褶皱隆升成山，准噶尔盆地的轮廓相对形成。第三纪末的喜马拉雅运动使得天山和阿尔泰山再度上升，巨大的高度阻断了来自印度洋和北冰洋的水汽，准噶尔盆地成为一个干旱的内陆盆地。新构造运动继承了地质历史发展的特点，使得盆地周围山系继续隆升，在盆地南部、西部、西北部边缘形成了一系列的凹陷，堆积了巨厚的第四纪沉积物形成了广阔的冲积和湖

积平原。在盆地北部下降较浅，受阿尔泰山间歇性抬升的影响，使得该区域始终处于剥蚀状态。库木塔格沙漠下伏地层与塔克拉玛干沙漠有较多相似之处，这个具有坚固结晶基础的台块，经历多次造山运动，才形成四分五裂的地貌景观。中生代三叠纪之后开始活化，一直延续到现在，第三纪时期急剧沉降形成了数千米的堆积，第四纪初期出现了明显的差异，以基底断块为基础的凹陷和隆起，西部及北部地区相对隆起，而东部边缘继续下陷；同时伴随旋卷运动，使得新生代地层发生雁式褶皱，反"S"轴线构造及帚状断裂等（樊延平，1964）。河西走廊属于祁连山褶皱带的山前凹陷地带，大部分为山前倾斜平原。走廊北侧属阿拉善地块的南缘包括了马鬃山、合黎山和龙首山，它们的基底为元古代的变质岩系。二叠—三叠之间该地区才形成祁连山的山前凹陷带，到早侏罗纪才接受大量的陆相沉积。上第三系，祁连山高角度逆冲，山地升高，山麓接受广泛的粗砾石沉积，形成了河西走廊基本的构造格架：强烈褶皱的南缘山前带，中央凹陷带和第四纪基底向南倾斜的单斜带。在上新世、早更新世和中新世该地形成了三级剥蚀夷平面。库布齐沙漠位于鄂尔多斯地块的北缘，在构造上属于鄂尔多斯台向斜（宋德明，1989）。鄂尔多斯台地是世界上最为古老的陆地之一，在前震旦纪结晶岩基础上沉积了巨厚的震旦纪、古生代、中生代与第三纪地层。第三纪末由于受喜马拉雅运动的影响，鄂尔多斯地区逐渐隆升为高原，直到第四纪仍处于上升阶段。黄河逐渐下切，形成三级阶地及河漫滩。沙漠基本发育在黄河阶地之上。

8.6.3.2 全球沙漠景观的对比研究

（1）全球沙漠分布概况

全球沙漠按照其形成机制的差异，分为2类3型，即气候沙漠和地形沙漠2类，回归线型、寒流海岸型和大陆内部型。气候沙漠呈环状分布于南北纬15°~35°之间，它们主要在副热带高气压带控制下的信风和洋流产生的持续干旱作用下形成的。地形沙漠主要是因为高山阻隔、地形闭塞而形成，主要分布于南北纬35°~50°之间。该类沙漠以北半球为主，并集中分布在亚洲中部的俄罗斯、蒙古和中国，其次是美国的西部盆岭区。

（2）全球主要沙漠自然属性特征

从全球来看（马世威，1998），亚洲沙漠面积较大，约为250万平方千米，分布范围广泛，主要沙漠分布区有阿拉伯半岛、中亚、哈萨克斯坦、里海北部、印度和巴基斯坦。著名的沙漠有阿拉伯半岛的鲁卜哈利沙漠（Rubal Khali）、卡拉库姆沙漠（Karakum）、塔尔沙漠（Thar）和戈壁沙漠（Gobi）。非洲是世界第一荒漠，荒漠面积达900万平方千米，其中撒哈拉荒漠面积为180万平方千米。非洲面积较大的沙漠有东部大沙漠（Grand Erg Oriental）、西部大沙漠（Grand Erg Occidental）、卡拉哈里沙漠（Kalahari）和纳米布沙漠（Namib）。北美的沙漠主要分布于美国西部及墨西哥北部的大部分地区，主要沙漠有麦哈维沙漠（Mojave）、奇瓦瓦沙漠（Chihuahuan）和索若兰沙漠（Sonoran）。南美洲的沙漠主要分布于南纬5°~30°，主要沙漠有巴塔哥尼亚沙漠（Patagonian）和阿塔卡玛沙漠（Atacama）。澳大利亚沙漠占国土面积的35%，主要分布在其中西部，主要有辛普森沙漠（Simpson）维多利亚大沙漠（Great Victoria）和大沙沙漠（Great Sandy）。

世界主要沙漠的类型及特征

排名	沙漠名称	沙漠类型	面积（平方千米）	位　　置
1	南极圈沙漠（Antarctic）	极地沙漠	13829430	南极洲
2	北极圈沙漠（Arctic）	极地沙漠	13700000	阿拉斯加，加拿大，格陵兰，冰岛，挪威，瑞典，芬兰，俄罗斯
3	撒哈拉沙漠(Sahara)	亚热带沙漠	9100000	阿尔及利亚，乍得，埃及，利比亚，马里，尼尔而，毛里塔尼亚，摩洛哥，苏丹，突尼斯
4	阿拉伯沙漠(Arabian)	亚热带沙漠	2330000	沙特阿拉伯，约旦，伊拉克，科威特，卡塔尔，阿拉伯联合酋长国，阿曼，也门
5	戈壁沙漠（Gobi）	地形沙漠	1300000	中国和蒙古
6	巴塔哥尼亚(Patagonian)	地形沙漠	670000	阿根廷，智利
7	维多利亚大沙漠（Great Victoria）	亚热带沙漠	647000	澳大利亚
8	卡拉哈里沙漠(Kalahari）	亚热带沙漠	220000	安哥拉，南非，博茨瓦纳，纳米比亚
9	大盆地沙漠(Great Basin)	地形沙漠	492000	美国
10	塔尔沙漠(Thar）	亚热带沙漠	200000	印度，巴基斯坦
11	奇瓦瓦沙漠(Chihuahuan)	亚热带沙漠	450000	墨西哥
12	大沙沙漠(Great Sandy)	亚热带沙漠	400000	澳大利亚
13	卡拉库姆沙漠(Kara-Kum)	地形沙漠	350000	乌兹别克斯坦，土库曼斯坦
14	科罗拉多高原沙漠(Colorado Plateau)	地形沙漠	337000	美国
15	吉布森沙漠（Gibson）	亚热带沙漠	310800	澳大利亚
16	索诺兰沙漠(Sonoran)	亚热带沙漠	310000	美国，墨西哥
17	克孜勒库姆沙漠（Kyzyl-Kum）	地形沙漠	300000	乌兹别克斯坦，土库曼斯坦，哈萨克斯坦
18	塔克拉玛干沙漠(Taklamakan)	地形沙漠	270000	中国
19	辛普森沙漠(Simpson)	亚热带沙漠	145040	澳大利亚
20	麦哈韦沙漠(Mojave)	亚热带沙漠	139860	美国
21	阿塔卡马沙漠(Atacama)	海岸沙漠	140000	智利
22	那米比沙漠（Namib）	海岸沙漠	81000	安哥拉，纳美比亚，南非
23	卡维尔沙漠（Dashte Kavir）	地形沙漠	77000	伊朗
24	卢特沙漠（Dashte Lut）	地形沙漠	52000	伊朗

9 大地脉搏——水体景观
Pulse of the Earth—Water-Landscape

水是自然界最活跃的因素,是大地的脉搏。睡着的水是冰,静谧着,在白雪皑皑中悄然而过;醒着的水,跳动着,深深浅浅的旋涡,一路歌唱着,携来一黛山水,一路翠色;站立的水是汽,飘逸着,在释放之后凝结,沉淀在尘世中,从发端向无尽的尽头而歌,汇入远远的宽阔。

水体资源类主要地质遗迹分布图

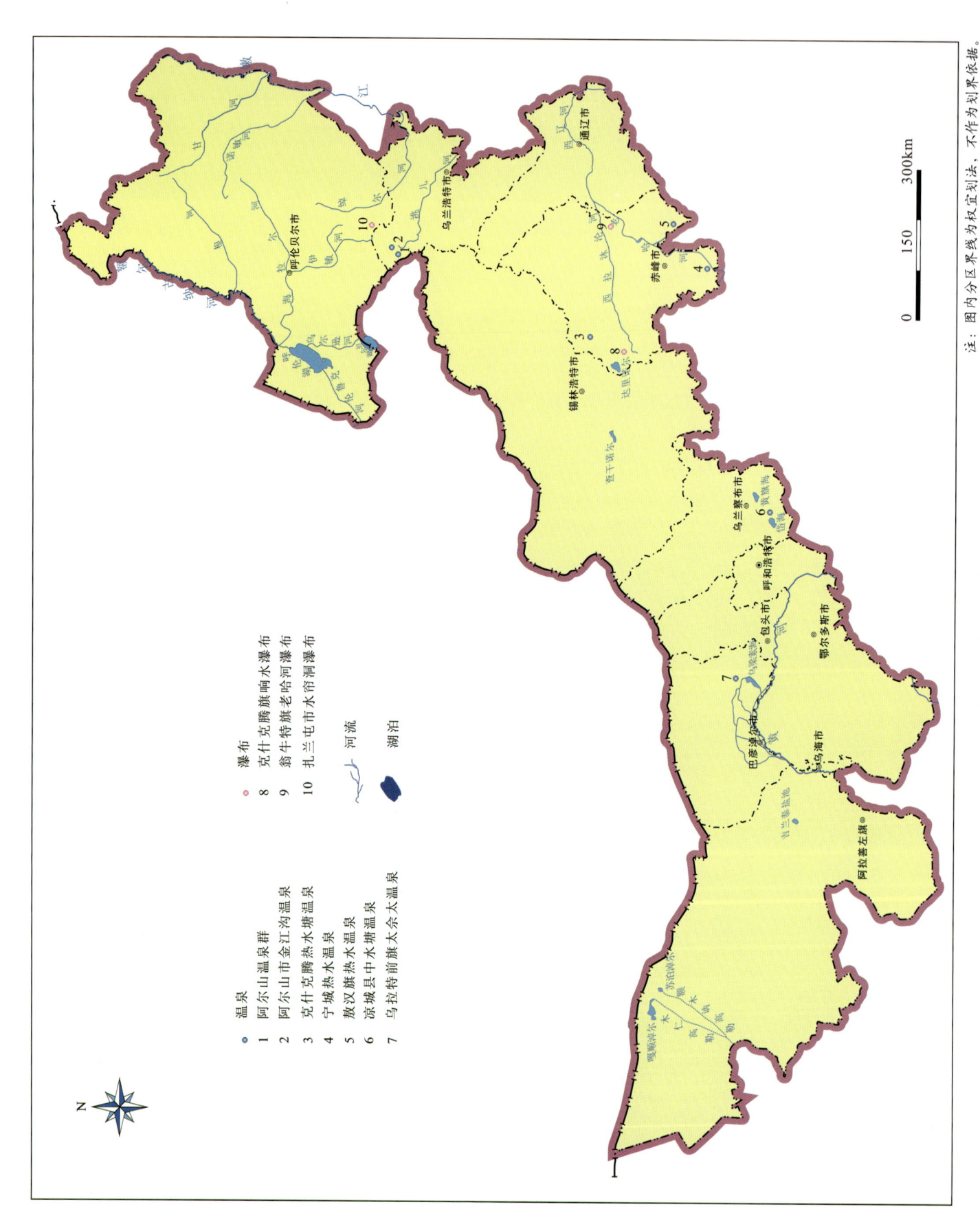

温泉
1. 阿尔山温泉群
2. 阿尔山市金江沟温泉
3. 克什克腾旗热水塘温泉
4. 宁城热水温泉
5. 敖汉旗热水温泉
6. 凉城县中水塘温泉
7. 乌拉特前旗太佘太温泉

瀑布
8. 克什克腾旗响水瀑布
9. 翁牛特旗老哈河瀑布
10. 扎兰屯市水帘洞瀑布

注：图内分区界线为权宜画法，不作为划界依据。

天造地景——内蒙古地质遗迹

316

Natural Landscapes - Geological Heritage of Inner Mongolia

9.1 总体特征

内蒙古地区分布着大量高原内陆湖泊、河流、瀑布、温泉等水体景观。其中，既有全国著名的达里诺尔湖（刘佳慧等，2005），又有类型多样的湿地资源，还有具有独特医疗保健和科研价值的温泉资源。

9.2 九曲碧水万里流——河流

9.2.1 主要特征

内蒙古河流具有高原曲流河的特征，蜿蜒型河流的河床形态有一定的规律，河漫滩一般比较宽广，中水位时河床呈弯曲形式，深槽靠近凹岸，每一凹岸深槽与相应的凸岸边滩相对，两者都延伸甚长。一般情况下，曲流波长为河宽的7~10倍，曲率半径与宽度之比接近2或3。在广阔的高原面上，河床不受河谷基岸的约束，可以比较自由地迂回摆动，自由的弯曲河弯不断发展，河曲颈继续缩小，最后引起河湾自然取直，形成牛轭湖。

◎ 贡格尔河

Pulse of the Earth—Water-Landscape

9 大地脉搏——水体景观

319

9.2.2 典型代表

A.高原上的金腰带——黄河水系

中华民族的母亲河黄河，汇千流，纳百川，奔流万里，流经青海、甘肃到宁夏的石嘴山后，向北呈"几"字形，流入内蒙古，环抱着"水果之乡"鄂尔多斯高原，在内蒙古境内长833千米，灌溉着肥沃的河套平原，两岸是山谷之间的平原，河道开阔，坡度平缓，沿岸支流少且很短，长的支流都分布在北岸。

黄河进入河套平原后南北摆动，沙洲、河道分支众多，这就是所谓的"九曲黄河十八弯"，这里水套水，湾连湾，谁也数不清究竟有多少道湾，谁也算不出黄河在这片大漠热土上倾注了多少深情，收获了多少美景、丰收和欢笑。

◎ "九曲黄河万里沙，浪淘风簸自天涯"。黄河是中华民族的母亲河，它孕育了五千年的中华文明。

Pulse of the Earth—Water-Landscape

9 大地脉搏——水体景观

321

◎ 滔滔黄河北去，造就了河套文明，哺育了河套子孙。

Pulse of the Earth—Water-Landscape 大地脉搏——水体景观

323

B.神圣的奉献——额尔古纳河

额尔古纳河，发源于大兴安岭西侧，主流自东向西，至呼伦湖转向东北，流至呼伦贝尔草原北部，在内蒙古的支流主要有：海拉尔河（主要包括伊敏河及墨尔格勒河二支流）、根河、得尔布尔河、贝尔赤河等。在内蒙古境内长约905千米，流域面积为11.7万平方千米。

其特点是所处的纬度较高，距海洋又远，且四周有高山屏障，受海洋性气候的影响甚微，越到下游接纳的支流越多，有1851条大小支流，沿途植被覆盖度较大，

水土流失不严重，因而含沙量少，河中盛产鱼类。

额尔古纳河是蒙古族的发源地，汩汩的流水不仅哺育了沿河两岸的草原和森林，更见证了蒙古族从幼小到强悍，从成长到成熟的神奇历程，是蒙古族人心中神圣的母亲河。

◎奔流不息的额尔古纳河从中俄之间穿过，以其不舍昼夜的精神和汹涌澎湃的力量孕育了岸边的各族儿女。一个历史悠久、彪炳千秋的神奇民族——蒙古族就诞生于此。

天造地景——内蒙古地质遗迹

326

Natural Landscapes - Geological Heritage of Inner Mongolia

◎ 乌尔逊河注入呼伦湖

Pulse of the Earth—Water—Landscape

9 大地脉搏——水体景观

327

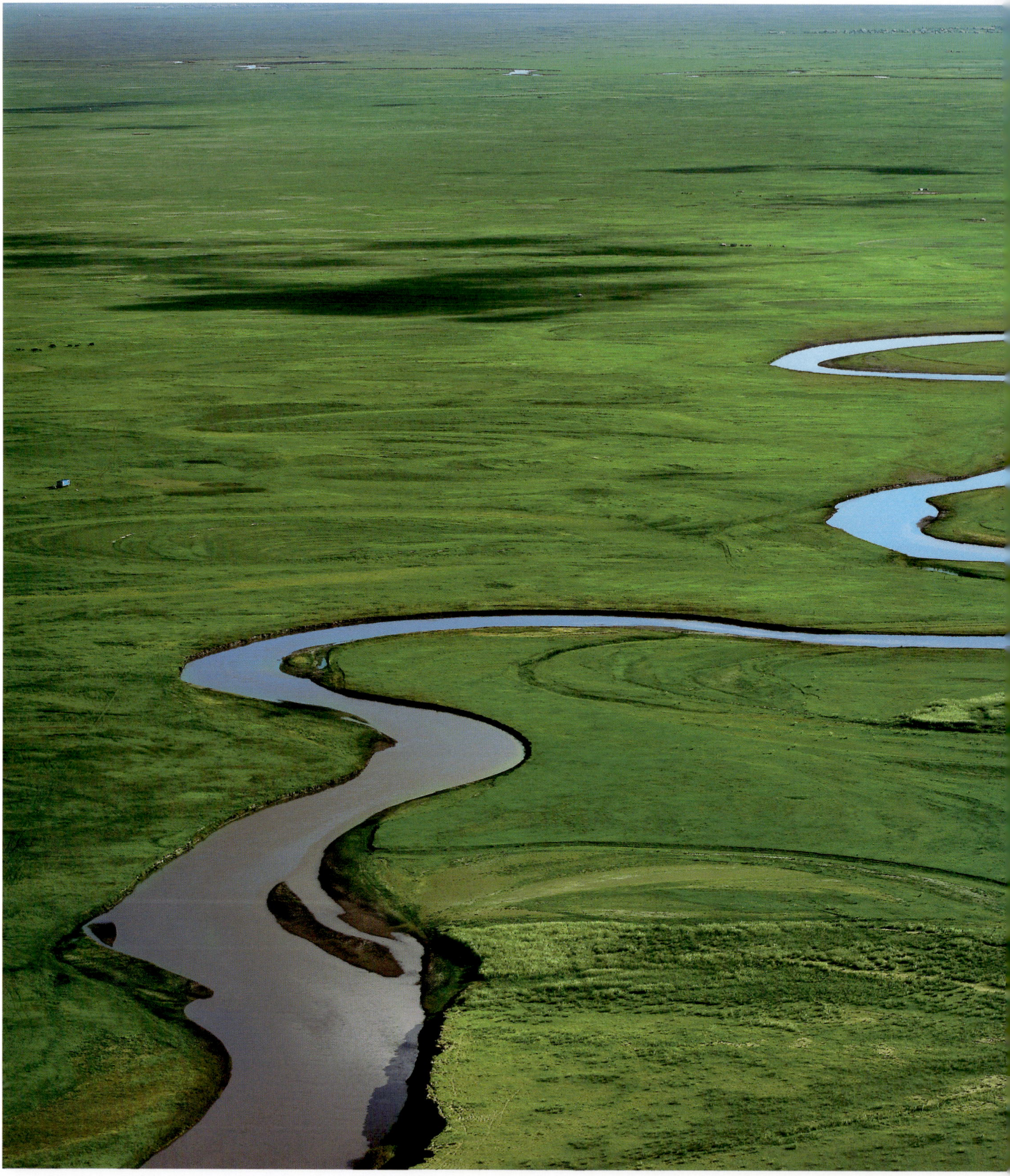

◎ 克鲁伦河

◎ 哈拉哈河

Pulse of the Earth—Water-Landscape

⑨ 大地脉搏——水体景观

331

C.天下第一曲水——莫勒格尔河

莫勒格尔河以"曲"闻名，它发源于大兴安岭中段西北的深山老林中，经过美丽的呼和诺尔，汇入海拉尔河，全长150多千米，是一条由泉水汇集而成的河。

D.不息的生命之河——西辽河水系

西辽河全长865千米，流域面积8.55万平方千米，超过了整个辽河流域面积的一半。

其上游有二源，一为西拉木伦河，发源于克什克腾旗之西，沿途有众多小支流汇入，北岸有新开河与之平行，至闫家罗子附近汇入西辽河；另一源为老哈河，源出河北省七老图山脉的光头山，长达400千米，汇集了燕山北麓之水，多流经黄土地区，含沙量大，向东北流至麦齐喀庙附近与西拉木伦河相汇，二源相汇后称西辽河。

◎ 西拉木伦河湿地——宣武岩台地

◎ 西拉木伦河

Pulse of the Earth—Water-Landscape

9 大地脉搏——水体景观

◎ 西辽河汇集了大兴安岭南段东麓的众多水系，一起从绿野和青山中穿行而过，为草原带来了生机和秀丽，被人们誉为草原的"生命之河"。

Pulse of the Earth—Water-Landscape

9 大地脉搏——水体景观

337

◎ 雅鲁畔秀水景区

Pulse of the Earth—Water-Landscape

大地脉搏——水体景观

F.世界上最窄的河——耗来河

耗来河位于达里诺尔湖西南的贡格尔草原上，发源于多伦湖，是连接多伦湖和达里诺尔湖的特殊河流。多伦湖内多涌泉，保证了耗来河水常年不息。

"耗来"为蒙古语，译为"嗓子眼河"，形容河流之窄。耗来河全长17千米，平均水深50厘米，水量较小，河道极窄，平均宽度只有十几厘米，最窄处只有6厘米，放上一本书便可以当桥，所以耗来河又称"书桥河"，堪称世界上最窄的河流。

◎ 河水水流平缓，清澈见底，蜿蜒曲折，多呈"几"字形，登高眺望，犹如一条银色的飘带，在碧绿的草原上飞舞。

Pulse of the Earth—Water-Landscape
9 大地脉搏——水体景观

343

9.3 目迷心醉话诺尔——湖泊

9.3.1 主要特征

内蒙古有1000多个天然湖泊，犹如镶嵌在碧野上的银色明珠，这些湖泊大多面积小而积水浅，分布集中，除了黄河沿岸的湖泊外，大多数为内陆湖，湖水没有出口，盐分不能带走，矿化度增大，水质多属碱性。

主要特征为：

（1）多为内陆湖

内蒙古远离海洋，气候干燥，受季风和地形影响，区内的降水量自东南向西北呈带状递减。这就造成了河网水系东多西少，南多北少的分布格局。区内除了黄河和西辽河沿岸有少数的湖泊属于外流湖外，其他的湖泊都为内陆湖。虽然内陆湖成因类型多样，但是这些湖泊补给部分主要为入湖径流，损耗部分主要为湖面蒸发，有些湖泊的出湖流量为零。

（2）盐湖众多

在内蒙古地区干旱、半干旱的条件下，湖水的蒸发量大于补给量，并且内陆湖的湖水不能外泄，盐分通过径流源源不断向湖内输送，导致湖泊越来越咸，盐分越积越多，当湖水的矿化度大于35g/L时就成为盐湖。据统计，内蒙古境内共有375个盐湖，盐湖面积1441平方千米（郑喜玉，2002）。盐湖的分布具有明显的区域性特征，主要集中在呼伦贝尔高原、锡林郭勒高原、鄂尔多斯高原和阿拉善高原。

（3）湖泊浅小，成群分布

在内蒙古的湖泊中，面积在100平方千米以上的大型湖泊很少。呼伦贝尔沙地西北部的呼伦湖，湖水面积2310平方千米，水质优良，矿化度小于1 g/L；沙地西南部的贝尔湖，湖水面积600余平方千米，也是一水质良好的高原湖泊；浑善达克沙地东北部的查干诺尔，由东西两湖组成，湖水面积113平方千米；赤峰市克什克腾旗西北部的达里诺尔，水位在1227米时，湖面面积最大为245平方千米。除上述几个大型湖泊外，内蒙古境内的湖泊均属中小型湖泊，还有一些为季节性湖泊。例如巴丹吉林沙漠中湖泊群，有144个，它们主要分布于沙漠东南部丘间地带，与高大沙山相间分布。

9.3.2 典型代表

9.3.2.1 构造湖

构造湖由于湖盆形状为断陷边界控制，轮廓清晰，多呈现规则的形状，而且面积较大，居各类湖泊之首。内蒙古境内的构造湖主要有两大

类：断裂湖和断陷湖。断裂湖是沿着断裂带发育而成的，如达里诺尔湖、白音库伦诺尔都属于此类。断陷湖的代表为呼伦湖和岱海，两者均发育在地堑构造盆地中。

（1）呼伦湖

呼伦湖位于呼伦贝尔草原西部新巴尔虎左旗、新巴尔虎右旗和满洲里市之间，湖岸线弯曲系数为1.88，湖泊区域面积为7680平方千米。呼伦湖通过乌尔逊河与贝尔湖相连。

湖蚀地貌主要分布于呼伦湖西岸，其中成吉思汗拴马桩为典型的湖蚀柱，一侧陡崖为湖蚀崖，主要景观为屹立在湖中的一座柱石，传说是成吉思汗征战南北统一蒙古草原时在这里训练兵马、拴过战马的柱石。现今该地区已开发为以成吉思汗文化为主的风景游览胜地，这里曾经是一代天骄成吉思汗宿营、作战的地方，拥有丰厚的自然与人文历史资源。辽阔的草原、天然的沙滩、碧净的湖水、奇岩峭壁以及一代天骄成吉思汗的神奇传说和当地独具特色的巴尔虎民俗风情，使成吉思汗拴马桩旅游区成为了呼伦湖沿岸最著名的旅游景点之一。

呼伦湖位于呼伦湖—呼查乌拉地堑式断陷盆地，为满洲里—右旗隆起带的东缘断陷，呈北东向延伸的呼伦湖西缘—道劳乃花断裂及呼伦湖东缘—呼查乌拉断裂分别控制了其北西—南东边界，斜穿该区域北东端与呼伦湖相连，南西端伸入蒙古国。该断陷盆地被第四系松散堆积物及湖泊沉积物广泛覆盖。

◎ 呼伦湖也称达赉湖，是中国第五大湖，也是内蒙古第一大湖，呈不规则斜长方形，长轴为西南至东北方向，湖长93千米，最大宽度为41千米。

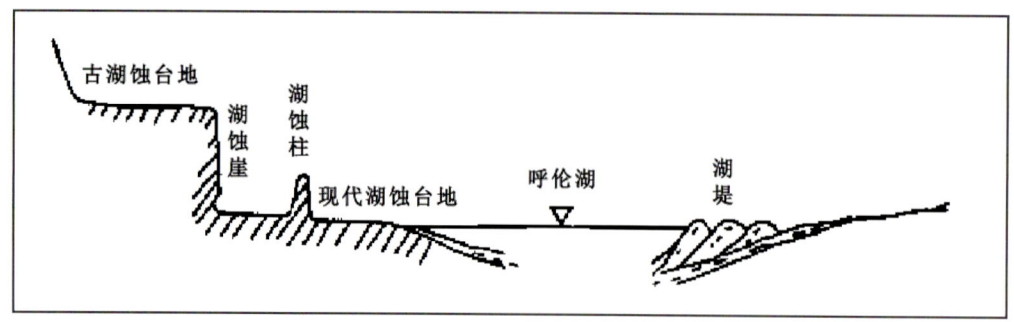

呼伦湖湖蚀地貌图

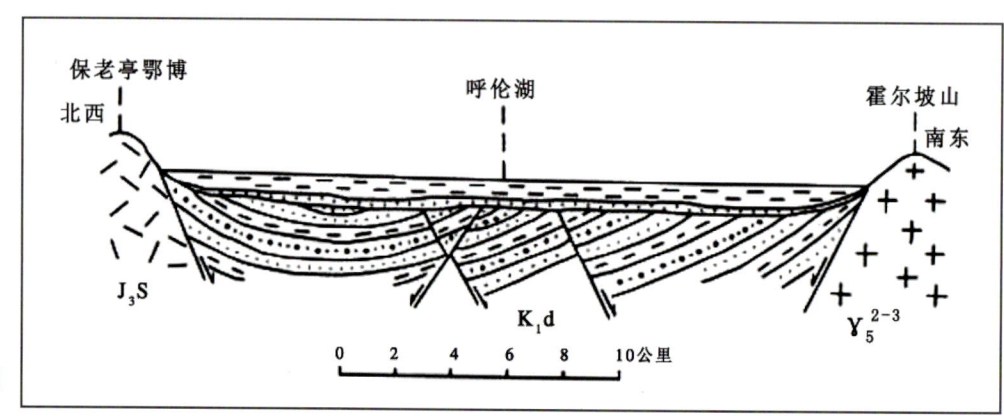

呼伦湖地堑构造示意图

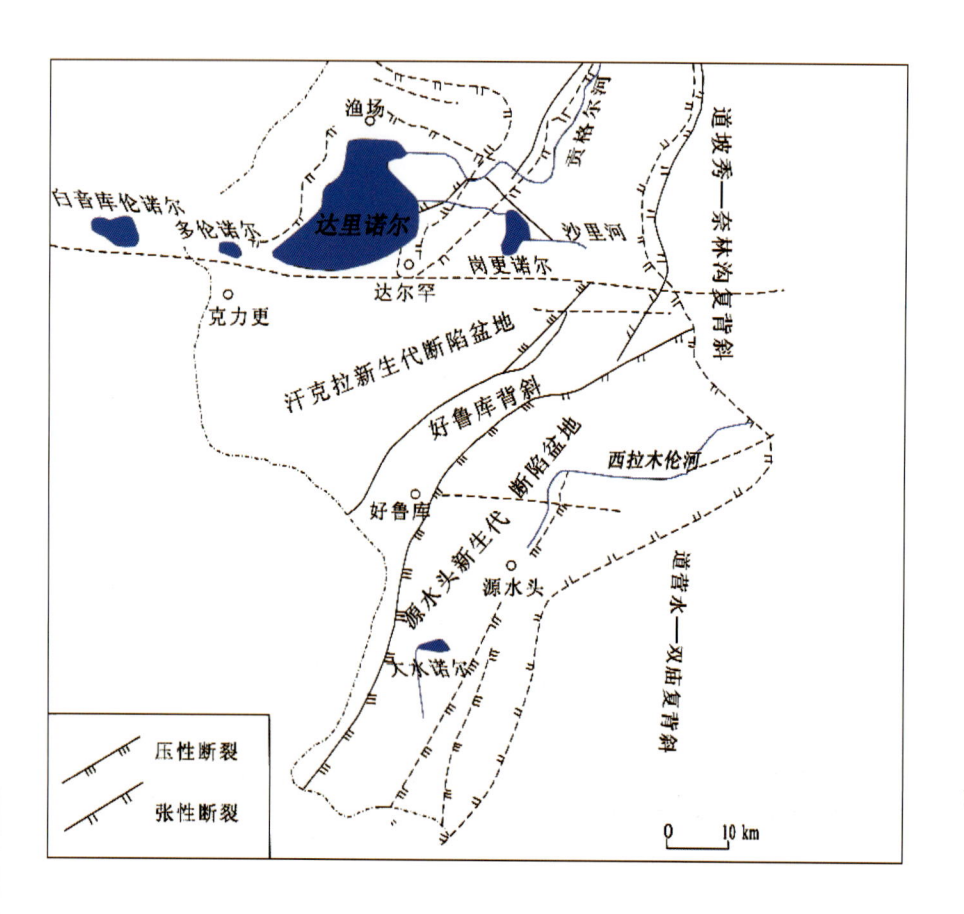

达里湖盆地构造体系图

（高照山，1988）

◎ 达里诺尔湖是中国北方重要的候鸟迁徙通道,是西伯利亚候鸟飞往我国东南沿海及日本、朝鲜一带的集散地。国家一类鸟类丹顶鹤、白鹳、白枕鹤等多聚集于此,繁衍生息,同时生产华子鱼,为湖区增添了勃勃生机。

(2) 达里诺尔湖

达里诺尔湖,又名达里湖,位于达里诺尔火山群的南部、浑善达克沙地的西北缘,总面积约250平方千米,是内蒙古第二大内陆湖。湖水东浅西深,湖面平均海拔1226米。达里湖湖水无外泄,有4条内陆河流作为其补给水源,分别是贡格尔河、亮子河、沙里河和耗来河。

达里诺尔湖是典型的高原内陆湖泊,东邻内蒙古高原东南部,西北岸为玄武岩台地,南岸平直向东西向展布,为风积沙岸,其余岸边为灰黑色亚沙土及亚黏土,是赤峰西部边缘的最低洼地带(高照山,1989)。

古近纪初期,达里诺尔湖地区发生了大规模的构造沉陷,形成规模巨大的内陆构造湖盆,在此基础上,新近纪末期和第四纪初喷发的玄武岩流堰塞了部分河道而成为了堰塞湖。

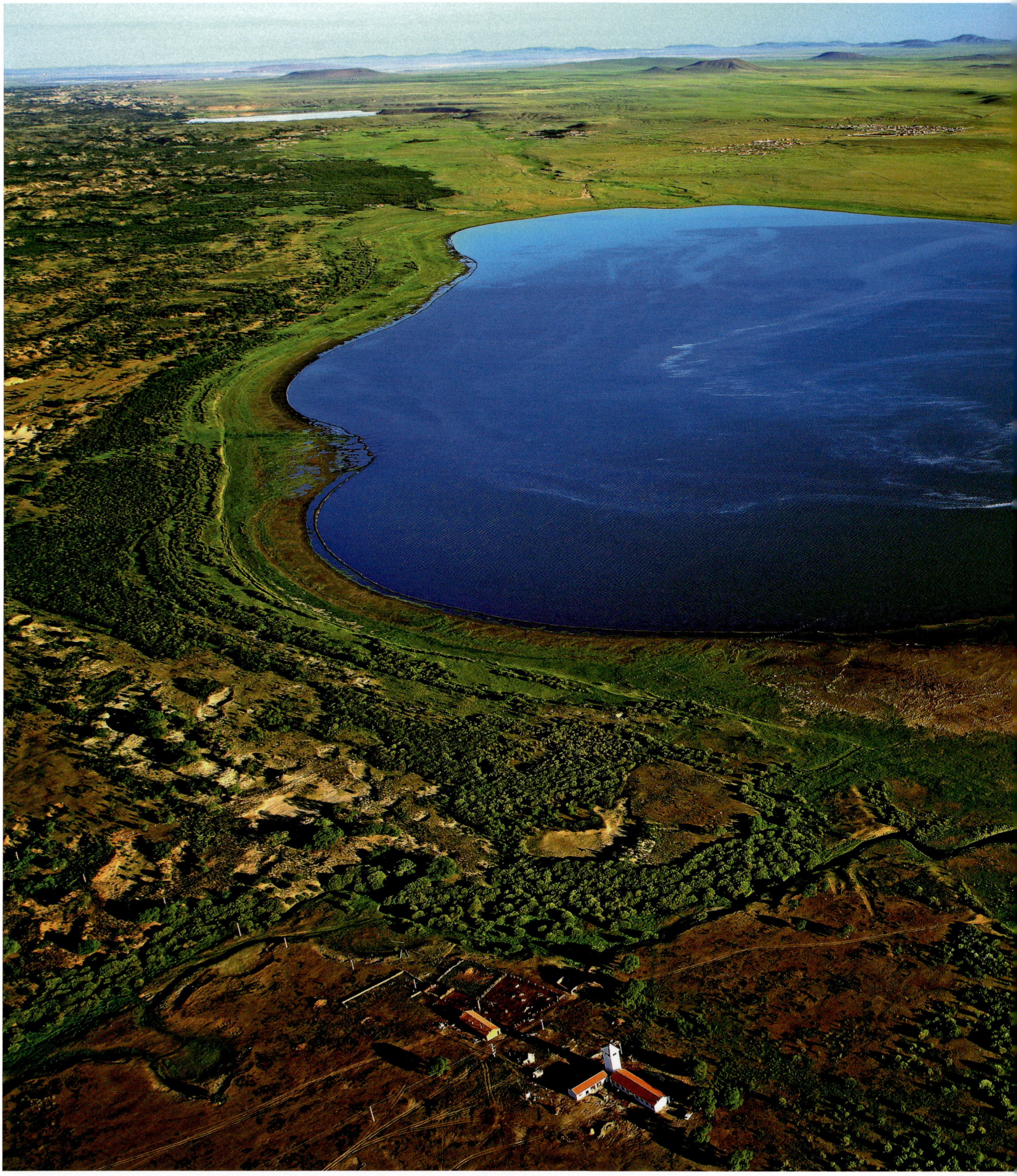

Pulse of the Earth—Water-Landscape

9 大地脉搏——水体景观

◎ 达里诺尔湖

（3）吉兰泰盐湖

位于内蒙古阿拉善左旗北部吉兰泰镇的西南部，处于贺兰山与巴音乌拉山之间的断陷盆地内，愈向西北愈低，形成了一个东北—西南走向的盆地。盐湖位于乌兰布和沙漠的西缘，盐湖四周被沙丘、沙垄环绕，除盐湖西南边缘为宽2000～3000米的盐碱滩地及盐湖西1000～2000米为砾石滩外，其余盐湖的北、东、南三面均为沙漠区。

◎ 吉兰泰盐湖

吉兰泰盐湖是第四纪以来形成的固液相并存的石盐、芒硝矿床，固相矿产以石盐为主，次为芒硝、石膏；液相为石盐晶间卤水和承压卤水。盐矿平均深度为3～4米，总储量为11400多万吨，其中固体石盐为9757万吨，卤水中的氯化钠储量为1467万吨，芒硝储量为942.3万吨，属内陆中型盐矿。

9.3.2.2 火山湖

火山作用形成两类湖泊，一类是在火山停止喷发时，火山通道阻塞，冷却的熔岩和碎屑物堆积于火山喷发口周围，使火山口形成一个四壁陡峻、中央深邃的漏斗状洼地，洼地积水后成为火口湖。典型的如柴河地区的7座海拔千米以上的高山天池，组成了中国最大的天池群。另一类是由于熔岩流堰塞河道形成的湖泊，如诺敏地区的达来滨呼通火山的熔岩流堵截毕拉河支流阿木铁苏河形成的达尔滨湖。

（1）火山口湖

①驼峰岭天池

驼峰岭天池位于柴桥南东约3000米处，火山口为北陡南缓，北西开口的马蹄形，长约1200米，宽约800米，面积约1.2平方千米，火口内积水成湖，构成天池。火口形态为向北东倾斜的漏斗状。锥体北西为岩浆溢出口，现在仍是湖水流出的地方。

火山锥为一复合锥，由火山锥和熔岩流组成。早期为玛珥式低平火山锥，中期为降落锥，晚期为溅落锥，以降落和溅落锥最为明显。玛珥式射汽—岩浆爆发物仅见于锥体东侧的锥脚下，为发育大型平行和斜层理的火山沙层。

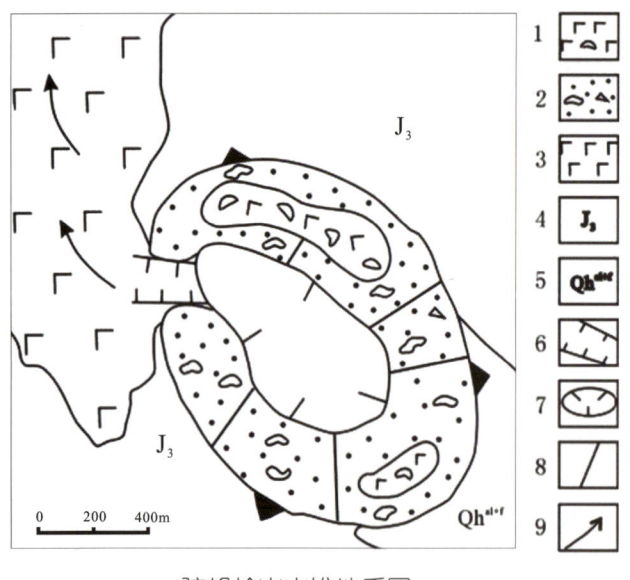

驼峰岭火山锥地质图

1. 熔结集块岩；2. 浮岩及火山渣；3. 玄武岩；4. 侏罗系火山岩；5. 河流及沼泽沉积；6. 熔岩流溢出口；7. 火口；8. 火口断裂；9. 熔岩流流动方向

晚更新世喷发，斯通博利式火山的代表。凌峰俯瞰，形如脚印，山水岩林交相呼应，浑然一体。

◎ 驼峰岭天池

②阿尔山天池

天池形成时代大约为中更新世,是全国著名的天池之一,海拔1322.3米,位居全国第三。

Pulse of the Earth—Water—Landscape

大地脉搏——水体景观

355

◎ 腾空临世的阿尔山天池

③月亮湖

　　火山位于扎兰屯市柴河镇西约35千米处，处于柴河与德勒河的分水岭，火山由火山锥和熔岩流两部分组成，火山保存完好。锥体平面上呈圆形，锥底直径约1000米，锥体相对高度约270米，锥体陡峻。喷火口直径约250米，火口沿宽度10～20米，火口深度约80米，火口积水成湖，形成火口湖"天池"，水深约7米，因其形状如同一轮明月，当地人称"月亮泡"，静卧在原始森林中，形成奇特的火口地貌景观，是镶嵌在大兴安岭最高峰上的一颗明珠。

◎ 平静的水面如磨光的琥珀，光滑中泛出五彩激光。钻石般妩媚空灵，天池流光溢彩，仙境般迷蒙空幻。

Pulse of the Earth—Water-Landscape

9 大地脉搏——水体景观

357

◎ 月亮湖

④地池

地池位于天池南东东6000米处，距天池林场5000米，距阿尔山北东79千米，由于其水面低于地面10余米而得名。地理坐标为北纬47°18′20″，东经120°28′35″，海拔1123米。地池总体形态呈椭圆形，长轴为北东向，长150米，宽100米，面积约1.25万平方米。地池水平面随季节变化较大，一年之内可达数米。

◎ 地池是熔岩湖后期陷落形成的破火山口积水而形成的湖泊。此湖周围为致密坚硬的玄武岩，因其水面低于地面而得名。

（2）火山堰塞湖

①杜鹃湖

杜鹃湖位于阿尔山东北方向92千米的兴安林场境内。距兴安林场2000米。杜鹃湖原名八十一号泡子，地理坐标北纬47°26′05″，东经120°33′35″，海拔1224米。该湖形状呈"L"形，东北为进水口，西北为出水口，上游与松叶湖相连，平均水深2.5米，最深可达5米以上，面积1.28平方千米。

◎ 杜鹃湖，火山喷发的熔岩流在流动过程中堵塞哈拉哈河形成的湖泊。原名八十一号泡子，因每年春天湖的四周盛开杜鹃花而得名。

Pulse of the Earth—Water-Landscape
9 大地脉搏——水体景观

② 达尔滨湖

达尔滨湖位于呼伦贝尔鄂伦春自治旗毕拉河支流阿木铁苏河下游，额莫尔图山的南麓。坐落在群山中间，湖面海拔527米，呈椭圆形，东西长5000米，南北宽2000米，湖深10米。

对达尔滨湖的成因仍有不同的认识，田明中（2009）认为，达尔滨湖是一个多成因的湖泊，即在原来构造断陷的基础上，由于后期岩浆喷发

堵塞河道而形成的堰塞湖。湖畔奇石嶙峋，奇石块上披满苔藓，在玄武岩石缝里长满花草。达尔滨湖是人们观光休闲的好地方，人在湖边走，如在画中游，被人们誉为林海中的"天然花园"。达尔滨湖保持着大自然原始的生态风貌，已列为自然保护区。

◎ "达尔滨"——鄂伦春语，辽阔湖面之意，鄂伦春人视其为民族的摇篮。

9.3.2.3 河迹湖

河迹湖主要是河流的变迁、河流改道或弯曲的河道发生自然截弯取直后留下来的积水洼，包括牛轭湖、尾闾湖等。这种湖泊类型在内蒙古地区并不多见，其中残留河道湖和牛轭湖以磴口附近最为典型，干旱半干旱区的内流河尾闾湖以居延海为代表，如乌梁素海、七星湖及海拉尔河两岸的牛轭湖等。

（1）乌梁素海

乌梁素海为同一纬度最大的湖泊，位于巴彦淖尔市乌拉特前旗境内，总面积达300平方千米，是我国八大淡水湖之一，近年又被世界环保组织确定为地球上同一纬度最大的湿地。

湖中盛产芦苇和鲤鱼，有各种鱼类25种，各种珍禽鸟近200种，其中：国家一级保护鸟类5种，二级保护鸟类25种，《中日候鸟协定》保护鸟类90多种，已被国家林业局列为水禽自然保护示范工程项目和自治区湿地水禽自然保护区，同时列入《国家重要湿地名录》。

乌梁素海周围是牧草葱绿的乌拉特草原和奇峻矗立的乌拉山，现已开发成为集山、水、草原三大景观于一体的旅游胜地。

◎ 乌梁素海水域宽阔，水产丰富，风光旖旎，环境优美，素有"塞外明珠"之美称。

Pulse of the Earth—Water-Landscape
9 大地脉搏——水体景观

365

(2) 七星湖

库布齐沙漠内最著名的是由七个湖泊组成的七星湖，位于内蒙古自治区西南部、鄂尔多斯市杭锦旗内，距鄂尔多斯市200千米。

其沙漠旅游区资源丰富，风光独特，湖中栖息着十几种鸟类，其中有国家一级保护鸟类遗鸥几千只，还有白天鹅等珍稀鸟类；这里有中国最大的甘草基地；穿越库布齐沙漠60千米长的穿沙公路，浩大雄伟，沙海漫漫，苍茫无垠。

◎ 七星湖旅游区

9.3.2.4 沙漠湖

沙漠湖在内蒙古高原上分布最广，数量最多，特点是面积小。受气候因素的影响，在强烈的西北风吹扬之下，形成的大小不等的风蚀洼地和波状起伏的沙丘群，在较深的风蚀洼地内，受四周径流积聚的影响，同时也受地下水补给的影响，成为浅而宽平的湖泊。

◎ 七星湖整体排列为标准的北斗七星状，好似七颗明珠并列镶嵌在沙漠之中。故有"天上北斗星，人间七星湖"一说。七星湖就是黄河留在库布齐沙漠的永恒纪念。

（1）巴丹吉林沙漠湖泊群

巴丹吉林的沙湖一般都处在沙山的背风侧，这个特征决定了湖泊不会被日益扩大的沙漠所掩埋。最特别的是清澈的沙湖咸甜水相伴而生，且无论冬夏，水位恒定，镶嵌在大漠里珍珠般闪烁。而盐水海子里喷出的泉水却十分甘甜，这更加令人不解。

苏敏吉林湖就是一个盐水湖。由于湖水不断地蒸发和矿物质的不断积累，水的比重变大，浮力也大大增加，称为巴丹吉林的死海，就是不会游泳的人也不会沉下去。这样的湖在巴丹吉林沙漠里很多，所不同的是，这里有一眼听经泉，因其邻近巴丹吉林庙而得名。相传听经泉能闻经声而涌，颂经声越大，涌出量越大。即便是现在，游人大吼一声，泉水水珠也明显升高，喊声一停，泉水也戛然而止。泉水纯净甘甜，而湖水却咸苦干涩。

巴丹吉林沙湖分布遥感图

Pulse of the Earth—Water—Landscape
9 大地脉搏——水体景观

369

（2）腾格里湖泊群

腾格里沙漠的水源条件较好，多处发现自流水，沙漠中分布着数百个存留数千万年的原生态湖泊。站在腾格里沙漠高处的沙丘上，大大小小的湖盆错落有致地分布着。据统计，仅腾格里沙漠就有130多个大小湖盆。有着千万年历史的原生态湖泊——月亮湖就藏在这片广袤的沙海之中。咸淡相间的湖水滋养着无数的鱼虾，成群的野鸭、灰鹤、红雁、鸳鸯在茂盛的芦苇丛中自由地游弋，就连那天使般美丽和公主般高贵的天鹅也对月亮湖的宁静情有独钟！它们纷纷来此搭建爱巢，尽享天伦！每到夏秋季节，迷人的大漠风光是人一生都挥之不去的梦境……

◎ 人行湖边或有叫喊声都会产生震动，震波随含水淤泥传播，同时产生挤压力。这种压力遇到湖心的淤泥裂缝，泉水便不断上涌，出现神奇的"听经涌泉"现象。

◎ 神泉

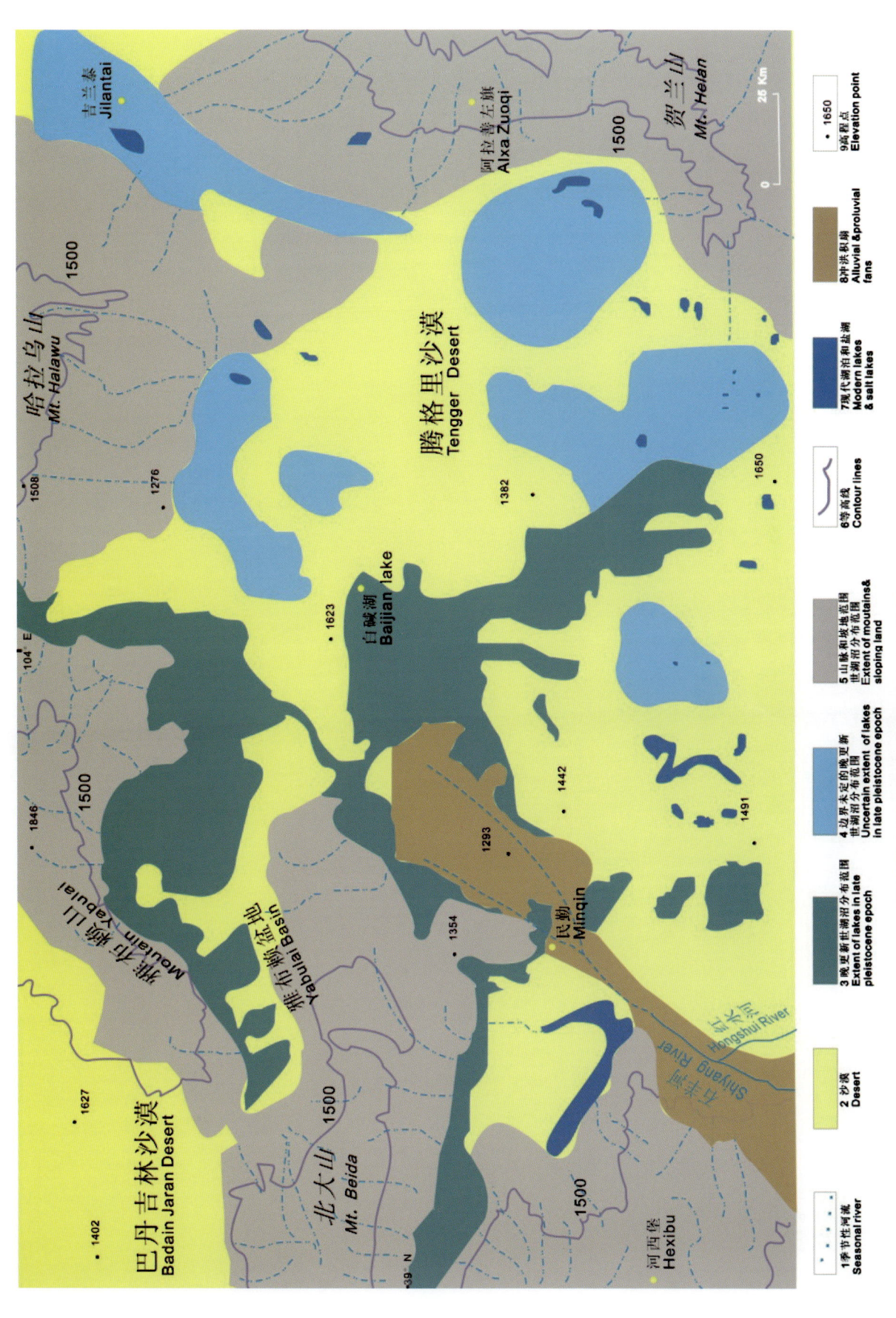

Pulse of the Earth—Water-Landscape

大地脉搏——水体景观

腾格里大湖区的古湖泊的估测分布范围（据张虎才等，2002）

（3）勃隆克沙湖等

勃隆克山位于科尔沁沙地西缘，分布有20～30个沙湖，沙湖在流动沙丘中能长久保存下来，并且常年有水，这种地质遗迹在北方干旱地区，尤其是沙漠地区是一种奇特的地质遗迹，对沙湖中水源补给成因的研究，对研究中国北方气候演化、地下水动力学具有重要的意义。

◎ 勃隆克沙湖以白色沙海为主基调，背倚惟妙惟肖、千姿百态的怪石山峰，面临碧绿的湖水和如茵的草原。蓝天、绿草、白沙、碧水、奇岩异石，勾勒出一幅绝好的塞外自然风光画卷。

（2）台特玛湖（尾闾湖）

台特玛湖又称"喀喇布朗海子"，是我国第一大内陆河塔里木河的尾闾湖，位于中国新疆维吾尔自治区塔里木盆地东南部、若羌县北部，是塔里木河和车尔臣河（且末河）的尾闾湖，与喀拉库顺湖、罗布泊同为罗布泊地区三大洼地。

◎ 湖水碧波荡漾，像沙漠中的一面明镜，水天相接间，徜徉着几只悠闲的水鸟，把荒凉的沙漠沉至湖底，又将无尽的希望带给了人间。

9 Pulse of the Earth—Water-Landscape
大地脉搏——水体景观

（3）镜泊湖（堰塞湖）

镜泊湖位于黑龙江省宁安市西南50千米。镜泊湖风景名胜区面积1200平方千米。镜泊湖唐代称忽汗海，明代因其水平如镜称镜泊湖。它是我国最大的火山堰塞湖，镜泊湖表面呈现"S"形北东南西向分布，长约45千米，宽一般为1500～2000米，最宽处为6000米，最窄处500米。湖水南浅北深，最深处60米，最浅处不足1米，湖面海拔350米，面积约95平方千米，储水量16.25亿立方米。

镜泊湖系区内的全新世火山从"火山口森林"火口溢出的熔岩堵塞了牡丹江古河道所形成。熔岩流堵塞牡丹江后，水位抬高，湖水沿着冷凝断裂的岩面倾泻而下形成了瀑布，称为"吊水楼瀑布"。

◎ 镜泊湖湖岸曲折多变，湖中多岛屿，湖岸森林密布，湖水清澈，呈现山青水碧的高山湖泊风光。

◎ 沙水相连，苇鸟相伴，大自然的鬼斧神工造就了这片"大漠江南"，烟波浩渺的湖水、蜿蜒起伏的贺兰山与雄浑粗犷的大漠就这么完美地融为一体。

（4）宁夏沙湖群

宁夏沙湖位于宁夏平罗县东南，东临黄河，西依贺兰山，坐落在贺兰山麓洪冲积平原的前缘碟形洼地区。风吹蚀黄河古河道洼地直至地下水面，地下水溢出并汇集，同时接受大气降水和地面水的补给便形成了今天的沙湖。沙湖外形受地形的控制多呈不规则形状，同时由于周边地势低，而地下水埋藏很浅，造成了严重的土壤沼泽化、盐渍化和浅育化。

内蒙古境内的构造湖与云贵高原典型的构造湖——滇池同具有鲜明的构造湖特征：面积较大，湖泊形状受构造断裂、断陷控制。内蒙古境内构造湖湖蚀作用显著，如呼伦湖岸边陡峭的湖蚀崖，而滇池则受湖水侵蚀作用不明显，湖水堆积形成了一条天然沙堤。台特玛湖成因与内蒙古境内的居延海相同，均为所处的地理环境导致湖水水面缩小，以至于干涸，都是通过后期的人工引水才有所恢复。镜泊湖与内蒙古境内的堰塞湖皆因火山熔岩流堰塞河流而成，镜泊湖为全国面积最大的火山堰塞湖，同时发育有壮观的"吊水楼"瀑布。内蒙古境内的火山堰塞湖面积稍小，但是常常成群分布，如柴河的高山堰塞湖群。宁夏沙湖与内蒙古境内的沙湖有着本质的区别，宁夏的沙湖因黄河古河道洼地吹蚀积水而成，周边的沙丘为后期风力搬运堆积而成。内蒙古境内的沙湖多发育于沙漠之中，成因复杂，湖水盐度较高，矿化度大，多为咸水湖。

9.3.3.2 国外湖泊景观

（1）贝加尔湖（Lake Baikal）

贝加尔湖是世界上著名的湖泊之一，位于布里亚特共和国和俄罗斯伊尔库次克州境内，是世界上最深的淡水湖。湖形狭长弯曲，宛如一弯新月，所以又有"月亮湖"之称。贝加尔湖长636千米，平均宽48千米，最宽79.4千米，面积31500平方千米，平均深度744米，最深点1680米，湖面海拔456米。贝加尔湖湖水澄澈清冽，且稳定透明，其总蓄水量达23600立方千米。

贝加尔湖是世界最古老的湖泊之一，它形成于2500万～3000万年前，是由印度板块和欧亚板块碰撞形成的构造湖。现在两个板块不断分开，表现为贝加尔湖每年以2～3厘米的速度扩展。湖底谷地两岸地形不对称，西岸为陡坡，东岸坡势较缓，曲折的湖岸线总长2100千米。

◎ 因年代悠久和人迹罕至，它成为拥有世界上种类最多和最稀有淡水动物群的地区之一，同时以它品种多样的本地动物和植物，成为世界上最具生物学变化的湖泊之一，堪称目前世界原生态的代表地。

◎ 火山口湖

（2）火山口湖（Crater Lake）

火山口湖位于美国俄勒冈州西南部，喀斯喀特（Cascade）山脉南段。湖泊系马扎马火山（Mt. mazama）于更新世晚期喷发时形成的破火山口，后期经风化和侵蚀后扩大积水而成。湖面呈圆形，直径10千米，面积54平方千米。湖面海拔1882米，最大深度592米，是美国最深的湖泊。湖面变动小，湖水清澈，而且其深邃碧蓝的湖水当属世间少有。究其原因当为湖泊水的纯度和火山口的深度。湖水是由雨水和雪水汇集而成，水中很少溶解和悬浮其他物质，湖水的能见度超过了99米。

湖中分布有小岛，是由于火山多次喷发，形成若干火山锥，部分出露湖面而成。最大的湖心岛为威扎德岛（Vizard Island），高出湖水面213米，顶部有一火山口，岛上青松翠柏众多，生机勃勃，景色极为秀丽。湖周为高150～600米的熔岩峭壁，火山岩经风化后呈各种形状，火山口边缘的熔岩和火山灰中生长着铁杉、松树和冷杉等树种以及漫山的野花。火山口湖以纯净自然、宁静清幽为特色加上湖区松、杉林茂密，野花丛生，景色优美，已于1902年辟为国家公园。

（3）奇科特湖（Lake Chicot）

奇科特湖位于美国阿肯色州境内，形成于约600年前（John A. Harrington, Jr. and Frank R. Schiebe，1992），湖水水面面积为17.2平方千米，是阿肯色州境内最大的天然牛轭湖。奇科特湖平面形状呈C状，1927年的密西西比河洪水不仅加大了湖的面积，还堆积形成了一个天然的沙堤，把奇科特湖一分为二，分为南湖盆（水面面积13.6平方千米）和北湖盆（水面面积3.8平方千米）。南、北两个湖盆截然不同，北湖盆无明显入湖河流，仅有暂时性地表径流进入湖泊；南湖盆皆有流入和流出的河流，且流域中土地利用方式及水系的变化都对湖水有影响，因而美国国会在1968年就批准了一项水质恢复的项目，对其进行保护。

内蒙古境内典型构造湖，如呼伦湖、贝尔湖等都具有典型的构造湖特征。贝加尔湖是世界上最深的湖泊，面积也远远大于内蒙古境内的构造湖，其生物的种类及湖泊地貌类型及发育程度都是内蒙古境内的构造湖无法比拟的。内蒙古境内的火山众多，发育典型的火山口湖，如阿尔山天池，水平如镜，一泓碧波。四周绿树葱茏，有错落的杜鹃、白桦和参天古松。景色可与火山口湖媲美。

奇科特湖与内蒙古典型的河迹湖相比，水面面积较小，湖底浅平，但湖岸曲折，景观特别。

◎ 奇科特湖景色优美，环境静谧，每年吸引大批的游人来此垂钓、划船和观鸟。

9.4 银河飞响落人间——瀑布

9.4.1 主要特征

内蒙古的瀑布千姿百态、类型多样，成因复杂。主要有老哈河响水瀑布、西拉木伦河瀑布和扎兰屯水帘洞等。瀑布是一种自然景观，其形成原因很多，综合看，瀑布的形成条件可以总结为三大主要因素：

（1）合适的物质组成

瀑布周围的基岩，有一定的抗风化能力，软硬程度达到一定的比例是形成瀑布的必要条件，所有的瀑布都存在溯源侵蚀的特性，随着时间的推移，如岩性较软，上层岩石悬空，不断地坍塌，则不易形成陡坎。

（2）恰当的构造条件

基岩节理发育，在节理交会处基岩破碎，容易风化，为形成瀑布的地形打下了基础，并且节理的方向，可以控制瀑布的走向和规模。

（3）流水的作用

流水在瀑布的形成中起着决定性作用，它是岩石破碎和搬运的具体操作者，凭借自身流动的巨大动能和所携带泥沙直接对岩石进行不断地冲刷和磨蚀。

哈拉哈河的三潭峡下游，由于熔岩阻塞在此形成落差，每到夏季水流湍急，形成瀑布。两岸风光秀丽，流水清澈见底，浅水处有各种山石，似天上落下的精灵一般，煞是可爱。

9.4.2 典型代表

（1）**响水玉瀑——老哈河瀑布**

位于赤峰市敖汉旗北部，距旗政府所在地90千米，在敖润苏莫苏木与翁牛特旗高日罕苏木接壤的老哈河上。老哈河向东奔流中，穿越科尔沁沙地的石山，形成闻名遐迩的瀑布，清乾隆皇帝赐名"玉瀑"，当地人称"响水"。

由于地势复杂，河水急速跌入3米多深的石井中，旋即前行不到20米，再跌入石井，复又跃出，三次跌入，三次跃出，同时发出三声巨响，形成了响水瀑布。

◎ 老哈河流经敖汉北境时，把大漠中的石山劈成峡谷，水流飞泻而下，爆发出雷鸣般巨响，形成了大漠中雄伟壮丽的瀑布景观。

（2）龙口争流——西拉木伦河瀑布

位于经棚镇西南30千米处。西拉木伦河咆哮西来，入一长2千米峡谷，石谷宽不足10米，底多大面石。

◎ 西拉木伦河瀑布，水卷石击壁白沫翻飞，呼哮奔涌声震四野，出口时飞流直泻，入20余米深的一处深潭，此处便为龙口瀑布。

9.5 清泉映月塞拜诺——泉水

泉是地下水天然出露至地表的地点，或者地下含水层露出地表的地点。根据水流状况的不同，可以分为间歇泉和常流泉。如果地下水露出地表后没有形成明显水流，称为渗水。根据泉水水流温度，可以分为温泉（>20℃）和冷泉（<20℃）。

9.5.1 总体特征

内蒙古的泉水分布十分广泛，主要集中在东部，为人类提供了理想的水源，同时也能构成许多观赏景观和旅游资源，如理疗泉、饮用泉等。内蒙古的温泉均为中低温温泉，水质良好，现已发现的热水田及地下热水异常点有十余处。

泉水形成的模式在内蒙古主要有两种，除鄂尔多斯地热属于盆地地热系统外，其余大部分都属于中低温对流系统。

（1）中低温对流系统

中低温对流型地热系统的特点是：①没有特殊的附加热源，这类地热系统主要靠正常或偏高的区域大地热流量供热和维持，地下未与岩浆房或正在冷却的大型岩基相连。②地下水有足够的水量和循环深度，才能在地下径流过程中将分散在岩体中的能量"收集"起来，形成中低温热水。在热背景一定的条件下，热水循环深度愈大，温度愈高。③这类地热系统多出现在断裂破碎带或两组不同方向断裂交会部位，岩体本身的渗透性很差，主要靠裂隙及破碎带导水，在地形高差影响和相应的水力压差作用下形成地下热水

◎ 泡温泉有益身体健康，并且有医疗保健、美容养颜等多重功效。

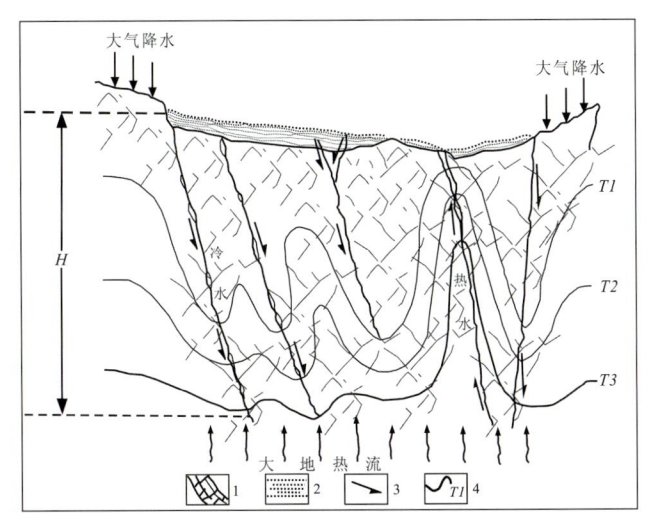

中低温对流型地热系统概念性示意图（White，1966）

国际知名地热学家、美国科学院院士White博士在20世纪60年代末提出了中低温对流型地热系统的经典模式（White，1966）。正常或偏高的区域热流从底部供热，大气降水在补给区地形高点通过断层或断裂破碎带向下渗透后进行深循环，H为循环深度。地下水在径流过程中不断吸取围岩热量成为温度不等的热水，在适当的构造位置出露地表即成温泉或热泉，如阿尔山温泉、克什克腾旗热水温泉、宁城热水温泉、敖汉热水温泉、岱海热水温泉和伊克乌素温泉。

（2）沉积盆地热系统

鄂尔多斯温泉地热资源属于沉积盆地热系统。鄂尔多斯盆地是一个大型的中生代构造盆地，其发育形成和演化，一直处于稳定的升降振荡运动之中，表现在盆地中各时代地层多呈假整合或连续沉。

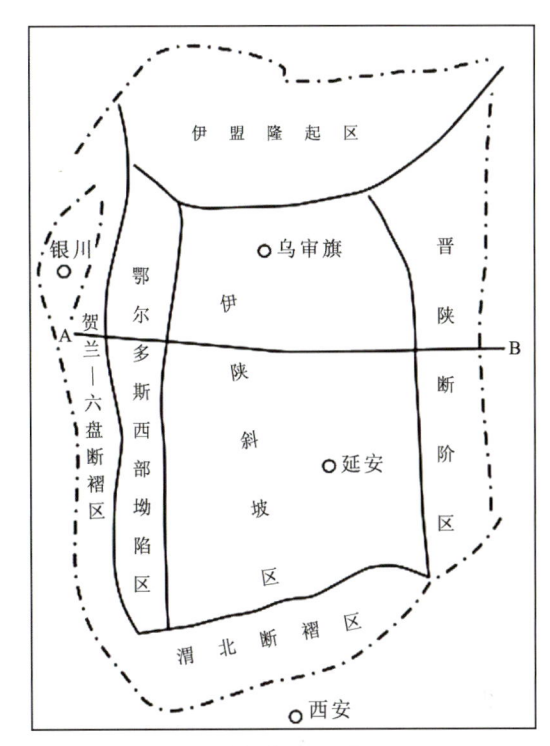

鄂尔多斯盆地构造分区图（张抗，1989）

鄂尔多斯盆地是由太古界和下元古界变质岩系组成的一个古老而又稳定的地块，其上覆蓟县系、寒武系及下奥陶系的碳酸盐岩系；上奥陶世时，盆地上升遭受剥蚀，至晚古生代石炭—二叠纪，沉积了海陆交互相的含煤建造；其上堆积了三叠系、侏罗系以及下白垩统的砂岩、泥岩、含砾砂岩、砂砾岩、中砂岩以及砂岩交错层等河湖相、三角洲相等陆相沉积。

鄂尔多斯盆地最重要的热水储层就是下白垩统的志丹群，具有较好的透水性和储水性。地下水在

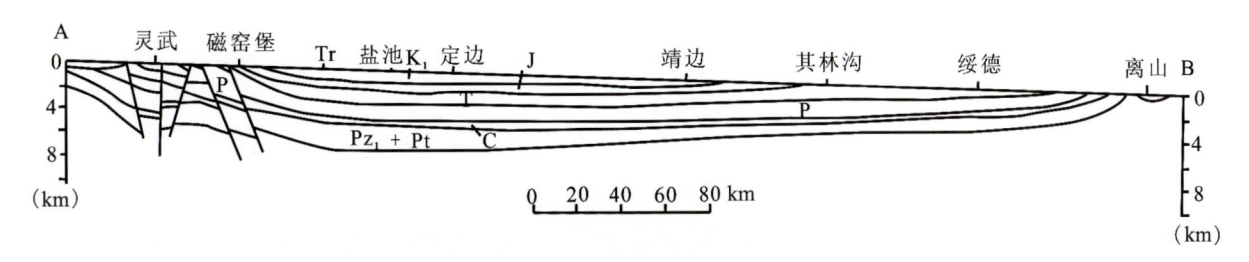

鄂尔多斯盆地灵武—离山（A—B）地质剖面略图

切割深度大的断裂系统径流过程中，将岩体中的热量"收集"起来，形成热水或温水，出露地表就形成温泉。

内蒙古的冷泉水主要来自地表潜水，水温常年保持在6℃，含多种人体必需的微量元素，特别是国内外罕见的氡、锶、锂，是低矿化度、低钠的偏硅酸天然矿泉，对人体具有良好的医疗保健作用。

9.5.2 典型代表

9.5.2.1 热水塘温泉

温泉位于内蒙古赤峰市克什克腾旗热水塘镇，地处大兴安岭山地西南缘，黄岗梁山坡、乌梁苏合河北岸阶地上。温泉的形成与分布，直接受北北东及北西向三组活动构造断裂控制。断裂交会部位是地下高温热水形成运移的主要空间及地热异常显示中心，由于断裂构造沟通地下热源而形成热矿水。

温泉热水分布面积0.4平方千米，水温最高可达83℃，温泉水头可高出地面8.62～13.15米。水中含有20余种人体必需的微量元素，是独一无二的医疗氡矿泉。

◎ 克什克腾热水温泉（李景章提供）

◎ 克什克腾热水温泉在《中国矿泉》上被评为高效优质矿泉，被誉为"东方神泉圣水"，是世界地质公园的一个园区，2010年被评为"中国温泉之乡"。

Pulse of the Earth—Water-Landscape 大地脉搏——水体景观

9.5.2.2 宁城热水温泉

全国水温最高的温泉位于赤峰宁城县热水镇，热水温泉分布面积约0.4平方千米，目前储量1200～1800吨，热水中心水温达96℃，居全国温泉水温之首，是全国排名第二的甲级温泉。

其形成模式为地下水沿断裂带下渗进行深部循环，在地壳深部获得热能后再上升，储存于断裂破碎带裂隙和砂砾岩孔隙、裂隙中，形成地热田，在静水压力作用下，沿断裂上升至浅部形成中高温热矿水。

◎ 宁城热水温泉开发利用已有千年历史，由于地热及地理环境独特，这里成为北方地区较理想的疗养娱乐度假胜地。

◎ 阿尔山金江沟温泉

9.5.2.3 阿尔山热水温泉群

阿尔山温泉群位于阿尔山—挑儿河流域一带，是世界上最高密度的矿泉群——阿尔山矿泉群的主体，主要出露于兴安盟阿尔山镇，出露温泉49眼，水温最高48℃，最低6℃，是我国著名的五大名泉之一。

温泉群集中分布于阿尔山坡下河谷一级阶地上，线性展布，斜列分布，是由北北西向张性断裂沟通地下热源，大气降水及补给区地下水经活动断裂带深循环、溶蚀围岩成分，上涌而成。

9.5.2.4 林家地乡北热水汤温泉

敖汉温泉位于敖汉旗南部林家地乡北部，热矿水储存于侏罗系火山岩及花岗岩构造裂隙中，其形成与分布受东西向深断裂带及次级北东向活动断裂控制，中高温热矿水显示其处在两断裂交会部位。

温泉属中矿化度含硅酸、硫酸、重碳酸钠型矿泉水，热储面积约0.22平方千米，水温50℃～70℃，日开采量1021吨，天然补给量2892吨，泉水含20多种化学元素，其中氡含量为232.47 Bq/L，是目前国内含氡量最高的温泉之一，泉水可浴可饮，极具保健理疗价值。温泉储量丰富、品质极高。

◎ 阿尔山温泉举世闻名，分布在疗养院附近，已经发现的温泉共计48眼。温泉类型和泉眼数量之多、泉水涌出量之大、微量元素之丰富，在世界上可谓独一无二。

Pulse of the Earth—Water-Landscape

大地脉搏——水体景观

天造地景——内蒙古地质遗迹

396

Natural Landscapes - Geological Heritage of Inner Mongolia

9.5.2.5 三苏木乡中水塘温泉

凉城县中水塘热矿水位于乌兰察布市凉城县三苏木乡中水塘村，因传说清康熙皇帝巡边时坐骑在此刨泉解渴，又名"马刨泉"。该热矿水的形成主要是受山前北东向隐伏深断裂带控制，大气降水在基岩区通过裂隙水补给山前深断裂带，在深循环过程中，经广泛的水岩作用，将围岩中所含的盐矿物或次生蚀变矿物及非晶质二氧化硅等溶滤水解，进入地下水中富集，形成偏硅酸矿水，并在地温梯度影响下经深循环加温成高温热矿水。

地下热水属重碳酸钠型弱矿化热水，水温37℃~38℃，富含锂、锌、锶、镭、偏硅酸、硒、铁、镁、硫黄等多种化学元素和矿物质。根据医疗热矿水标准，铬含量为0.6mg/L，锂为0.26mg/L，偏硅酸为39~52mg/L，三项指标达到矿泉水标准，具有医疗价值，对胃、肾、结石、风湿、精神狂躁、高血压、克山病等有明显疗效。

9.5.2.6 伊克乌素温泉

伊克乌素温泉位于鄂尔多斯市杭锦旗伊克乌素镇。鄂尔多斯盆地是西北地区东部的大型沉积盆地，属于中低温地热系统。盆地内地热的分布主要受构造、地层和岩性等影响。全盆地共有7处地热富集区：关中盆地、银川盆地和河套盆地外，白垩系分布区有3处地热富集区：杭锦旗地区、盐池—定边地区、环县—庆阳地区。盐酸岩分布区有两处地热富集区，即柳林泉域和富平岩溶系统。这其中属于内蒙古境内并出露成温泉的就是杭锦旗的伊克乌素温泉。

◎ 凉城三苏木温泉

9.5.2.7 维纳矿泉

位于内蒙古海拉尔市东南约150千米，地处大兴安岭中段西侧伊敏河左岸，其达标组分有游离碳酸1400～2100mg/L，偏硅酸48.6～67.6mg/L；含有锂、锶等微量元素，矿化度为380～460mg/L，以HCO_3^-、Ca^{2+}、Mg^{2+}为主，为含偏硅酸的重碳酸钙镁型矿泉水。开发利用已有200多年历史，20世纪60年代已作为天然矿泉水远销国外。

硅酸盐岩石是地壳中分布最广泛的岩石，无论是中深部岩浆作用形成的岩浆岩，还是由海水中沉积形成的沉积岩，或是经过变质作用形成的变质岩，几乎都可找到由硅酸盐构成的矿物，但是不同矿物中的含量不同。正因为如此，在石灰岩、大理岩这些二氧化硅含量较低的地层分布区是不易形成硅酸矿泉水的，相反，在火成岩、碎屑岩等含二氧化硅较高的地层分布区，则具有形成硅酸矿泉水的有利条件。

据地质考察证明，维纳矿泉是火山喷发后形成的，基岩由火山岩组成，为矿泉形成提供了丰富的硅酸盐矿物；处于断裂带，裂隙比较发育的地段，裂隙纵横交错、相互连通才可能构成地下水渗流的良好通道，这对矿泉的形成提供了良好的水源；规模较大的断裂带往往是构成这类"矿水床"的有利条件，因为这些断裂带往往延伸远，深度大，沿断层两侧岩石破碎，地下水具有良好的渗流条件，而且有利于地下水向地下深部循环，从而使地下水处于较高的温度和压力环境，促进了对硅酸岩石的溶解。硅酸盐通常没有显著的特征标志，但是含可溶性硅酸较高的矿泉水，当其涌出地表时，温度、压力均显著下降，水中的硅酸盐立刻形成晶体沉淀，其泉口附近常常有蛋白石、玉髓等硅氧化物泉华出现。

9.5.2.8 阿尔山矿泉

阿尔山除具备疗养功效的温泉，其可饮用矿泉也非常丰富。阿尔山矿泉水主要取自五里泉。

五里泉因距阿尔山市中心5华里而称为五里泉，位于通往伊尔施的公路边。泉水出自西北向与东北向断裂复合部位的侏罗纪火山岩。泉水无色无味、清澈透明、清凉爽口，沁人心脾。水温6.3℃～6.8℃，常年不变。水位不受季节变化的影响，日流量1054吨。1986年经中国科学院长春应用化学研究所、北京医科大学卫生系中心仪器室和吉林省环境水文地质研究所测定，水中含有13种人体必需的微量元素，为国内外罕见的含氡、锶、锂，低矿化度、低钠的偏硅酸天然矿泉，具有较高的医疗保健价值。它对人体主动脉硬化、心脏病、高血压、冠心病、风湿类风湿及胃溃疡等有良好的医疗效果和保健作用。与阿尔山疗养院温泉群遥相呼应，各具功能，互为补充。1988年12月5日，经国家饮用天然矿泉水技术评审组评审并报请国家地质矿产部批准，确认五里泉矿泉水为"优质矿泉水"。

◎ 阿尔山五里泉

9.5.3 对比研究

陈墨香等（1996）基于国际地热界沿用的地热系统类型划分的原则和思路，结合对我国地热资源形成与控制其分布的地质构造——热背景分析，与对典型地热田的剖析研究结果，将我国热水型地热系统分为两类（构造隆起区热对流类和构造沉陷区热传导类）五型（火山型、非火山型、深循环型、断陷盆地型和坳陷盆地型）。下文选取吉林长白山温泉群（火山型）、羊八井温泉（非火山型）、眉县汤峪温泉（断陷盆地型）进行对比。

（1）吉林长白山温泉群

包括长白温泉、梯云温泉、抚松温泉及安图药水泉等。在3300平方米的范围内，有几十处地下水从岩石裂隙中涌出地表。长白山温泉热源直接来自于1702年才停止喷发的白头山火山，地下热水沿裂隙上升至地表，水温最高可达82℃，低的也有60℃～70℃。长白山温泉系深部矿水沿裂隙涌出地表而成，未冷凝的火山物质和侵入的岩浆体是使地下水加热的强大热源。

（2）羊八井温泉

青藏高原中南部是我国地热资源宝藏中最丰富的地区之一。地热异常大体集中分布在南边以雅鲁藏布江深断裂为界、北边以班公河—怒江深断裂为界、近东西向延伸的拉萨—冈底斯地体内。地体内有多组活动断层，既有近东西走向的逆冲断层（羊八井—功布江达）、北东走向的左旋走滑断层（羊八井—当雄），又有近南北走向的正断层和张性裂谷、断陷带等。大量的沸泉、热泉、水热爆炸、温泉等地热活动集中在这些南北向的断陷带上发生，特别是羊八井周围地热异常点最密集，且活动水平尤为强烈。

羊八井地热位于拉萨市西北90千米的当雄县境内，温度保持在47℃左右，是中国大陆上开发的第一个湿蒸汽田，也是世界上海拔最高的地热发电站。羊八井这里有规模宏大的喷泉与间歇喷泉、温泉、热泉、沸泉、热水湖等。羊八井还拥有全国温泉最高的水泉，以及罕见的爆炸泉和间歇温泉，总面积超过7000平方千米。这里的温泉水含大量硫化氢，对多种慢性疾病都有治疗作用。

◎ 吉林长白山温泉的泉眼有的粗如碗口，有的细流涓涓，一处处仿若群龙吐水，自地底一涌而出。（图片来源http://image.baidu.com）

◎ 融融热流的羊八井蒸汽田在白雪皑皑的群山环抱之中，这一完美的结合，构成了世界屋脊上引人入胜的天然奇观。（图片来源http://pic.sogou.com）

（3）眉县汤峪温泉

渭河盆地位于华北地块西部鄂尔多斯断块南缘，是鄂尔多斯周缘一个新生代断陷盆地，其南以秦岭北麓断裂与秦岭构造带相接，北以渭河盆地北缘断裂为界是一个东西向狭长的断陷盆地，渭河断陷盆地蕴藏着丰富的地下热水资源，温泉广布，如眉县汤峪风汤泉、蔡家坡的珍珠泉、兴平李家坡泉、乾县的龙崖寺泉等。

眉县汤峪温泉又名"凤凰泉"、"西汤峪"，位于眉县太白山北麓的汤峪口，在太白山森林公园的入口处，又称太白山汤峪温泉，距西安100千米左右。眉县汤峪温泉现有大泉三口，日涌水量400多吨。水温经常保持在60℃左右，水中含有钾、钠、镁、铁、钙、碘等多种元素，因硫酸钠含量较高，故定名为"低矿化弱碱性硫酸钠型高温泉"。

内蒙古境内与长白山温泉相距最近的阿尔山温泉，同样有火山活动，但是温泉却是受断裂控制形成；与内蒙古的中低温泉相比较，羊八井属于典型的高温温泉，热水湖、热水沼泽、热泉、沸泉、气泉类型应有尽有，还有世界罕见我国仅有的水热爆炸和间歇温泉；眉县汤峪温泉位于渭河断陷盆地，属鄂尔多斯断块南缘，与鄂尔多斯盆地内的温泉同属构造沉陷区热传导类型的地热，在成因及温泉类型上均有相似处。

10 地质瑰宝——矿物岩石与矿床
Geological Treasures—Mineral Rocks and Deposit

　　内蒙古成矿地质条件优越，矿种配套比较齐全，许多矿产的保有资源储量居全国前列。目前，已发现的矿产有143种，拥有查明资源储量的矿种为88种，全区共有30种矿产的查明资源储量居全国前三位，稀土、煤、铅、锌、银等12种矿产的查明资源储量居全国第一位。

10.1 总体特征

由于大自然的惠赐，内蒙古不仅有丰富的矿产资源，还拥有珍贵的矿物岩石，它们有的具有很高的科学研究价值（如稀土元素矿物等），有的具有相当高的工艺和观赏价值（如宝石矿物和玉石、观赏石等特种岩石等），是内蒙古珍贵的自然资源。

10.2 矿物岩石类遗迹

10.2.1 总体特征

内蒙古矿物岩石类资源比较丰富，既有常规的金、铜、石墨、宝石、玉石，也有新矿物如包头石、黄河石、二连石等，还有观赏类的玛瑙石、戈壁石、巴林石及特殊用途的麦饭石等。这些珍贵的矿物岩石类资源，不仅极大地拓展了地学研究范围、研究深度，也丰富了矿物岩石类资源观赏、收藏市场。

10.2.2 典型矿物产地

10.2.2.1 包头石

包头石是我国早期发现的新矿物之一，1958年最早发现于包头市白云鄂博矿南的石英脉中，是一种钡、钛、铌的硅酸盐矿物。

包头石的颜色多为带褐色调的黑色或棕黑色。产于早期脉体中的包头石，晶体最大可达（3～4）厘米×（1.5～2）厘米，硬度6，性能稳定，稀少，磨光性能良好，可磨制成戒面，作为宝石原料。

10.2.2.2 黄河石

黄河石是一种含钡铈的氟碳酸盐新矿物，在包头市白云鄂博矿床中普遍存在，较多见于霓石型、钠辉石型、白云岩型铁、铌、稀土矿石和晚期脉岩中。

◎ 黄河石

黄河石的颜色为蜜腊色或浅黄绿色，透明到半透明，玻璃到油脂光泽，硬度4.7。黄河石大晶体很少见，具有很高的收藏价值。

10.2.2.3 二连石

二连石于1976年首次在内蒙古自治区温都尔庙铁矿哈尔哈达矿区的破碎带中发现，是一种含铁和钒的硅酸盐新矿物。矿区位于内蒙地槽褶皱带南缘，华北地台内蒙古地轴古板块俯冲地带3区内褶皱构造复杂，断裂十分发育，地层为一套下古生界海相火山沉积变质岩系（冯显灿等，1986）。

◎ 二连石

二连石颜色为黑色，条痕黑褐色，硬度3.7，丝绢光泽。二连石与铁滑石、黑硬绿泥石、石英、磁铁矿、菱铁矿、钠长石、迪尔石等矿物共生，其产出和构造密切相关，多与红褐色黑硬绿泥石、黑褐色铁滑石一起发育在压扭性错动结构面上，对研究板块构造、岩石学、构造学具有重要意义。

10.2.2.4 玛瑙矿

（1）宝山玛瑙矿

宝山玛瑙矿位于呼伦贝尔市莫力达瓦旗宝山乡五马架村，处于大兴安岭褶皱带的东南翼，出露地层为侏罗系上统下兴安岭组中基性火山岩和白垩系下统中酸性火山岩。宝山玛瑙为红色，块体大，含矿岩体长600~700米，宽200~300米，沿北北东—南南西方向分布，呈层状产出。

◎ 宝山玛瑙

（2）乌兰布冷玛瑙

乌兰布冷位于呼伦湖北岸红光分场与克鲁伦河分场之间的都沁宝力高一带，储量可观，而且品质较好，玛瑙的硬度为6~7度，色彩多为灰色、黑色、白色、红色和绿色（张学仓，2006）。

◎ 呼伦湖畔拾玛瑙

10.2.2.5 中华麦饭石

麦饭石是一种古老神奇的矿物药，早在《本草纲目》中就有记载。近年经我国和日本一些麦饭石专家研究认为：麦饭石在人类保健药用、食品等方面有着广泛的功能和用途。

1983年，沈阳地质矿产研究所的工作人员在内蒙古通辽市奈曼旗平顶山发现了优质麦饭石，岩性鉴定为石英闪长斑岩（白文廷等，1986）。在岩石结构构造上麦饭石颇有特色：具孔隙发育的筛网状结构。这就是它能溶出人体所需的常量和微量元素的原因，这种结构也使它具有吸附能力，能除去有毒有害的重金属、有机物、细菌、病毒与异味，它的溶出物具有生物活性；使经它处理的水（液体）的pH值具有双向性调节能力。麦饭石具有溶出功能、吸附功能、自行双向调节pH值功能与生物活性的特点。

10.2.2.6 戈壁奇石

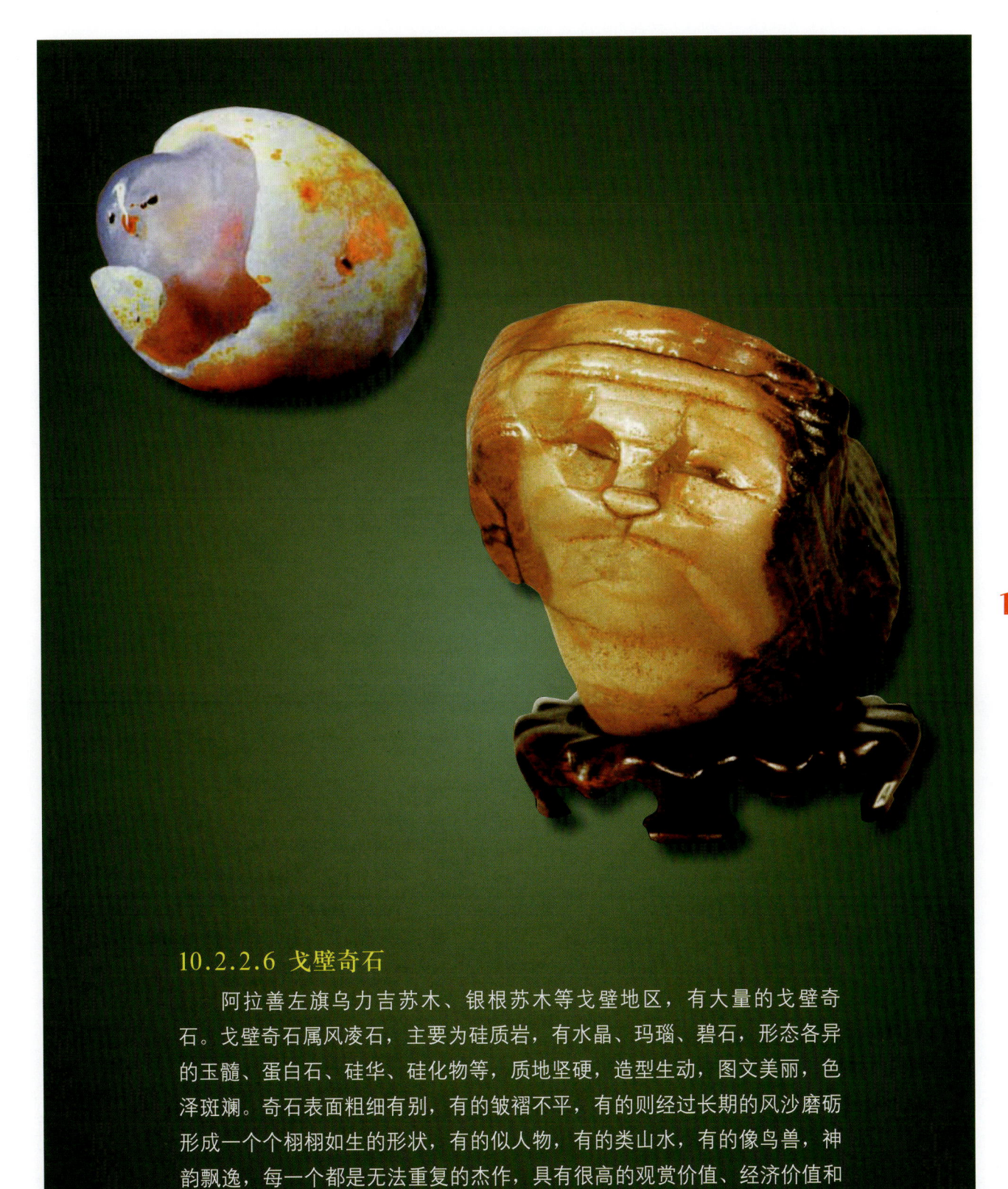

阿拉善左旗乌力吉苏木、银根苏木等戈壁地区，有大量的戈壁奇石。戈壁奇石属风凌石，主要为硅质岩，有水晶、玛瑙、碧石，形态各异的玉髓、蛋白石、硅华、硅化物等，质地坚硬，造型生动，图文美丽，色泽斑斓。奇石表面粗细有别，有的皱褶不平，有的则经过长期的风沙磨砺形成一个个栩栩如生的形状，有的似人物，有的类山水，有的像鸟兽，神韵飘逸，每一个都是无法重复的杰作，具有很高的观赏价值、经济价值和收藏价值。

（1）葡萄玛瑙

葡萄玛瑙是戈壁石中珍品，产于内蒙古阿拉善盟苏红图一带。葡萄玛瑙的生长需要上亿年的时间，在这漫长的地质历史中，经过各种地质构造作用形成了丰富多彩、形态各异的葡萄玛瑙。葡萄玛瑙单体呈球粒状，切开后可见明显的同心环带构造，颜色为浅紫色、深紫色、紫红色、天蓝色、绿色、灰色、黑色等；集合体呈葡萄状，多数颜色均匀，也有多种颜色出现（胡锴帆等，2006）。

浑然天成的珠状玛瑙小球，犹如硕果累累，流珠挂玉；亦如串串葡萄望而不忍食，令人惊叹不已。也由于坚硬如玉（摩氏硬度为7），形成条件又十分苛刻，非常稀少，因此很贵重。

（2）沙漠漆石

有些戈壁石，其表面形成了一层类似"亮漆"的石皮，因其多产自沙漠、荒漠、岩漠地区，人们习惯上称之为沙漠漆。沙漠漆的形成过程漫长而复杂。

阿拉善一带火山爆发的岩浆形成原岩，造就了大量大小不等、质地有别、形状各异的沙漠漆"胚胎"——戈壁石。后经过暴风、洪水等搬移磨砺，戈壁石基本定型，再经过风沙打磨、日晒雨淋等综合作用，表面更加光洁。同时，因四季更迭、昼夜交替、气温变化而形成的雨、露、雾、霜等与地层毛细气管共同作用，使地层中微量氧化铁、氧化锰等物质附着到戈壁石表面，然后水分蒸发，留下氧化铁、氧化锰等，等于给岩石上了一层漆。这种上漆过程循环往复，以至一两百万年才能形成真正的沙漠漆。

（3）千层石

千层石是呈薄层状灰岩、白云岩的互层岩石或硅质岩、灰岩的互层状岩石经差异风化而形成频繁更迭、层理错落的景观石。在岩层中常伴有微透明的乳白色或黑色硅质条带。岩层有垂直节理穿切时，当单组节理发育时，则多形成长条状；当两组节理发育时，则风化成菱形和矩形；当三组节理发育时，则形成三角形或多边形。

(4) 沙漠玫瑰

　　沙漠玫瑰是生长在沙漠低洼处石膏的结晶体，由于它的外形酷似玫瑰又生长在沙漠中，故此得名。其造型千姿百态，瑰丽神奇，是一种纯天然的奇石，属珍宝石、纪念石。沙漠玫瑰的主要成分是方解石，石英，硬透石膏的共生体，按其生长形态可分为单体、联体、枝状、丛状。它是天然石头中为数不多的像花矿物，具有极高的收藏价值和观赏价值。

10.2.2.7 巴林石

巴林石因产于赤峰市巴林右旗而得名，并与福建寿山石、浙江青天石、昌化石并称中国四大印石。早在8000多年前，在位于赤峰市敖汉旗的兴隆洼文化遗址，考古工作者发现了大量的玉器。特别是在林西县白音长汗遗址中，考古工作者发现了8000年前用巴林石为原料制作的人面形石佩饰。在距今约6000多年前的红山文化遗址和墓葬出土所发现的古玉器中，以巴林石为原料的玉器占了一定的比例。可以说，红山文化玉器的每一类中都能找到巴林石的身影（《中国国石巴林石》杨春广，2004）

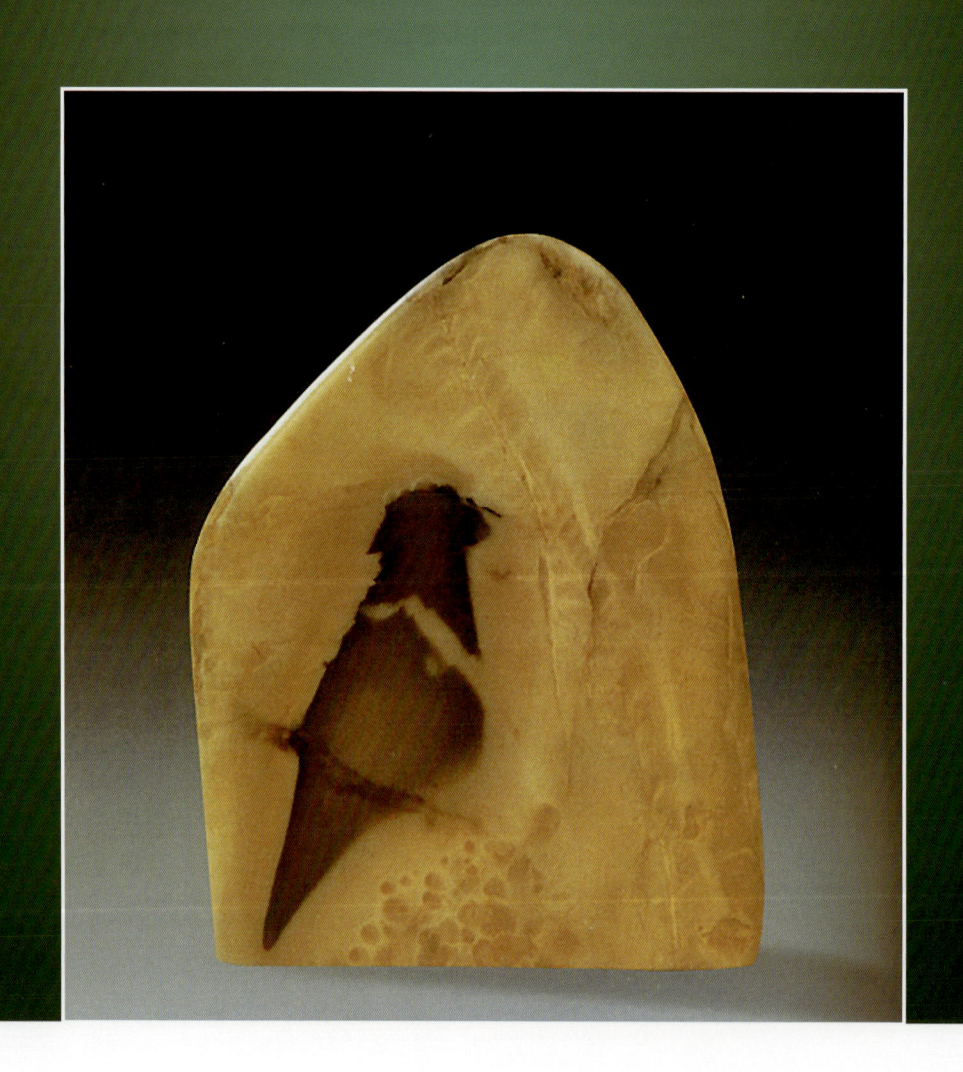

（1）巴林鸡血石

巴林石中含辰砂（汞化物）者为鸡血石；地开石含量高而高岭石含量低时，矿石透明度好，形成冻石；高岭石和其他黏土矿物含量较高时，则不具透明度，为彩色石雕石（张守亮、崔文元，2002）。

在各类巴林石中，鸡血石最为稀少，储量不足巴林石总储量的1%。决定鸡血石品质及价值的三要素是石地、血色、质性（张学仓，2006）。地子应硬度适中，以光滑洁净无杂色的冻地子及玉地子为上乘。颜色应为正红色，鲜红耀眼，纯正无瑕。鸡血分布的状态以条带状为佳，片状次之，散点状又次之。质性应温润、细腻、光滑而又富有灵性。

（2）巴林福黄石

巴林石中，凡主体呈黄色，且地子透明或半透明者，均属于巴林福黄石类。福黄石的组成主要是水铝石，含有一定量的地开石，保留了矿物质固有的黄色，同时伴有上来褐石炭物质。黄石色泽有浅黄、油黄色、蜡黄色等，质性细腻、温润、洁净、凝重而又富有灵性，且自然现油光。这其中，以鸡油黄为珍品，蜜蜡黄为贵品，水淡黄为上品，黄中黄为美，金末黄为奇，桃粉黄为罕，质地纯净者为佳（张学仓，2006）。

（3）巴林冻石

在巴林石中，凡无鸡血，无黄地，质地透明、半透明或微透明者都归入巴林冻石。精品巴林冻石的主要矿物成分是地开石、高岭石和珍珠陶石，其次是叶蜡石、绢云母石、石英石、绿泥石、伊利石、水铅石等。这些矿石成分在矿体形成中所占的比例不同，决定了巴林冻石的质地、硬度及色泽。按颜色分为清色冻、彩色冻、多色冻三大类（张学仓，2006）。

（4）巴林彩石

巴林彩石是指没血、没冻但有丰富色彩的一类巴林石。巴林彩石主要是以高岭石为主构造而成的矿体，也伴有地开石和叶蜡石，通常还会含有石英石、云母石、绿泥石、硬水铝石等矿物成分。

巴林彩石的色彩主要由石内金属氧化物和金属离子决定，如含铁元素，则呈现黄色，含锰元素则呈现紫色。巴林彩石可分为清彩石和多彩石两类。质地色调纯正、色相单一且清一色的巴林彩石称为清彩石；质地色彩丰富，由多种颜色组成的巴林彩石称为多彩石。

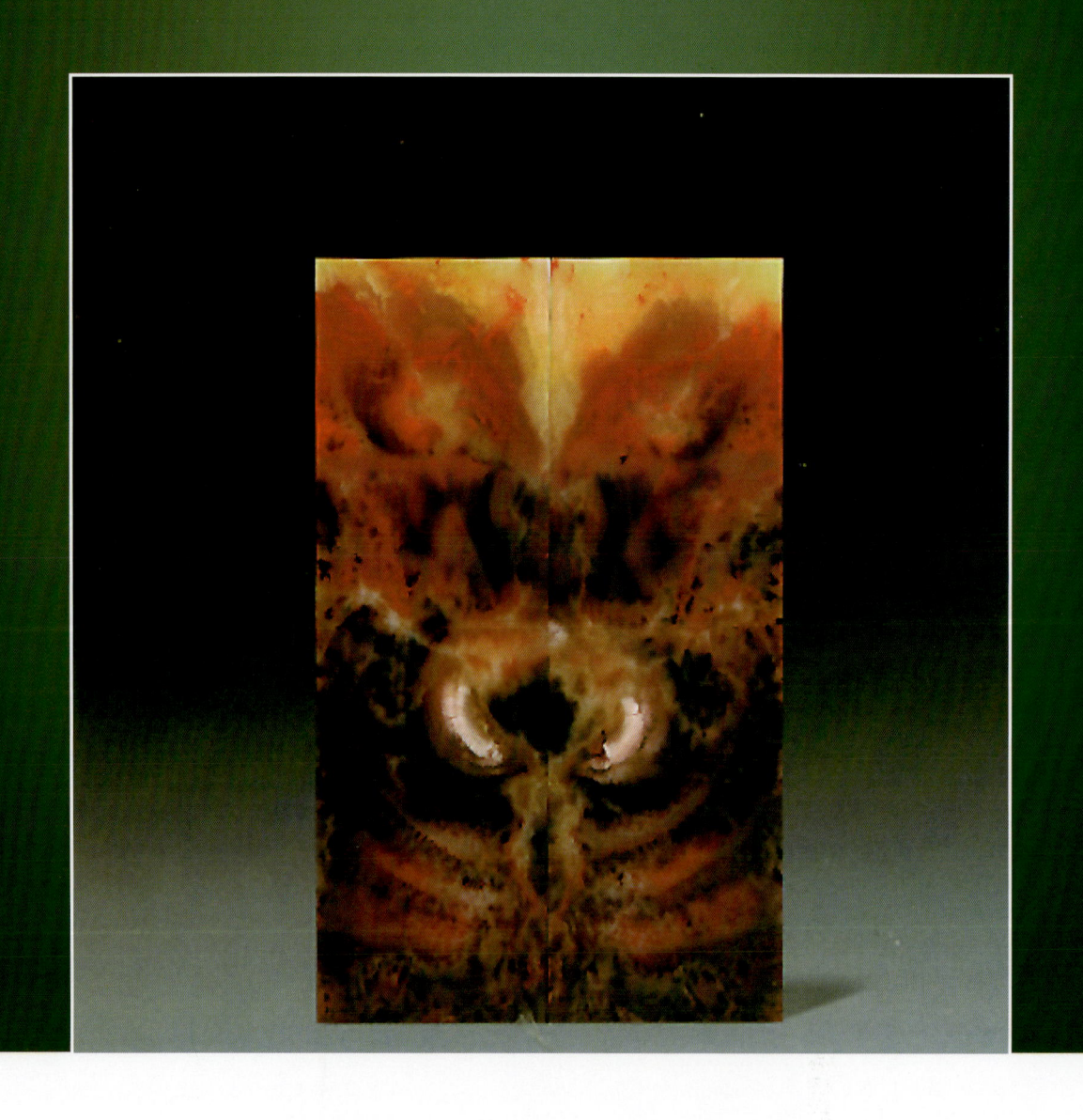

(5) 巴林图案石

巴林图案石是指具有天然景物图案的巴林石，它不仅具备了巴林石所有的特点、质性、色彩、纹理和光泽，还有图案、意境和神韵之美，故称巴林图案石。

巴林图案石，集天地之精华、蕴万物之灵气，留给人们的是鬼斧神工的天然美，是蕴蓄万千的神韵美，是千姿百态的动感美，这就是巴林美石的魅力所在。

10.3 矿床类遗迹

10.3.1 成矿期与矿床类型

（1）成矿期

内蒙古位于两大构造单元的交会带上，经历了太古宙—中（新）生代漫长的地质演化历史，形成了特定的区域成矿地质构造背景。主要成矿期是中生代构造—岩浆喷发—侵入成矿期（占40.3%）；其次是喜马拉雅的近代裂谷成矿期（占18%）。余下依次为晚古生代的陆—陆碰撞成矿期（占17%）、元古代的大陆裂谷构造和陆缘沉积环境成矿期（13.3%）、太古宙的变质作用成矿期（占9%）、印支期的构造岩浆侵入成矿期（1.6%）和早古生代的稳定沉积环境成矿期（0.8%）。按照矿床规模划分，全区各矿种（包括亚种）的产地达大型规模的有134个（含28个共、伴生矿），其中能源矿产有64个，金属矿产有32个（含20个共、伴生矿），非金属矿产有38个（含8个共、伴生矿）；达中型规模的223个（含39个共、伴生矿），其中能源矿产有45个，金属矿产有79个（含26个共、伴生矿），非金属矿产有99个（含13个共、伴生矿），其余621个均为小型规模（含125个共、伴生矿）（据《中国矿床发现史·内蒙古卷》）。

（2）矿产类型

通常按照矿产类型可分为能源矿产、稀有、稀土金属矿产、黑色金属矿产、有色金属矿产、贵金属矿产及非金属矿产六大类。以下选取内蒙古地区六大类矿产中的典型进行分述。

◎ 准格尔煤田露天采煤区

10.3.2 典型矿床

10.3.2.1 能源矿产

能源矿产是内蒙古矿产资源的最大优势。煤炭、石油、天然气等能源矿产储量丰富，远景可观。其中，煤炭资源是区内主要的能源矿产。

内蒙古是世界最大的"露天煤矿"之乡。中国五大露天煤矿内蒙古有四个，分别为伊敏、霍林河、元宝山和准格尔露天煤矿。霍林河煤矿是中国建成最早的现代化露天煤矿。准格尔煤田是中国最大的露天开采煤田（截至2011年）。东胜煤田与陕西神府煤田合称东胜—神府煤田，是世界七大煤田中最大的一个。锡林浩特市北郊的胜利煤田，是中国最大的、煤层最厚的褐煤田。

（1）霍林河煤矿

内蒙古通辽市境内的霍林河煤田，是闻名全国的五大露天煤矿之一，是我国也是亚洲第一个现代化露天煤矿。煤田宽9千米，长60千米，总面积540平方千米，可采煤层9层，总厚度81.7米，储存优质褐煤131亿吨，相当于抚顺煤矿的9倍，大同煤矿的4倍，已形成1500万吨/年生产能力。享有"绿色燃料"的美誉。

（2）准格尔煤田

准格尔煤田是我国著名的四大露天煤矿之一，也是我国西部特大综合性能源基地。准格尔煤田煤质具有特低硫、低磷、高灰熔点、高发热量、高挥发分的天然条件，最适宜作动力电煤和化工燃料，以低污染而闻名，在煤炭销售市场颇受用户青睐，被誉为"绿色环保煤炭"。

（3）东胜煤田

东胜煤田位于鄂尔多斯市中东部，北起杭锦旗浩饶柴达木苏木（乡）的塔拉沟至达拉特旗高头窑乡一线，南到陕西省界，西始于东胜区漫赖乡至伊金霍洛旗新街镇一线（相当于延安组在地面以上800米垂深处的界线），东至准格尔旗暖水乡及五字弯乡的延安组出露区。

◎ 东胜煤田矿区

煤田南北长100千米，东西最宽处100千米，面积8790平方千米，是我国迄今为止发现的最大煤田——东胜—神府煤田。该煤田以其含煤面积大，储量多，煤质优而引起世人关注，是当今世界上八大煤田之一。

（4）胜利煤田

胜利煤田是大兴安岭以西煤盆之一，位于锡林浩特市以北2～5千米，煤田呈北东、南西向长条状展布。盆地长约45千米，南北宽平均7.6千米，面积约342平方千米。盆地含煤密度每 $6.228\times10^7 t/km^2$。富煤带展布方向与盆地长轴方向基本一致。

胜利煤田隐伏地层，有古生界志留—泥盆系、二叠系下统；中生界侏罗系上统兴安岭群，白垩系下统巴彦花群；新生界新近系上新统及第四系，煤田盆地基底由志留—泥盆系和二叠系地层组成，外围有侏罗纪、白垩纪地层出露。

胜利煤田由下白垩统含煤地层组成的宽缓的北东—南西向向斜构造，向斜轴向总体方向为北东—南西向。盆地的形成与发展始终受盆地两侧两条同沉积断裂的控制，两条断裂都向盆地内倾斜，其性质为正断层，下盘长期处于上升剥蚀部位，是盆地内沉积碎屑物的补给来源。

（5）陈巴尔虎旗煤田

陈巴尔虎旗煤田属呼伦贝尔四大主要煤田之一，位于大兴安岭西坡、海拉尔河北岸，煤田东西长46千米，平均宽度15千米，面积达690平方千米，含煤面积496.8平方千米，包括宝日希勒煤田和巴彦哈达普查区。可采和局部可采煤层组7个，累计探明储量104.75亿吨，属大型煤田。

煤田内主要分布的地层有古生界上泥盆统、中生界中侏罗统颜家沟群、上侏罗统兴安群和扎赉诺尔群以及第四系。上侏罗统扎赉诺尔群为本区含煤地层，由砂岩、砾岩、粉砂岩、泥岩及煤层等组成，由下而上分为五段，即：底部砂砾岩段、泥岩段、中部砂砾岩段、沙泥岩段和含煤段，煤质以褐煤为主。该盆地为一近东西向的断陷盆地，盆地内构造简单，含煤地层褶曲平缓，

◎ 胜利煤田输煤专用线

断层稀疏，处于盆地南北两侧的走向断层具有同沉积的性质，对含煤沉积赋存形态起着一定的控制作用。

10.3.2.2 稀有稀土、金属矿产

包头市的白云鄂博是一座特大型铁、稀土、铌等综合矿床，已发现有71种元素、175种矿物，具有综合利用价值的元素达26种。现已探明铁矿石资源储量为14.6亿吨，稀土资源储量居世界第一位，铌资源和钍资源储量约居世界第二位，该矿还蕴藏着丰富的萤石、富钾板岩等资源。

对白云鄂博地区的构造格局、岩浆活动、成矿作用起主导作用的区域性大断裂主要是近东西向的乌兰宝力格深断裂和白银角拉克—宽沟大断裂。两条断裂的交会处即是白云鄂博矿床所在的位置。宽沟断裂在白云鄂博主矿和东矿露天采场出露最好，为压性的逆断层性质，片理化明显，但是远未达到韧性剪切带的程度（中国科学院地球化学研究所，1988）。矿区的褶皱构造主要由宽沟背斜和白云向斜组成，两者共同构成白云复背斜。宽沟背斜是一个复式背斜构造，其枢纽是起伏的，两端昂起，中间倾伏，枢纽的鞍部正好是西矿带所处的部位。

10.3.2.3 黑色金属矿产

内蒙古黑色金属主要有铁矿、铬铁矿、锰矿等。铁矿在内蒙古分布广，成因类型多，已发现铁矿点以上产地345处，累计探明铁矿石储量

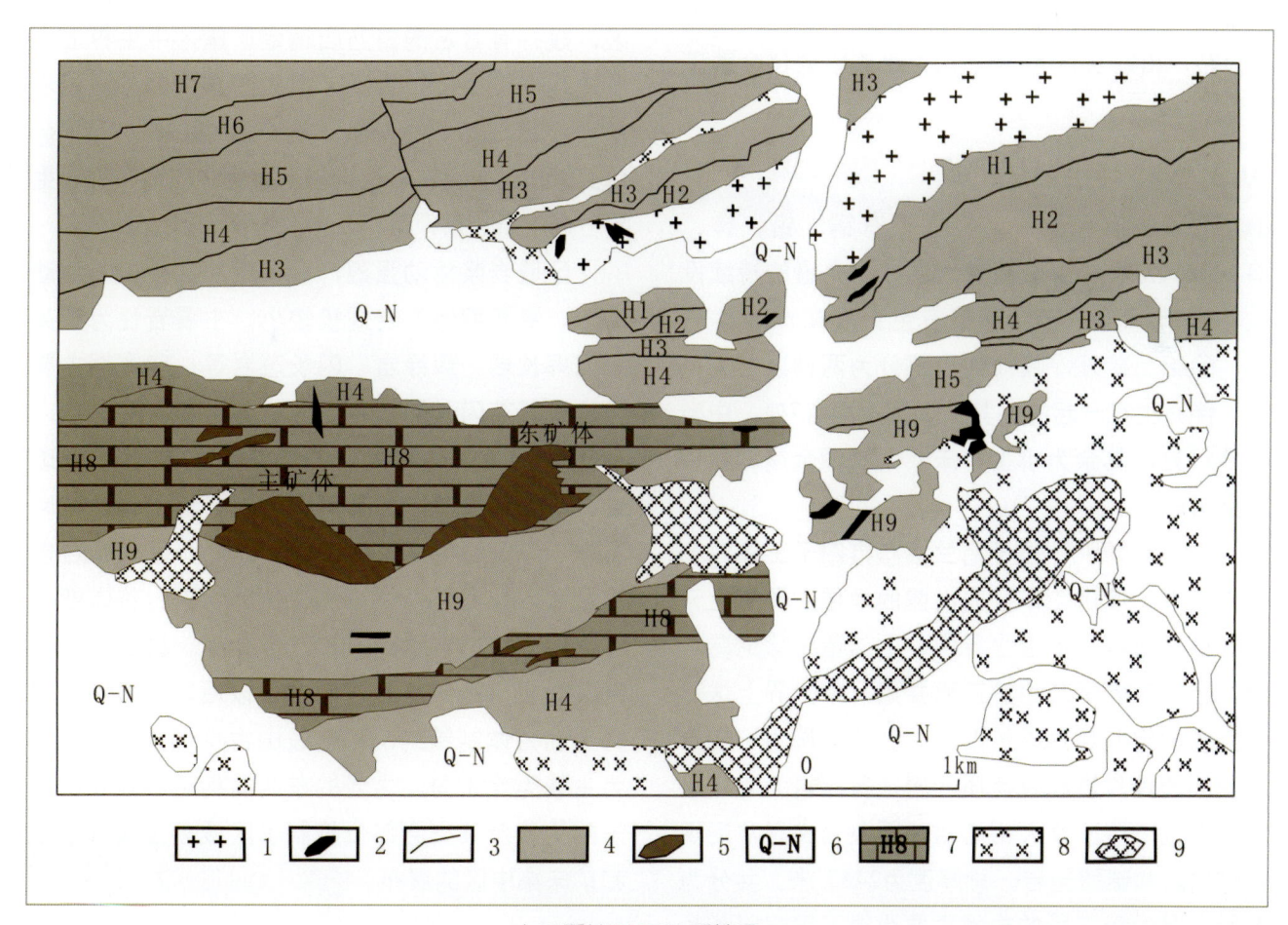

白云鄂博矿区地质简图

1.基底杂岩；2.碳酸岩；3.断层；4.下白云鄂博群沉积岩；5.矿体；6.冲积层；7.赋矿；8.白云岩；9.矿石堆

21.94亿吨，保有储量为20.31亿吨，居全国第七位。矿体主要产于太古宙、元古宙和古生代地层内。矿床成因类型主要有复合成因、海相火山沉积型、沉积变质型、接触交代型、古风化壳型、浅海相沉积型及热液型。其中前四种成因类型矿床工业价值最大。

固阳县铁矿 为区内典型的条带状硅铁建造，矿区的大地构造位置处于华北板块北缘阴山断隆中段。区内主要的出露地层为下元古界色尔腾山群变质岩建造，其次还有少许白垩系和第四系沉积，均不整合覆于色尔腾山群之上。色尔腾山群是本区铁矿的赋存地层，由老到新可划分为两个岩段、四个亚岩段。两层铁矿均产于上部角闪岩段的含铁角闪岩亚段，中、下铁矿层无工业价值，上铁矿层为主要工业矿体。含矿带呈东西向分布，出露长1100米，由大小不等的15个铁矿体组成。

10.3.2.4 有色金属矿产

内蒙古有色金属矿产主要有铜、铅、锌、钨、锡、钼、铋等。随着地质技术力量的持续投入，目前探明一定储量的有色金属矿产地共71处，除铝土矿外，其他绝大部分为两种以上矿产共（伴）生在一起的。其中大型产地有7处，中型产地17处，其余为小型矿床。尤其铜金属储量位居全国前列。

白乃庙铜矿 位于乌兰察布市四子王旗白音朝克图苏木境内，矿区内出露的地层主要有上元古界白乃庙群，下古生界中、上志留统徐尼乌苏组、上古生界下二叠统三面井组、中生界上侏罗统大青山组和新生界第四系。白乃庙群为一套中浅变质的绿片岩和长英质片岩，其原岩为海底喷发的基性—中酸性火山熔岩、凝灰岩夹正常沉积的碎屑岩和碳酸盐岩，总厚度为2452米。共分为五段，其中第三段的岩性主要为绿泥阳起斜长片岩和绿泥斜长片岩夹角山残斑变岩，是主要的赋矿层位。

10.3.2.5 贵金属矿产

内蒙古的贵金属主要是金和银，主要集中分布在呼伦贝尔额尔古纳河流域、赤峰市南部和内蒙古中部阴山山脉一带。按照产出形式可分为三个大类：即砂金、独立的原生岩金和伴生金。

毕力赫金矿 位于内蒙古锡林郭勒盟苏尼特右旗都仁乌力吉苏木境内。矿区外围新发现隐伏斑岩型高品位金矿体，单个矿体资源量达20吨以上。与国内外相似类型矿床相比，具有诸多特殊性。

本矿区域上位于华北板块北缘叠接俯冲带南部的陆相火山岩盆地中。区域出露地层主要有上古生界上石炭统阿木山组、下二叠统额里图组和于家北沟组沉积碎屑岩系，分布于西部白乃庙地区，赋存有著名的白乃庙铜金矿床。中生界上侏罗统玛尼图组、白音高老组为两套火山—沉积岩系，广泛出露于中东部，是矿区内主要地层和矿体的赋矿围岩。在一些沟谷小盆地内，分布有新生界古近—新近系、第四系松散堆积和风成沙。

区域岩浆活动强烈，具多期次、多旋回活动特点。海西期侵入岩规模较小，主要岩性为石英角闪辉长岩、辉绿岩、闪长斑岩等；印支期主要为黑云石英闪长岩、花岗闪长岩、斜长花岗岩，多受近东西向构造控制。燕山期主要有花岗斑岩、花岗闪长斑岩、石英闪长岩、黑云钾长花岗岩等，与区域成矿关系密切。此外，区内脉岩也较发育，种类繁多。主要有花岗岩脉、花岗细晶岩脉、霏细斑岩脉、闪长斑岩脉等。区域构造以断裂为主，褶皱次之。中生代以后，受多种区域构造动力体制制约，构造线由古生代以近东西向为主转为北东向。古老的东西向构造和较晚的北东向构造及其交会部位控制了区域多金属成矿带和矿床集中区的展布。

10.3.2.6 非金属矿产

内蒙古的非金属矿产种类繁多，分布广，资

源潜力大。主要包括萤石、石灰岩、白云岩、硫铁矿等。萤石矿产资源在区内储量丰富，成因类型繁多，区内的广大地区都有分布，主要的矿床成因类型有三种：①复合成因与铁、铌、稀土伴生的萤石矿；②中低温裂隙充填脉状矿床，这类矿床在区内分布最广，规模一般都不大，但矿石质量好，易采易选；③热液交代似层状萤石矿床，这类矿床在本区虽然数量很少，但是规模巨大。

苏莫查干敖包萤石矿 位于乌兰察布市北部四子王旗境内。与矿有关的地层主要为上古生界下二叠统西里庙组的二岩组四岩段和三岩段。二岩组四岩段的岩性为流纹斑岩夹绢云母化流纹斑岩，局部有萤石矿化。三岩组的岩性为绢云绿泥石板岩、炭质斑点板岩，局部具角岩化，上部夹大理岩、透镜状绢云母流纹斑岩，中不夹透镜状变质砂岩，底部为萤石矿化结晶灰岩或萤石矿体。萤石矿体赋存于三岩组底部的碳酸盐岩之中，矿体严格受层位控制，属热液交代层状矿床。

10.3.3 典型矿床遗址

10.3.3.1 林西大井铜锡多金属矿床及古铜矿遗址

（1）林西大井铜锡多金属矿床

大井铜锡多金属矿床位于大兴安岭南段，是一个典型的岩浆热液充填型矿床，经30余年的探采和研究，该矿床已发展成锡、锌、银为大型，铜、铅为中型，硫、钴、镍等多种伴生组分、可综合利用的典型而稀有的大型铜锡多金属矿床。特别是以多矿脉密集排列、多元素共生组合、矿脉薄但品位高而引人注目。

通常形成的金属矿床都是以一种或两种金属元素共生为主，并且是以铜、锡共生或是铅、锌、银共生最为多见，而大井矿却是集铜、锡、银、铅、锌等多种金属于一体国内罕见的大型多金属矿床，以矿床规模大、伴生元素多、矿脉展布窄而密集、品位较高而著称。

在大井地区这种复杂的地质特征背景下形成的这种少见的矿床元素组合及其高品位，许多地质学家先后从不同角度对矿床进行研究。通过进一步研究该区的矿床成因，建立大井式的综合找矿标志，对于矿区及外围开展新一轮采矿工作、扩大矿产资源和延长矿山寿命都具有重要的现实意义。

（2）大井古铜矿遗址

大井古铜矿遗址位于赤峰市林西县大井镇中兴村北山的南坡上，距今有2900多年的历史，是我国青铜时代文明史的象征之一，也是我国北方在世界文明史上具有代表性的一处文化遗产，是我国北方目前发现最早的一处古铜矿遗存。该遗址发现古矿坑（道）47条，最大开采长度200米，最大开采深度20米，最大开采宽度25米；12座炼炉遗迹，可分为多孔窑形和椭圆形炼炉两种。开采总长度约1600米、平均开采深度10米、平均开采宽度4米。

北京大学^{14}C实验室对取自古铜矿遗址中的样品进行了研究，其年代测定为距今2870年左右。可见它是我国北方最早的具有大规模采矿、冶炼、铸造等全套工序的古铜矿，也是目前世界上稀有、罕见的直接以共生矿冶炼青铜的古矿冶炼遗址，为古铜矿的开采，青铜的冶炼、铸造提供了宝贵的实物资料。

燕山运动期间，由于古太平洋板块向西俯冲，造成中国东部地壳发生强烈的构造活动和随之而来发生的岩浆活动及成矿作用，大井矿床就是在这样的大环境下形成的。古铜矿的40多条采矿坑道都准确地开在矿石品位很高的矿脉上；采用填充法开采，边开边把废弃的矸石填在矿坑里，既节约了运输力，又能使矿石较迅速地运到地面；炼炉有马蹄形、多孔串炉等多种，且炉门开在低洼的西北方向，还有为提高炉温而采用的

鼓风设施。综合以上情况，说明当时大井古铜矿的工人已经掌握了一定的选矿、开采、冶炼等技术。矿址内发现陶范，说明此地也是铸造的作坊。

10.3.3.2 额尔古纳吉拉林砂金矿遗址

吉拉林砂金位于呼伦贝尔市额尔古纳市，矿开采历史悠久，始于清光绪年间。公园内保存的采矿遗迹，充分体现了当年的淘金盛况。人们从全国各地，乃至俄罗斯涌入额尔古纳，涌入吉拉林，在潺潺流淌的吉拉林河边，反反复复淘洗着砂金。"千淘万漉虽辛苦，吹尽黄沙始到金"正是那个时代的真实写照。吉拉林砂金矿的地质研究始于1951年，后期相继进行了一系列的研究。

吉拉林砂金矿是典型的河谷型冲积砂金矿床类型的砂金矿，在呼伦贝尔地区具有很强的代表性。河谷中主要发育第四系中更新统残积层（Qp^{2el}）、中更新统坡积层（Qp^{2dl}）、上更新统阶地冲积层（Qp^{3al}）、全新统河漫滩冲积层（Qh^{al}）、全新统洪积层（Qp^{pl}），矿区内的砂金主要赋存于河流阶地及河漫滩的冲积物中。该区砂金资源丰富，是我国重要的砂金基地之一。沿中俄边境由南向北已发现有吉拉林、乌玛、西口子、恩和哈达等数十个砂金矿床。这一系列砂金矿在成矿、探矿、开采以及后期的矿山环境治理方面都具有相似性。

现在吉拉林砂金矿已经闭坑，后期的恢复治理工作正在紧锣密鼓的进行着，良好的生态环境标志着吉拉林成功地迈出了转型发展旅游的第一步。额尔古纳丰富的金矿资源、大量的前人采金遗迹和金矿遗址是中国黄金历史发展的见证。

10.3.3.3 满洲里扎赉诺尔采矿遗址

◎ 林西大井子矿区全景

扎赉诺尔煤矿于1902年建矿，是我国近代工业史的开端，为国家作出过巨大的贡献。从20世纪60年代初开始兴建灵泉露天矿，经过近半个世纪的开采挖掘，露天矿的总开采面积已达4.02平方千米（刘昌华等，2004）。1984年在扎赉诺尔露天矿出土的3号猛犸象，高4.33米，长6.56米，经专家确定为松花江猛犸象，距今有3万多年的历史，猛犸象在60岁左右死亡。"扎赉诺尔人"是生活在距今11000多年旧石器时期的古人类，在扎赉诺尔露天矿已出土16块扎赉诺尔人"头骨化石"，证明了满洲里地区是中华民族古人类的摇篮之一。

从扎赉诺尔煤田含煤地层的特征来看，含煤岩系由扎赉诺尔群的大磨拐河组和伊敏组组成，共含四个煤层群，其中Ⅰ、Ⅱ两层群属伊敏组，Ⅲ、Ⅳ两层群属大磨拐河组，各煤层群内均有可采煤层。含煤地层主要是陆相湖泊沉积环境，其发育过程可综述如下（宋景海等，2003）：

（1）受燕山运动的影响，本区构造运动作用的结果，产生了兴安群火山岩和扎赉诺尔断裂、嵯岗断裂，由这几条大断裂构成了聚煤盆地。

（2）大磨拐河组地层主要是湖泊环境。在煤盆地形成后，周围经过剥蚀，盆地内渐趋平缓，加上适宜的气候环境，成煤植物大面积发育，经过多次沼泽化和泥炭沼泽化后，形成了大磨拐河组中的Ⅳ层群和Ⅲ层群煤层。Ⅲ层群煤层沉积之后，该区一度为深湖环境，沉积了标志明显的巨厚泥岩。

（3）伊敏组地层主要是在地壳由连续下降转为平稳缓慢下降所沉积的地层，在这一阶段中，

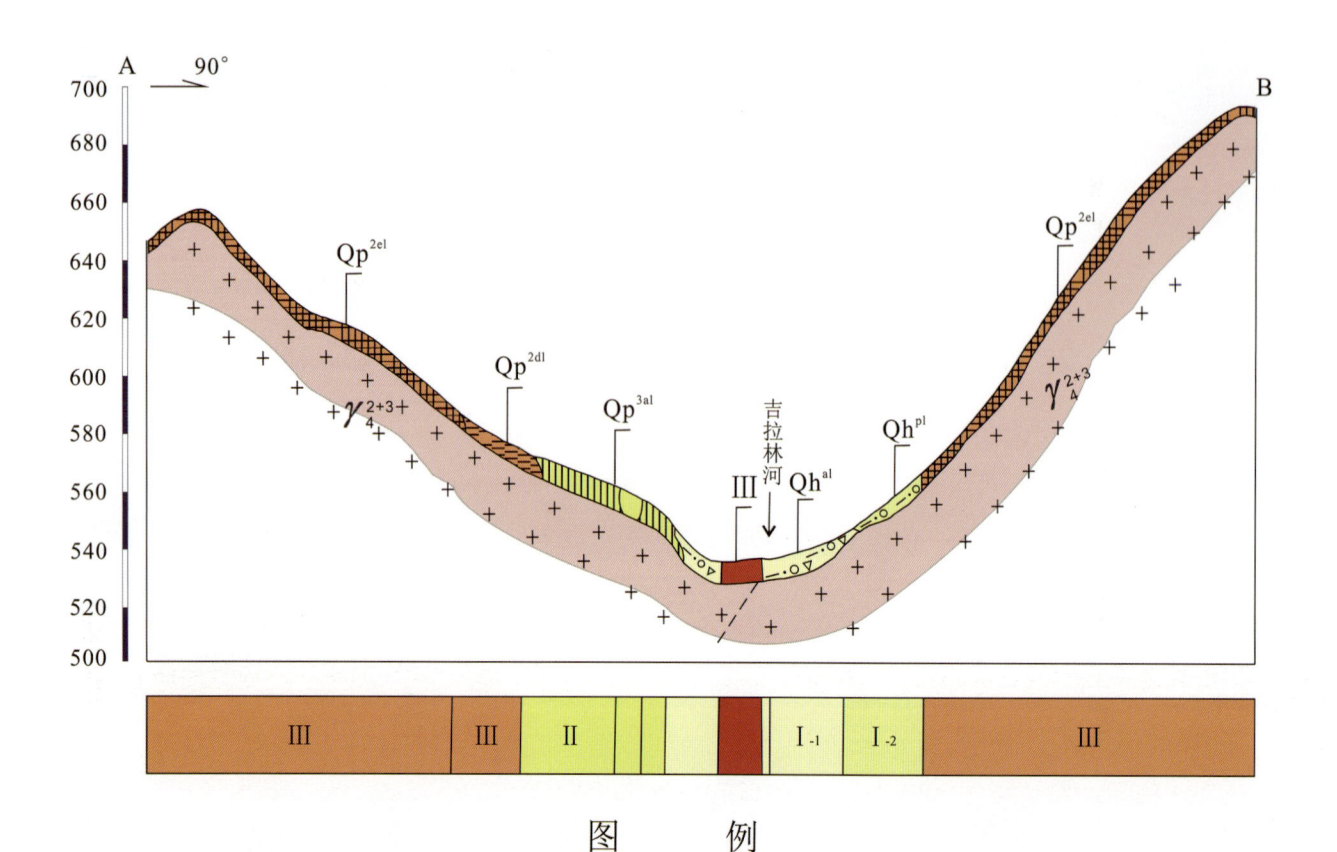

图 例

1. 地貌类型：

成因代号	代号	地貌成因	形态描述
堆积地貌	I-1 河漫滩	由河流侧向侵蚀作用形成的一种堆积地貌形态。	位于河床两侧，在宽度上严格受陡崖及阶地控制，表面布满沼泽、草地，为本区主要含金层。
堆积地貌	I-2 洪积扇	由面流及洪流作用形成的一种堆积地貌形态。	分布于支沟沟口或山前坡麓平坦地带，轴部突出呈扇形，表面平坦光滑，不含金。
侵蚀堆积地貌	II 一级基座阶地	由于地壳相对上升，河流下切侵蚀作用而造成阶梯状的地貌形态。	位于沟谷一侧，一般高出河漫滩5~10米，并与其相平行，阶面倾向河谷，前缘由不断剥蚀致使后缘高于前缘，表面生长有草地树木等，含金。
侵蚀构造地貌	III 中低山区	由于构造、侵蚀、切割风化及剥蚀作用形成的中山地貌形态。	海拔高度一般在500米以上，表面随山势起伏不平并发育有大小不等的冲沟。

2. 第四纪地质：

- Qh^{al} 现代河床及河漫滩冲积层
- Qh^{pl} 洪积层
- Qp^{2dl} 坡积层
- Qp^{3al} 一级基座阶地
- Qp^{2el} 残积层
- 推测断层

3. 岩性：

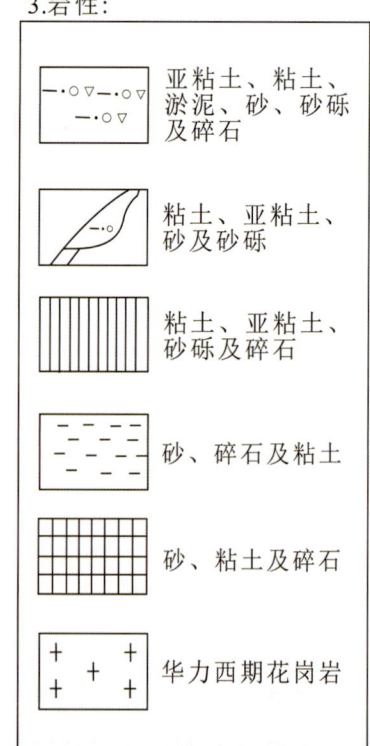

- 亚粘土、粘土、淤泥、砂、砂砾及碎石
- 粘土、亚粘土、砂及砂砾
- 粘土、亚粘土、砂砾及碎石
- 砂、碎石及粘土
- 砂、粘土及碎石
- 华力西期花岗岩

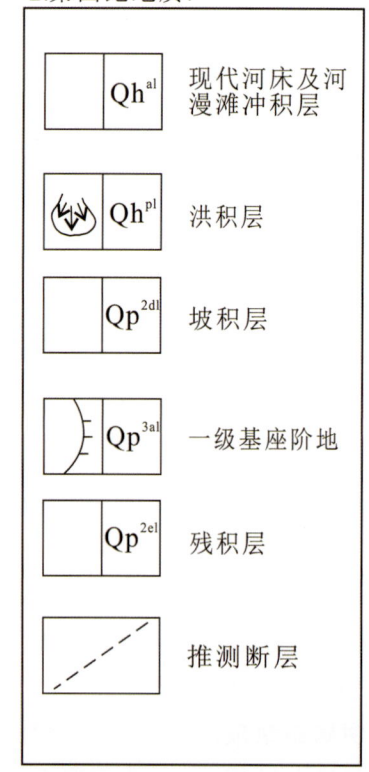

吉拉林河谷剖面图

形成了适宜于成煤的各种植物和环境条件，特别是气候适于成煤植物的生长、堆积、埋藏、沼泽化和泥炭沼泽化，其结果形成了Ⅰ层群和Ⅱ层群煤层。以后，随着地壳的上升隆起，再无其他地层沉积，一直持续到第四纪才又有所沉积。

同时，经过100多年的开发，也对矿山环境造成了很大程度的破坏，遗留下许多环境问题。这些历史的环境欠账，成为制约扎赉诺尔矿区进一步发展的重要因素。严重的地质环境问题和生态环境问题主要表现在以下四个方面：一是采煤形成地面塌陷、地裂缝，造成地表环境破坏，同时诱发崩塌、滑坡、泥石流等次生地质灾害；二是矿山弃土、矸石不合理堆放，压覆矿体，破坏植被；三是矿井不合理排水、废水不合理排放，破坏了地下水资源，污染了土壤；四是水土流失、沙化严重（陈军等，2007）。因此必须通过环境治理恢复，有效控制矿山地质灾害，从而减少和避免地质灾害和其他灾害所造成的经济损失。

◎ 古采矿坑道

11 警钟长鸣——环境地质
Raise the Alarm—Enviornmental Geology

地质灾害是自然界常见的灾害类型。内蒙古常见突发性的环境地质灾害有崩塌、滑坡、泥石流和地面塌陷等，有东部多、西部少的特点。大力保护环境，防止地质灾害的发生，有效治理地质灾害环境，建设美好家园，让地质环境为人类造福。

11.1 总体特征

内蒙古地貌受新构造运动和自然条件的影响，山区和丘陵区切割作用强烈，崩塌、滑坡、泥石流等地质灾害较发育，加之采矿和工程建设的影响，地面塌陷也较为发育。同全国其他地区相比，内蒙古属地质灾害低易发区和非易发区，突发性的地质灾害如崩塌、滑坡、泥石流发生的概率和规模都比较小，而缓慢型的地质灾害如土地沙漠化较为严重。

11.2 崩塌滑坡遗迹

由于受大地构造、地形地貌、岩土类型和区域气候的控制，崩塌滑坡的分布在某些地域内表现为成带、成片的集中分布规律。内蒙古崩塌滑坡主要分布在大兴安岭山区南段、西辽河平原黄土台地区、阴山地区、鄂尔多斯高原的低中山和黄土丘陵区、阿拉善高原低中山区。

11.2.1 发育特征及形成条件

（1）发育特征

内蒙古崩塌多属小型崩塌。主要崩塌类型可分为基岩崩塌和土体崩塌。

基岩崩塌多发生在基岩裸露、裂隙发育、风化作用强烈、坡度一般在60°以上的山坡陡壁，在全区山地和丘陵区均有发育分布。

土体崩塌分为黄土崩塌和堆积层滑坡。

①黄土崩塌主要分布在西辽河平原南部黄土台地区以及准格尔旗和林格尔、清水河一带的黄土丘陵区。此类滑坡多数规模较大，按滑动面与层面的关系划分为均质滑坡或顺层滑坡。

②堆积层滑坡是指滑体由第四系坡残积含砾石沙土或黏性土组成的滑坡，此类滑坡主要分布在东部大兴安岭山区，多见于中低山缓坡和沟谷陡壁处，规模普遍较小，多属中、小型浅层滑坡。

（2）形成条件

崩塌与滑坡的形成与地形、地层岩性以及降水、地下水，人类的不合理活动直接相关。全区崩塌、滑坡地质灾害主要分布于地形起伏较大、岩层松散的山区和侵蚀切割发育的平原区，如大兴安岭、西辽河平原、阴山等地区。

①大兴安岭山区南段：山体狭窄，其间沟谷发育，森林覆盖率较低。山体多表现为基岩裸露，以坚硬、较坚硬的块状侵入岩和火山岩为主，新构造运动以掀斜断块上升为主，使得山地断裂纵横，岩体破碎，岩层节理裂隙发育，加之气候湿润，雨量充沛，风化侵蚀作用强烈，崩塌滑坡发育。

②西辽河平原黄土台地区：土质疏松、多孔，柱状节理发育，经长期流水切割，河谷下切侵蚀作用和山谷向源侵蚀作用强烈，崩塌滑坡发育。

③阴山地区：以低中山为主，山势陡峻，坡陡谷深，流水切割、自然风化作用强烈，主要由变质岩类和岩浆岩类组成，新构造运动表现为山体的持续上升和构造断裂带的复活，使得岩石破碎，节理裂隙发育，崩塌滑坡发育。

④鄂尔多斯高原

低中山区：相对高差150～500米，山体高而陡，剥蚀作用强烈，山体主要由坚硬的中厚层状石灰岩组成，褶皱及断裂发育，崩塌滑坡发育。

黄土丘陵区：地形切割强烈，相对高差50～150米，黄土结构松散，柱状节理发育，重力侵蚀和向源侵蚀作用强烈，崩塌滑坡发育。

⑤阿拉善高原低中山区：山峰陡峻，相对高差150～800米，沟谷切割强烈，基岩裸露，剥蚀作用强烈，岩体破碎，节理、裂隙发育，崩塌滑坡发育（周彬，2008）。

◎ 呼包高速公路（罗家营—毫沁营）两侧治理后的沙坑

11 警钟长鸣——环境地质

◎ 治理前的察右中旗金盆矿区治积水采矿坑

11.4.2 典型地面塌陷

(1) 扎赉诺尔矿区地面塌陷

位于呼伦贝尔市满洲里东南，属扎赉诺尔煤田，含煤建造属下白垩统，煤层埋藏深度不一，最浅几十米，最深约800米。煤层顶板岩性为白垩系砂岩、砂砾岩和泥岩，上覆第四系松散堆积物，岩土体力学性质较差，无坚硬的持力层。目前形成三个相对集中的塌陷区，即南部塌陷区、北部塌陷区、铁北塌陷区，总塌陷面积31.1平方千米。

(2) 平庄—元宝山矿区地面塌陷

平庄—元宝山矿区位于赤峰市红山区东及东南，含煤层系为中生界下白垩统，煤层埋藏浅，开采技术条件简单，煤层顶板岩性主要为砂岩、砂砾岩、泥岩及凝灰岩。目前矿区共形成17处地面塌陷，规模以大型与中型为主，塌陷区总面积33.85平方千米。

(3) 宝日希勒矿区

宝日希勒矿区位于大兴安岭西侧低山丘陵向呼伦贝尔高平原过渡地带，陈巴尔虎旗宝日希勒镇境内。矿区地带性植被为草甸草原植被，是呼伦贝尔市天然草原植被最好的地区之一。多年来由于煤矿的开采，地下煤炭采空后产生了大面积的地表塌陷，严重破坏了大面积的草原景观，对矿区生态环境造成一定的影响，同时也给周围居民的生活产生了带来了不利影响。

2005年以来，对宝日希勒闭坑矿区（五期）矿山地质环境进行了5期治理，恢复草地6.5平方千米。

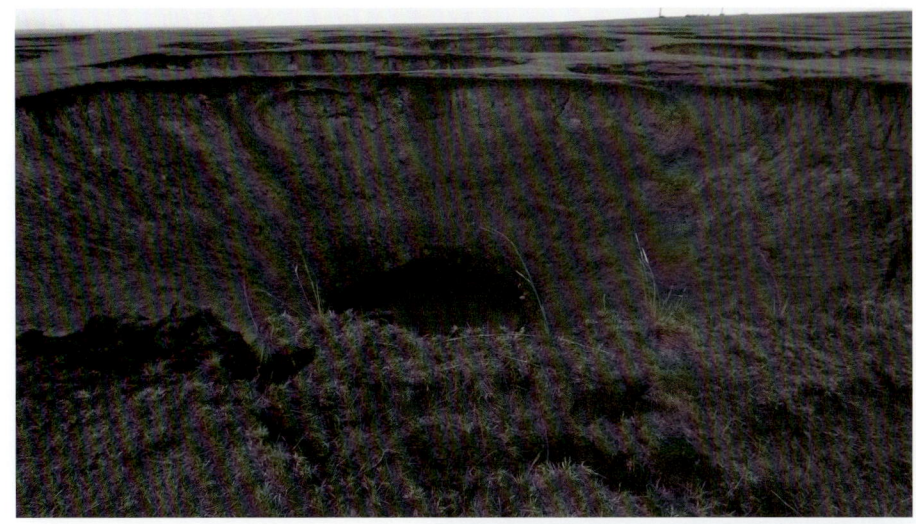

◎ 宝日希勒矿区地面塌陷

◎ 治理后的宝日希勒矿区地面塌陷

11.5 对比分析

环境类地质遗迹是一类比较特殊的地质遗迹，从人类生产和生活角度而言，它的发育和形成给人类带来了灾难和损失，然而从科学和旅游角度而言，这些现象都属于典型的地质作用和地质过程，同时巨大的自然力量创造了无与伦比的自然奇观。保留下来的这些地质环境类地质遗迹是人们进行地球科学普及教育和反思人类活动对地球破坏的重要教材。

许多重要的环境类地质遗迹因为自然恢复和灾后重建而不能被很好地保存。目前在全国保留的环境类地质遗迹主要为地震类地质遗迹，如新疆富蕴可可托海国家地质公园、重庆黔江小南海国家地质公园、四川青川地震遗迹地质公园。

内蒙古发生的地质灾害以缓慢型为主，突发性的地质灾害发生频率很低，如滑坡、崩塌、泥石流、地面塌陷、地裂缝等。同全国其他典型环境类地质相比，其发生条件有很大的相似性，但也存在差异。

（1）崩塌滑坡总体特征的差异性

在全国崩塌滑坡易发程度分布中，内蒙古自治区属于低易发区和非易发区（中国地质环境监测院，2008），该类地质灾害相对于全国而言不发育。同全国其他崩塌滑坡地质灾害区相比，相似性主要体现在崩塌滑坡形成的基本机理相似，但受控的主要条件和发生的频次差异很大。

（2）泥石流总体特征的差异性

我国泥石流的分布大体上以大兴安岭—燕山山脉—太行山脉—巫山山脉—雪峰山一线为界。该线以东是我国的低山、丘陵和平原区，泥石流零星分布，该线以西属我国地貌的第一、第二阶梯，包括广阔的高原、深切割的极高山，高山和中山区是泥石流集中发育地区，泥石流沟群常呈带状或片状分布。泥石流分布格局与滑坡崩塌分布格局一致，大型、特大型泥石流集中分布区与区域地质构造以及断裂构造的关系，都与崩塌滑坡基本一致。

内蒙古泥石流地质灾害尽管在该区山麓地带偶有暴雨泥石流地质灾害发生，但与全国对比，仍属不发育地区。从泥石流分布特征和形成机理而言，与全国的差异状况基本同崩塌和滑坡的一致，在此不再赘述。

（3）地面塌陷总体特征的差异性

地面塌陷是指地表岩土体在自然或人为因素作用下向下陷落，在地面形成塌陷坑（洞）的一种动力地质现象，主要分为岩溶塌陷和采空塌陷。

岩溶塌陷主要分布于岩溶发育的可溶性岩石分布区。我国南方云贵高原及华南丘陵、盆地、平原区可溶岩连片分布，岩溶发育塌陷集中，是我国岩溶塌陷灾害最多、最集中的地区。

采空塌陷是由于矿体被采空、覆岩破坏所引起的。当地下矿层被采出后，采空区直接顶板岩层在自重力及其上覆岩层的作用下，产生向下的移动和弯曲，进而产生断裂、离层。当开采范围足够大时，岩层移动发展到地表，在地表形成一个比采空区大得多的沉陷盆地。该类地质灾害主要分布在我国各地的矿山及其周围地区，以煤矿塌陷为主。

内蒙古属地面塌陷地质灾害中的易发区和低易发区，地面塌陷主要类型为煤矿采空塌陷，同全国其他地区相比，采空塌陷发生的机理相似，规模和分布存在差异。

12 各具千秋——分区与评价
Diversified Geological Heritage Resource—Area Classification and Evaluation

地质遗迹差异性分区评价是在地质遗迹调查的基础上进行的，其目的在于分析地质遗迹资源的空间组合特征，分析区域地质遗迹资源的优势，便于进行资源的有效整合，为地质遗迹的合理利用和科学保护以及地质公园建设提供依据。

内蒙古地质遗迹资源分区图

12.1 地质遗迹资源分区

地质遗迹资源分区原则如下：
(1) 地质地貌单元的完整性原则；
(2) 地质遗迹资源的系统性与相似性原则；
(3) 地域分布密集性原则；
(4) 行政区划相对完整性原则。

根据地质遗迹资源的类型及分布特点，结合上述分类原则，可以将内蒙古地质遗迹分为七个分布区。

12.1.1 大兴安岭区

该区包括以大兴安岭为主体的整个内蒙古东部地区，在构造单元上是一个北北东向的上叠于华北地台和古生代褶皱基底之上的中生代火山岩区。

大兴安岭北段的地质遗迹比较集中，主要分布在兴安盟的阿尔山市和呼伦贝尔市扎兰屯市的柴河镇、鄂伦春自治旗的诺敏镇等地区，以各类丰富的火山熔岩地貌及其形成的火山口湖和堰塞湖、温泉、矿泉等资源为特色。大兴安岭南段的地质遗迹以板块缝合线、第四纪冰川遗迹、多样的花岗岩景观、温泉、沙地、河流、高原湖泊等资源为特色。

12.1.2 燕山（北段）区

燕山（北段）区属于侵蚀剥蚀中低山区，位于西拉木伦河以南。本区的主要地质遗迹以丰富的中生代古生物化石和温泉资源为特色，同时还有丰富的花岗岩地貌、第四纪冰川遗迹等景观。

12.1.3 锡林郭勒高原区

该区包括锡林郭勒盟的大部分、乌兰察布市的四子王旗等地区，在地貌单元上以锡林郭勒高原、浑善达克沙地、乌兰察布高原为特征。本区地质遗迹有三个突出的特点：①二连盆地具有中生代以来丰富的古生物化石资源及富含化石的典型地层剖面；②区内的达里诺尔火山群很好地诠释了受喜马拉雅运动的影响，中国东部晚新生代以来火山活动的特征；③浑善达克沙地是研究高原环境变迁的很好载体。

12.1.4 阴山（中、西段）区

该区包括巴彦淖尔高原的北部、乌兰察布高原的西部。大地构造位置处于华北地台北缘西段，与以黄汲清教授命名的内蒙古地轴位置大致相吻合，是阴山—天山纬向构造带的重要组成部分（中段）。阴山因地处特殊的构造位置，受中、新生代垂直运动和水平运动共同作用，形成了阴山巨型构造带。长期复杂的构造运动和多期的火山活动，使阴山构造带成为许多大型金属和非金属矿产的产出地。察哈尔地区有保存良好的火山地貌景观。乌拉特后旗和达茂旗丰富的古生物化石遗迹则为探讨地球生命演化提供了宝贵证据。

12.1.5 黄河（河套平原）区

该区面积相对较小，以黄河内蒙古段为主，在分区上包括河套平原。黄河在内蒙古地区流经778千米，呈"几"字形转弯，部分地段形成壮观的峡谷地貌，是研究黄河形成演化的关键地段。黄河的多次改道形成了美丽的河套平原。此外，冬季黄河冰凌堆积可长达数千米甚至数十千米，形成难得一见的冰凌奇观。有时候冰凌也导致黄河决口，造成灾难。

12.1.6 鄂尔多斯高原区

该区基本上位于鄂尔多斯市和乌海市所辖区域，被黄河三面环抱，具有明显的高原地貌特征。在地质构造上，该区为中生代形成的大型内陆坳陷盆地，基本上受南北向和东西向两组主要

天造地景——内蒙古地质遗迹

438

Natural Landscapes – Geological Heritage of Inner Mongolia

◎ 阿尔山——林地草原

构造线所控制。东缘和西缘地区的构造线大多呈南北走向,北缘、南缘及盆地内部的构造线大多呈东西走向。基底为前早前寒武纪变质岩,其上部沉积了厚达6500多米的中、新生代沉积岩。地质遗迹以著名的河套人及河套文化遗址、萨拉乌苏华北地区晚更新世标准地层剖面及其典型哺乳动物群、鄂托克旗早白垩世恐龙足迹及尾迹化石、响沙湾响沙等为代表,另外还有沙漠中的绿色奇迹恩格贝。

12.1.7 阿拉善高原区

该区位于内蒙古最西部,基本上是阿拉善盟所属的区域以及乌兰布和沙漠属巴彦淖尔市的部分。该区地貌上为封闭的内陆高原盆地,东有我国东西部重要的自然地理分界线贺兰山、狼山,南有乌鞘岭、龙首山、合黎山,西有马鬃山环绕。沙漠、沙砾质戈壁,剥蚀中、低山,丘陵及高平原盆地构成了独特的地貌景观。巴丹吉林、腾格里、乌兰布和三大沙漠及额济纳戈壁横贯该区,腾格里沙漠是我国拥有湖泊数量最多的沙漠,巴丹吉林沙漠拥有世界上分布范围最大的鸣沙区和世界上最高的沙山。

12.2 地质遗迹资源评价

12.2.1 地质遗迹评价概述

地质遗迹资源评价是对研究区域内各种地质遗迹资源的数量、质量、结构、分布及开发潜力等方面的评价,明确所在区域各种地质遗迹资源地域组合特征、结构和空间配置情况,熟悉各种地质遗迹资源,特别是重要地质遗迹资源的开发潜力,可为地质遗迹资源的保护与合理开发提供全面、科学的依据(李烈荣,2002)。

地质遗迹资源评价的内容大致包括三个方面,即要素评价、保护和开发利用条件评价、遗迹效益评价(魏源,2003)。也有观点认为可以归纳为地质遗迹资源价值和开发利用条件两个主要方面(张国庆,2009;郭建强,2005)。在评价方法方面,定性评价方法侧重于感官体验的

◎ 祭敖包

描述与统计；而定量评价方法主要集中在评价权重的确定（方世明，2008），主要应用的方法是层次分析法（AHP）和模糊数学法（Fuzzy Mathematics）。通常，对于具有不确定性价值的资源，评价的权重是首先要解决的难题。

地质遗迹资源评价分为不同的层次，有的是对单个地质遗迹资源进行评价（杨剑，2008），有的是对地质公园级别的地质遗迹进行评价，还有的是对区域地质遗迹评价，如对省级、地市级地质遗迹资源进行评价。目前，地质遗迹资源的评价大多由相关的科研机构完成，评价指标选取、权重确定和评价结果都存在着很大的差异。而且，地质遗迹资源评价中存在一些问题，最突出的就是评价结果的合理性和可操作性（刘斯文，2009）。

国外对地质遗迹资源的评价很多来自该国对自然保护地或自然遗产的评价，没有完整的地质遗迹评价体系，如美国的国家公园评价体系。近年来，随着地质公园的兴起，国外地质遗迹评价也发展很快，同国内地质遗迹评价相比有以下特点：第一，注重专业性，通常国外更注重地学多样性评价（Geodiversity），这样的评价更借重于专业的评价标准和量化标准（刘斯文，2008）。第二，注重定性评价，国外的许多评价非常注重定性评价（Panizza，2009），尤其是地质学家对地质遗迹资源的认识和判断，很少夹杂其他因素；换言之，其评价范围和指标涵盖的范围较窄。第三，空间定量方法的应用，国外评价非常注重GIS和RS在评价中的应用，一般都会建立评价用的数据库，会采用空间定量模型（Thierry，2010）进行评价。

综合考虑，对于地质遗迹资源评价应当注重：第一，评价的目的性和层次性，即我们不能将一个地质遗迹资源评价标准应用于另一个地质遗迹点或者一个地质公园。第二，重视定性评价的定量统计，定性评价并非或有或无，而是在地质遗迹资源评价中占据重要的地位。第三，重视空间方法的选取，如GIS、RS和数字地球方法的应用（Liu，2009，2010）。

12.2.2 内蒙古地质遗迹资源评价

12.2.2.1 评价标准

地质遗迹资源评价标准是进行地质遗迹评价工作的前提和依据。然而，从全球角度来看地质遗迹评价仍处于探索阶段，原因在于：第一，地质遗迹是新生事物，研究者对其理解有待深入。第二，评价工作复杂。地质遗迹评价涉及众多的学科，很难在短时间内形成一套公认的评价体系和框架。第三，缺乏有力的数据支撑体系。地质遗迹资源评价很大程度上依赖于地质遗迹的国际、国内对比，然而，到目前为止，尚无全球性地质遗迹数据库。因此，获取可以对比的海量地质遗迹数据就变得非常困难。即便能获得，不同国家的评价标准不一样，也很难进行对比，评价的结果也就变得毫无意义。

经过20余年地质遗迹保护和10多年地质公园建设，我国逐渐积累了相当多的地质遗迹评价经验，在国土资源部的倡导下，在参于UNESCO世界地质公园网络计划的促进下，我国正在形成具有自身特色的地质遗迹评价标准。内蒙古地质遗迹资源评价主要参照和引用了如下法规、规范、标准和文件。

（1）国土资源部，2004，《国家矿山公园申报工作指南》；

（2）国土资源部，2009，《国土资源部办公厅关于开展国家地质公园监督检查工作的通知》；

（3）国土资源部，2009，《国家地质公园总体规划修编技术要求》；

（4）国土资源部，2010，《国家地质公园规划编制技术要求》；

综合价值也会大打折扣。

③开发利用条件

地质遗迹资源能否被有效保护和利用，很大程度上取决于：第一，资源本身开发、利用的价值；第二，区域经济、社会背景条件，包括经济水平、经济增长、经济结构、基础设施、服务设施等；第三，开发收益，包括经济和社会效益，既包括短期收益，也包括长期效益；第四，政府的态度，该类条件一般是可以通过一定途径和方式改变的，相对于区域环境而言，其可变性更大一些。有时，这些条件对于地质遗迹能否被有效保护和合理利用起着决定性的作用。

（2）指标体系和权重

内蒙古地质遗迹资源评价体系主要由三部分构成：评价主体（A），即地质遗迹评价的对象；评价因子（B），即地质遗迹资源评价的主要变量；评价指标（C），即衡量变量大小的次级因素。

地质遗迹资源综合评价的结果（A）取决于四个主要的评价因子，即资源禀赋（B_1）、管理基础（B_2）、区域环境（B_3）和开发利用（B_4），这些评价因子主要通过稀有性（C_1）等18个评价指标进行评价，具体地质遗迹评分则是按照评分标准（D）进行专家打分。对于地质遗迹资源评价结果而言，每个评价因子所起的作用不同，因此，确定评价因子及评价指标所在评价级中的权重（百分比）关系着评价结果的基本倾向及其合理性。

本研究中，各类权重是在借鉴历次国家地质公园评审打分标准，广泛征询业内专家意见，并结合本区地质遗迹资源特点而综合确定的。

①评价因子权重分配

地质遗迹资源禀赋评价既决定着地质遗迹的内在价值和是否应当被开发利用，也决定了开发利用后其对社会经济发展能作出多大的贡献、创造多少效益。同时，资源禀赋是不可再生的评价因子。因此，该因子在整个评价体系中应占主导地位，如将总体评价权重设为1，则赋予资源禀赋评价的权重为0.6。

地质遗迹资源能否被有效保护和利用，与其管理基础有很大的关系，如保护基础、管理机构和宣传教育等。这些因素是除地质遗迹资源禀赋之外，与其关系最直接的因素。原因在于，地质遗迹资源是不可再生资源，地质遗迹资源利用实

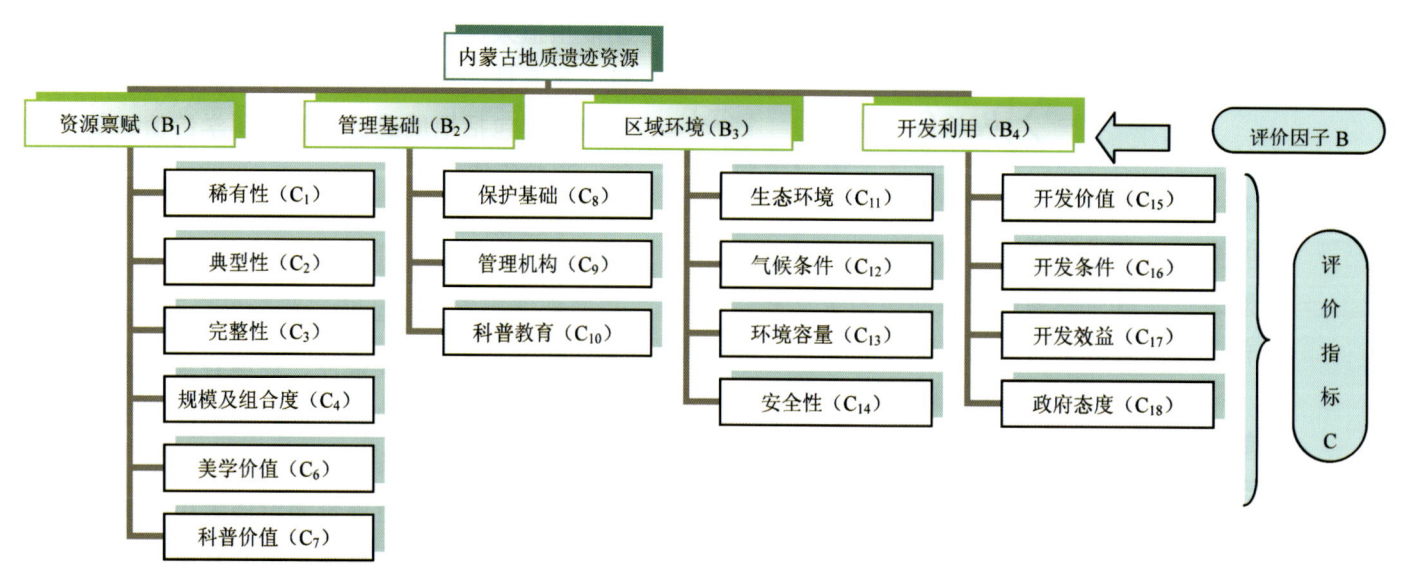

内蒙古自治区地质遗迹资源评价体系层次模型

质上是一个资源分配和管理问题，有效管理是地质遗迹资源可持续利用的基础。不容忽视的一个问题是：许多地质遗迹资源在开发利用过程中由于缺乏管理基础，使得地质遗迹遭受破坏也无人问津，最终导致资源的湮灭。因此，要十分重视管理基础在资源评价中的地位和作用，将该因子的权重赋为0.15。

地质遗迹资源所处区域的环境条件是其存在的背景，这些因素是自然塑造的结果，很多是非人力能改变的，如地质遗迹所处的位置以及所处地区的环境和气候等。这些因素是地质遗迹开发和利用的潜在约束集。因此，将该部分的权重确定为0.1。

开发利用评价，实际上是对地质遗迹开发的社会条件进行评价。这些条件包括管理者（开发者）对地质遗迹资源价值的认同，即开发价值评价；还包括开发的经济条件，广义上可称之为经济背景，涵盖了经济发展水平、经济结构等因素，包括地质遗迹资源开发效益期望。在开发利用的条件中最为重要的莫过于当地的经济状况。地质遗迹景观所在地的社会经济发展水平和人文底蕴等既是一类可变的因子，又是变化十分被动的因子。在特定历史条件下，它甚至是景观能否被开发利用的决定性因素，它同时也决定着资源效益转化为经济效益的速度。因此，赋予该指标的评价权重为0.15。

② 评价指标权重分配

地质遗迹资源评价因子主要由评价指标（B_i）所确定，各评价指标在因子评价中所占的比重也有差别，按照每个因子的重要性分别赋予它们不同的权重。在本评价体系中四个大的评价因子共涉及18项评价指标，如设定因子评价值为1，其内各项指标权重确定如下。

资源禀赋评价因子包括七个评价指标，这组指标反映两个方面的基本内容：①地质遗迹资源属性评价；②地质遗迹资源功能机制评价。赋予第一部分0.55的权重，第二部分0.45的权重。决定地质遗迹资源价值大小的首要因素是其稀有性，即所谓"物以稀为贵"，赋权重值0.2，其余的如典型性0.15、完整性0.15、规模及组合度0.1。对于功能价值而言，最为重要的莫过于其科学和美学价值，因此分别赋权重值0.15，科普价值0.1。

管理基础评价因子包括三个评价指标。对于地质遗迹资源而言有相对应的管理机构是非常重要的，是管理基础之基础。因此，"管理机构"因子赋值0.5。"保护基础"反映了管理部门对地质遗迹资源的重视和认识程度，在很大程度上对地质遗迹资源的可持续利用具有显著的影响，赋值0.3。地质遗迹资源的科学普及和教育是影响区域或全国对地质遗迹资源态度的重要因素，赋值0.2。

区域环境评价因子包括四个评价指标。该组指标主要反映地质遗迹资源的自然环境条件，这些条件是自然发生的，但很容易被人为活动破坏，一旦破坏将导致地质遗迹资源被破坏，反之，良好的区域环境将促进地质遗迹资源的保育。地质遗迹资源所处区域的生态环境是否与地质遗迹相协调关系到其能否被有效保护和可持续利用，如环境污染、生态破坏会使得地质遗迹资源的开发利用变得极其艰难，因此，赋值0.3。地质遗迹资源所处地区的空间容量决定着其利用的程度和可能性，狭义而言仅指该区的旅游环境容量，广义而言还包括生态容量。简言之，该指标反映区域是否能够承载未来的人流量，赋值0.3。气候因素对于内蒙古地质遗迹资源的开发具有极为重要的限制，主要表现在旅游的有效时段，赋值0.2。地质遗迹资源所处环境，对于游客进入是否有现实或者潜在的安全威胁需要高度重视，尤其是一些水体类、地质灾害类景观，赋值0.2。

开发利用因子包括四个评价指标。该组指标主要反映：地质遗迹资源开发的自身评估；开发的外部条件评价。对于开发而言，开发价值的评估非常重要，是前提，因此赋值0.3。开发效益的

内蒙古地质遗迹资源各项指标权重

评价因子	权重	评价指标	权重	评 分 等 级 标 准				
				A	B	C	D	E
资源禀赋	0.6	稀有性	0.2	极奇特	很奇特	较奇特	普通	很普通
				100～90	90～75	75～60	60～45	<45
		典型性	0.15	完整典型代表	主要阶段	完整区域性	完整地区性	常见
				100～90	90～75	75～60	60～45	<45
		完整性	0.1	极高	很高	较高	一般	低
				100～80	80～60	60～40	40～0	0
		规模及组合度	0.1	宏大	很大	较大	较小	很小
				100～80	80～70	70～60	60～50	<50
		科学价值	0.2	极高	很高	较高	一般	低
				100～90	90～80	80～70	70～50	<50
		美学价值	0.15	优美独特	优美	较好	一般	非艺术性
				100～90	90～75	75～60	60～45	<45
		科普价值	0.1	极佳	佳	较佳	一般	不佳
				100～90	90～75	75～60	60～45	<45
管理基础	0.15	管理机构	0.5	非常完善	完善	一般	有	无
				100～90	90～75	75～60	60～45	<45
		保护基础	0.3	优秀	良好	一般		无
				100～95	95～75	75～60	60～45	<45
		科普教育	0.2	非常完善	完善	不完善	有	无
				100～90	90～75	75～60	60～45	<45
区域环境	0.10	生态环境	0.3	优美、决定性作用	较好、重要作用	和谐、重要因素	与自然融合、有一定作用	整治保护因素
				100～90	90～80	80～70	70～50	<50
		环境容量	0.3	极大	大	较大	较小	很小
				100～85	85～70	70～55	55～40	<40
		气候条件	0.2	优秀	良好	一般	差	恶劣
				100～95	95～70	70～55	55～40	<20
		安全性	0.2	很好	好	较好	不安全	隐患
				100～80	80～60	60～40	40～20	0
开发利用	0.15	开发价值	0.3	极大	大	较大	较小	没必要
				100～80	80～60	60～40	40～0	0
		开发效益	0.4	迅速	近期	远期	潜在	无
				100～80	80～60	60～40	40～0	0
		开发条件	0.2	已经具备	近期具备	远期具备	潜在	不具备
				100～85	85～70	70～55	55～40	<40
		政府态度	0.1	100～85	85～60	60～40	<40	0
				非常支持	支持	中立	反对	阻挠

好坏直接决定着是否要开发，赋值0.4。作为外部环境条件的经济背景、社会服务设施和条件对于资源开发起着限制性的作用，赋值0.2。政府的态度对于地质遗迹资源开发日益起着重要的作用，政府的支持将加快地质遗迹资源的开发进程，同时也会保障地质遗迹资源保护的顺利展开，赋值0.1。

③评分标准

每项评价指标中，按评价内容的优劣程度应划分A、B、C、D、E五个级别的评价标准，设定评价指标评价分值为100，分别对五个标准级别赋以权重。

内蒙古地质遗迹资源禀赋评价因子评分标准

等级 指标	A级	B级	C级	D级	E级
稀有性	100～90 全球唯一或罕见的极奇特的地质遗迹	90～75 全球少有、国内唯一的很奇特的地质遗迹	75～60 国内少有，省内唯一的较奇特的地质遗迹	60～45 省内少有，地区唯一的普通的地质遗迹	<45 常见的很普通的地质遗迹
典型性	100～90 重大地质作用全过程完整的物质记录，具有典型代表意义	90～75 重大地质作用全过程几个主要阶段的物质记录，能据此了解该作用的概貌	75～60 区域性重要地质作用全过程完整的物质记录，具有区域性代表意义	60～45 地区性地质作用全过程完整的物质记录，在相当于二、三级大地构造单元内具有代表性意义	<45 常见的地质现象
完整性	100～80 自然保存地质遗迹整体完好	80～60 自然保存地质遗迹整体基本完好，非主要部分稍有破坏	60～40 自然保存地质遗迹不完整，遭破坏明显，但重要部分保存完整	40～0 自然保存地质遗迹已不完好，破坏较重，连重要部分也已遭破坏	<0 地质遗迹遭严重破坏，难显整体形态，不能提供观赏
规模及组合度	100～80 景观单体形态巨大，景区面积可达数百乃至上千平方千米	80～70 景观单体形态高大，景区面积百余平方千米至几百平方千米	70～60 景观单体形态较大，景区面积数平方千米至一百余平方千米	60～50 景观单体形态较小，景区面积数平方千米至数十平方千米	<50 景观单体形态很小，景区面积1平方千米至数平方千米，或<1平方千米
科学价值	100～90 具有极高的科学研究价值，有全球性意义	90～80 具有很高的科学研究价值，有全国性意义	80～70 在一级大地构造单元中具有较高的科学研究意义	70～50 在省内区域地质科学研究上具有代表性意义	<50 一般常见的地质现象
美学价值	100～90 具有众多优美而独特天然艺术造型组合的地质遗迹	90～75 具有天然艺术造型组合的地质遗迹	75～60 具有较好天然艺术造型组合的地质遗迹	60～45 具有一般天然艺术造型组合的地质遗迹	<45 具有非艺术性的自然形态组合的地质遗迹
科普价值	100～90 地质遗迹资源类型非常多，配置协调、紧凑，非常适于科普	90～75 地质遗迹资源类型多，配置协调、紧凑，适于科普	75～60 相关地质遗迹虽较多，组合欠佳，不适于进行科普	60～45 地质遗迹较少，基本不具有科普价值	<45 地质遗迹资源类型单一，极其不适于科普

内蒙古地质遗迹管理基础评价因子评分标准

等级 指标	A级	B级	C级	D级	E级
管理机构	100～90 有专门的管理机构，机构完善，地学专业人员配备齐全	90～75 有专门的管理机构，机构比较完善，有地学专业人员配备	75～60 有相关管理机构，有相关专业人员配备	60～45 有相关管理机构，专门人员配备差	<45 无相关的管理机构
保护基础	100～90 有专门的保护基地，保护措施有力，保护设施完善	90～75 有专门的保护基地，保护措施有力，保护设施有待完善	75～60 无专门的保护基地，保护措施有待改进，保护设施有待完善	60～45 无专门的保护基地，保护措施不力，保护设施匮乏	<45 没有保护基础
科普教育	100～90 非常完善的解说体系，丰富多样的科学普及出版物	90～75 解说体系完善，科普出版物种类和数量相对丰富多样	75～60 解说体系不完善，科普出版物种类和数量少	60～45 有无解说体系，科普出版物匮乏	<45 无科普教育的基础

内蒙古地质遗迹区域环境评价因子评分标准

等级 指标	A级	B级	C级	D级	E级
生态环境	100～90 地质遗迹为当地营造了优美的自然环境，而且对当地生态环境的平衡具有决定性的作用	90～80 地质遗迹为当地营造了较好的自然环境，而且对当地生态环境的平衡具有重要的作用	80～70 地质遗迹为当地营造了和谐的自然环境，而且是当地生态环境和谐发展重要因素之一	70～50 地质遗迹自然融合于当地自然环境中，而且对当地生态环境的稳定具有一定的作用	<50 地质遗迹作为当地自然环境的组成部分，是当地环境保护和整治的一方面因素
环境容量	100～85 容量极大，日接纳游人数可达数千人乃至万人	85～70 容量大，日接纳游人数可达千人至数千人	70～55 容量较大，日接纳游人数为数百人至一千人	55～40 容量小，日接纳游人数仅百余人	<40 容量很小，日接纳游人数仅数十人
气候条件	100～80 景观区季节与常规气候变化不影响游人对景观的观赏，旅游业运行正常	80～60 季节与气候变化对旅游业正常运行稍有影响，但运行基本正常	60～40 季节与气候变化影响游人的出行与观赏，旅游人数明显减少，造成旅游业运行明显不正常	40～20 季节与气候变化时游人骤减，旅游业运行严重不正常，处于"靠天吃饭"的境况，旺季时间短，淡季时间长	<20 气候条件恶劣，旅游旺季时限短暂，而淡季时限极长，二者相比，呈1∶10，基本不适宜旅游业的发展
安全性	100～80 景区景观自然状态稳定，无安全隐患，且交通工具齐全，交通运行便利，交通安全管理严格有效	80～60 景观自然状态有局部不甚严重的不稳定部分，但一经有力处理，安全隐患可消除，且有严格有效的防范措施；景区交通工具基本齐全，交通安全管理措施得力，运行中极少发生安全事故	60～40 景观体结构欠牢固，存在坠石、崩塌等安全隐患，虽经防护整治，尚能避免新的安全隐患发生，游人观赏景点常受安全因素制约，不可大意，且通行条件较困难，通行工具不够完善，交通安全缺少有力保障	40～20 景观体结构明显不牢固、通行条件困难，交通工具简陋，安全隐患较多，基本无安全保障	<20 安全隐患极大，不适宜游人观赏

内蒙古地质遗迹开发利用评价因子评分标准

指标 \ 等级	A级	B级	C级	D级	E级
开发价值	100~80 景观开发利用价值极大，对社会经济发展具有明显的促进作用	80~60 景观开发利用价值大，可为地方社会发展与经济增长作出贡献	60~40 景观开发利用可为地方社会发展与经济增长作出较大贡献	40~0 景观开发利用可为地方社会发展与增长作出一定贡献	<0 地质遗迹不具开发价值
开发效益	100~80 地质遗迹本身的价值、地方社会经济发展的需要与可能、市场经济环境，具备了地质遗迹立即开发利用的必需条件，而且可以由资源优势迅速转化为社会经济效益	80~60 地质遗迹已经具备了开发利用需要与可能，但还有待地方社会经济创造条件，使资源优势近期转化为社会经济效益	60~40 地质遗迹虽具开发利用价值，但地方社会经济发展水平与市场需求，尚不完全具备资源优势转化为经济效益的条件，需经一定时日——五年、十年，条件具备时才可实现	40~0 地质遗迹开发利用的各项条件尚不具备，只能作为潜在资源有待来日再议	<0 地质遗迹本身价值平平，没有开发利用之必要
开发条件	100~85 当地经济发展水平、市场需求及经济技术水平已经具备，地质遗迹可开发利用	85~70 有待地方经3~5年的经济发展、经济实力显著增加，开发景观资源的技术能力方可具备，市场需求明显增长，开发利用方可实现	70~55 地方经济经10~15年的较长时期发展才具备地质遗迹资源景观开发利用的经济、技术条件和市场的需求	55~40 经15~20年或更长时期的社会经济发展，以待条件具备时再开发利用	<40 无论当前还是将来，不管社会经济、技术和市场机制的发展，都不可能具备地质遗迹资源景观开发的必需条件
政府态度	100~85 非常支持，注重地质遗迹保护，并出台相关的保护条例，重视地质遗迹资源的可持续开发利用，积极协调地质遗迹资源开发利用中的问题	85~60 支持，重视地质遗迹资源的经济价值，重视保护地质遗迹，为地质遗迹资源开发提供便利	60~40 中立，对地质遗迹资源开发不冷不热，但重视保护地质遗迹	<40 反对，反对任何对地质遗迹保护和开发的投入	<10 极力阻挠

④地质遗迹资源等级

依据中国国家地质公园建设技术要求和工作指南并结合内蒙古地质遗迹实际情况，对地质遗迹进行定量评价，其具体分级标准为：

Ⅰ 世界级（国际性的）
Ⅱ 国家级（全国性的）
Ⅲ 自治区级（区域性的）

12.2.2.5 评价结果

根据上述评价方法和技术，对内蒙古地质遗迹资源进行了相关评价结果如下：

（1）定性评价结果

①地质遗迹资源类型多样

内蒙古自治区地域广阔，横跨东部季风区

科学之美，不同类型的地貌构成了令人心旷神怡的景观。自东向西，可以体验从季风区到干旱区的地貌景观变化，从苍茫葱郁的茫茫兴安林海到广阔无垠的呼伦贝尔草原、贡嘎尔草原、锡林郭勒草原，再到阿拉善一望无垠的干旱草原，最后到最为干旱的阿拉善沙漠、戈壁。还可以体验到天公造物的自然神奇，从在美丽雄奇的克什克腾体验世界罕见的花岗岩石林、花岗岩岩臼，到在内蒙古最西部阿拉善右旗境内体验千奇百怪的风蚀花岗岩地貌景观。每一处地质遗迹都让人感到震撼：东部是火山的王国、温泉的天堂，还有众多的火山口湖；西部是沙漠的秘境，干旱和风沙共同创造了惊世骇俗的自然奇观。珍贵的地球记录，给人以科学之美的享受，透过这些岩石、化石和地貌，可以领略自然造化的机理，反演远古生命的环境。

⑤地质遗迹资源潜力巨大

内蒙古地质遗迹资源开发潜力巨大，这主要是由于：自身价值高；已经被开发的资源只占总体资源很小的比例；地质遗迹资源开发利用的方式和途径存在着巨大的潜力。目前对于地质遗迹资源的利用主要集中于：建设地质公园，发展旅游经济；建立保护站（点）用于科学研究和科普教育；夹杂在矿产资源的开发和利用之内。

地质遗迹资源是自然资源，但其同矿产等资源有所不同，不是通过工业化过程转化为有形产品，而是通过一定的设施、服务和传媒手段将其转化为旅游产品、书籍、影视作品等无形产品。从资源利用角度而言，地质遗迹资源利用方式是一种可持续利用方式，前提是开发方式合理，资源不会被破坏。类型如此众多、价值如此高的地质遗迹资源，蕴含了无穷的开发利用潜能。目前，我们对地质遗迹资源的利用还是浅层次的，深入的开发将会形成更大的市场和需求。从这个角度而言地质遗迹资源是取之不尽、用之不竭的可持续利用资源，前提是我们需要更深入地研究

地质遗迹资源的特征及利用方式。

随着交通和服务设施的完善,许多地质遗迹资源将更加具有价值,蕴藏着无穷的潜力。如阿拉善沙漠世界地质公园,每年都有大量的国内外游客慕名来此体验大漠风情,但基础设施和服务设施的限制使得资源的潜能只释放了很小的一部分。区域机场和旅游服务设施建设,酒店和旅行社的快速成长,将使得地质遗迹资源的价值得以成倍的放大。

(2) 定量评价结果

综合以上评价因子、评价指标及评价标准的评价内容与权重配比原则,地质遗迹景观资源的综合评价标准可参照下表进行。根据评价细则和方法对全区地质遗迹资源进行定量评价,得出评价结果和具体评分。

内蒙古自治区地质遗迹资源评价与分级

属地	地质遗迹类型	主要地质遗迹景点(景区)	价值等级
阿拉善盟	变质岩相剖面	阿拉善左旗—右旗中太古界—元古界阿拉善岩群	国家级
	沉积岩相剖面	阿拉善左旗下白垩系苏红图组	自治区级
		阿拉善左旗上白垩系乌兰苏海组	自治区级
		阿拉善左旗青年农场奥陶系拉什仲组	自治区级
	构造形迹	阿拉善右旗—额济纳旗早华力西运动泥盆系与下石炭统绿条山组角度不整合接触面	国家级
		阿拉善右旗北山地区推覆构造	国家级
		贺兰山构造带	国家级
	古植物	额济纳旗硅化木化石	自治区级
	古动物	阿拉善右旗邵瑞图早白垩世恐龙化石	国家级
		阿拉善左旗图克木苏木白垩纪古生物化石保存地	国家级
		阿拉善左旗乌力吉苏木红图白垩纪食肉恐龙化石保存地	国家级
		额济纳旗马鬃山侏罗纪恐龙化石保存地	国家级
		阿拉善左旗乌兰塔塔尔渐新世哺乳动物群	国家级
	山石景观	阿拉善左旗狼山乌拉山群变质岩景观	国家级
		阿拉善左旗敖伦布拉格峡谷群	国家级
		阿拉善右旗红墩子峡谷	国家级
		阿拉善左旗人根峰	国家级
		阿拉善右旗海森楚鲁花岗岩风蚀地貌	国家级
		阿拉善左旗诺尔公花岗岩风蚀地貌	国家级
	风成景观	额济纳旗戈壁景观	世界级
		阿拉善右旗巴丹吉林沙漠	世界级
		阿拉善右旗巴丹吉林沙漠高大沙山群	世界级
		阿拉善右旗巴丹吉林沙漠鸣沙区	世界级
		阿拉善左旗腾格里沙漠	世界级
		阿拉善左旗乌兰布和沙漠	国家级

	湖泊景观	阿拉善右旗巴丹吉林沙漠湖泊群	世界级
		阿拉善左旗腾格里沙漠湖泊群	世界级
		额济纳旗居延海	国家级
		阿拉善左旗吉兰泰盐湖	国家级
	矿物	阿拉善左旗葡萄玛瑙矿床	国家级
		阿拉善左旗乌力吉苏木红图西北戈壁奇石	国家级
乌海市	沉积岩相剖面	岗德尔山拉什仲庙克里摩里奥陶系克里摩里组	自治区级
		岗德尔山奥陶系三道坎组地层剖面	自治区级
	矿床	乌海桌子山石炭—二叠系煤田	国家级
	灾害地质环境	乌达区乌达矿区地面塌陷遗迹	国家级
巴彦淖尔市	变质岩相剖面	乌拉特中旗太古界色尔腾山岩群	自治区级
		乌拉特后旗古元古界宝音图群	自治区级
		乌拉特前旗大佘太镇中元古界什那干群	自治区级
		乌拉特前旗寒武系大佘太组地层剖面	自治区级
		乌拉特前旗—中旗中元古界渣尔泰山群	自治区级
	沉积岩相剖面	乌拉特前旗—中旗寒武系色麻沟组	自治区级
		乌拉特前旗小佘太镇奥陶系白彦花山组	自治区级
		乌拉特前旗佘太镇奥陶系乌兰胡同组	自治区级
		乌拉特前旗大佘太镇山黑拉奥陶系二哈公组	自治区级
		乌拉特前旗佘太镇拴马桩沟石炭系拴马桩组	自治区级
		乌拉特前旗佘太镇拴马桩沟石炭系佘太组	自治区级
		乌拉特后旗下白垩系固阳组	自治区级
		乌拉特后旗巴隆乌拉山下白垩系巴音戈壁组	自治区级
	构造形迹	乌拉特前旗—呼和浩特深断裂	国家级
		乌拉山—色尔腾山大型推覆构造	国家级
		巴音乌拉山—狼山造山带	国家级
		巴音乌拉山—狼山—色尔腾山南缘深断裂	国家级
		乌拉特后旗狼山东升庙沟推覆构造	国家级
		佘太镇—固阳下湿壕—武川酒馆—田子王旗一带韧性剪切带	自治区级
	古动物	乌拉特中旗海流图镇早侏罗世恐龙足迹	国家级
		乌拉特后旗赛乌素镇巴彦满都呼晚白垩世恐龙动物群	国家级
	古植物	乌拉特中旗宝日恒图硅化木化石	国家级
	山石景观	乌拉特后旗宝音图古近纪砂泥岩地貌	国家级
		磴口县阿贵庙洪羊洞	国家级
		乌拉特后旗东升庙花岗岩峰林景观	国家级
		乌拉特中旗同和太奇花岗岩石林景观	国家级
	风成景观	磴口县乌兰布和沙漠	国家级

	河流	磴口县三盛公黄河风景河段	国家级
	湖泊景观	磴口县纳林湖景观	自治区级
		乌拉特前旗乌梁素海	自治区级
		磴口县冬青湖	自治区级
	泉水	磴口县阿贵庙矿泉	自治区级
		乌拉特前旗大佘太温泉	自治区级
	矿床	乌拉特中旗色尔腾山大中型磁铁矿床	自治区级
		乌拉特前旗甲生盘、乌拉特后旗东升庙—炭窑口—霍各乞大型多金属矿床	国家级
		磴口县玛瑙湖宝玉石矿床	自治区级
		乌拉特中旗角力格太宝石矿床	自治区级
鄂尔多斯市	沉积岩相剖面	乌审旗萨拉乌苏河第四系大沟湾组	国家级
		乌审旗萨拉乌苏河滴哨沟湾第四系成川组	国家级
		乌审旗红柳河萨拉乌苏第四系萨拉乌苏组地层剖面	国家级
		东胜区三叠系二马营组、延长组	自治区级
	古动物	鄂托克旗查布苏木西南晚白垩世龙足迹化石	世界级
		阿尔巴斯早白垩世恐龙化石	世界级
		鄂托克旗查布苏木早白垩世恐龙动物群	世界级
		鄂托克旗查布苏木早白垩世鱼类、叶肢介化石	世界级
		乌审旗萨拉乌苏河晚更新世哺乳动物群	国家级
		准格尔旗大路峁哺乳动物化石	自治区级
		准格尔旗布尔陶亥哺乳动物化石	自治区级
		准格尔旗神树沟哺乳动物化石	自治区级
		准格尔旗浩绕柴达木苏木老龙豁子白垩纪恐龙化石保存地	自治区级
	古人类	乌审旗"河套人化石"及其文化遗址	世界级
	风成景观	达拉特旗沙日召响沙带	国家级
		达拉特旗展旦召苏木响沙湾	国家级
		杭锦旗、达拉特旗和准格尔旗库布齐沙漠景观	国家级
		毛乌素沙地景观	国家级
	河流	准格尔旗万家寨黄河大峡谷	国家级
	湖泊景观	杭锦旗七星湖群景观	国家级
	泉水	鄂托克旗伊克乌素热矿泉水	自治区级
		鄂托克旗包尔浩晓热矿水	自治区级
	矿床	准格尔旗石炭纪准格尔煤田	世界级
		鄂尔多斯东胜煤田	世界级
		鄂托克旗桌子山石炭纪煤田	国家级
	变质岩相剖面	包头市白云鄂博矿区中—晚元古界白云鄂博岩群	世界级
		九原区哈达门沟太古界乌拉山岩群	国家级

包头市	沉积岩相剖面	达尔罕茂明安联合旗中二叠统哲斯组地层剖面	国家级
		昆都仑区包尔汗图西别下游志留系—泥盆系巴特敖包西别河组地层剖面	自治区级
		达尔罕茂明安联合旗巴特敖包山志留系巴特敖包礁灰岩（珊瑚礁）	自治区级
		达尔罕茂明安联合旗阿木山石炭系阿木山组	自治区级
		土默特右旗老窝铺二叠系老窝铺组	自治区级
		石拐区童盛茂村东二叠系脑包沟组	自治区级
		石拐区童盛茂村东二叠系石叶湾组	自治区级
		石拐区东部二叠系杂怀沟组	自治区级
		石拐区古城塔长汉沟中下侏罗系长汉沟—五当沟组	自治区级
		固阳县锡莲脑包白垩系固阳组	自治区级
	构造形迹	包头达尔罕茂明安联合旗—锡林郭勒盟苏尼特右旗温都尔庙—西拉木伦河深大断裂	世界级
		九原区哈达门沟太古界乌拉山群褶皱构造剖面	国家级
		白云鄂博矿区中—晚元古界色尔腾山群与白云鄂博群角度不整合接触面	国家级
		昆都仑区志留统西别河组和中下奥陶统包尔汗图群角度不整合接触面	国家级
		固阳县中燕山运动上侏罗统大青山组与下白垩统李三沟组角度不整合接触面	国家级
		昆都仑区乌拉山山前大断裂带（典型断裂构造地貌）	国家级
		石拐区石拐盆地及营盘湾盆地南北两侧推覆构造	自治区级
		石拐区二叠纪童盛茂褶皱	自治区级
	古动物	土默特右旗老窝铺脑包沟二叠纪二齿兽类化石保存地	国家级
		达尔罕茂明安联合旗巴特敖包晚志留—早泥盆世动物群	国家级
		达尔罕茂明安联合旗满都拉中二叠世哲斯组动物群	国家级
		石拐区煤矿侏罗纪古鳕鱼化石保存地	国家级
	山石景观	九原区阿嘎如泰苏木梅力更沟花岗岩峰林景观	自治区级
	矿床	白云鄂博矿区白云鄂博特大型铁—稀土—铌矿床	世界级
	灾害地质环境遗迹	石拐区滑坡遗迹	自治区级
		昆都仑区西柳沟泥石流遗迹	自治区级
呼和浩特市	变质岩相剖面	武川县冯家窑村古元古界二道凹群	自治区级
	沉积岩相剖面	清水河县寒武—奥陶系地层剖面	自治区级
	构造形迹	大青山大型推覆构造	国家级
		乌拉山—大青山山前大断裂	国家级
		小井沟—神水县小井沟—神水梁大型剥离断层	国家级
		大青山哈拉沁沟褶皱构造	国家级
		集宁群褶皱构造剖面	国家级
	古动物	清水河县寒武纪三叶虫化石产地	自治区级
	古人类	新城区大窑古人类及文化遗址	国家级
	山石景观	武川县哈德门山间峡谷	自治区级
		大青山哈拉沁沟变质岩景观	自治区级

锡林郭勒盟	蛇绿岩套	二连浩特—贺根山古生界中泥盆统蛇绿岩套	世界级
		温都尔庙中元古界蛇绿岩套	世界级
	沉积岩相剖面	苏尼特左旗古近系通古尔组地层剖面	国家级
		二连浩特市晚白垩统二连组地层剖面	国家级
		东乌珠穆沁旗西山塔尔巴格特泥盆系塔尔巴格特组	自治区级
		东乌珠穆沁旗西山泥盆系敖包特组	自治区级
		东乌珠穆沁旗西山泥盆系敖包亭浑迪组	自治区级
		东乌珠穆沁旗西山巴润特花泥盆系巴润特花组	自治区级
		苏尼特左旗赛汉高毕（本巴图）石炭系本巴图组	自治区级
		东乌珠穆沁旗石炭—二叠系宝力格庙组	自治区级
		二连浩特市伊尔丁曼哈峭壁古近系伊尔丁曼哈组	自治区级
		二连浩特市阿山头古近系阿山头组	自治区级
	构造形迹	东乌珠穆沁旗—西乌珠穆沁旗贺根山地区推覆构造	国家级
		苏尼特右旗寒武系温都尔庙群褶皱构造剖面	国家级
	古植物	东乌珠穆沁旗哈诺敖包西山泥盆系植物化石	自治区级
	古动物	二连浩特市盐池—查干诺尔恐龙化石保存地	世界级
		二连盐池晚白垩世二连恐龙动物群	世界级
		正黄旗查布苏木早白垩世恐龙足迹	国家级
		二连浩特乌兰戈楚渐新世哺乳动物群	国家级
		苏尼特左旗通古尔中新世晚期动物群	国家级
	山石景观	阿巴嘎旗火山群	国家级
		锡林浩特市白音库伦火山群	国家级
		锡林浩特市达里诺尔火山群	国家级
		东乌珠穆沁旗呼布沁高壁苏木雅斯太花岗岩峰林景观	自治区级
		苏尼特左旗宝德尔花岗岩石林景观	自治区级
	风成景观	正蓝旗、正镶白旗浑善达克沙地景观	国家级
	湖泊景观	阿巴嘎旗查干诺尔	自治区级
	泉水	锡林浩特市阿尔善布拉格矿泉	自治区级
乌兰察布市	岩浆岩相剖面	集宁市新近系汉诺坝组	国家级
	变质岩相剖面	兴和县太古界集宁岩群	国家级
		兴和县太古界兴和岩群地层剖面	国家级
		四子王旗中—晚元古界温都尔庙群	国家级
	沉积岩相剖面	四子王旗脑木根古近系脑木根组	国家级
		四子王旗脑木根好山头组	国家级
		四子王旗脑木根古近系伊尔丁曼哈组	国家级
		四子王旗乌兰胡哨古近系沙拉木伦组	国家级
		四子王旗脑木根古近系乌兰戈楚组	国家级
		四子王旗额尔登敖包古近系呼尔井组	国家级

兴安盟	山石景观		阿尔山市石塘林火山熔岩景观	世界级
			阿尔山市摩天岭（高山）火山锥	世界级
			阿尔山市天池火山堆	世界级
			阿尔山市岩山火山锥	世界级
			阿尔山市阿尔山火山群	世界级
			阿尔山市五岔沟镇豪森沟麒麟峰猎人峰	国家级
			阿尔山市玫瑰峰花岗岩峰林景观	国家级
			扎赉特旗大神山花岗岩地貌景观	自治区级
	风成景观		科尔沁左翼前旗科尔沁沙地景观	国家级
	河流		阿尔山市哈拉哈河三潭峡景观	国家级
	湖泊景观		阿尔山市兴安湖	世界级
			阿尔山市鹿鸣湖	世界级
			阿尔山市乌苏浪子湖	世界级
			阿尔山市仙鹤湖	世界级
			阿尔山市杜鹃湖	世界级
			阿尔山市松叶湖	世界级
			阿尔山市双沟山天池	世界级
			阿尔山市骆驼峰天池	世界级
			阿尔山市地池	世界级
			阿尔山市天池	世界级
			阿尔山市眼镜湖	世界级
	泉水	阿尔山热水温泉群	阿尔山市阿尔山疗养院温泉群	世界级
			阿尔山市五里泉	国家级
			阿尔山市金江沟温泉	国家级
呼伦贝尔市	岩浆岩相剖面		扎兰屯市吉尔果山、柴青林场、柴河源林场满克头鄂博组	自治区级
			扎兰屯市柴河源玛尼吐组	自治区级
			扎兰屯市吉尔果山、柴河源林场白音高老组	自治区级
	沉积岩相剖面		鄂温克自治旗伊敏白垩系伊敏组	自治区级
			满洲里市扎赉诺尔区全新统扎赉诺尔组	自治区级
	构造形迹		大兴安岭构造带	国家级
	古植物		满洲里市扎赉诺尔区小孤山化石点	自治区级
	古动物		满洲里市扎赉诺尔煤矿第四纪猛犸象化石	国家级
			新巴尔虎右旗哺乳动物化石	自治区级
			阿荣旗哺乳动物化石点	自治区级
			莫力达瓦达翰尔族自治旗猛犸象化石	自治区级
			阿荣旗那克塔侏罗纪湖泊相生物群	自治区级
	古人类		满洲里市"扎莱诺尔人"化石及其文化遗址	国家级

	山石景观	扎兰屯市柴河火山群	世界级
		鄂伦春自治旗诺敏镇石海火山熔岩地貌	世界级
		鄂伦春自治旗神指峡火山熔岩地貌	世界级
		鄂伦春自治旗诺敏镇石门子峡谷景观	世界级
		鄂伦春自治旗诺敏镇西北四方山火山地貌	世界级
		牙克石市喇嘛山花岗岩峰林景观	国家级
		鄂伦春自治旗阿里河镇噶仙洞	国家级
		鄂伦春自治旗毕拉河烟囱石	国家级
		新巴尔虎右旗花岗岩地貌	国家级
		扎兰屯市柴河镇黑瞎洞	自治区级
		扎兰屯市水帘洞	自治区级
		阿荣旗大白山溶洞群	自治区级
	瀑布	扎兰屯市柴河哈布气林场水帘洞瀑布	自治区级
	河流	额尔古纳市额尔古纳河	世界级
		海拉尔区海拉尔河	世界级
		根河市根河	国家级
		鄂温克自治旗莫勒格尔河	国家级
		牙克石市诺敏河	国家级
		扎兰屯市雅鲁河	国家级
		扎兰屯市绰尔河	国家级
	湖泊景观	新巴尔虎右旗呼伦湖、贝尔湖	世界级
		鄂伦春自治旗达尔滨湖	国家级
		扎兰屯市月亮湖	国家级
		扎兰屯市柴河同心天池	国家级
		扎兰屯市驼峰岭天池	国家级
		新巴尔虎右旗乌兰诺尔	国家级
	泉水	鄂温克自治旗维纳阿尔善矿泉	国家级
		鄂伦春自治旗玉泉山冷泉群	自治区级
		鄂伦春自治旗大杨树神泉	自治区级
		满洲里灵泉	自治区级
	矿物	新巴尔虎右旗乌兰布冷玛瑙矿床	自治区级
		莫力达瓦度宝山玛瑙矿	自治区级
	矿床	额尔古纳市砂金遗址	国家级
		满洲里市扎赉诺尔矿山遗迹	国家级
		扎兰屯市北窑沟麦饭石	自治区级
	灾害地质环境	鄂温克自治旗伊敏滑坡遗迹	自治区级
		扎兰屯市东山泥石流治理工程	自治区级
		满洲里市扎赉诺尔矿区地面塌陷遗迹	自治区级
		陈巴尔虎旗宝日希勒地面塌陷遗迹	自治区级

12.3 地质遗迹资源开发

12.3.1 地质遗迹开发意义

地质遗迹资源开发是地质遗迹利用的一种方式。传统认为，开发与保护总是相矛盾的两个概念，这仅仅是从形式的角度而言。开发追求短期利益，而保护则是保有长远的利益，从利益的角度而言，它们是统一的。因此，地质遗迹资源开发利用的最基本原则就是"在开发中保护，在保护中开发"，要实现这一目标，建设地质公园是最佳的选择。从长远看，地质遗迹资源开发的重要意义表现在：

12.3.1.1 保护地质遗迹

地质遗迹与人类活动相结合，将产生巨大的经济、文化和社会价值。由于地质遗迹的不可再生性，保护地质遗迹是我们对地球和子孙后代的责任和义务。因此，开发地质遗迹资源，建立地质公园是保护地质遗迹的重要手段。

12.3.1.2 保护生物多样性

自然生态系统中的每一个物种，都是长期演化的产物，其形成需上万年的时间。设立地质公园有利于保护大自然物种，保存基因库。

12.3.1.3 提供游憩机会，繁荣地方经济

随着社会的进步，人们对户外游憩的需求与日俱增。具有优美自然环境的地质公园无疑是优质的游憩场所。地质公园通过产业链的关联，可形成营业收入、居民收入、就业、投资等的乘数效应，对地方社会、经济、文化产生明显的影响。

12.3.1.4 促进学术研究和国民教育

地质遗迹资源所处地区的地质、地貌、气候、土壤、生物、水文等自然资源未经人类的干预，对于研究地质和自然科学的人们来说，是极好的地质博物馆和自然博物馆。同时还可以利用它们研究地球的演化、生物进化、生态体系、生物群落等，并为生态环境的保护提供理论和技术支持。地质公园还能通过游客中心、博物馆、研究站、解说牌和一些产品项目等，在室内或野外进行地质遗迹介绍，提供科普的机会，从而提高人们的科学素养。

12.3.1.5 提升旅游产业发展

通过地质公园的建设，可以很好地发展科考、休闲等旅游项目，进而更好地丰富旅游产品。近年来，许多知名景区都纷纷通过国家地质公园和世界地质公园的申报建设来进一步提高知名度，提高地区整体旅游形象，从而为地区的旅游发展起到很好的带动作用。地质公园建设为地方服务主要是通过旅游业的发展来完成的。因此，通过地质公园的建设，一方面为实现珍贵地质遗产的保护提供了很好的资金保障，另一方面，通过地质公园旅游业的发展，可以为当地的社会可持续发展作很大的贡献。

12.3.2 地质遗迹开发原则

地质遗迹资源开发是一项系统工程，是一个长时间的过程，各个地区地质遗迹资源类型和禀赋存在很大差异，另外，各地的环境和开发条件也各不相同，很难形成一个统一的开发模式。近年来，地质遗迹资源的保护利用和地质公园的建设积累了丰富的经验，但也不乏失败的教训。因此，地质遗迹资源开发要从宏观上遵循几个基本原则。

12.3.2.1 资源开发，规划先行

地质遗迹资源开发是一个系统过程。在开发之前，首先要确定哪些类型要采取何种开发措施，开发到何种程度，哪个区域先开发，哪个区域后开发，等等。要协调好这些问题就需要编制详细的地质遗迹资源开发利用规划。鉴于目前地

质遗迹资源开发利用主要在于地质公园建设和遗产资源保护，因此，在决定资源开发之前应当按照国土资源部制定的《国家地质公园总体规划修编技术要求》，进行详细的地质遗迹资源调查，编制科学的地质公园规划，解决上述基本问题。

12.3.2.2 科学规划，合理评价

地质遗迹资源开发之前编制规划是十分必要的，在规划的制订过程中一定要突出规划的科学性，减少主观意志对规划的影响，尤其是不切实际、空洞的规划目标。为做到科学规划，需要组成专门的规划编制小组，参与的成员除专业人员外，还应当有当地管理者以及社区居民，尽量使规划能够廓清未来3～5年地质遗迹资源开发利用的时间框架、操作方式、达到的目标，并预测10年之内资源利用将会遇到的重要问题，在规划中要提出解决预案。地质遗迹资源合理评价是科学编制规划的关键，评价结果是否合理主要看评价结果是否与现实相符，是否具有可操作性，是否能够为未来开发提供充分的依据。

12.3.2.3 分清主次，优中选优

地质遗迹资源开发要分清主次，尤其是对于地质遗迹类型丰富多样、面积广大的内蒙古地区，要十分重视。并不是所有的地质遗迹资源都可以被拿来开发，目前，国内地质公园建设动辄一个公园划分成3～5个园区，甚至10多个园区。从区域发展的角度而言，将资源捆绑统一品牌销售，短时期获利明显，但从长远看存在两个方面的主要问题：①增加了地质遗迹保护的成本和难度，相对少的机构和人员很难完成如此浩大的工作量；②降低了地质遗迹资源的品位，主次不分导致公园设计层次感缺失，主体缺失，"什么都有就意味着什么都没有"，这是简单的道理。因此，在地质遗迹资源开发中要分清主次，优中选优，对重点的资源类型进行深入开发。而那些不适宜做旅游开发的资源和品位较差的资源，建议将它们作为地质遗迹保护点列入地质遗迹保护区或地质公园的外围地质遗迹点进行保护，或者不对它们进行处理，使其处于自然原始状态。

在选取地质遗迹资源进行开发时，应该考虑以下因素：

（1）典型性

主要地质遗迹的类型和在同类型中的代表性及规模。地质遗迹类型划分是个尚待探索的问题。国家地质公园要选择各类型中具有国家典型代表意义者，要考虑规模和可视景物的密集程度以及人文景观的匹配情况。

（2）稀有性

即主要地质遗迹在国内外的罕见和珍稀程度。资源的稀有性不但有重要的保护价值，而且对公众有强烈的旅游吸引功能，如大熊猫是中国独有的珍稀动物，以大熊猫的栖息地为主的风景区对全球游客都有吸引力。稀有性是评定地质公园的重要标准。评价稀有程度时，要从整体上考虑，而不能只着眼于个别资源。如果个别资源虽是国内唯一，但并非地质公园的主体景观，且其他资源总体上属常见者，则不应评为国家地质公园。搜集大量国内外有关地质遗迹数据，是评定稀有性的依据。

（3）优美性

优美性是指地质遗迹资源的美学价值和观赏价值以及公园自然环境对游人感官、休闲游憩活动的愉悦、适宜程度。地质景物的美学评价因素包括科学美、自然美两个方面，尤以自然美为主要评价因素。自然美包括地质景物的形象美、色彩美、线条美、结构美、视觉美、听觉美、嗅觉美、静态美、动态美等。具有特定的美学度是地质公园和地质遗迹保护区的重要区别。自然环境应包括地质环境、生态环境、气候环境、水环境、大气品质及噪声等。环境评价应按国家有关标准评定。美学价值、观赏价值、休闲游憩价值

差的地区不应作为地质公园建立的范围。

（4）科学价值

主要地质遗迹或地质遗迹组合，在地质科学中具有全国的立典价值或代表意义。国际地质科学联合会（IUGS）把地质遗迹的科学价值规定如下：

——代表地球的主要历史阶段并包括生命记录的突出模式；

——正在进行的地质作用的突出模式，重点是在地形发展过程中正在进行的地质作用（如火山喷发、沉积作用等）过程和自然地理过程；

——代表重要地貌和自然景观的突出模式（如火山喷发、断层等）。英国把重要地质遗迹的科学价值按其代表性，分为国际性、国家性、区域性、县级和地方级五个等级；原地质矿产部1995年21号令《地质遗迹保护管理规定》中，按科学价值把地质遗迹区划为国家级、省级、县（市）级三个等级。

（5）经济和社会价值

促进经济发展、带动社会就业是地质遗迹合理开发的主要目的之一。

12.3.2.4 杜绝粗放，深度开发

目前，国内许多地质遗迹资源的开发和利用仍处于资源利用的初级阶段，即粗放式的经营与利用，直接表现是观光旅游大行其道。这样带来的一个后果就是地质遗迹资源不堪重负，继而资源被破坏，价值降低。于是重新选择资源，又开始粗放的循环，最终结果是毁掉整个地质遗迹，我们称该种经营方式是"杀鸡取卵"，甚至"饮鸩止渴"都不为过，因为这种经营方式是不可持续的，破坏了资源，毁掉子孙后代的财富。

"除了让游客游山玩水，地质遗迹资源还能做什么？""除了让游客游山玩水，地质遗迹资源什么不能做呢？"这是两种经营态度和理念，对于地质遗迹资源而言，不过就是山山水水，可是人的认识和智慧使得这山水流光溢彩，正是人的创新和充满智慧的解说才赋予了地质遗迹以生命。所谓深度开发，就是不断地靠人的创新和解说不断增加地质遗迹的生命内涵。创新主要来自产品和手段的创新，而内涵则来自科学研究、美学研究和媒体的宣传。

12.3.2.5 动态监测，严格保护

将地质遗迹资源完全交付给开发商，或者旅游开发机构，尔后不闻不问，造成的后果极其严重，因为开发商追求的是利益最大化。地质遗迹资源管理部门应当长期对地质遗迹资源进行动态监测和管理，一旦地质遗迹出现不良信号，应立即停止任何开发性活动。开发应当建立在生态和环保的基础上，从该角度来说，严格保护地质遗迹是地质遗迹资源开发应有之义。

12.3.3 地质遗迹开发模式

建设地质公园是地质遗迹开发最有效方式。内蒙古拥有丰富多彩的地质遗迹资源，但各地区自然、经济、社会发展情况不尽相同，探索适合各地情况与不同地质遗迹类型的地质公园发展模式，因地制宜，可以有效地保护地质遗迹。因此，应结合地质公园建设的"在开发中保护，在保护中开发"原则，依据地质公园的主要功能，对其发展模式进行定位，从而实现地质遗迹的合理开发。

12.3.3.1 综合协调发展模式

地质公园应具有保护地质遗迹、地质景观与科普教育、提供地质科学研究平台、实现可持续发展及促进旅游业等多重功能。因此，地质公园首先是一个独特的自然与文化结合的综合性区域，既是地质遗迹景观和生态环境的重点保护区，又是地质科学研究与普及的基地，还是旅游观光的场所。它可以改善当地人们的生活条件和

农村环境，加强当地居民对其居住地区的认同感。在保护环境的前提下，地质公园可以刺激具有创新能力的地方企业、小型商业等的发展，提供新的就业机会，为当地人提供收入补充。综合发挥地质公园的多重功能和作用，是地质公园成功运行的基础条件。如克什克腾世界地质公园充分发挥其多种功能，实现了公园及所在区域的综合协调发展。

12.3.3.2 品牌效应模式

地质遗迹与人类文化遗产都是人类的宝贵财富。世界地质公园具有与世界自然与文化遗产相同的地位，国家地质公园与国家风景名胜区、国家自然保护区、国家森林公园等有着同等的法律地位和效用，建设地质公园是保护地质遗迹的重要途径。同时，对发展地方经济、促进旅游业，具有重要作用。充分发挥地质公园作为地球遗产品牌和旅游品牌的品牌效应，扩大地质公园的影响力，使人们充分认识地质公园和地质遗迹的内涵与价值。

12.3.3.3 资源整合模式

以建设地质公园为平台，进行跨省区、省区内、地区内的旅游地学资源整合，一方面实现地质内涵的相互补充，另一方面促进区域旅游业的整体提高，是一种非常有效的地质公园建设发展模式。

12.3.3.4 科学研究模式

旅游开发已经比较成熟的地区，旅游业本身就是当地的经济支柱，旅游服务设施齐全，并有着较强的地质遗迹保护意识。对于此类地质公园可以着重考虑发挥其经济优势，设立专项地质研究基金，以地质遗迹调查促进地质科学研究，以地质公园建设为平台，建立地质科研基地，进行长期的、追踪性的研究，提高我国的地质科学研究水平，从而提高我国在国际地质学界的地位。

12.3.3.5 保护模式

在"在保护中开发"的原则指导下，对观赏性不高或区域经济欠发达地区的地质公园，如以古生物化石遗迹为主的地质公园，宜先采取保护模式，主要对地质遗迹进行严格保护，不能片面强调其旅游开发的经济效益。

12.3.4 地质遗迹开发对象

内蒙古自治区境内具有众多独具特色的地质遗迹资源，其中不乏许多世界级的资源。为了实现对珍贵地质遗迹资源的可持续开发利用，使内蒙古自治区地质公园的申报建议更加合理，依据内蒙古地质遗迹资源评价对重要地质遗迹资源的开发利用规划如下表，具体内容见第13章。

内蒙古地质遗迹资源开发地质（矿山）公园备选名录

地 区	主要地质（矿山）遗迹	现 状	规划 近期	规划 远期
扎兰屯市	火山、温泉、湖泊	自治区级地质公园		世界地质公园
鄂伦春自治旗	火山地貌	自治区级地质公园		世界地质公园
新巴尔虎右旗	湖泊、花岗岩地貌	自治区级地质公园		
阿尔山市	火山、温泉、湖泊	国家地质公园		世界地质公园
二连浩特市	古生物化石、标准地层剖面	国家地质公园		世界地质公园
巴林左旗	花岗岩岩臼及地貌	自治区级地质遗迹保护区	自治区级地质公园	国家地质公园
赤峰市红山区	花岗岩地貌	旗县级地质遗迹保护区	自治区级地质公园	国家地质公园
翁牛特旗	花岗岩地貌、西拉木伦断裂带	自治区级地质公园		国家地质公园
锡林郭勒盟	火山群		自治区级地质公园	国家地质公园
察哈尔右翼后旗乌兰哈达乡	古火山群	旗县级地质遗迹保护区	自治区级地质公园	国家地质公园
四子王旗	标准地层剖面、风蚀地貌	自治区级地质公园		国家地质公园
清水河县	黄河河道景观、标准地层剖面、古生物化石	旗县级地质遗迹保护区	自治区级地质公园	国家地质公园
牙克石市喇嘛山	花岗岩奇峰	森林公园	自治区级地质公园	
赤峰市红山区	麒麟山古生物化石	自治区级地质遗迹保护区	自治区级地质公园	
巴林右旗赛罕乌拉	花岗岩奇峰、珍稀矿物	国家级自然保护区	自治区级地质公园	
克什克腾旗黄岗梁	铁矿床及采矿遗址	国家森林公园	自治区级矿山公园	国家矿山公园
包头市白云鄂博	稀土矿		自治区级矿山公园	国家矿山公园
阿拉善盟阿拉善左旗	吉兰泰盐湖		自治区级矿山公园	国家矿山公园

13 和谐之路——保护与开发
Harmony Road—Protection and Development

珍贵的地质（矿业）遗迹是不可再生的自然资源，保护和利用好这些资源，是各级政府的责任，也是内蒙古各民族的义务。目前内蒙古已建立地质遗迹保护区23处，地质公园12处，矿山公园4处，自然保护区185处，对区内的地质遗迹进行了有效保护和合理的利用与开发。随着地质遗迹调查工作的深入，将会有更多的地质遗迹被纳入保护体系中，有效地促进内蒙古地区的经济发展。

序号	地质公园名称	级别	位置
1	克什克腾世界地质公园	世界级	赤峰市
2	阿拉善沙漠世界地质公园	世界级	阿拉善盟
3	阿尔山火山温泉国家地质公园	国家级	兴安盟
4	宁城国家地质公园	国家级	赤峰市
5	二连浩特恐龙国家地质公园	国家级	二连浩特市
6	鄂尔多斯国家地质公园	国家级	鄂尔多斯市
7	巴彦淖尔国家地质公园	国家级	巴彦淖尔市
8	鄂伦春自治区级地质公园	自治区级	呼伦贝尔市
9	扎兰屯自治区级地质公园	自治区级	呼伦贝尔市
10	翁牛特自治区级地质公园	自治区级	赤峰市
11	呼伦—贝尔湖自治区级地质公园	自治区级	呼伦贝尔市
12	四子王自治区级地质公园	自治区级	乌兰察布市
13	额尔古纳国家矿山公园	国家级	呼伦贝尔市
14	满洲里扎赉诺尔国家矿山公园	国家级	满洲里市
15	赤峰巴林石国家矿山公园	国家级	赤峰市
16	林西大井国家矿山公园	国家级	赤峰市

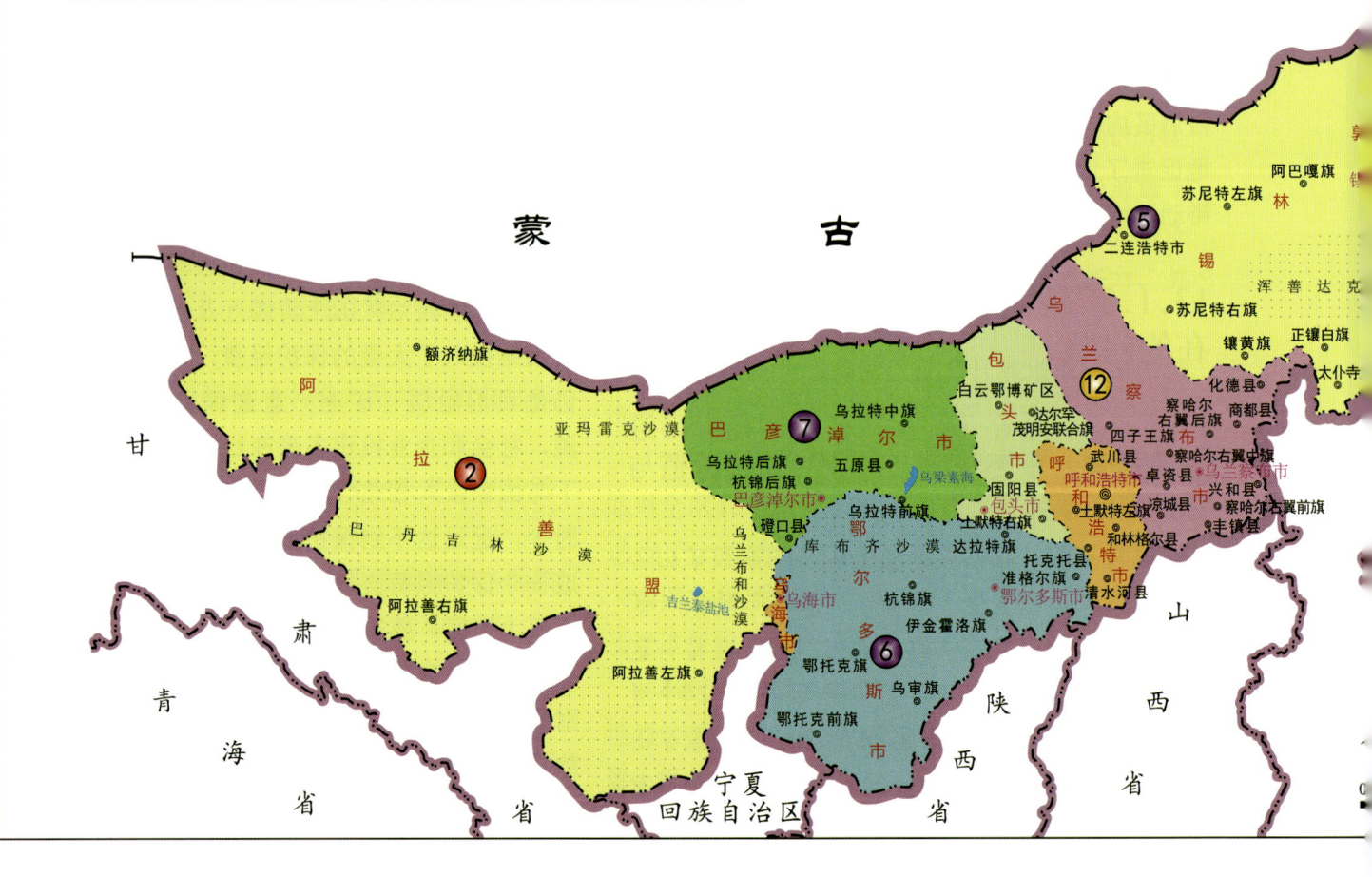

内蒙古自治区地质（矿山）公园现状分布图

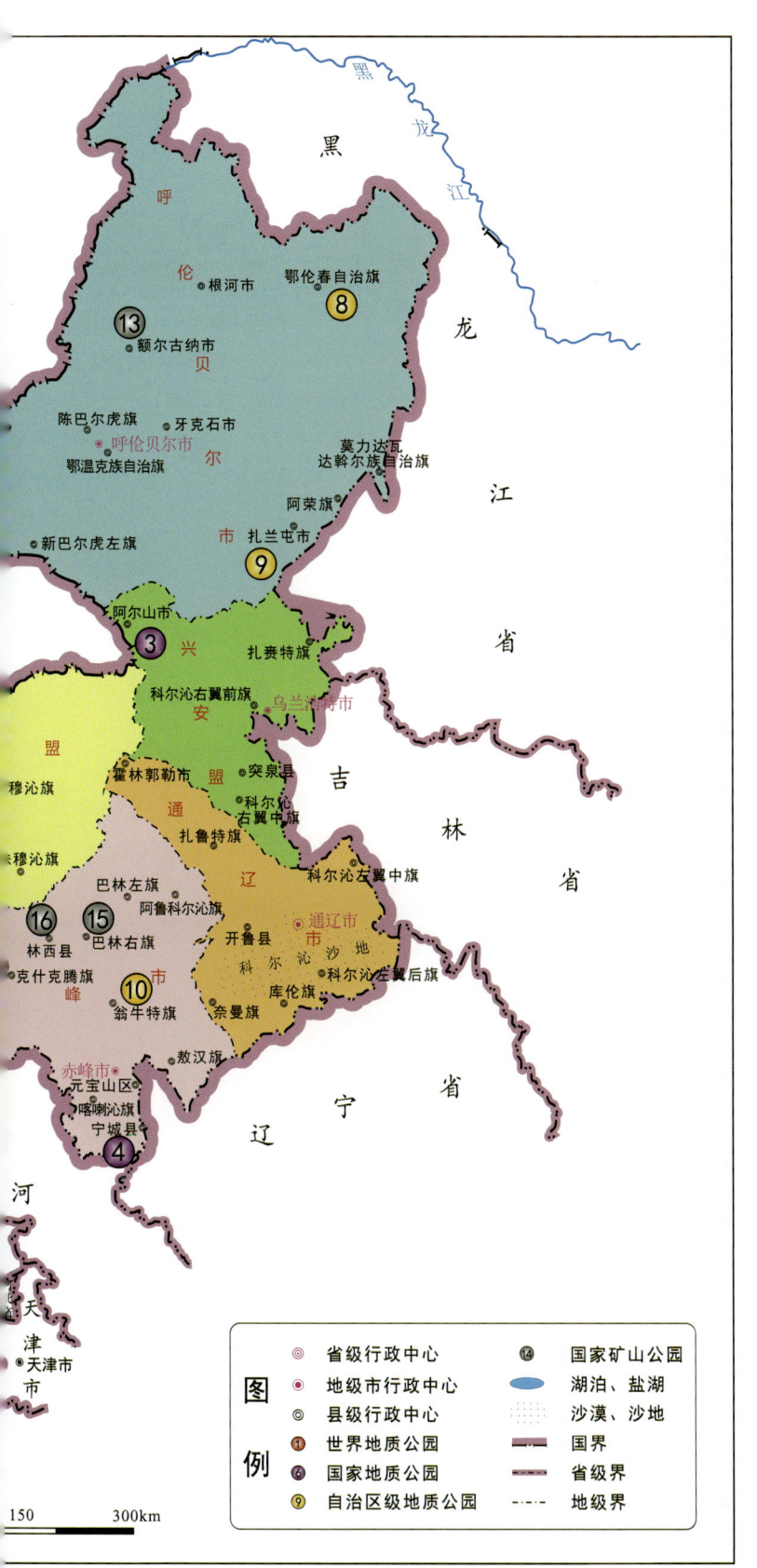

立有地质公园和保护区，由于地质遗迹点分布比较分散，外围的一些重要地质遗迹也不能得到有效的保护。

13.1.2.3 重要地质（矿业）遗迹资源尤其是古生物化石存在盗采滥挖现象

内蒙古建立地质（矿山）公园和地质遗迹保护区，并投入了一定的保护经费，使古生物化石盗采现象得到了一定的遏制。但由于古生物化石分布范围广，受人力、物力、财力的制约，执法难度大，加之受利益驱使，化石贩子和部分当地群众铤而走险，至今仍有人盗挖，屡禁不止，走私猖獗，使得古生物化石非法流失。这不但破坏了化石的完整性，而且使科学研究价值大大降低，造成无法弥补的损失。

13.1.2.4 管理和监督机制不健全，规划难以落实

传统上我国各类资源的管理权分别由不同部门行使，资源环境立法整体滞后。地质（矿业）遗迹资源管理的综合性决定了其保护管理涉及的部门和政策法规是多方面的。近年来，内蒙古各级政府建立了一批不同级别的地质（矿山）公园和地质遗迹保护区，有的成立了专门的机构，有的仅建立标志。但是这些地区在管理的权属关系上，涉及林业、环保、旅游、文化等多个部门，归国土部门管理的仅占很少一部分。在实施管理权限和职责过程中，由于缺乏有效的监督机制，出现政出多门和相互推诿的现象。由此针对地质（矿业）遗迹保护和地质（矿山）公园建设的规划难以落到实处，还存在管理机构的管理经费短缺、专业技术人员缺乏等诸多问题。

13.2 地质遗迹保护区

13.2.1 等级概述

原地质矿产部颁布的《地质遗迹保护管理规定》第八条明确指出，对具有国际、国内和区域性典型意义的地质遗迹，可建立国家级、省级、县级地质遗迹保护段、地质遗迹保护点或地质公园，统称为"地质遗迹保护区"。

地质遗迹保护区分为国家级、省级、县级三级。

国家级地质遗迹保护区是指："能为一个大区域甚至全球演化过程中某一重大地质历史事件或演化阶段提供重要地质证据的地质遗迹，或具有国际或国内大区域地层（构造）对比意义的典型剖面、化石及产地，或具有国际或国内典型地学意义的地质景观或现象"。

省级地质遗迹保护区主要的保护对象包括"能为区域地质历史演化阶段提供重要地质证据的地质遗迹，或有区域地层（构造）对比意义的典型剖面、化石及产地，以及在地学分区及分类上具有代表性或较高历史、文化、旅游价值的地质景观或现象"。

市县级地质遗迹保护区主要保护"在本县的范围内具有科学研究价值的典型剖面、化石及产地以及在小区域内具有特色的地质景观或地质现象"。

13.2.2 已建立的保护区

从1996年至2011年年底，内蒙古在开展地质遗迹调查和评价的基础上，共建立专门的地质遗

◎ 柳条沟含化石地层剖面

迹保护区23个，其中国家级地质遗迹保护区1个、自治区级地质遗迹保护区9个、旗县级地质遗迹保护区13个。从保护的对象来看，主要是古生物化石、地层剖面、火山地质遗迹、温泉、花岗岩地貌以及构造遗迹等类型，其中部分地质遗迹保护区已分别作为国家地质公园和世界地质公园的重要组成部分。

从地质遗迹保护区的管理上，根据上述保护区的分级，分别组建专门的组织机构，依法对保护区内的地质遗迹进行管理，同时应对其保护对象进行监测、保护以防止人为（或自然）因素造成的破坏和环境恶化。

13.3 地质公园

13.3.1 地质公园体系

地质公园是以具有特殊地质科学意义、稀有的自然属性、较高的美学观赏价值，且有一定规模和分布范围的地质遗迹景观为主体，并融合其他自然景观与人文景观而构成的一种独特的自然区域。它既是为人们提供具有较高科学品位的观光游览、度假休闲、保健疗养、文化娱乐的场所，又是地质遗迹景观和生态环境的重点保护区，还是地质科学研究与普及的基地。它具有地质遗迹、地质景观与环境问题科普教育、提供地质科学研究平台、实现可持续发展及促进旅游业等多重功能的属性。

建立地质公园是一种新的地质资源利用方式，是保护地质遗迹的需要，为推动地球科学研究和科学知识普及提供了重要场所。把建立地质公园与地区经济发展结合起来，通过建立地质公园带动旅游业的发展，使地质遗迹资源成为地方经济发展新的增长点。对整个社会来说，地质公园是地球科学研究的天然实验室。对广大青少年而言，地质公园是普及地质科学知识的最好课堂（王同文、田明中，2007）。

内蒙古因地质遗迹丰富多彩、种类齐全，而享有"中国北方天然的自然历史博物馆"的美誉。地质公园的建设在近十年来取得了飞速发展，地质公园总面积将近100万公顷。

截至目前，内蒙古已经批准建设有2个世界地质公园、5个国家地质公园、5个自治区级地质公园，形成了比较完整的地质公园体系。

目前，虽然内蒙古地区国家地质公园数量偏少，但是经过近几年的详细调查，相继新发现数处兼具科研价值与旅游价值的地质遗迹，结合考虑原有未保护的地质遗迹点，内蒙古自治区地质公园尚有很大发展空间。内蒙古地区地质公园已形成了级别有序、类型多样、分布广泛的地质公园分布格局。

地质公园的建设也给内蒙古地区带来了巨大的经济效益与社会效益。近年来，通过地质公园建设，使得一批重要的宝贵自然资源得以有效保护，地质公园的建设促进了对地质历史演变的研究，推动了地质遗迹保护，加快了科学知识普及，进而推动了内蒙古旅游经济的发展。据统计，内蒙古地质公园旅游人数已由2005年的100万人次增加到2010年年底的675万人次，旅游收入也由3.1亿元增加到35亿元，分别是2005年的6.75倍和11.3倍。以地质遗迹和景观资源为载体，成功地将地质旅游、科普旅游与自然景观和人文景观旅游有机结合在一起，形成了别具一格的特色旅游。特别是通过世界和国家地质公园的建设，提升了旅游品牌，从根本上弥补了单一的草原、短暂的气候条件的局限，丰富了旅游内涵，延长了旅游时间，带动和活跃了区域经济，为自治区旅游经济作出了重大贡献。此外，地质公园尤其是世界地质公园的建设，使得内蒙古地区不仅在国内享有盛名，在国际上也有极大影响。

已批准的自治区地质遗迹保护区一览表（截至2011年年底）

序号	名 称	位置	级别	主要类型	面积（公顷）	批准时间（年）
1	鄂托克旗查布苏木恐龙足迹	鄂尔多斯市鄂托克旗	国家级	恐龙足迹、鱼类、叶介化石	46410	2007
2	四子王旗哺乳动物化石群	乌兰察布市四子王旗	自治区级	犀牛化石等哺乳动物化石	10.84	1997
3	四子王旗脑木根第三系地层剖面	乌兰察布市四子王旗	自治区级	第三系地层剖面	80	1997
4	二连盆地—查干诺尔恐龙化石	锡林郭勒盟二连浩特市	自治区级	地层剖面、白垩纪恐龙化石	32200	1998
5	赤峰青山	赤峰市克什克腾旗	自治区级	岩石地貌景观	9200	1998
6	额济纳旗马鬃山古生物化石	阿拉善盟额济纳旗	自治区级	恐龙化石	526.98	1998
7	阿拉善左旗恐龙化石	阿拉善盟阿拉善左旗	自治区级	恐龙化石	90570	1999
8	巴林左旗桃花山花岗岩奇峰、七锅山、平顶山冰臼群	赤峰市巴林左旗	自治区级	冰臼群景观	2250	1999
9	准格尔旗黑岱沟哺乳动物化石	鄂尔多斯市准格尔旗	自治区级	哺乳动物化石	1739	1999
10	乌拉特后旗巴彦满都呼白垩系恐龙化石	巴彦淖尔市乌拉特后旗	自治区级	晚白垩世恐龙化石	38640	2003
11	宁城县热水地热资源	赤峰市宁城县	旗县级	地热资源	200	1996
12	赤峰红山	赤峰市红山区	旗县级	红山岩体及古文化遗址	1271	1997
13	阿尔山石塘林—天池	兴安盟阿尔山市	旗县级	火山地质遗迹、温泉	34493	1997
14	凉城中水塘温泉	乌兰察布市凉城县	旗县级	温泉	52.8	1999
15	察右后旗乌兰哈达火山群5号火山锥	乌兰察布市察哈尔右翼后旗	旗县级	火山地质地貌	100	1999
16	乌兰哈达火山群3号火山锥	乌兰察布市察哈尔右翼后旗	旗县级	火山地质地貌	271.7	2000
17	兴和县黄土窑太古界地层剖面	乌兰察布市兴和县	旗县级	太古界地层剖面	1200	2000
18	四子王旗红格尔敖德其沟	乌兰察布市四子王旗	旗县级	花岗岩地貌	1000	2002
19	四子王旗乌兰哈达	乌兰察布市四子王旗	旗县级	花岗岩地貌	2500	2002
20	宁城道虎沟	赤峰市宁城县	旗县级	古生物化石	776	2003
21	宁城土门	赤峰市宁城县	旗县级	古生物化石	258	2003
22	伊和乌拉	呼伦贝尔市新巴尔虎左旗	旗县级	岩石地貌景观、古人类活动遗址	10000	2007
23	克什克腾旗柯单山地质遗迹保护区	赤峰市克什克腾旗	旗县级	柯单山蛇绿岩套、西拉木伦大断裂	338	2005

内蒙古自治区地质公园一览表（截至2011年）

序号	名称	级别	位置	主要类型	总面积（平方千米）	批准时间（年）
1	克什克腾世界地质公园	世界级	克什克腾旗	花岗岩石林、冰臼群、第四纪冰川、火山地貌	1318.03	2005
2	阿拉善沙漠世界地质公园	世界级	阿拉善盟	沙漠、戈壁等风成地貌，沙漠湖泊、峡谷、风蚀花岗岩	630.37	2009
3	阿尔山火山温泉国家地质公园	国家级	兴安盟	以火山地貌为主，同时拥有温泉、花岗岩地貌、高原蛇曲河流等	814.00	2004
4	宁城国家地质公园	国家级	赤峰市宁城县	古生物化石、含化石剖面	339.54	2009
5	二连浩特恐龙国家地质公园	国家级	二连浩特市	古生物化石、含化石剖面	243.20	2009
6	鄂尔多斯国家地质公园	国家级	鄂尔多斯市	鄂尔多斯人遗址、第四纪地层典型剖面、响沙、黄河古河道、沙漠生态治理、新构造地质地貌	179.66	2011
7	巴彦淖尔国家地质公园	国家级	巴彦淖尔市	花岗岩石林、恐龙化石及恐龙足迹、沙漠、湖泊、阴山、黄河	327.82	2011
8	鄂伦春地质公园	自治区级	呼伦贝尔市鄂伦春自治旗	火山地质遗迹、森林景观	283.55	2010
9	扎兰屯地质公园	自治区级	呼伦贝尔市扎兰屯市	火山地质遗迹	219.89	2010
10	翁牛特地质公园	自治区级	赤峰市翁牛特旗	花岗岩地貌、沙湖、草原、湿地	123.92	2009
11	呼伦—贝尔湖地质公园	自治区级	呼伦贝尔市新巴尔虎右旗	花岗岩地貌、湖泊、湿地	284.86	2010
12	四子王地质公园	自治区级	乌兰察布市四子王旗	标准地层剖面、风蚀地貌	472.50	2010

13.3.2 世界地质公园

世界地质公园是由国土资源部组织推荐、申报，由联合国教科文组织评选批准的地质公园。截至2011年中国已有26处地质公园进入世界地质公园网络，其中内蒙古自治区内有2处，分别是克什克腾世界地质公园和阿拉善沙漠世界地质公园。

13.3.2.1 塞北金三角——克什克腾世界地质公园

（1）建设历程

2000年5月30日克什克腾旗人民政府批准建立旗级地质公园。

2001年2月27日赤峰市人民政府批准建立市级地质公园。

2001年8月28日内蒙古自治区国土资源厅批准建立内蒙古自治区级地质公园。

2002年2月28日，中华人民共和国国土资源部正式批准克什克腾为国家地质公园。

2005年2月11日，联合国教科文组织正式批准为世界地质公园。

2007年8月21日，正式开园揭碑。

2008年8月，通过联合国教科文组织中期评估。

2012年8月16日，国土资源科普教育基地、国土资源部野外科学观测研究基地正式揭碑。

（2）公园性质

中国克什克腾世界地质公园是在冰川、火山地质作用以及风化等外动力作用下形成的集花岗岩景观、火山地貌为一体，融温泉、沙地、草原、河湖、原始森林等自然景观和蒙古风情等要素的一座大型综合地质公园。

◎ 克什克腾世界地质公园主碑

◎ 克什克腾世界地质公园地质文化广场落成典礼（郝丹萌摄）

（3）公园特征

地质公园位于内蒙古赤峰市西北部的克什克腾旗，南接河北省围场县，地处燕山山脉、大兴安岭山脉和浑善达克沙地三大地貌的接合部，距北京650千米，总面积1318.03平方千米。

克什克腾世界地质公园博物馆于2007年7月完成内部设计与布展，占地8105平方米。博物馆建筑风格鲜明，主体建筑外观呈水平条状，生动形象地体现了克什克腾世界地质公园独特的花岗岩石林景观的特征。本博物馆是中国目前面积最大、功能最全、技术最先进的现代化世界地质公园博物馆。

目前，地质公园形成了一个中心、九个园区、四个游赏单元的格局。一个中心是位于旗政府所在地经棚镇的地质公园接待服务中心；九个园区分别为阿斯哈图园区（世界罕见的花岗岩石林地貌景观）、黄岗梁园区（第四纪冰川遗迹和优美的森林景观）、浑善达克园区（珍稀罕见的白音敖包沙地云杉林）、热水园区（独特的热水温泉资源）、青山园区（壮观的花岗岩岩臼和峰林地貌景观）、达里诺尔园区（火山地貌景观）、平顶山园区（第四纪冰川地貌遗迹）、西拉木伦河园区（西拉木伦河流域流水地貌景观）和乌兰布统园区（湿地、草原景观以及珍稀动植物资源）；四个游赏单元分别为阿斯哈图花岗岩石林—沙地云杉—黄岗梁冰川遗迹游赏单元、达里诺尔火山群—贡格尔草原游赏单元、浑善达克沙地—西拉木伦河游赏单元、青山花岗岩地貌—平顶山冰川遗迹游赏单元。

九个园区以旗政府所在地经棚镇为中心，形成相对独立的空间布局，四个游赏单元将上述园区与自然风光旅游和历史人文资源结合起来，构成克什克腾地质公园的旅游网络。

◎ 克什克腾世界地质公园博物馆由内蒙古自治区人民政府和克什克腾旗人民政府共同投资耗资3000万元修建而成。

Harmony Road—Protection and Development

13 和谐之路——保护与开发

◎ 克什克腾世界地质公园博物馆内景

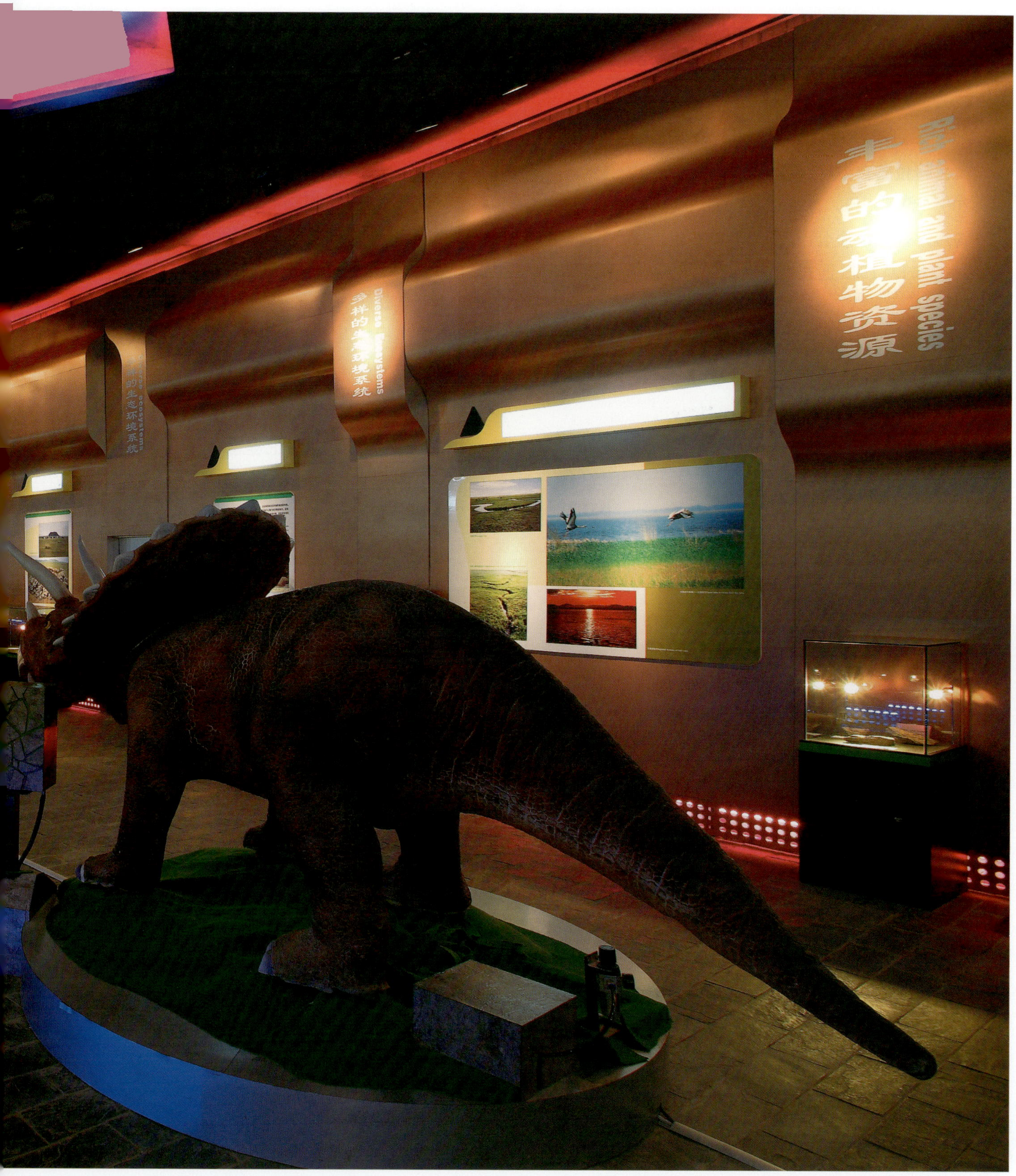
丰富的动植物资源
plant species

13.3.2.2 大漠之魂——阿拉善沙漠世界地质公园

(1) 建设历程

2004年11月28日，内蒙古国土资源厅批准建立内蒙古阿拉善自治区级沙漠地质公园。

2005年9月19日，国土资源部批准建立内蒙古阿拉善沙漠国家地质公园。

2007年1月13日正式挂牌，2007年9月19日正式开园揭碑。

2009年8月22日，在联合国教科文组织世界地质公园网络执行局会议上被评为世界地质公园，成为我国第22个世界地质公园。

2011年8月16日，阿拉善沙漠世界地质公园在盟所在地巴彦浩特镇正式揭碑开园。

(2) 公园性质

阿拉善沙漠世界地质公园是以沙漠、戈壁等风成地貌为主，集沙漠湖泊、峡谷、风蚀花岗岩等多种地质遗迹类型为一体的特大型沙漠奇观地质公园。主要保护对象包括沙漠、湖泊、风蚀地貌、峡谷地貌等珍贵的地质遗迹和额济纳胡杨林、曼德拉山古人类遗存等其他宝贵的自然资源与世界文化遗产，是研究沙漠形成、发展、演化的天然博物馆，更是保护人类生态环境的教科书。

(3) 主要特征

地质公园位于内蒙古最西部，属阿拉善盟管辖，总面积630.37平方千米。它是我国唯一系统

◎ 阿拉善沙漠世界地质公园主碑

而完整展示风力地质作用过程和地质遗迹的地质公园，同时也是全球唯一的沙漠世界地质公园。

地质公园博物馆位于阿拉善右旗巴丹吉林沙漠边缘入口处，背景为巴丹吉林沙漠，总建筑面积2203平方米。博物馆整体设计以自然环境为依托，尊重原生态，一切以沙漠为主旋律，与自然和谐相融。连绵的沙丘状外观，延续了周围景观的造型特征，色彩和材质的巧妙运用使整体建筑融入环境，突出了沙漠原生态地貌的感觉。造型简洁、连续或重叠的锥体和随意的切割体、面的运用，再现了自然之手雕琢的感觉，形象独特、风格浑厚，富有表现力。进入博物馆犹如深入到沙漠内部，在金黄的沙海中收获一种天外来客汇聚大漠的全新而独特的深刻体验。

地质公园以阿拉善盟三个旗为基础，从东至西划分为三个园区，分别是阿拉善左旗境内的腾格里园区、阿拉善右旗境内的巴丹吉林园区，额济纳旗境内的居延海园区，三个园区又划分为10个景区。

腾格里园区位于阿拉善盟东部，总面积131.5平方千米，包括南部月亮湖景区（沙漠湖泊景观）、通湖景区（沙漠湖泊景观）和北部敖伦布拉格峡谷景区（早期流水侵蚀及后期风蚀形成的峡谷地貌景观）三个景区。

巴丹吉林园区位于阿拉善盟中部，总面积410.67平方千米，包括巴丹吉林沙漠景区（高大沙山、沙漠湖泊和鸣沙景观）、曼德拉山岩画景区（曼德拉山古人类遗存、岩画景观）、额日布盖峡谷景区（北方风蚀峡谷景观）和海森楚鲁风蚀地貌景区（形状奇特的花岗岩风蚀地貌景观）四个景区。

居延海园区位于阿拉善盟西部，总面积88.2平方千米。以达来呼布镇为旅游服务中心和游客集散地，包括胡杨林景区（金色胡杨林景观）、居延海景区（浩瀚居延海及湖蚀阶地景观）和黑城文化遗存景区（璀璨黑城文化及黑城古城遗址）三个景区。

◎ 阿拉善沙漠世界地质公园博物馆大厅

◎ 拉善沙漠世界地质公园博物馆内景

◎ 阿拉善沙漠世界地质公园博物馆

◎ 阿拉善沙漠世界地质公园博物馆内景

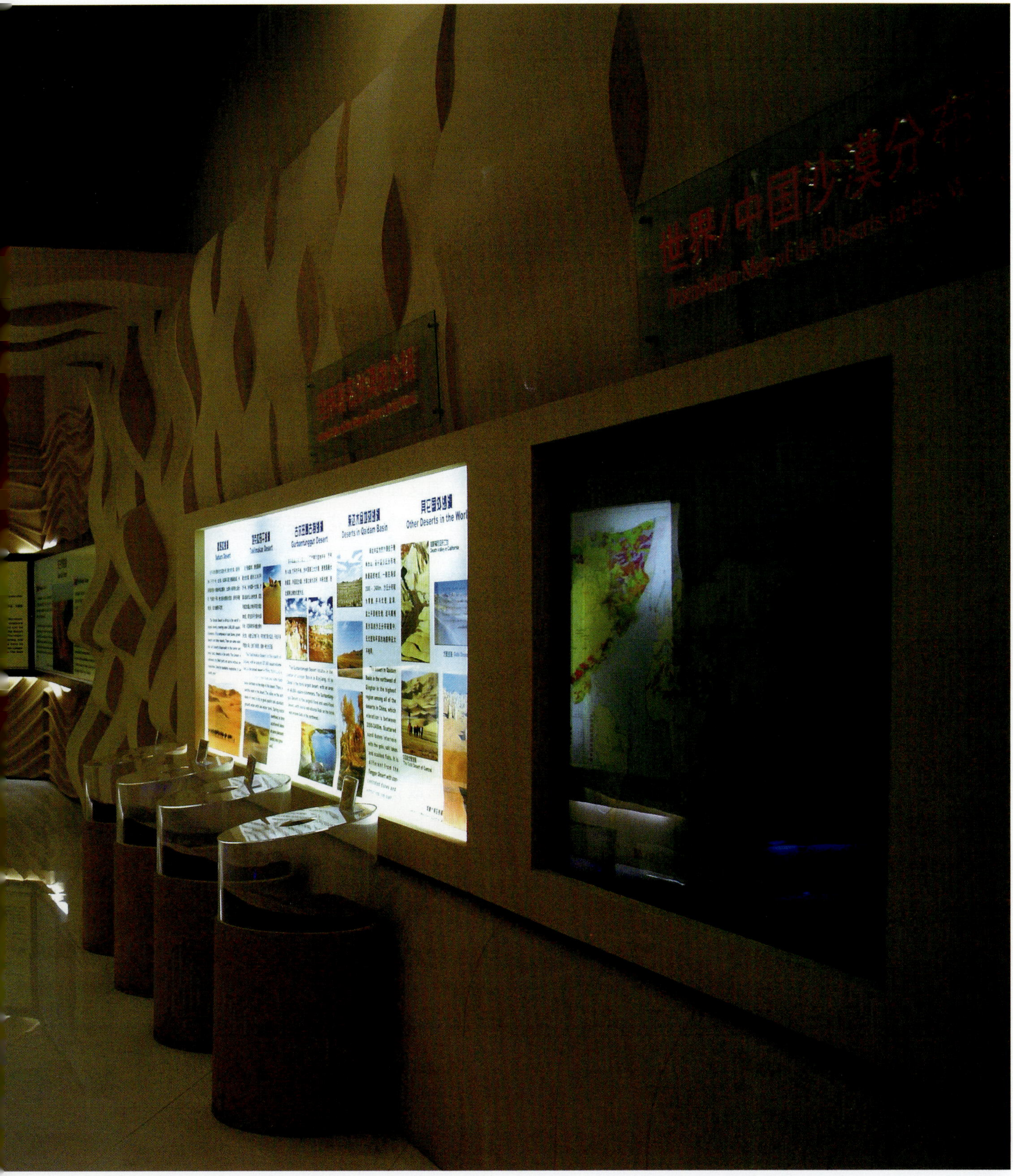
Deserts in Qaidam Basin
Other Deserts in the World

13.3.3 国家地质公园

国家地质公园是以具有国家级特殊地质科学意义、较高的美学观赏价值的地质遗迹为主体，并融合其他自然景观与人文景观而构成的一种独特的自然区域，其由国家行政管理部门组织专家审定，并由国土资源部正式批准授牌。截至2011年年底，内蒙古自治区共有5处国家地质公园。

13.3.3.1 火山王国，温泉圣地——阿尔山火山温泉国家地质公园

（1）建设历程

1999年10月，阿尔山市人民政府批准建立市级地质公园。

1999年10月，兴安盟行政公署批准建立盟级地质公园。

2002年12月16日，内蒙古自治区批准建立内蒙古阿尔山火山温泉自治区级地质公园。

2004年3月9日，国土资源部批准建立内蒙古阿尔山火山温泉国家地质公园。

2006年9月9日，开园揭碑。

（2）公园性质

阿尔山火山温泉国家地质公园是以火山口湖、堰塞湖以及火山熔岩堆积物等火山地貌和温泉为主要特色，突出火山地貌、温泉群地貌、花岗岩地貌、第四纪高原蛇曲河流等多种地质地貌景观为主体，融合森林等自然景观，集科学研究、旅游、疗养、科普教育、休闲度假、娱乐探险于一体的典型国家级地质公园，是中国境内最大的火山温泉国家地质公园。

（3）主要特征

地质公园位于内蒙古东北部的阿尔山市，地处大兴安岭西南山麓，总面积790.7平方千米，区内自然景色秀美，地质内容丰富，地质遗迹多样罕见。

地质公园由天池园区、温泉园区、玫瑰峰园区、口岸园区、好森沟园区5个园区组成。

天池园区包括兴安林场及其周边地区，面积为621.31平方千米。主要地质遗迹为火山口湖、堰塞湖以及火山熔岩堆积物等共同形成的天池—火山地貌。

温泉园区又分为阿尔山市区温泉园区和银江沟园区，面积为26.75平方千米，园区以温泉疗养保健为特色，主要开展度假疗养等旅游项目。

玫瑰峰园区面积为100.94平方千米。包括玫瑰峰及其附近山峰上的花岗岩地貌以及全区西部的樟子松自然保护区。其地貌形态类似石林、冰林地貌，但成因却与克什克腾阿斯哈图花岗岩石林形态和成因相似，奇特的出生注定了其不凡的价值。

口岸园区面积为33.99平方千米。本园区主要展现地处中蒙两国口岸边界的界河努木尔根河，努木尔根河在口岸附近呈高曲率曲流河，有多个河段已"裁弯取直"形成"牛轭"状，这对于研究高原隆升的过程和机制以及高原河谷的演变都具有重要的意义。

好森沟园区位于五岔沟镇好森沟林场境内，面积为7.71平方千米。园区内的砂砾岩，经长期严重风化和差异侵蚀作用而形成各种奇特的地貌景观，代表性的是麒麟峰和猎人峰。

◎ 阿尔山火山温泉国家地质公园主碑

Harmony Road—Protection and Development

13 和谐之路——保护与开发

◎ 宁城国家地质公园道虎沟化石遗迹园区主碑效果图

13.3.3.2 远古生命的乐园——宁城国家地质公园

（1）建设历程

2003年3月，成立"道虎沟古生物遗迹保护区"。

2004年，内蒙古自治区国土资源局拨付专项资金40万元，保护化石遗迹。2007年，内蒙古自治区国土资源厅批准建立宁城自治区级地质公园。

2009年8月，国土资源部批准建立宁城国家地质公园。

（2）公园性质

宁城国家地质公园是以独具特色、震惊世界的中生代古生物化石遗迹群为核心景观，辅以热水温泉，同时融合了悠久、深厚的辽文化。公园科学内涵丰富，游览体系完整，地方特色浓郁，文化气息浓厚，是集科学研究、科学普及、休闲度假和观光游览于一体的综合性地质公园。

（3）主要特征

宁城国家地质公园位于内蒙古赤峰市宁城县，处于内蒙古、辽宁、河北三省交界处，东西长43.73千米，南北宽19.34千米，总面积80.17平方千米。

地质公园于2011年10月5日举行了宁城国家地质公园博物馆开馆仪式。博物馆位于宁城县天义镇铁西长青街西、燕京街南，于2009年7月正式开工建设，该馆占地14313.3平方米。博物馆主体呈六边形，来源于具有辽文化的古塔平面形式；博物馆两侧分别为游人中心和购物休息区。

根据地质遗迹的分布特点和类型组合，划分为两个园区：道虎沟化石遗迹园区和热水温泉园区。

◎ 宁城国家地质公园道虎沟化石遗迹园区剖面埋藏馆俯瞰图

13

Harmony Road—Protection and Development 和谐之路——保护与开发

道虎沟化石遗迹园区位于宁城县五化镇，园区面积2.98平方千米。本园区主要保护区内的道虎沟化石群，区内独特的哺乳动物化石——獭形狸尾兽（*Castorocauda lutrasimilis*，最早的唯一半水生哺乳动物）、远古翔兽（*Volaticotherium antiquus*，最早会滑翔的哺乳动物）、孟氏中生鳗（*Mesomyzon mengae*，进化停滞的一个绝佳例证）等的发现引发了世界性的轰动，掀开了哺乳动物研究的新篇章。在道虎沟典型剖面处已建道虎沟剖面埋藏馆，加强化石遗迹的保护，发挥园区的科普功能。

热水温泉园区位于热水镇，将整个热水镇包含在内，面积为0.91平方千米。主要保护对象是区内的温泉露头。独特的热水温泉资源使得本园区成为人们度假旅游，进行温泉疗养的理想场所。

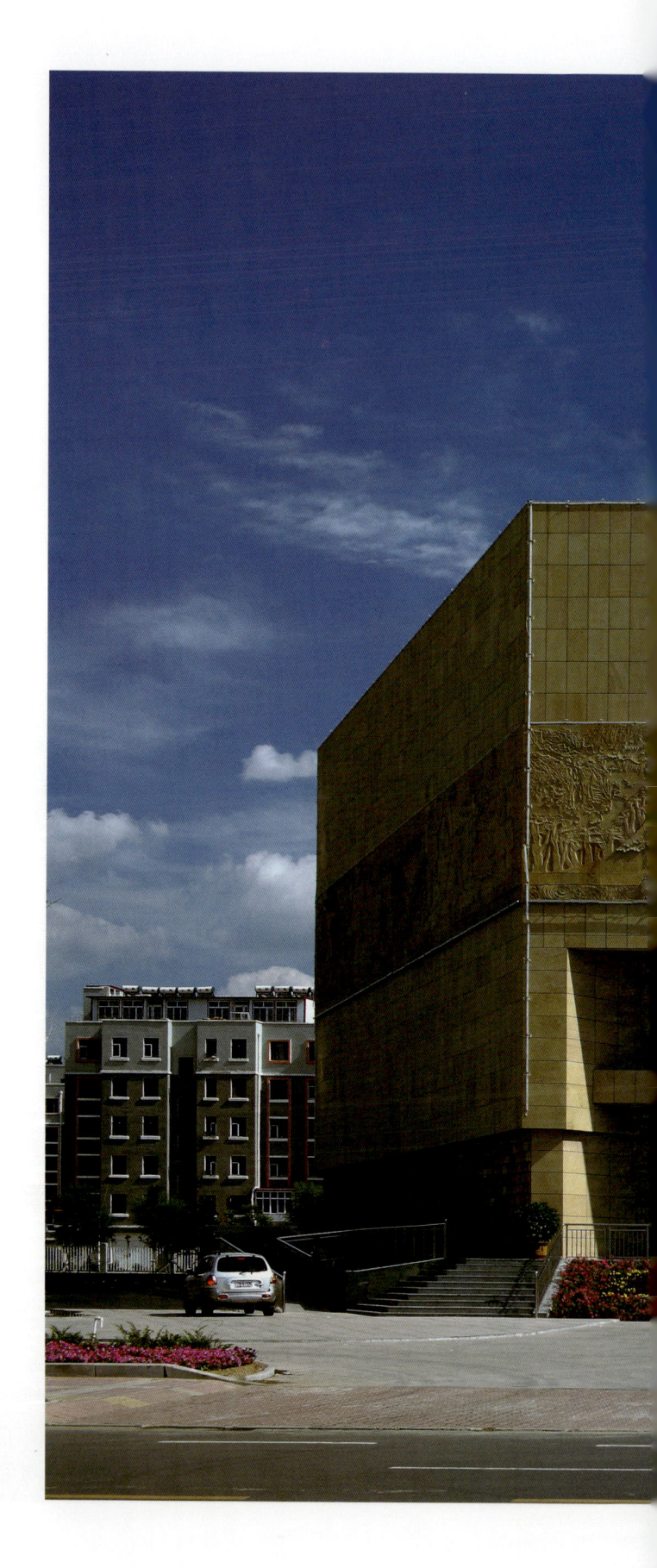

◎ 宁城国家地质公园博物馆

13.3.3.3 北龙之源，北疆之门——二连浩特恐龙国家地质公园

（1）建设历程

1997年，建立市级恐龙化石自然保护区。

1998年4月，内蒙古自治区人民政府批准建立二连浩特自治区级恐龙化石自然保护区，为内蒙古地区第一个自治区级恐龙化石自然保护区。

2006年12月，内蒙古自治区国土资源厅批准建立二连浩特自治区级地质公园。

2009年4月，被国土资源部评为我国首批国土资源科普基地，并于同年7月底举行了自治区级地质公园揭碑仪式。

2009年8月11日，国土资源部批准建立二连浩特国家地质公园。

（2）公园性质

二连浩特恐龙国家地质公园以拥有丰富的白垩纪恐龙化石资源、完整的中生代地层和白垩纪晚期堆积地层地质遗迹为主要特征，辅以奇特的二连盐湖、文化浓郁的伊林驿站遗址博物馆，是一个集科学研究、科学普及、观光游览和边境贸易于一体的国家地质公园。

（3）主要特征

地质公园位于内蒙古高原中部，锡林郭勒盟西北部，地处素有"北疆明珠"、"恐龙之乡"美誉的二连浩特市，公园总面积70平方千米。

本公园地质博物馆土建已建成，暂时未向

◎ 二连浩特恐龙国家地质公园主碑

◎ 二连浩特恐龙国家地质公园恐龙博物馆效果图

游客开放，选址在二连浩特市内，临近二连浩特市政府，建筑面积达28平方千米。博物馆设计新颖、独特，设计理念迎合了公园的主要地质遗迹特色，建筑规模宏伟，满足博物馆应当具备的各项功能。

据公园内地质遗迹的地理分布及成因特征、地域组合类型和结构、其他景观资源、人文资源的完整性、旅游环境条件及旅游资源开发前景的差异性、行政区域和管理权属等因素，确定为"一个中心、一个园区"的范围格局，其中一个中心是指二连浩特旅游综合服务中心，即二连浩特市地质博物馆；一个园区是指二连盐池恐龙化石园区，主要保护区内出露的大量恐龙化石。

◎ 二连浩特恐龙国家地质公园博物馆内景

13 Harmony Road—Protection and Development 和谐之路——保护与开发

499

13.3.3.4 河套人的故乡——鄂尔多斯国家地质公园

（1）建设历程

2006年12月，由鄂尔多斯市政府批准建立市级地质公园。

2006年12月，由内蒙古国土资源厅批准建立内蒙古自治区级地质公园。

2009年7月，内蒙古鄂尔多斯自治区级地质公园开园揭碑。

2011年11月，国土资源部批准建立鄂尔多斯国家地质公园。

（2）公园性质

鄂尔多斯国家地质公园以第四纪地层典型剖面、响沙、鄂尔多斯人遗址、查布恐龙足迹化石以及新构造地质地貌等典型地质遗迹为主体景观特色，结合辽阔的草原沙漠风光、水体景观和珍贵悠久的历史文化资源，集科考、科教、观光游览、休闲度假于一体，科学内涵丰富，地方特色浓郁，具极高的科学研究价值和美学观赏价值。

（3）主要特征

鄂尔多斯国家地质公园位于内蒙古自治区西南部的鄂尔多斯市，总面积179.66平方千米。根据区内地质遗迹的分布和地域上的组合特点，公园划分为萨拉乌苏园区、鄂托克恐龙足迹园区和黄河沙漠湖泊园区。

◎ 鄂尔多斯国家地质公园博物馆

◎ 鄂尔多斯国家地质公园博物馆内景

萨拉乌苏园区以萨拉乌苏动物群、王玉贵剖面、萨拉乌苏第四纪标准剖面、鄂尔多斯人遗址等地质遗迹为主体，全区贯穿了萨拉乌苏河优美的自然风光。园区的最大资源特色就是在人类进化历史上占据非常重要地位的鄂尔多斯人遗址，特别是萨拉乌苏动物群以华北地区第四纪更新统晚期标准哺乳动物群化石之一载入我国第四纪地层研究史册。

鄂托克恐龙足迹园区是鄂托克恐龙遗迹比较集中的区域。本区发现的化石包括蜥脚类、兽脚类恐龙足迹，恐龙尾迹以及恐龙腿铸模等，且有许多处蜥脚类恐龙足迹与兽脚类恐龙足迹穿插分布。尾迹是恐龙行走或休息时尾巴拖拉的痕迹，是研究恐龙尾巴外部形态以及探讨恐龙行走特征极为稀有的资料，也是大自然留给人们有关恐龙尾巴活动的特写镜头，被称为"化石中的奇迹"。

黄河沙漠湖泊园区包括三个景区：七星湖景区、恩格贝景区和响沙湾景区。七星湖景区中的沙湖由七个湖泊呈北斗七星状排列，故得名"七星湖"，这是黄河古道残留的冲击湖。恩格贝景区为人们提供了生态环境治理的宝贵经验。响沙湾景区"响沙"为国内最具知名度的三大响沙之一，吸引了众多国内外学者前来科考研究。

13.3.3.5 河套明珠——巴彦淖尔国家地质公园

（1）建设历程

2006年6月，建立磴口县县级地质公园。

2006年10月，巴彦淖尔人民政府批准建立市级地质公园。

2006年12月，内蒙古自治区国土资源厅批准建立自治区级地质公园。

2011年7月3日，巴彦淖尔自治区级地质公园开园揭碑。

2011年11月，国土资源部批准建立巴彦淖尔国家地质公园。

（2）公园性质

巴彦淖尔国家地质公园以天然的原始地质遗迹为特征，突出以花岗岩石林地貌、火山地貌为主体的地质景观，结合沙漠景观、草原景观、河流景观、湖泊景观和典型的地层剖面组合等，融合丰富的蒙古族风情，以保护世界罕见的恐龙化石、恐龙足迹及其他地质自然景观的完整性为原则，融合观光旅游、休闲度假、科普科考和探险娱乐为主要旅游内容，浓郁的蒙古风情与多样的自然景观交相辉映，具有极高的科学价值和游览价值。

（3）主要特征

地质公园位于内蒙古西部的巴彦淖尔市，总面积327.82平方千米。巴彦淖尔地质公园博物馆建在巴彦淖尔市国土资源局东侧，总面积3000平方米。整个博物馆充分展示了恐龙标本、公园园区实景、矿物及矿产标本等实物，同时以4D动感影院、电子书、旋转地球、电子沙盘、电子幻像等高科技手段完美地塑造了一处独具特色的地质科普教育基地，该博物馆已于2011年7月3日正式向公众开放。

地质公园内地质内容丰富，地质遗迹类型多样，根据公园的性质、特点、水资源情况、植被覆盖情况、地质遗迹的分布和地域上的组合特点等，将公园划为四个园区（乌兰布和沙漠园区、

◎ 巴彦淖尔自治区级地质公园主碑

◎ 巴彦淖尔国家地质公园博物馆

黄河三盛公园区、花岗岩石林园区和乌梁素海园区）和一个恐龙化石保护区。

乌兰布和沙漠园区以境内的乌兰布和沙漠为中心，包括乌兰布和沙漠、沙漠三湖、磴口沙生植物园、纳林湖、冬青湖等景区。乌兰布和沙漠沙丘形状复杂，沙波纹类型多样；沙漠湖泊数量众多，风光秀美。

黄河三盛公园区以三盛公园水利枢纽工程为核心和依托，包括拦河闸景区和柳拐沙头景区。主要景点有天下黄河第一闸、二黄河、河套源头、黄河阶地、河漫滩。沙漠与黄河在这里"握手"，凸显了生态环境治理的紧迫性，是进行生态环境教育的理想场所。

花岗岩石林园区位于乌拉特中旗境内，是由红旗店期闪长岩和玛尼吐庙期花岗闪长岩岩体经风化剥蚀作用而形成的石林奇观，这是一种介于石林与石蛋地貌之间的过渡型低石林。远远望去，同和太奇石林区犹如远古时人工建造的城堡，平地突起，沧桑峥嵘，也如万千神骏昂扬驰骋，直奔眼底，被誉为"塞上奇石林"。

乌梁素海园区内的乌梁素海位于乌拉特前旗境内，是黄河流域最大的淡水湖泊，是全球范围内荒漠半荒漠地区极为少见的具有生物多样性和环保多功能的大型湖泊，是地球同纬度最大的自然湿地，素有"塞外明珠"的美誉。

恐龙化石保护区位于乌拉特后旗。区内含有丰富的恐龙化石及其蛋化石、龟鳖类化石及其蛋化石。这里是内蒙古地区白垩纪最晚一期的恐龙生物群，也是我国唯一的原角龙生物群分布区，因此在恐龙进化、发展和灭绝等科学问题上，具有重要的研究价值。埋藏恐龙的白垩纪地层所形成的侵蚀地貌，在该区较罕见。

13.3.4 自治区级地质公园

内蒙古自治区级地质公园是由内蒙古自治区地质遗迹（地质公园）评审委员评审通过的地质公园。目前，内蒙古自治区一共有5处自治区级地质公园，分别是翁牛特地质公园、呼伦—贝尔地质公园、扎兰屯地质公园、鄂伦春地质公园、四子王地质公园。

13.3.4.1 森林秘境，火山王国——鄂伦春自治区级地质公园

（1）建设历程

2010年12月31日，内蒙古自治区国土资源厅批准建立鄂伦春自治区级地质公园。

（2）公园性质

鄂伦春自治区级地质公园是一个以火山地貌景观、森林景观、河流景观、湿地景观为主要地质遗迹保护对象，结合辽阔的草原沙漠风光、多种多样的珍稀动植物和珍贵悠久的历史文化资源，集科研、科普、观光为一体的地质公园。

（3）主要特征

鄂伦春自治区级地质公园位于内蒙古自治区呼伦贝尔市东北的鄂伦春自治旗，公园以火山地质遗迹、森林景观为主，总面积283.55平方千米，其中主要地质遗迹面积28.24平方千米。

地质公园包括阿里河园区和诺敏河园区。阿里河园区主要以火成岩地貌景观和河流景观为主，诺敏河园区主要以保护园区内的火山地貌、河流、湖泊、湿地为主，通过保护地学多样性促进生物多样性的保护，使当地成为野生动物栖息地。

◎ 鄂伦春自治区级地质公园主碑效果图

13.3.4.2 火山灵境——扎兰屯自治区级地质公园

（1）建设历程

2010年12月31日，内蒙古自治区国土资源厅批准建立扎兰屯自治区级地质公园。

（2）公园性质

扎兰屯自治区级地质公园是一个以火山天池、火山熔岩等火山地貌为主，融合基浪剖面、河谷玄武岩等地质遗迹资源为主要保护对象的地质公园。区内地质遗迹具有很高的科学价值，对它们的研究可为环境与地质灾害预警研究、火山资源的合理开发利用和当地经济可持续发展战略研究等提供重要依据。本公园不仅对地质学家具有巨大的吸引力，对科学爱好者来说也是理想的科考胜地。

（3）主要特征

扎兰屯自治区级地质公园位于内蒙古自治区东部、呼伦贝尔市南端的扎兰屯市，背倚大兴安岭，面眺松嫩平原，规划面积为219.89平方千米。

地质公园包括柴河镇绰尔河沿岸的玛珥式火山—河谷玄武岩园区（火山天池、基浪剖面、绰尔河河谷玄武岩为主），森林公路沿线的柴河天池园区（火山地貌景观和火山湖泊景观为主），柴河镇南部的九峰山中生代火山地貌园区（火山熔岩地貌为主）三个园区。

◎ 扎兰屯自治区级地质公园主碑效果图

◎ 扎兰屯自治区级地质公园博物馆内景

13.3.4.3 大漠水乡，龙凤故里——翁牛特自治区级地质公园

（1）建设历程

2000年，灯笼河草原被列为市级自然保护区。

2001年，金界壕遗址被列为第五批全国重点文物保护单位。

2006年，张应瑞家族墓地被国务院列为全国重点文物保护单位。

2009年12月，内蒙古国土资源厅批准建立内蒙古翁牛特自治区级地质公园。

（2）公园性质

翁牛特自治区级地质公园以典型的地貌景观（花岗岩地貌景观、河流地貌景观、沙积地貌景观）为特色，辅以区内独特的构造形迹（西拉木伦断裂带）、水体景观，同时融合了该区优美的自然景观及灿烂的历史文化，是一座具有较高科研、科普、旅游、观赏价值和文化底蕴的综合性地质公园。

（3）主要特征

地质公园位于内蒙古自治区赤峰市中部的翁牛特旗境内，大兴安岭山脉西南段与七老图北段山脉交会地带，科尔沁沙地西缘，总面积123.92平方千米。根据空间布局的总体安排，结合不同景区的地质遗迹的地理分布位置及成因特征，并充分考虑到除地质遗迹外其他景观资源、人文资源的完整性，地质公园划分为勃隆克景区、灯笼河景区、西拉木伦景区和其甘景区四个景区。

◎ 翁牛特自治区级地质公园主碑

勃隆克景区面积为85.05平方千米，地质遗迹包括花岗岩地貌、沙积地貌及湖泊景观。依托沙漠、草原、奇山、怪石、湖泊资源，本区已经发展成为翁牛特境内最具特色的旅游区。

灯笼河景区位于翁牛特旗西部地区，规划面积14.13平方千米。这里万顷草原，繁花似锦，堪称全国最美的草原。景区的地质遗迹主要是少郎河、苇塘河、羊肠子河源头湿地。景区内及周边的人文景观主要有塞罕庙、金界壕、十三太保遗址。

西拉木伦景区划定在西拉木伦河的海拉苏段，规划面积为33.39平方千米，主要地质遗迹有河流湿地、流水地貌及西拉木伦河断裂带。

其甘景区包括其甘诺尔及松树山两个部分，规划面积为54.44平方千米。景区内的地质遗迹主要有湖泊景观、松树山花岗岩地貌及砂积地貌。松树山是我国沙地油松分布面积最大、长势最好的地区，也是我国在沙漠中残存的唯一一块天然油松林。

13.3.4.4 牧歌从这里唱响——呼伦—贝尔湖自治区级地质公园

（1）建设历程

2010年12月31日，内蒙古自治区国土资源厅批准建立呼伦—贝尔湖自治区级地质公园。

（2）公园性质

内蒙古呼伦—贝尔湖自治区级地质公园是以花岗岩地貌为主，以湖积地貌、湖蚀地貌为辅，融湖泊景观、湿地景观和草原景观以及浓郁的蒙古风情为一体的地质公园，是一座具有较高科研、科普、旅游、观赏价值和文化底蕴的综合性科普教育基地。

（3）主要特征

呼伦—贝尔湖自治区级地质公园位于呼伦贝尔市西南部的新巴尔虎右旗，总面积为284.86平方千米。根据公园内不同地质遗迹的地理分布及成因特征、地域组合类型和结构、其他景观资源、人文资源的完整性，旅游环境条件及旅游资源开发前景的相似性和差异性，将公园划分为呼伦湖景区、贝尔湖景区、乌兰诺尔景区和阿敦础鲁景区四个景区。

呼伦湖景区主要以湖泊景观和湖蚀地貌为主，范围是沿呼伦湖西岸线的条状区域，主要包括了金海岸（金滩）、拴马桩、湖蚀断崖、月亮湾、玛瑙滩等景点。贝尔湖景区主要以湖泊景观生态环境为保护对象，范围是沿贝尔湖西岸线的条状区域。乌兰诺尔景区以区内的湿地景观、草原景观、河流景观和生态环境为主要保护对象。阿敦础鲁景区以保护花岗岩地貌景观为主，主要包括生死恋树、阿贵洞、石臼、象形石、石门等景点。

◎ 呼伦—贝尔湖自治区级地质公园主碑效果图

◎ 呼伦—贝尔湖自治区级地质公园大门

13.3.4.5 奇峰之乡，神舟家园——四子王自治区级地质公园

（1）建设历程

1997年5月，四子王旗人民政府批准建立四子王旗哺乳动物化石地质遗迹旗县级自然保护区。

2004年，内蒙古自治区人民政府批准建立四子王旗古近纪标准剖面自治区级自然保护区、四子王旗哺乳动物化石自治区级自然保护区。

2009年11月，乌兰察布市国土资源局批准建立四子王旗市级地质公园。

2010年，内蒙古国土资源厅批准建立四子王自治区级地质公园。

（2）公园性质

四子王自治区级地质公园是一个以古近纪和新近纪典型剖面、古哺乳动物化石及花岗岩地貌景观为主，历史文化古迹、航天飞船着陆基地、草原旅游景观为辅，集科学研究、科学普及、观光游览和娱乐体验于一体的自治区级地质公园。

◎ 四子王旗地质古生物展览馆

（3）主要特征

四子王自治区级地质公园位于内蒙古自治区东部，乌兰察布市四子王旗境内，总面积472.5平方千米。地质公园共分为九个景区，即脑木更景区、南梁三趾马化石景区、乌兰哈达花岗岩奇峰景区、夏日哈达花岗岩奇峰景区、敖德其沟花岗岩奇峰景区、王爷府景区、希拉木仁庙景区、神舟飞船着陆场景区和格根塔拉草原景区。

四子王地质公园有我国唯一的一处三趾马动物群化石原地埋藏馆，有亚洲陆相古近纪最系统、最连续、最完整的脑木根古近系剖面，有久负盛名的草原古刹希拉木仁庙，有广阔平坦一望无际的神舟飞船着陆场，有美丽多姿的格根塔拉草原。四子王旗地质公园以丰富多彩的地质遗迹景观，热情豪放的蒙古风情迎接八方的游客前来度假、参观、游览。

13.4 矿山公园

矿山公园是以展示矿业遗迹景观为主体，体现矿业发展历史内涵，具备研究价值和教育功能，可供人们游览观赏、科学考察的特定空间地域。根据国土资源部《关于申报国家矿山公园的通知》（国土资发[2004]256号），矿山公园必须具备以下基本特征：具备典型、稀有和内容丰富的矿业遗迹；以矿业遗迹为主体景观，充分融合自然与人文景观；通过土地复垦等方式所修复的废弃矿山或生产矿山的部分废弃矿段（侯万荣，2005）。目前，中国共有61家国家矿山公园。

矿山公园与地质公园都是属于自然公园的一种，在景观方面有许多相似之处。矿山公园中的矿业遗迹包含典型矿床的地质剖面、地层构造遗迹、古生物遗迹、找矿标志物及指示矿物、地质地貌、水体景观、具有科学研究意义的矿山动力地质现象遗迹等景观，这些同时也是地质公园景

内蒙古自治区矿山公园一览表

名　　　称	级别	位　置	主要类型	总面积（平方千米）	批准时间
赤峰巴林石国家矿山公园	国家级	赤峰市巴林右旗	巴林石矿矿山业遗迹、红山文化	96.34	2005
满洲里扎赉诺尔国家矿山公园	国家级	呼伦贝尔市满洲里	扎赉诺尔煤矿矿业遗迹、古生物化石	312.38	2005
林西大井国家矿山公园	国家级	赤峰市林西县	大井古铜矿矿业遗迹	2.5	2010
额尔古纳国家矿山公园	国家级	呼伦贝尔市额尔古纳市	砂金矿业遗迹	2.8	2010

观的重要组成部分(李宏彦，2010)。

13.4.1 内蒙古矿山公园建设概况

由于矿山公园建设的特殊性，且处于起步和探索阶段，矿山地质公园体系尚不完善。目前，内蒙古共有4家国家矿山公园，分别是赤峰巴林石国家矿山公园、满洲里扎赉诺尔国家矿山公园、林西大井国家矿山公园和额尔古纳国家矿山公园。

13.4.2 国家矿山公园

13.4.2.1 赤峰巴林石国家矿山公园

（1）建设历程

2005年，通过国土资源部评审，成为我国首批国家矿山公园。

2008年8月，在内蒙古自治区巴林右旗特尼格尔图山开园揭碑。

◎ 赤峰巴林石国家矿山公园开园揭碑

(2) 公园性质

公园以特有的巴林石矿产遗迹为主要景点，突出巴林石的稀有性和独特性，结合红山文化的悠久历史和深厚底蕴为游客创造出一个集科学、文化、休闲和娱乐于一体的矿山公园。公园以"恢复矿山植被，保护矿山生态，促进产业繁荣、走可持续发展道路"为宗旨，展现矿山的历史文化、草原文化和民俗文化。

(3) 公园特征

公园位于内蒙古赤峰市巴林右旗境内，总规划面积96.34平方千米，生态控制范围28平方千米，公园所在的特尼格尔图山是世界珍稀矿产资源巴林石的唯一产地。根据矿山公园的矿业及自然、人文资源特色、旅游环境条件及旅游资源开发前景的相似性和差异性，同时充分考虑到行政区的完整性以及生态环境的完整性，开发以巴林石国家矿山公园所在的矿山——特尼格尔图山及巴林石矿厂部所在地为旅游接待中心，以沙地景观、草原景观、查干沐沦河为骨干的矿山公园。规划结构以公园主干道为主要轴线，沿此带状轴线展开布置草原风情观赏区、矿山遗迹游览区、自然生态保护区、民族风情体验区等四个区。

◎ 赤峰巴林石国家矿山公园一角

13.4.2.2 满洲里扎赉诺尔国家矿山公园

(1) 建设历程

2005年，通过国土资源部评审，成为我国首批国家矿山公园。

2008年8月，开园揭碑。

(2) 公园性质

扎赉诺尔国家矿山公园以展示矿业遗迹景观为主体，体现扎赉诺尔矿业发展史，是集科考研究、科普教育、观光览胜、文化娱乐、休闲度假于一体的综合性园区。放眼望去，壮阔的露天矿尽收眼底，露天坑内，蒸汽机车、褶皱带、煤田地质构造等，罕见而独特，充分展现了扎赉诺尔的矿山文化。露天矿在长期的生产过程中曾先后出土了闻名全国的扎赉诺尔人头骨化石、猛犸象以及拓跋鲜卑古墓群等大量具有重要历史科考价值的古代文化遗迹。

(3) 公园特征

满洲里扎赉诺尔矿山公园位于满洲里市扎赉诺尔矿区，距满洲里市区24千米，坐落在呼伦贝尔大草原腹地。扎赉诺尔煤炭资源丰富，褐煤储量达101亿吨，是中国煤炭资源较丰富且开发较早的地区之一。这里不仅是内蒙古呼伦贝尔大草原煤炭工业的摇篮，也是呼伦贝尔地区近代工业史的开端。

矿山公园分为露天观景广场和矿山博物馆两个景区。露天矿景区以矿业遗迹景观为主体，即灵泉露天矿典型褶皱带、"扎赉诺尔群"煤层剖面、煤田F断层遗迹、煤田地质构造等，不仅是考古的最好素材地，也是一部再现扎赉诺尔文化的历史史书。矿山博物馆集中展示扎赉诺尔煤业开发与煤业遗迹，运用声、光、电等现代科技元素，让游客对扎赉诺尔煤炭事业及扎赉诺尔人的风土人情和历史变迁有更深入的了解。

◎ 满洲里扎赉诺尔国家矿山公园大门

◎ 矿山公园博物馆展厅内的猛犸象骨骼化石

13.4.2.3 塞北铜都——林西大井国家矿山公园

（1）建设历程

大井古铜矿距今已有2800多年的历史，可追溯到商周时期，是我国北方目前发现最早的一处古铜矿遗存。

1962年，内蒙古102地质队在林西县进行矿藏普查时发现了大井铜矿。

1973年，赤峰市第二地质队开始勘探铜矿时，发现古采矿坑一处。

1976年7月，辽宁省博物馆考古工作队对古铜矿遗址进行发掘，发现工棚遗址一处，出土文物1500余件。

1982年6月，赤峰市人民政府批准其为第二批市级重点文物保护单位。

1983年8月，由林西县人民政府下发了关于《大井古铜矿遗址保护范围的通知》。

1986年5月，被内蒙古自治区人民政府公布为内蒙古自治区重点文物保护单位。

2001年6月25日，正式被国务院公布为第五批全国重点文物保护单位。

2010年，通过国土资源部评审，成为我国第二批国家矿山公园。

（2）公园性质

内蒙古林西大井国家矿山公园于2010年由国土资源部批准为第二批国家矿山公园，公园所在的林西县位于赤峰市北部，是经济、文化发展较早的地区之一，有文字记载和文物佐证的历史就有5000余年，公园主要以保护区内遗存的古铜矿矿业遗迹为主。

◎ 林西大井国家矿山公园大门效果图

◎ 林西大井国家矿山公园主碑效果图

（3）公园特征

根据矿山公园的地理位置、自然条件、景观资源评价、分期开发建设、工业旅游以及古铜矿遗迹的分布和地域上的组合特点，总体规划包括大井镇与矿山公园两部分，其中矿山公园部分进一步划分为矿业遗迹景区、现代生产景区、矿业文化景区与生态体验区。采用"斑块—廊道—基底"的规划模式，以古铜矿遗址、生产矿山和小镇为基底，保持建筑顺地形错落式建造风格，以中轴线、贯穿古今的铜矿矿业为规划廊道，以保护当地特色生物为生态廊道，将规划景观斑块分为残留斑块、干扰斑块、环境资源斑块（土壤、水）、引入斑块、再生斑块。斑块、廊道、基底分别作为该规划设计地块的上、中、下三层，共同叠加，下层基底为原生自然环境（后经人类一定程度的破坏），上层斑块为人类活动环境（对原来破坏处加以恢复、保护），中层廊道即在规划设计中连接公园与小镇、连接外来游客与当地居民、连接古代矿业遗迹与当代矿业生产，更重要的是连接下层自然与上层人类活动，真正做到人与自然的交融。

◎ 林西大井国家矿山公园井字雕塑

◎ 林西大井国家矿山公园博物馆效果图

13.4.2.4 砂金宝地，边陲明珠——额尔古纳国家矿山公园

（1）建设历程

早在19世纪末，就有大批俄国人越境来额尔古纳开采黄金，留下了众多的采金遗迹。

2010年，通过国土资源部评审，成为我国第二批国家矿山公园。

（2）公园性质

额尔古纳国家矿山公园是2010年由国土资源部批准的第二批国家矿山公园。公园位于内蒙古自治区呼伦贝尔市西北部的额尔古纳市室韦俄罗斯族民族乡。公园以丰富的砂金矿业遗迹和浓厚的黄金文化为主体，以优美的自然景观和多样的民族特色为补充，塑造了我国北部边陲独特的矿山公园面貌。

（3）公园特征

额尔古纳矿山公园规划的空间结构布局为"一轴一带两片区"，其中一轴为吉拉林河谷，一带为景观长廊带，两片区为草鱼观光片区和游客体验片区。作为独立的矿山公园景观结构，以矿业遗迹景观和矿山生物多样性景观为主，展示矿业生产遗迹、生产设备的变迁，突出矿山生态恢复景观效果，结合周边的自然环境和丰富的地质地貌，与当地人文景观和谐相融，使美学、科学和文化协调统一，丰富公园内涵。

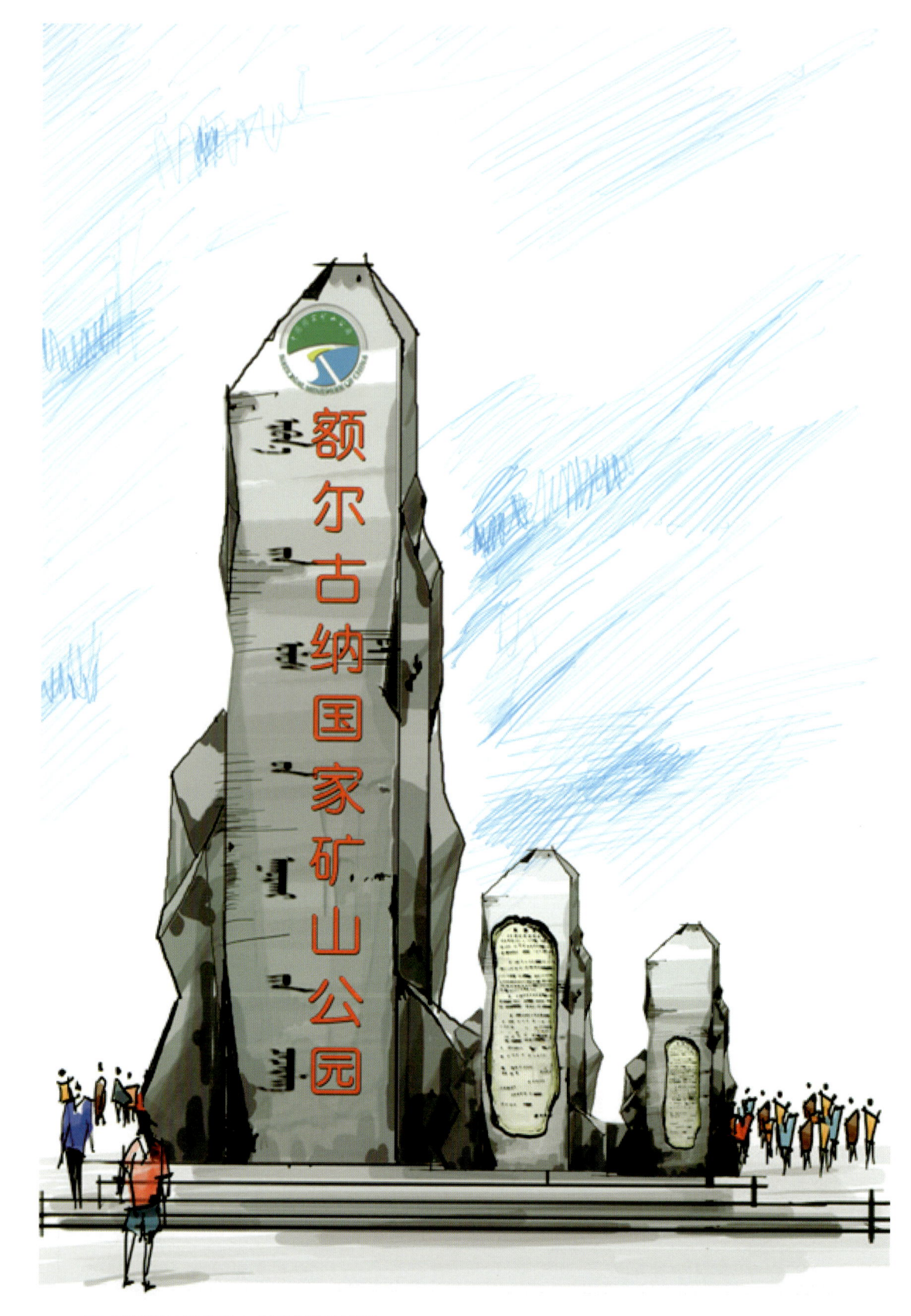

◎ 额尔古纳国家矿山公园主碑效果图

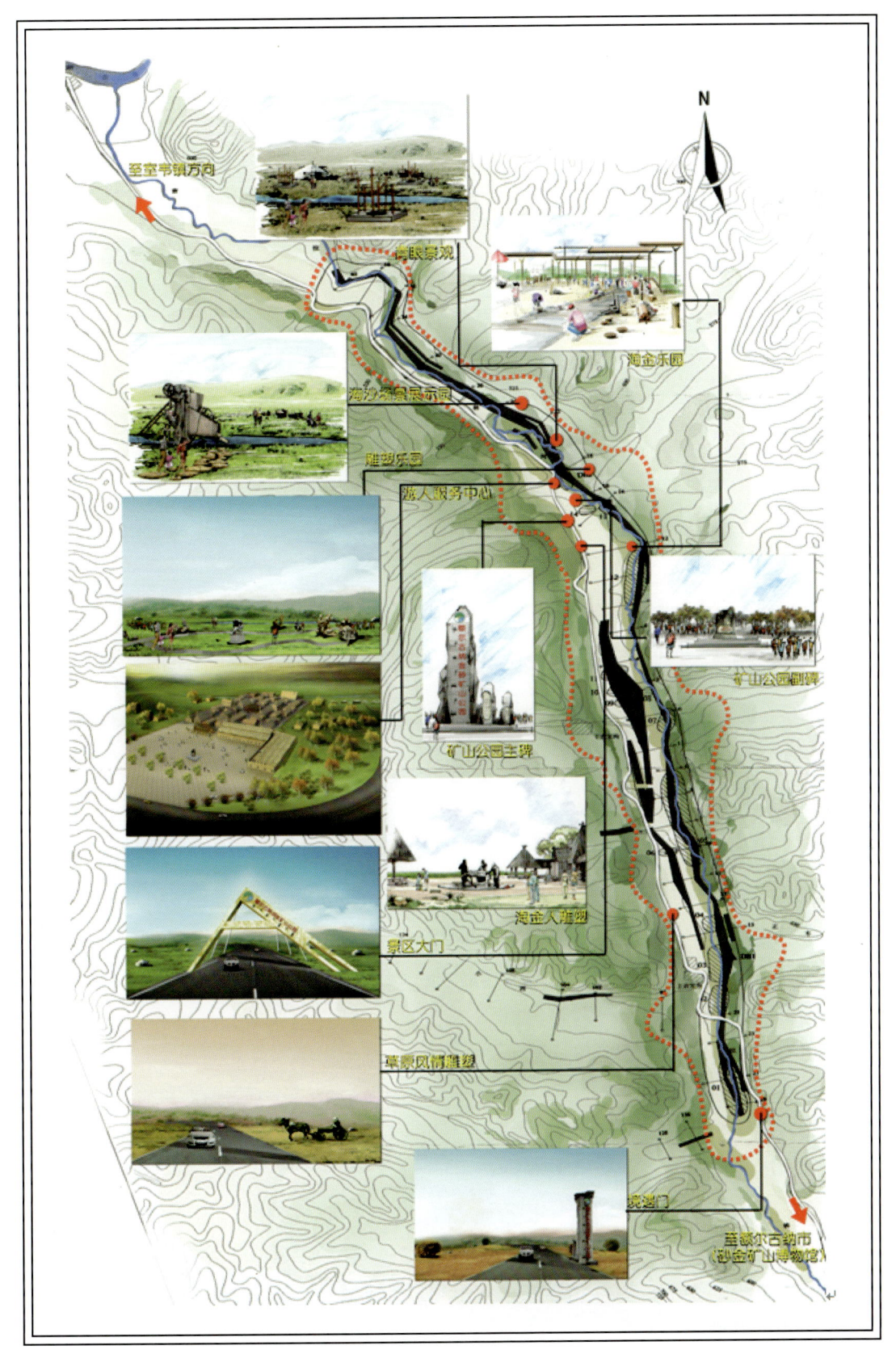

Harmony Road—Protection and Development

13 和谐之路——保护与开发

517

◎ 额尔古纳国家矿山公园景观分布图

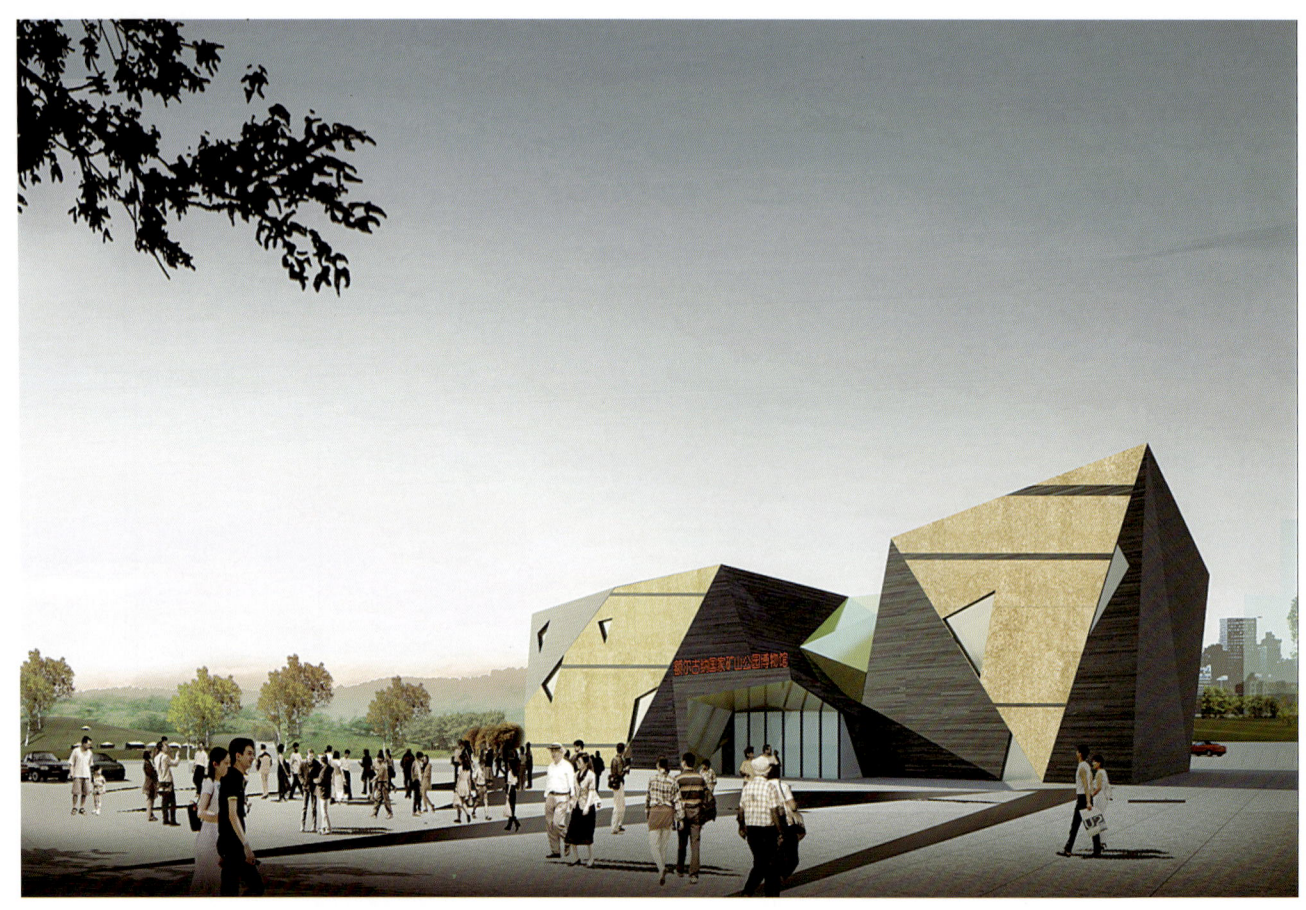

◎ 额尔古纳国家矿山公园博物馆效果图

13.5 自然保护区

自然保护区是指对有代表性的自然生态系统、珍稀濒危野生动植物物种的天然集中分布区、有特殊意义的自然遗迹等保护对象所在的陆地、陆地水体或者海域，依法划出一定面积予以特殊保护和管理的区域。迄今为止，全国各类自然保护区共有2541个，保护总面积达到1477468.09平方千米；其中地质遗迹类90个，总面积为12016.76平方千米；古生物遗迹类30个，总面积为5094.17平方千米。

内蒙古位于祖国北部边陲，横跨"三北"，东西长2400多千米，南北宽1700多千米，总面积118.3万平方千米，是祖国北疆生态系统的前沿阵地。东部的大兴安岭、中部的阴山山脉和西部的走廊北山、贺兰山呈弧带状构成了内蒙古的外缘山地，山地的北部为古老的内蒙古高原区，南部为河套平原隔黄河与鄂尔多斯高原、黄土高原相连接，山地的东部是松辽平原的一部分。内蒙古的气候从东到西跨越了温带湿润区、半湿润区、半干旱区、干旱区和极端干旱区5个气候区，从而形成了多样的地理环境和丰富的自然资源。

长期以来，由于种种原因，内蒙古的生态环境持续恶化。全国荒漠化土地2.62亿公顷，内蒙古就占到1/3左右；全国荒漠化涉及471个县，内蒙古就有76个旗县；全国荒漠化扩展速度在4%以上的地区有7处，内蒙古就有3处；全国每年因荒漠化造成的直接经济损失约540亿元，间接损失1700亿元，内蒙古各占1/3。因此，内蒙古的生态

内蒙古自治区国家级自然保护区一览表（截至2011年12月）

序号	保护区名称	行政区域	面积（公顷）	主要保护对象
1	内蒙古大青山	呼和浩特市	388577	森林生态系统
2	阿鲁科尔沁	阿鲁科尔沁旗	136794	草原、湿地及珍稀鸟类
3	赛罕乌拉	巴林左旗	100400	森林及马鹿等野生动物
4	白音敖包	克什克腾旗	13862	沙地云杉林
5	达里诺尔	克什克腾旗	119413	珍稀鸟类及其生境
6	黑里河	宁城县	27638	森林生态系统
7	大黑山	敖汉旗	86799	天然阔叶林
8	大青沟	科尔沁左翼后旗	8183	针阔混交林
9	鄂尔多斯遗鸥	鄂尔多斯市	14770	遗鸥及其生境
10	鄂托克恐龙遗迹化石	鄂托克旗	46410	恐龙足迹化石
11	西鄂尔多斯	鄂托克旗	474688	古老残遗濒危植物及其生境
12	红花尔基樟子松林	鄂温克族自治旗	20085	樟子松林
13	辉河	鄂温克族自治旗	346848	湿地生态系统及珍禽、草原
14	达赉湖	新巴尔虎右旗	740000	湖泊湿地及草原
15	额尔古纳	额尔古纳市	124527	原始寒温带针叶林
16	大兴安岭汗马	根河市	107348	森林生态系统
17	哈腾套海	磴口县	123600	绵刺及荒漠草原
18	乌拉特梭梭林—蒙古野驴	乌拉特后旗	68000	梭梭林、蒙古野驴及荒漠生态系统
19	科尔沁	科尔沁右翼中旗	126987	湿地珍禽、灌丛及疏林草原
20	图牧吉	扎赉特旗	94830	草原生态系统及大鸨等珍禽
21	锡林郭勒草原	锡林浩特市	580000	草甸草原、沙地疏林
22	内蒙古贺兰山	阿拉善左旗	67711	水源涵养林、野生动植物
23	额济纳胡杨林	额济纳旗	26253	胡杨林及其生境

环境如何，不仅关系到内蒙古各族群众的生存和发展，也关系到华北、东北、西北生态环境的保护和改善，意义和责任十分重大。

截至目前，内蒙古地区自然保护区总数达到185个，保护总面积为138237.28平方千米，有效地保护了全区的生态系统平衡和稳定，对我国"三北"地区的生态屏障建设做出了重要贡献。从保护对象来看，全区的自然保护区主要保护对象为草原、湿地、森林、珍稀动植物、荒漠生态、湖泊等重要的生态系统以及地貌景观、古生物化石、地层剖面等地质遗迹。其中，地质遗迹类为13个，总面积806.82平方千米；古生物遗迹类为7个，总面积2359.15平方千米。从保护等级和空间分布来看，国家级自然保护区23个，自治区级自然保护区62个。另外，有市（盟）级自然保护区24个，县（旗）级自然保护区76个，广泛分布在全区12个盟市。

内蒙古自治区级自然保护区一览表（截至2011年12月）

序号	保护区名称	行政区域	面积（公顷）	主要保护对象
1	哈素海	土默特左旗	18140	湿地生态系统及鸟类
2	南海子湿地	包头市东河区	1664	湿地生态系统及鸟类
3	梅力更	包头市九原区	22667	天然侧柏林
4	巴音杭盖	达尔罕茂明安联合旗	49650	荒漠草原生态系统
5	高格斯台罕乌拉	阿鲁科尔沁旗	106284	森林、草原、湿地生态系统及珍稀动物
6	平顶山—七锅山	巴林左旗	10000	地质遗迹
7	乌兰坝—石棚沟	巴林左旗	120000	水源林
8	赤峰青山地质遗迹	克什克腾旗	9200	岩臼群
9	桦木沟	克什克腾旗	41858	森林生态系统
10	黄岗梁	克什克腾旗	38307	森林生态系统
11	潢源	克什克腾旗	45438	水源涵养林
12	乌兰布统	克什克腾旗	30089	草原生态系统
13	小河沿	敖汉旗	18000	珍稀鸟类及湿地
14	莫力庙水库	通辽市科尔沁区	12000	湖泊湿地
15	乌斯吐	科尔沁左翼中旗	33823	森林生态系统
16	乌旦塔拉	科尔沁左翼后旗	23471	沙地原生植被
17	荷叶花湿地珍禽	扎鲁特旗	52823	湿地生态系统及珍禽
18	特金罕山	扎鲁特旗	91333	针阔混交林
19	准格尔地质遗迹	准格尔旗	1740	恐龙化石
20	毛盖图	鄂托克前旗	83246	荒漠植被及野生动植物
21	都斯图河	鄂托克旗	38004	荒漠草原、河流湿地生态系统及野生动植物
22	鄂托克甘草	鄂托克旗	144800	甘草及荒漠生态系统
23	白音恩格尔荒漠	杭锦旗	26210	四合木、半日花等珍稀植物及其生境
24	杭锦淖尔	杭锦旗	85750	黄河滩涂湿地及大鸨、大天鹅等珍禽
25	库布其沙漠	杭锦旗	15000	柠条及其生境
26	毛乌素沙地柏	乌审旗	31250	荒漠生态系统及臭柏林
27	海拉尔西山	呼伦贝尔市	14667	樟子松林
28	维纳河	鄂温克族自治旗	125564	草原生态系统及矿泉
29	巴尔虎草原黄羊	新巴尔虎右旗	528388	黄羊等野生动物及其生境
30	柴河	扎兰屯市	19036	森林及野生动物
31	额尔古纳湿地	额尔古纳市	126000	湿地生态系统
32	室韦	额尔古纳市	102559	森林及野生动植物

续表

序号	保护区名称	行政区域	面积（公顷）	主要保护对象
33	乌拉山	乌拉特前旗	83160	侧柏林及天然次生林
34	乌梁素海湿地水禽	乌拉特前旗	29333	水禽及其生境
35	阿尔其山叉子圆柏	乌拉特中旗	14787	叉子圆柏及其生境
36	巴彦满都呼恐龙化石	乌拉特后旗	3249	恐龙化石
37	苏木山	兴和县	16700	次生林及野生动植物
38	岱海湖泊湿地	凉城县	12970	湖泊湿地生态系统
39	黄旗海湿地	察哈尔右翼前旗	36823	湿地生态系统及珍稀鱼类
40	脑木更第三系剖面遗迹	四子王旗	10410	第三系地层剖面
41	四子王旗哺乳动物地质遗迹	四子王旗	48	哺乳动物化石
42	杜拉尔	阿尔山市	38567	天然次生林
43	乌兰河	科尔沁右翼前旗	58515	水源涵养林
44	兴安盟青山	科尔沁右翼前旗	75662	森林生态系统
45	代钦塔垃五角枫	科尔沁右翼中旗	61641	草原生态系统及珍禽
46	蒙格罕山	科尔沁右翼中旗	20855	森林生态系统
47	乌力胡舒	科尔沁右翼中旗	38882	湿地生态系统及珍禽
48	老头山	突泉县	31442	野生动物及其生境
49	二连盆地恐龙化石	二连浩特市	41200	恐龙化石
50	白音库伦遗鸥	锡林浩特市	10415	草原及湿地生态系统
51	浑善达克沙地柏	阿巴嘎旗	191164	天然沙地柏群落、典型草原、河湖湿地及珍稀濒危野生动植物
52	苏尼特	苏尼特右旗	30595	柄扁桃群落、灌木草原生态系统及野生动物
53	贺斯格淖尔	东乌珠穆沁旗	47200	湿地
54	乌拉盖湿地	东乌珠穆沁旗	612650	湿地生态系统
55	古日格斯台	西乌珠穆沁旗	98931	草原生态系统
56	蔡木山	多伦县	42477	草甸草原及次生林
57	阿左旗恐龙化石	阿拉善左旗	90570	恐龙化石
58	东阿拉善	阿拉善左旗	1071549	荒漠生态系统
59	腾格里沙漠	阿拉善左旗	1006450	沙漠生态系统
60	巴丹吉林	阿拉善右旗	489011	荒漠生态系统及盘羊、梭梭等野生动植物
61	巴丹吉林沙漠湖泊	阿拉善右旗	717060	荒漠生态系统及湖泊湿地
62	马鬃山古生物化石	额济纳旗	52698	恐龙骨骼、蛋化石、龟鳖类化石

序号	地质公园名称	级别	位置
1	呼伦贝尔世界地质公园	世界级	呼伦贝尔市
2	阿尔山火山温泉世界地质公园	世界级	兴安盟
3	克什克腾世界地质公园	世界级*	赤峰市
4	二连浩特恐龙世界地质公园	世界级	二连浩特市
5	阿拉善沙漠世界地质公园	世界级*	阿拉善盟
6	宁城国家地质公园	国家级*	赤峰市
7	巴林左旗国家地质公园	国家级	赤峰市
8	红山国家地质公园	国家级	赤峰市
9	翁牛特国家地质公园	国家级	赤峰市
10	锡林郭勒国家地质公园	国家级	锡林郭勒盟
11	乌兰哈达火山群国家地质公园	国家级	乌兰察布市
12	四子王国家地质公园	国家级	乌兰察布市
13	清水河国家地质公园	国家级	呼和浩特市
14	鄂尔多斯国家地质公园	国家级*	鄂尔多斯市
15	巴彦淖尔国家地质公园	国家级*	巴彦淖尔市
16	牙克石喇嘛山自治区级地质公园	自治区级	呼伦贝尔市
17	红山区麒麟峰自治区级地质公园	自治区级	赤峰市
18	巴林右旗赛罕乌拉自治区级地质公园	自治区级	赤峰市
19	额尔古纳国家矿山公园	国家级	呼伦贝尔市
20	满洲里扎赉诺尔国家矿山公园	国家级*	满洲里市
21	赤峰巴林石国家矿山公园	国家级*	赤峰市
22	林西大井国家矿山公园	国家级*	赤峰市
23	克什克腾黄岗梁国家矿山公园	国家级	赤峰市
24	白云鄂博国家矿山公园	国家级	包头市
25	阿拉善左旗盐湖国家矿山公园	国家级	阿拉善盟

注：带*号的为已经建成的地质（矿山）公园。

内蒙古自治区地质（矿山）公园远景分布图

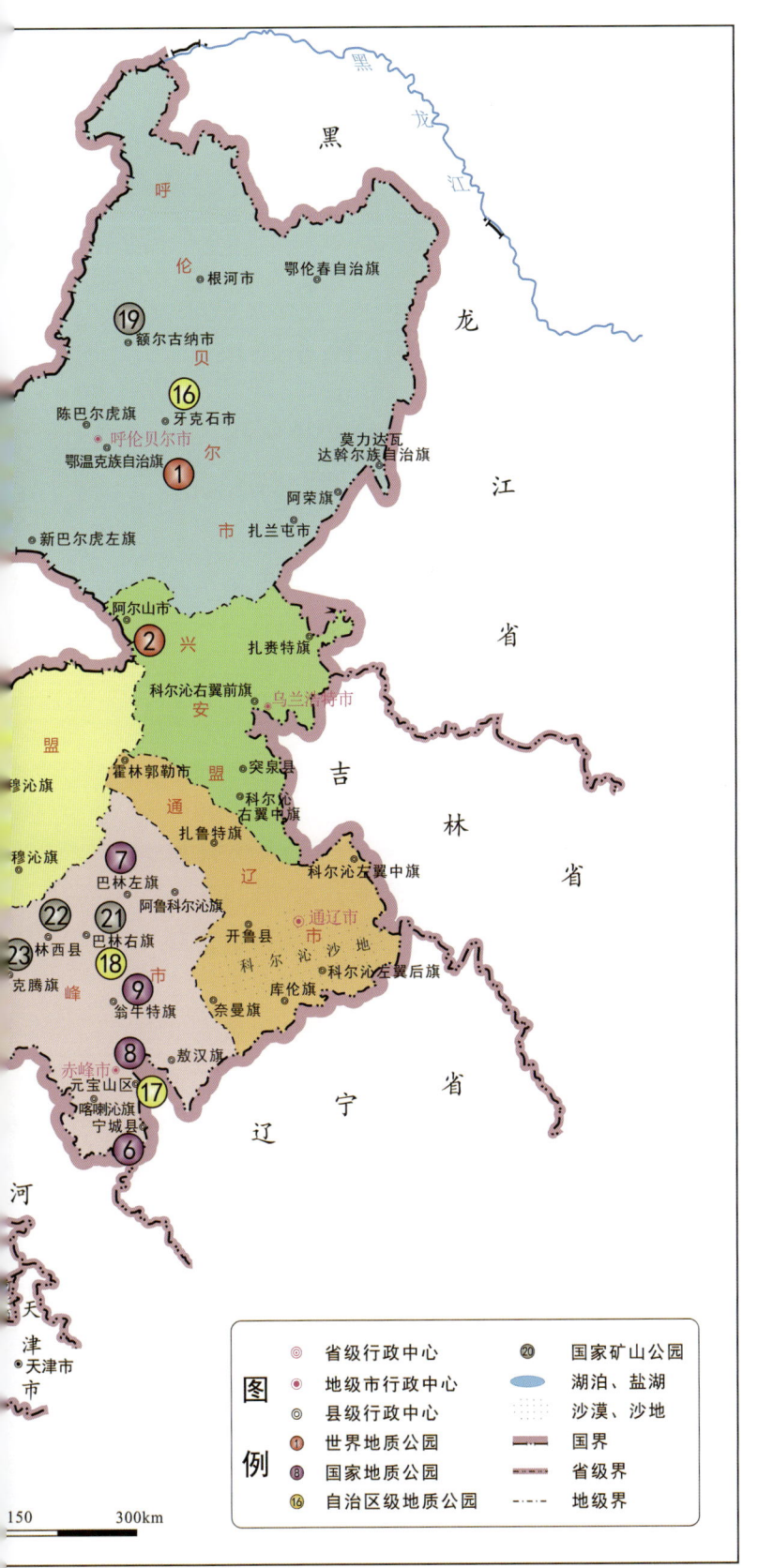

13.6 地质遗迹资源保护与规划

参考《内蒙古自治区地质遗迹保护规划（2008—2020）》，根据各区地质遗迹资源类型、分布与已开发的情况，结合地质遗迹保护与开发工作的可操作性，做好地质遗迹保护区、地质公园、矿山公园体系规划和建设，对全区的地质遗迹保护和研究工作具有重要的指导意义。

13.6.1 地质遗迹规划原则

13.6.1.1 在保护中开发，在开发中保护

保护是开发和发展的前提，合理开发是保护的重要目标。地质遗迹是可以持续利用的，但它的天然不可再生性的特征表明其一旦被破坏，将难以恢复甚至永远消失（李明路等，2000），只有保护好地质遗迹才能为旅游活动提供基础和前提。从可持续发展的角度看，资源保护归根结底也是为了更好地开发，同时地质遗迹资源必须通过开发才能发挥其效益。因此地质遗迹规划以保护地质遗迹与生态环境为基本出发点。

13.6.1.2 开发前做好科学合理的总体规划

以地质遗迹基础调查为基础，在开发遗迹前务必做好科学合理的总体规划，以防止出现地质公园建设城市化（侯万荣等，2006），防止生态系统原有的自然美遭到人为破坏。同时，在开发利用阶段，相关监管部门应随时开展动态巡查，及时发现不符合总体规划的行为并予以制止。

13.6.1.3 全面调查评价，分级保护

在全面系统的地质遗迹调查与总体规划之后，对于不同类型的地质遗迹应进行重要等级评价，对重要的古生物化石和产地、地质剖面和构造形迹、重要矿物矿床等地质遗迹应进行重点保护，并根据上述重要等级评价实施分级保护（陈

安泽，2010），可设核心保护区、一级保护区、二级保护区、三级保护区与缓冲保护区。

13.6.1.4 统一协调，分区建设

一个地区的地质遗迹往往比较分散，并不像城市公园，景观比较集中。对于这种特殊的公园（地质公园），在规划时并不能将分布有地质遗迹的所有区域都划入一个边界之内，这样既不利于公园的建设管理，也会大大降低地质遗迹的保护力度。因此，一个地质公园往往分为若干个园区或景区，每个区域单独规划、单独建设，园区或景区之间有公园内部交通工具进行连接，这些园区或景区为统一管理，建有一个地质公园管理委员会对公园进行整体调控。

对于地质遗迹保护区的规划亦如此，如果一个地区多个地质遗迹点分布较散，即使类型一致也应分开建立保护区，各区可以在统一指导思想下独立开发。

13.6.1.5 避开现有和潜力矿区

地质遗迹保护区、地质公园或矿山公园边界一旦通过审核，将禁止一切开采活动，因此在地质遗迹保护区、地质公园或矿山公园勘界时应做好扎实的基础调查研究，避开现有和潜力矿区，避免阻碍当地经济发展的情况。

13.6.1.6 分期规划，近期抢救性保护与远期建设相结合

形成一处宝贵的地质遗迹可能需要上万年的时间，然而破坏它却可能只需要几分钟。为遏制地质遗迹的破坏，近期需要集中力量抢救性保护一批正处于危险边缘的地质遗迹（李明路等，2000），同时也需要落实远期的保护与开发建设工作。

13.6.1.7 突出典型，做好带动工作

由于地质遗迹需要专业人员才能发掘，因此其所在地再被发现时往往已有居民居住其上，其保护规划常常涉及原有居民的安置问题，同时建设地质公园也会在一定程度上影响部分群体的原有利益。因此，需要建立示范工程区，在调节各方利益方面需要政府出面做好工作，尽可能为当地居民提供更多的就业机会，协调好各个群体的利益，达到综合效益最优化。

13.6.2 地质遗迹保护区体系建设

13.6.2.1 国家级地质遗迹保护区建设

（1）乌拉特后旗巴彦满都呼恐龙化石地质遗迹保护区

巴彦淖尔乌拉特后旗巴彦满都呼白垩系恐龙化石，位于赛乌苏镇西北54千米处，化石产于晚白垩纪地层之中，地层岩性为紫红色粉砂质泥岩夹含砾粉砂质泥岩、黄绿色泥岩，呈条带状南北方向出露。巴彦满都呼化石主要集中埋藏于三个小区，即东南、中部和西北部。这些恐龙化石与北美发现的恐龙属同一血系，具有国际对比意义。此外，化石产区内，宝音图苏木西约5千米处，地层剥蚀形成高大的"土塔"，为内蒙古自治区内独特的砂岩地貌。目前，该恐龙化石产地为自治区级地质遗迹保护区，现已纳为巴彦淖尔国家地质公园的一个园区。

（2）鄂尔多斯市准格尔旗古生物化石及地层剖面保护区

鄂尔多斯市准格尔旗古生物化石组合带地层剖面，属于准格尔旗三叠纪地层剖面。准格尔旗是自治区三叠系发育最完全的地区，以富含中国肯氏兽动物群及植物化石而著名。该处化石富含地层为中三叠统二马营组，主要出露在准格尔旗东南部，地层剖面以五字湾乡老菜沟、卜尔洞沟、哈拉沟为典型，发现的动物化石很具中国特色。目前国内只有在新疆发现类似化石，其动物群可与南非、印度、俄罗斯等地的同期三叠世肯氏

兽动物群类比。此外，其植物化石也多种多样。

（3）包头市哈达门沟地质遗迹保护区

包头市哈达门沟太古界地层剖面，在国内具有典型代表意义，起连续分布的兴和群、上集宁群和乌拉山群构成完整的太古宙地层，新太古代地层包头哈达门沟乌拉山群最为典型，曾作为第十三届世界地质大会考察路线之一。

13.6.2.2 自治区级地质遗迹保护区

（1）鄂温克旗火山温泉地质遗迹保护区

呼伦贝尔市西部鄂温克旗维纳河矿泉位于大兴安岭中段一个三面环山、向北开口、上阔下窄的"U"形谷地，该谷地内有天然泉8个，与断裂构造线一致呈北东向分布，密集出露形成矿泉群。维纳河矿泉出露于火山最外围的酸性流纹质凝灰岩、凝灰角砾岩之中，为两大断裂带的复合部位，其形成是在深部岩浆火山活动热能作用下，地下水溶解围岩中的多种微量元素，通过断裂上涌所成。因此该地区是溢出珍贵的矿泉资源的火山地貌。目前该地区建有维纳河自治区级自然保护区、鄂温克旗辉河国家级内陆湿地自然保护区。

（2）满洲里小孤山化石地质遗迹保护区

呼伦贝尔市满洲里小孤山古生物化石遗址，是由于火山喷发后而形成的一座化石山，有大量植物化石和安山岩打制的旧石器（经专家鉴定为"扎赉诺尔旧石器时代"），其中银杏化石是研究呼伦贝尔史前文化和恢复古环境的重要依据。

（3）海拉尔西山地质遗迹保护区

呼伦贝尔海拉尔西山自治区级自然保护区内发现有西山泥盆系标准剖面及古生物化石遗迹，然而现有自然保护区以保护森林生态，开发旅游为主，对较为脆弱的地质剖面和古生物地质遗迹的保护极为不利，因此可建设自治区级地质遗迹保护区，进行地质遗迹专项保护和建设。

（4）科尔沁左翼后旗大青沟沙漠地质遗迹保护区

通辽市南部科尔沁左翼后旗大青沟沙漠，位于甘旗卡镇西南24千米处，约20千米长，是内蒙古著名的奇景，堪称"沙漠奇沟"。大青沟为一沙沟，沟外是一望无际、此起彼伏的沙丘，植被稀少；沟谷呈倒梯字形，沟内泉水潺潺汇集成溪，水流常年不息流入柳河，更为神奇的是沟内发育茂密的原始森林。沟内的郁郁葱葱与沟外浩瀚无垠的沙坨景观形成极为鲜明的对比，同时沟内外气候也有着显著的差异。1988年大青沟经国务院批准建立国家级自然保护区，主要保护珍贵的阔叶林。其独特的地质条件、奇特的植物群落，别具洞天，可为沙海一绝，为我国北方古地理、古动植物研究的天然宝库，吸引着大批科学家前来考察。

◎ 大青沟

（5）马鞍山花岗岩奇峰地质遗迹保护区

赤峰市马鞍山花岗岩奇峰，位于喀喇沁旗锦山镇东南5千米处，因山脉远看酷似一马鞍而得名。花岗岩奇峰主峰1186米，山峰陡峻，奇石怪石迭现。牛郎峰、王杵峰、灵芝峰等风姿俊俏，金蝉背、碧蓬台意味无穷，还有大量原始森林，树高林密，风光秀丽。目前，该区已建立马鞍山国家森林公园，是赤峰市旅游观光的著名风景区。夏季暴雨时，在山沟口处见有洪水携带大量沙石而下，形成小型泥石流，冲毁林木，危及道路，需加强防范。规划建设自治区级地质遗迹保护区，进而可根据地质遗迹保护管理规定，对现保护区内的地质遗迹进行合理的保护性开发。

（6）赤峰市黑山沟地质遗迹保护区

赤峰市三眼井乡黑山沟白垩纪狼鳍鱼化石点，位于松山区，主要为白垩纪鱼类、昆虫、植物等化石。发现的化石分布在三眼井乡黑山沟两侧裸露基岩部，该处地层为白垩纪九佛堂组湖相沉积岩。因此地层较松散、易风化、化石裸露后易破损，目前保护力度不够。

（7）哲斯敖包二叠系哲斯组剖面保护区

锡林浩特盟哲斯敖包二叠系哲斯组剖面，位于锡林浩特市西乌珠穆沁旗。华北北部边缘的二叠纪地层过去多认为是海相浅水沉积，然而中部哲斯地区和东部锡林浩特地区二叠系哲斯组泥岩中放射虫化石的发现表明该区二叠纪主体为深水海相沉积，这进一步可证实华北板块与西伯利亚板块的最终拼合至少发生在瓜德鲁普世末之后。在这一系列重要地质问题的探讨上，哲斯组扮演着重要角色。

（8）东乌珠穆沁旗乌里雅斯太花岗岩奇峰地质遗迹保护区

锡林浩特盟东乌珠穆沁旗乌里雅斯太花岗岩奇峰，位于呼布沁高壁苏木，该处岩体为燕山早期花岗岩，受构造运动影响较小，其岩石呈块状，边部分化为浑圆状。大块岩体总体上略黑褐色，在山上植被的绿色点缀下，乌里雅斯太山犹如一座巨大的盆景。同时山体上由于原岩浆侵入后冷却形成的原生水平节理，使花岗岩成为类似沉积岩产状，并顺着坡向分布，有如鹰石、蘑菇石、馒头石等，顶部有岩臼。

（9）锡林浩特盟朝根山蛇绿岩套地质遗迹保护区

位于图古日格苏木，地层为中泥盆世，其岩性以中基性火山岩、辉绿岩为主，似层状辉长岩岩墙群具有全球知名度，是研究古板块运动的良好场所。目前该地区尚未采取任何保护措施。

（10）乌兰察布市红格尔奥德其沟花岗岩风蚀地貌保护区

2002年被批准建立旗县级地质遗迹保护区，先规划建设自治区级地质遗迹保护区。

（11）乌拉特中旗恐龙足迹化石地质遗迹保护区

位于海流图镇西10千米处，目前共识别出脊椎动物足迹化石119个，其中大部分为恐龙足迹。由于该处地层研究程度较低，因此这批恐龙足迹的研究在地层年代确定、恢复古环境方面具有重大意义。李建军、白志强等通过与波兰Podole地区的早侏罗世的足迹组合对比，建议将乌拉特旗的该地层年代归入侏罗纪早期。目前该地区尚未采取保护措施。

（12）清水河县寒武系地层剖面及古生物化石保护区

主要分布在董家梁、刘家窑一带，以寒武系三叶虫化石最为丰富。清水河寒武系属华北地台型，地层发育完全，层序清楚、出露广泛，为稳定的海洋环境下的沉积，其厚度小、岩性变化小，中、上寒武统各组均有化石出露。该地区三叶虫化石及产地在内蒙古地区罕见，其对地质年代的划定、生物进化及演变有着重大的科研价值。目前该地质遗迹点尚未得到保护，而采矿、开矿等部分已经遭到破坏。

（13）兴和县太古界地层剖面地质遗迹保护区

乌兰察布市兴和县太古界地层剖面，位于店子向南韭菜疙瘩至黄土窑一带，为区内太古界最低层位，包括上集宁群和下集宁群，这两组共同组成了内蒙古台隆的骨架。在地球演化的研究方面具有十分重要的研究意义，其古老的高铝湖盆沉积特点不但是中国唯一的，在全球也是独一无二的，目前为旗县级地质遗迹保护区。

（14）乌海市寒武系—奥陶系标准剖面保护区

乌海市地层属华北地层区桌子山—贺兰山分区，除缺失古生界志留系、泥盆系外，其他各层时代地层均有不同程度的发育，其中桌子山地区寒武系、奥陶系发育完全，剖面连续、化石丰富，其厚度由西向东逐渐变薄，是典型的华北地台型沉积，海侵方向由西南向北东方向推进，同东南方向的海水相通，处于华北、西北、华南海区、生物群交汇混合地带。乌海市寒武—奥陶纪地层剖面是内蒙古早古生代最具代表性的典型剖面，在国内同期地层中具有可比性又有其独特性，有着重要的科研价值。但是由于当前当地采石工作，使得多出的典型剖面和古生物丰富点面临破坏，规划建设乌海市寒武系奥陶系标准剖面自治区级地质遗迹保护区。

（15）包头市达茂旗志留—泥盆纪地层剖面及古生物化石

位于达茂旗北部的巴特敖包地区，海相的志留、泥盆纪地层出露良好，化石丰富，是研究我国北方地槽区志留、泥盆纪的重要地区之一，尤其是该处的大规模生物礁，种类繁多令世人瞩目。该套地层经过多年研究，划分为中志留世巴特敖包组、晚志留世西别河组、早泥盆世查干哈布组、阿鲁共组。该地区志留系发育良好的地层，丰富的化石种类，巨大的生物礁令人瞩目，具有重大的科研、科普、旅游观光价值。规划将志留—泥盆系剖面、生物礁地段及阿木山石炭系化石产地、二叠系哲斯敖包、包特格地区建立自治区级地质遗迹保护区。

（16）包头市石拐区古生物化石保护区

包头市石拐区鳕鱼化石，出露于石拐区东部一套侏罗纪湖相沉积岩层中，是内蒙古地区罕见的古鱼类化石，内蒙古博物馆内有标本展出。该化石的发现对研究当时的古地理环境及古生物群的演化具有重要的科学研究价值与科普和珍藏价值。

13.6.3 地质公园体系建设

根据内蒙古主要地质遗迹的科学价值和分布特征以及现已建成的地质公园情况，并考虑到当前国家地质公园和世界地质公园建设的趋势，内蒙古自治区可以形成完整的地质公园体系，并在今后5～10年时间内逐步建设和完善。

13.6.3.1 世界级地质公园

（1）呼伦贝尔世界地质公园

呼伦贝尔市境内目前已经批准建设以花岗岩景观、水体景观（湖泊、河流、湿地）为主的呼伦—贝尔自治区级地质公园，以火山地貌景观为主的扎兰屯自治区级地质公园和鄂伦春自治区级地质公园。为了保持呼伦贝尔市地质遗迹的整体性，达到全面保护地质与自然文化遗产的目标，规划将分布在呼伦贝尔市的地质遗迹和地质景观统一纳入呼伦贝尔地质公园管理体系，建设呼伦贝尔世界地质公园。

（2）二连浩特世界地质公园

二连浩特拥有丰富的白垩纪恐龙化石资源，它是国内晚白垩纪恐龙化石资源中保存最好、品种最为丰富的区域，世界罕见；拥有被誉为"中国死海"的二连盐湖，这在世界上也是少有的。另外，区内还有完整的中生代地层和白垩纪晚期堆积地层地质遗迹。这些地质遗迹对于国内外恐龙研究、盐湖研究以及中生代地层研究都有重要的科学价值。目前，区内已经建成二连浩特恐龙国家地质公园，规划在原有保护的基础上新增保护内容，申请成为世界级地质公园。

（3）阿尔山世界地质公园

区内火山口湖、堰塞湖以及火山熔岩堆积物等地质遗迹共同形成了独特的天池火山地貌，俨然成为火山地貌的课堂；区内花岗岩地貌形态类似石林、冰林地貌，但成因却与克什克腾世界地质公园的阿斯哈图花岗岩石林形态和成因相似，奇特的出生注定了其不凡的价值；区内的多个河段已"裁弯取直"形成"牛轭"状，形成高原蛇曲，这对于研究高原隆升的过程和机制以及高原河谷的演变都具有重要的意义。区内的温泉资源丰富，有阿尔山温泉群，被称为温泉胜地。目前区内已建成阿尔山火山温泉国家地质公园，规划将其提升为世界地质公园。

13.6.3.2 国家级地质公园

（1）巴林左旗地质公园

本区花岗岩地貌景观分布范围广，数量多，以岩臼群和风蚀壁龛为主，形态上与克什克腾旗青山花岗岩类似，主要分布在查干哈达苏木的桃花山、七锅山以及花加拉嘎乡的平顶山，山峰耸立、重峦叠嶂。巴林左旗岩臼群，其保存的完整性，数量、类型之多，产出的地层的奇特性均居我国之首，也是世界罕见。它对于国内外地质学、气象学、生态学、环境学等学科的研究有着极为重要的价值。同时抬出的花岗岩奇峰等景观也具有很高的旅游观赏价值。目前已经批准建立自治区级地质遗迹保护区，规划在现有基础上增加保护内容，近期申报自治区级地质公园，远期规划为国家级地质公园或作为一个园区申请纳入克什克腾世界地质公园。

（2）红山地质公园

红山意即红色之山，位于内蒙古赤峰市城区东北约6千米处的英金河畔，赤峰也是因此山而得名。红山岩性为肉红色二长花岗岩、钾长花岗岩、文象斑状钾长花岗岩。每当朝霞夕晖反射壁上，通体赭红，灿若丹霞，分外夺目。红山西侧山体陡峭出露基岩，赤壁奇绝；其东侧多为坡地，地表覆盖着厚厚的沙质黄土，形成略有起伏的缓坡沙地。目前整个红山森林覆盖率已达到40%以上，红山也因其孕育了灿烂的北方远古文明——红山文化而蜚声海内外。规划近期建立自治区级地质公园，远期建立国家级地质公园，对当地的地质遗迹进行有效保护

（3）翁牛特地质公园

这里有著名的西拉木伦河及西拉木伦断裂带，有典型的流水地貌，如河流阶地等；这里有类型多样的花岗岩地貌及沙积地貌等地质景观；这里有万顷草原，繁花似锦，被称为全国最美的草原；这里有我国分布面积最大、长势最好的沙地油松，也是我国在沙漠中残存的唯一一块天然油松林。目前区内已经建立自治区级地质公园，规划将来建立国家级地质公园，对区内典型的地质遗迹进行有效保护。

（4）锡林郭勒地质公园

锡林郭勒地区火山地貌较为发育，南部有白音库伦火山群和贝力克玄武岩洞穴，西部有阿巴嘎旗火山群，且两处连成一片，规划在哲斯敖包二叠系哲斯组剖面保护区、东乌珠穆沁旗乌里雅斯太花岗岩奇峰地质遗迹保护区、朝根山蛇绿岩套地质遗迹保护区的基础上近期建设锡林郭勒火山群自治区级地质公园，远期申请建设为国家级地质公园。

（5）乌兰哈达火山群地质公园

乌兰察布市察哈尔右翼后旗古火山群地貌，位于旗政府所在地乌兰哈达乡哈拉胡图，共有6个形态比较明显的火山口，其中2、3、5、6号火山口形态较为完整，呈圆形锅状且其底部有略突出的火山颈残留，火山锥全部由黑色的火山灰组成。该处火山地貌形态之完整，在内蒙古地区极

为少见，有很高的科普及旅游价值，但其中2、3、4、6号火山口已被当做浮石开采，形态遭到不同程度的破坏，5号火山口尚保存完好。目前，5、3号火山口分别于1999年和2000年批准建立旗县级地质遗迹保护区。规划近期建立自治区级地质公园，远期建立国家级地质公园，对未遭受破坏的火山口进行有效保护。

（6）四子王地质公园

四子王旗已经建有四子王自治区级地质公园，园内有我国唯一一处三趾马动物群化石原地埋藏馆，有亚洲陆相古近纪最系统、最连续、最完整的脑木根古近系剖面，有久负盛名的草原古刹希拉木仁庙，有广阔平坦一望无际的神舟飞船着陆场，有美丽多姿的格根塔拉草原。所有的这些都为规划四子王国家地质公园打下了坚实的基础。

（7）清水河地质公园

清水河寒武系属华北地台型，地层发育完全，层序清楚，出露广泛，为稳定的海洋环境下的沉积，其厚度小、岩性变化小，中、上寒武统各组均有化石出露。该地区寒武系三叶虫化石非常丰富，其化石及产地在内蒙古地区罕见，其对地质年代的划定、生物进化及演变有着重大的科研价值。除此之外，本区的黄河河道景观也相当雄伟。目前该地区已建立清水河县寒武系地层剖面及古生物化石保护区，为了进一步加强对地质遗迹的保护，规划近期建设自治区级地质公园，远期建设国家级地质公园。

13.6.3.3 自治区级地质公园

（1）牙克石喇嘛山地质公园

呼伦贝尔市牙克石喇嘛山花岗岩石峰风景区位于呼伦贝尔市中部火山岩地质遗迹区，距牙克石市50千米，属巴林镇辖地，交通便利。喇嘛山花岗岩景区内共有大小石峰28座，千姿百态，因主峰远看似一诵经喇嘛面壁打坐而得名，喇嘛山下泉水奔涌、花木繁茂，雅鲁河水绕山而过，奇峰秀水相互映衬。现今，当地把该处作为消夏避暑的旅游景点，尚缺科学的管理建设制度，为了更好地保护花岗岩石峰岩石地质景观，普及地质科学知识，规划建设牙克石喇嘛山花岗岩奇峰自治区级地质公园。

（2）红山区麒麟峰地质公园

红山区麒麟峰位于赤峰市红山区东南部文钟镇的西水泉村，该地区自2007年下半年陆续发现大量满洲龟、鱼草、昆虫等古生物化石，据考证这些化石形成于侏罗纪火山沉积盆地的页岩中，具有较高的考古科研价值。古生物化石是地质时期形成并赋予地层中的动物、植物等遗体化石或遗迹化石，是研究生物起源和进化的科学依据，也是不可再生的宝贵自然遗产。目前，红山区把文钟镇西水泉村麒麟山化石点及周围外延500米范围列为化石重点保护区域，严禁任何单位和个人勘查、采掘、买卖、收藏和转让化石。规划将本区建成自治区级地质公园，进一步加强对本区化石的保护。

（3）巴林右旗赛罕乌拉地质公园

赤峰市巴林右旗赛罕乌拉，位于巴林右旗北部，面积约10万公顷，现今是一个以保护森林、草原、湿地等多样生态系统和珍稀濒危野生动植物及西辽河上游水源涵养林为主的山地综合性自然保护区。1999年被国际鸟类联盟确定为世界重要鸟区，2000年被国务院批准为国家级自然保护区，2010年被联合国教科文组织批准为世界生物圈保护区。该保护区内多处分布着奇特的岩石地貌景观，花岗岩奇峰林立，其内乌兰坝河、二林坝河、沙艾河、白其河、北吐河、罕山河、阿尔善河、海青河、岗根河等20余条河流是具有国际地质对比意义的西拉木伦大断裂——西拉木伦河主流查干木伦河的源头。规划将其建成自治区级地质公园，对区内的地质遗迹进行保护。

13.6.4 矿山公园体系建设

内蒙古是一个矿业大省，矿业为本区国民的经济发展作出了巨大的贡献，推动了社会的进步和城市化进程（李福全等，2009）。然而矿山关闭后，大量废弃土地、厂矿等被遗留下来，不仅影响当地生态环境和人居安全，甚至阻碍地方持续发展（付梅臣等，2005；朱训，2002）。面对这些"独具特色"的矿业遗迹（李福全等，2009），在保障安全的前提下，可将其作为二次资源综合开发利用，在恢复矿区环境的同时给矿区带来更大的利益；对于自治区内大部分正在开采中的矿山，则需要做好闭矿规划（H.M. 利马等，2000；Doran. et al.，1995；Epheson et al.，1996；Sassoon et al.，1996），在采矿的同时做好环境保护以及矿山遗迹的保护与开发利用。

目前，中国主要通过建立矿山公园对矿山遗迹进行保护，根据内蒙古自治区矿业遗迹的特征，规划建设的国家矿山公园如下：

（1）克什克腾黄岗梁矿山公园

黄岗梁矿区位于赤峰市克什克腾旗黄岗梁国家森林公园腹地，是内蒙古第二大铁矿，铁矿石储量1.1亿吨，锡金属储量45.55万吨，还有大量的锌、砷、钨、铜等有价值矿产。区内存在的铁矿床及多处采矿遗址，可供人们游览观赏并进行科学考察。规划近期在本区建立自治区级矿山公园，远期建立国家矿山公园，以对该区铁矿资源进行合理开发，并对生态环境进行有效保护。

（2）白云鄂博矿山公园

包头市白云鄂博稀土矿，呈东西向展布，宽2~3千米，面积约48平方千米，探明的稀土金属储量占全世界稀土总储量的80%。矿田位于太古代东西向深断裂与早古生代北东向深断裂的交会处，区域构造条件非常特殊。矿床成因研究已有数十年，众说纷纭。规划近期建立自治区级矿山公园，远期建设国家矿山公园，保护稀土矿生成的典型区域。

（3）阿拉善左旗盐湖矿山公园

吉兰泰盐湖位于阿拉善盟阿拉善左旗境内，乌兰布和沙漠西南边缘。盐湖面积120平方千米，其中盐矿面积37.19平方千米，勘探储量达1.14亿吨，有钾、镁和其他稀有贵重化学元素，具有很高的工业开采价值，湖盐以其颗粒大、味道浓、晶莹透明、杂质少而闻名全国。吉兰泰盐湖蕴藏着丰富的石盐和芒硝资源，以石盐为主，是内蒙古西部最大的盐湖矿床。规划近期建立自治区级矿山公园，远期建立国家级矿山公园，对吉兰泰盐湖进行保护。

随着地质遗迹调查工作的深入，将会有更多的地质遗迹被纳入地质公园和矿山公园体系内。既可以使地质遗迹得到有效保护，又可以促进内蒙古地区的经济发展，达到双赢的效果。

附录1

世界地质公园名录（截至2011年12月31日）

批次	序号	公 园 名 称	批准日期
第一批	001	奥地利艾森武尔瑾地质公园(Nature Park Eisenwurzen -Austria)	2004年2月13日
	002	安徽黄山世界地质公园(Huangshan Geopark)	
	003	黑龙江五大连池世界地质公园(Wudalianchi Geopark)	
	004	江西庐山世界地质公园(Lushan Geopark)	
	005	河南云台山世界地质公园(Yuntaishan Geopark)	
	006	河南嵩山世界地质公园(Songshan Geopark)	
	007	湖南张家界砂岩峰林世界地质公园(Zhangjiajie Sandstone Peak Forest Geopark)	
	008	广东丹霞山世界地质公园(Danxiashan Geopark)	
	009	云南石林世界地质公园(Stone Forest Geopark)	
	010	法国普罗旺斯高地地质公园(Reserve Géologique de Haute Provence - France)	
	011	法国吕贝龙地质公园(Park Naturel Régional du Luberon - France)	
	012	德国特拉维塔地质公园(Nature park Terra Vita - Germany)	
	013	德国贝尔吉施-奥登瓦尔德山地质公园(Geopark Bergstrasse – Odenwald - Germany)	
	014	德国埃菲尔山脉地质公园(Vulkaneifel Geopark - Germany)	
	015	德国斯瓦卡阿尔比地质公园(Geopark Swabian Albs - Germany)	
	016	希腊莱斯沃斯石化森林地质公园(Petrified Forest of Lesvos - Greece)	
	017	希腊普西罗芮特地质公园(Psiloritis Natural Park - Greece)	
	018	英国大理石拱形洞—奎拉山脉地质公园 (Marble Arch Caves & Cuilcagh Mountain Park – Northern Ireland- UK)	
	019	爱尔兰科佩海岸地质公园(Copper Coast Geopark-Republic of Ireland)	
	020	意大利马东尼地质公园(Madonie Natural Park - Italy)	
	021	西班牙马埃斯特地质公园(Maestrazgo Cultural Park - Spain)	
	022	英国北奔宁山地质公园(North Pennines AONB Geopark - UK)	
第二批	023	内蒙古克什克腾世界地质公园(Hexigten Geopark)	2005年2月11日
	024	浙江雁荡山世界地质公园(Yandangshan Geopark)	
	025	福建泰宁世界地质公园(Taining Geopark)	
	026	四川兴文世界地质公园(Xingwen Geopark)	
	027	捷克共和国波西米亚天堂地质公园(Bohemian Paradise Geopark - Czech Republic)	
	028	德国布朗斯韦尔地质公园(Geopark Harz Braunschweiger Land Ostfalen - Germany)	
	029	意大利贝瓜帕尔科地质公园(Parco del Beigua - Italy)	
	030	罗马尼亚哈采格恐龙地质公园(Hateg Country Dinosaur Geopark - Rumania)	
	031	英国苏格兰西北高地地质公园(North West Highlands – Scotland - UK)	
	032	英国威尔士大森林地质公园(Forest Fawr Geopark – Wales - UK)	
第三批	033	巴西阿拉里皮地质公园(Araripe Geopark - Brazil)	2006年9月18日
	034	山东泰山世界地质公园(Mount Taishan Geopark)	
	035	河南王屋山—黛眉山世界地质公园(Wangwushan-Daimeishan Geopark)	
	036	河南伏牛山世界地质公园(Funiushan Geopark)	
	037	雷琼世界地质公园(Leiqiong Geopark)	
	038	房山世界地质公园(Fangshan Geopark)	
	039	黑龙江镜泊湖世界地质公园(Jingpohu Geopark)	
	040	伊朗格什姆岛地质公园(Qeshm Geopark-Iran)	
	041	挪威赫阿地质公园(Gea- Norvegica Geopark - Norway)	
	042	葡萄牙纳图特乔地质公园(Naturtejo Geopark - Portugal)	
	043	西班牙索夫拉韦地质公园(Sobrarbe Geopark - Spain)	
	044	西班牙苏伯提卡斯地质公园(Subeticas Geopark - Spain)	
	045	西班牙卡沃-德加塔地质公园(Cabo de Gata Natural Park - Spain)	

续表

批次	序号	公园名称	批准日期
第四批	046	克罗地亚帕普克地质公园(Papuk Geopark - Croatia)	2007年
	047	意大利撒丁岛地质与采矿公园(Geological and Mining Park of Sardinia - Italy)	
	048	马来西亚浮罗交怡岛地质公园(Langkawi Island Geopark - Malaysia)	
	049	英国里维耶拉地质公园(English Riviera Geopark - UK)	
	050	英国苏格兰洛哈伯地质公园(Lochaber Geopark – Scotland- UK)	
第五批	051	澳大利亚卡纳文卡地质公园(Kanawinka Geopark - Australia)	2008年1月2日
	052	江西龙虎山世界地质公园(Longhushan Geopark)	
	053	四川自贡地质公园(Zigong Geopark)	
	054	意大利阿达梅洛布伦塔地质公园(Adamello Brenta Geopark - Italy)	
	055	意大利罗卡迪切雷拉地质公园(Rocca Di Cerere Geopark - Italy)	
第六批	056	内蒙古阿拉善沙漠世界地质公园(Alxa Desert Geopark)	2009年8月23日
	057	陕西秦岭终南山世界地质公园(Zhongnanshan Geopark)	
	058	希腊柴尔莫斯-武拉伊科斯地质公园(Chelmos-Vouraikos Geopark - Greece)	
	059	洞爷火山口和有珠火山地质公园(Lake Toya and Mt. Usu Geopark-Japan)	
	060	云仙火山区地质公园(Unzen Volcanic Area Geopark-Japan)	
	061	系鱼川地质公园(Itoigawa Geopark-Japan)	
	062	葡萄牙阿洛卡地质公园(Arouca Geopark- Portugal)	
	063	英国威尔士乔蒙地质公园(Geo Mon Geopark - Wales)	
	064	英国设得兰地质公园(Shetland Geopark - UK)	
第七批	065	加拿大石锤地质公园(Stonehammer Geopark-Canada)	2010年10月5日
	066	广西乐业—凤山世界地质公园(Leye-Fengshan Geopark)	
	067	福建宁德世界地质公园(Ningde Geopark)	
	068	芬兰洛夸地质公园(Rokua Geopark-Finland)	
	069	希腊约阿尼纳地质公园(Vikos – Aoos Geopark)	
	070	拉瓦卡-诺格拉德地质公园(Novohrad-Nograd geopark-Hungary, Slovakia)	
	071	意大利奇伦托地质公园(Parco Nazionale del Cilento e Vallo di Diano Geopark - Italy)	
	072	意大利图斯卡采矿公园(Tuscan Mining Park - Italy)	
	073	山阴海岸地质公园(San'in Kaigan Geopark-Japan)	
	074	韩国济州岛地质公园(Jeju Island Geopark- Korea)	
	075	挪威岩浆地质公园(Magma Geopark- Norway)	
	076	西班牙巴斯克海岸地质公园(Basque Coast Geopark-Spain)	
	077	越南董凡喀斯特高原地质公园(Dong Van Karst Plateau Geopark-Vietnam)	
第八批	078	安徽天柱山世界地质公园(Tianzhushan Geopark)	2011年9月18日
	079	香港世界地质公园(Hongkong Geopark)	
	080	法国博日地质公园(Bauges Geopark, France)	
	081	马斯喀拱形地质公园(Geopark Muskau Arch-Germany, Portland)	
	082	冰岛卡特拉地质公园(Katla Geopark, Iceland)	
	083	巴伦和莫赫悬崖地质公园(Burren and Cliffs of Moher Geopark, Ireland)	
	084	阿普安阿尔卑斯山地质公园(Apuan Alps Geopark, Italy)	
	085	室户地质公园(Muroto Geopark-Japan)	
	086	安达卢西亚，塞维利亚北部山脉(Sierra Norte di Sevilla, Andalusia, Spain)	
	087	维约尔卡斯-伊博尔-哈拉地质公园(Villuercas Ibores Jara Geopark, Spain)	

（按批次和首字母排序）

附录2

中国国家地质公园名录（截至2011年11月）

批次	序号	公 园 名 称	批准日期
第一批	001	云南石林国家地质公园(Shilin National Geopark, Yunnan)	2001年4月
	002	湖南张家界砂岩峰林国家地质公园(Zhangjiajie sandstone peak forest National Geopark, Hunan)	
	003	河南嵩山国家地质公园(Mount Songshan National Geopark, Henan)	
	004	江西庐山国家地质公园(Mount Lushan National Geopark, Jiangxi)	
	005	云南澄江动物群古生物国家地质公园(Chengjiang faunal paleobios National Geopark, Yunnan)	
	006	黑龙江五大连池国家地质公园(Wudalianchi National Geopark, Heilongjiang)	
	007	四川自贡恐龙国家地质公园(Zigong Dinosaur National Geopark, Sichuan)	
	008	福建漳州滨海火山国家地质公园(Zhangzhou Littoral Volcano National Geopark, Fujian)	
	009	陕西翠华山山崩国家地质公园(Mount Cuihuashan Landslides National Geopark, Shaanxi)	
	010	四川龙门山构造地质国家地质公园 (Mount Longmenshan tectonic geology National Geopark, Sichuan)	
	011	江西龙虎山国家地质公园(Mount Longhushan National Geopark, Jiangxi)	
第二批	012	安徽黄山国家地质公园(Mount Huangshan National Geopark, Anhui)	2002年2月
	013	甘肃敦煌雅丹国家地质公园(Dunhuang Yardong National Geopark, Gansu)	
	014	内蒙古赤峰市克什克腾国家地质公园(Hexigten National Geopark, Chifeng, Inner Mongolia)	
	015	云南腾冲火山国家地质公园(Tengchong Volcano National Geopark, Yunnan)	
	016	广东丹霞山国家地质公园(Mount Danxiashan National Geopark, Guangdong)	
	017	四川海螺沟国家地质公园(Hailuogou National Geopark, Sichuan)	
	018	山东山旺国家地质公园(Shanwang National Geopark, Shandong)	
	019	天津蓟县国家地质公园(Jixian National Geopark, Tianjin)	
	020	四川大渡河峡谷国家地质公园(Dadu River Canyon National Geopark, Sichuan)	
	021	福建大金湖国家地质公园(Dajinhu National Geopark, Fujian)	
	022	河南焦作云台山国家地质公园(Jiaozuo Mount Yuntaishan National Geopark, Henan)	
	023	甘肃刘家峡恐龙国家地质公园(Liujiaxia Dinosaur National Geopark, Gansu)	
	024	黑龙江嘉荫恐龙国家地质公园(Jiayin Dinosaur National Geopark, Heilongjiang)	
	025	北京石花洞国家地质公园(Shihua Cave National Geopark, Beijing)	
	026	浙江常山国家地质公园(Changshan National Geopark, Zhejiang)	
	027	河北涞源白石山国家地质公园(Laiyuan Mount Baishishan National Geopark, Hebei)	
	028	安徽齐云山国家地质公园(Mount Qiyunshan National Geopark, Anhui)	
	029	河北秦皇岛柳江国家地质公园(Qinhuangdao Liujiang National Geopark, Hebei)	
	030	黄河壶口瀑布国家地质公园(山西、陕西) (Huanghe Hukou Waterfall National Geopark (Shanxi, Shaanxi))	
	031	四川安县生物礁—岩溶国家地质公园(Anxian Bioherm—karst Naitonal Geopark, Sichuan)	
	032	广东湛江湖光岩国家地质公园(Zhanjiang Huguangyan National Geopark, Guangdong)	
	033	河北阜平天生桥国家地质公园(Fuping Natural Bridge National Geopark, Hebei)	
	034	山东枣庄熊耳山国家地质公园(Zaozhuang Mount Xiong'ershan National Geopark, Shandong)	
	035	安徽枞阳浮山国家地质公园(Zongyang Mount Fushan National Geopark, Anhui)	
	036	北京延庆硅化木国家地质公园(Yanqing Silicified Wood National Geopark, Beijing)	
	037	河南内乡宝天幔国家地质公园(Neixiang Baotianman National Geopark, Henan)	
	038	浙江临海国家地质公园(Linhai National Geopark, Zhejiang)	
	039	陕西洛川黄土国家地质公园(Luochuan Loess National Geopark, Shaanxi)	
	040	西藏易贡国家地质公园(Yigong National Geopark, Tibet)	
	041	安徽淮南八公山国家地质公园(Huainan Mount Bagongshan National Geopark, Anhui)	
	042	湖南郴州飞天山国家地质公园(Chenzhou Mount Feitianshan National Geopark, Hunan)	
	043	湖南崀山国家地质公园(Mount Liangshan National Geopark, Hunan)	
	044	广西资源国家地质公园(Resource National Geopark, Guangxi)	

续表

批次	序号	公园名称	批准日期
第三批	045	河南王屋山国家地质公园(Mount Wangwushan National Geopark, Henan)	2004年2月
	046	四川九寨沟国家地质公园(Jiuzhaigou National Geopark, Sichuan)	
	047	浙江雁荡山国家地质公园(Mount Yandangshan National Geopark, Zhejiang)	
	048	四川黄龙国家地质公园(Huanglong National Geopark, Sichuan)	
	049	辽宁朝阳鸟化石国家地质公园(Chaoyang Fossil National Geopark, Liaoning)	
	050	广西百色乐业大石围天坑群国家地质公园 (Baise Leye Dashiwei Sinkholes National Geopark, Guangxi)	
	051	河南西峡伏牛山国家地质公园(Xixia Mount Funiushan National Geopark, Henan)	
	052	贵州关岭化石群国家地质公园(Guanling Fossils National Geopark, Guizhou)	
	053	广西北海涠洲岛火山国家地质公园(Beihai Weizhou Island Volcano National Geopark, Guangxi)	
	054	河南嵖岈山国家地质公园(Mount Chayashan National Geopark, Henan)	
	055	浙江新昌硅化木国家地质公园(Xinchang Silicified Wood National Geopark, Zhejiang)	
	056	云南禄丰恐龙国家地质公园(Lufeng Dinosaur National Geopark, Yunnan)	
	057	新疆布尔津喀纳斯湖国家地质公园(BuErJin Kanas Lake National Geopark, Xinjiang)	
	058	福建晋江深沪湾国家地质公园(Jinjiang Shenhuwan National Geopark, Fujian)	
	059	云南玉龙黎明—老君山国家地质公园(Yulong Liming-Mount Laojunshan National Geopark, Yunnan)	
	060	安徽祁门牯牛降国家地质公园(Qimen Guniujiang National Geopark, Anhui)	
	061	甘肃景泰黄河石林国家地质公园(Jingtai Yellow River and Stone Forest National Geopark, Gansu)	
	062	北京十渡国家地质公园(Shidu National Geopark, Beijing)	
	063	贵州兴义国家地质公园(Xingyi National Geopark, Guizhou)	
	064	四川兴文石海国家地质公园(Xingwen Shihai National Geopark, Sichuan)	
	065	重庆武隆岩溶国家地质公园(Wulong Karst National Geopark, Chongqing)	
	066	内蒙古阿尔山 火山温泉国家地质公园 (Mount Arxan Volcano-Warm Spring National Geopark, Inner Mongolia)	
	067	福建福鼎太姥山国家地质公园(Fuding Mount Taimushan National Geopark, Fujian)	
	068	青海尖扎坎布拉国家地质公园(Jianzha Kanbula National Geopark, Qinghai)	
	069	河北赞皇嶂石岩国家地质公园(Zanhuang Zhangshiyan National Geopark, Hebei)	
	070	河北涞水野三坡国家地质公园(Laishui Yesanpo National Geopark, Hebei)	
	071	甘肃平凉崆峒山国家地质公园(Pingliang Mount Kongtongshan National Geopark, Gansu)	
	072	新疆奇台硅化木—恐龙国家地质公园(Qitai Silicified Wood-Dinosaur National Geopark, Xinjiang)	
	073	长江三峡国家地质公园(湖北、重庆) (The Three Gorges of Yangtze River National Geopark (Hubei, Chongqing))	
	074	海南海口石山火山群国家地质公园 (Haikou Mount Shishan Volcano Cluster National Geopark, Hainan)	
	075	江苏苏州太湖西山国家地质公园(Mount Xishan National Geopark in Taihu Lake, Suzhou, Jiangsu)	
	076	宁夏西吉火石寨国家地质公园(Xiji Huoshizhai National Geopark, Ningxia)	
	077	吉林靖宇火山矿泉群国家地质公园(Jingyu Volcano-Mineral Water National Geopark, Jilin)	
	078	福建宁化天鹅洞群国家地质公园(Ninghua Swan Karsts National Geopark, Fujian)	
	079	山东东营黄河三角洲国家地质公园(Dongying Yellow River Delta National Geopark, Shandong)	
	080	贵州织金洞国家地质公园(Zhijindong Cave National Geopark, Guizhou)	
	081	广东佛山西樵山国家地质公园(Foshan Mount Xiqiaoshan National Geopark, Guangdong)	
	082	贵州绥阳双河洞国家地质公园(Suiyang Shuanghedong Cave National Geopark, Guizhou)	
	083	黑龙江伊春花岗岩石林国家地质公园(Yichun Granite Stone Forest National Geopark, Heilongjiang)	
	084	重庆黔江小南海国家地质公园(Qianjiang Xiaonanhai National Geopark, Chongqing)	
	085	广东阳春凌霄岩国家地质公园(Yangchun Lingxiaoyan National Geopark, Guangdong)	

续表

批次	序号	公园名称	批准日期
	086	山东泰山国家地质公园(Mount Taishan National Geopark, Shandong)	
	087	云南大理苍山国家地质公园(Dali Mount Cangshan National Geopark, Yunnan)	
	088	河南郑州黄河国家地质公园(Zhengzhou Yellow River National Geopark, Henan)	
	089	安徽天柱山国家地质公园(Mount Tianzhushan National Geopark, Anhui)	
	090	黑龙江省镜泊湖国家地质公园(Jingpohu National Geopark, Heilongjiang)	
	091	福建德化石牛山国家地质公园(Dehua Mount Shiniushan National Geopark, Fujian)	
	092	安徽大别山(六安)国家地质公园(Mount Dabeishan(Liu'an) National Geopark, Anhui)	
	093	广东深圳大鹏半岛国家地质公园(Shenzhen Dapeng Peninsula National Geopark, Guangdong)	
	094	四川射洪硅化木国家地质公园(Shehong Silicified Wood National Geopark, Sichuan)	
	095	四川四姑娘山国家地质公园(Mount Siguniangshan National Geopark, Sichuan)	
	096	福建屏南白水洋地质公园(Pingnan Baishuiyang National Geopark, Fujian)	
	097	广东封开国家地质公园(Fengkai National Geopark, Guangdong)	
	098	湖南凤凰国家地质公园(Fenghuang National Geopark, Hunan)	
	099	河南关山国家地质公园(Mount Guanshan National Geopark, Henan)	
	100	河北临城国家地质公园(Lincheng National Geopark, Hebei)	
	101	山东沂蒙山国家地质公园(Mount Yimengshan National Geopark, Shandong)	
	102	江西三清山国家地质公园(Mount Sanqingshan National Geopark, Jiangxi)	
	103	福建永安国家地质公园(Yong'an National Geopark, Fujian)	
	104	湖北神农架国家地质公园(Shennongjia National Geopark, Hubei)	
	105	青海久治年宝玉则国家地质公园(Jiuzhi Nianbaoyuze National Geopark, Qinghai)	
	106	广西凤山岩溶国家地质公园(Mount Fengshan Karst National Geopark, Guangxi)	
	107	河南洛宁神灵寨国家地质公园(Luoning Shenlingzhai National Geopark, Henan)	
	108	河北武安国家地质公园(Wuan National Geopark, Hebei)	
第	109	新疆富蕴可可托海国家地质公园(Fuyun Cocoatuohai National Geopark, Xinjiang)	
	110	河南洛阳黛眉山国家地质公园(Luoyang Mount Daimeishan National Geopark, Henan)	
四	111	陕西延川黄河蛇曲国家地质公园(Yanchuan Yellow River Shequ National Geopark, Shaanxi)	
	112	青海格尔木昆仑山国家地质公园(Germu Mount Kunlun National Geopark, Qinghai)	2005年8月
	113	四川华蓥山国家地质公园(Mount Huayingshan National Geopark, Sichuan)	
批	114	山东长山列岛国家地质公园(Mount changshan Liedao Islands National Geoparke, Shandong)	
	115	贵州六盘水乌蒙山国家地质公园(Liupanshui Mount Wumengshan National Geopark, Guizhou)	
	116	青海互助北山国家地质公园(Huzhu Mount Beishan National Geopark, Qinghai)	
	117	河南信阳金刚台国家地质公园(Xinyang Jingangtai National Geopark, Henan)	
	118	湖南古丈红石林国家地质公园(Guzhang Red Stone Forest National Geopark, Hunan)	
	119	四川江油国家地质公园(Jiangyou National Geopark, Sichuan)	
	120	山西五台山国家地质公园(Mount Wutai National Geopark, Shanxi)	
	121	江苏南京市六合国家地质公园(Nanjing Liuhe National Geopark, Jiangsu)	
	122	内蒙古阿拉善沙漠国家地质公园(Alashan Desert National Geopark, Inner Mongolia)	
	123	广西鹿寨县香桥国家地质公园(Luzhai Xiangqiao National Geopark, Guangxi)	
	124	江西武功山国家地质公园(Mount Wugongshan National Geopark, Jiangxi)	
	125	辽宁大连滨海国家地质公园(Dalian Coast National Geopark, Liaoning)	
	126	湖南酒埠江国家地质公园(Jiufujiang National Geopark, Hunan)	
	127	黑龙江省兴凯湖国家地质公园(Xingkaihu Lake National Geopark, Heilongjiang)	
	128	贵州平塘国家地质公园(Pingtang National Geopark, Guizhou)	
	129	西藏札达土林国家地质公园(Zhada Soil Forest National Geopark, Tibet)	
	130	辽宁本溪国家地质公园(Benxi National Geopark, Liaoning)	
	131	重庆云阳龙缸国家地质公园(Yunyang Longgang National Geopark, Chongqing)	
	132	湖北木兰山国家地质公园(Mount Mulanshan National Geopark, Hubei)	
	133	山西壶关太行山大峡谷国家地质公园(Huguan Mount Taihangshan Canyon National Geopark, Shanxi)	
	134	山西宁武冰洞国家地质公园(Ningwu Ice Cave National Geopark, Shanxi)	
	135	广东恩平地热国家地质公园(Enping Geothermal National Geopark, Guangdong)	
	136	湖北郧县恐龙国家地质公园(Yunxian Dinosaur National Geopark, Hubei)	
	137	辽宁大连冰峪沟国家地质公园(Dalian Bingyugou National Geopark, Liaoning)	
	138	上海崇明长江三角洲国家地质公园(Chongming Yangtse River Delta National Geopark, Shanghai)	

续表

批次	序号	公园名称	批准日期
	139	香港国家地质公园(Hongkong National Geopark, Hongkong)	
	140	吉林长白山火山国家地质公园(Mount Changbaishan Volcano National Geopark, Jilin)	
	141	云南丽江玉龙雪山冰川国家地质公园 (Lijiang Yulong Snow Maintain and Glacier National Geopark, Yunnan)	
	142	新疆天山天池国家地质公园(Mount Tianshan Tianchi National Geopark, Xinjiang)	
	143	湖北武当山国家地质公园(Mount Wudangshan National Geopark, Hubei)	
	144	山东诸城恐龙国家地质公园(Zhucheng Dinosaur National Geopark, Shandong)	
	145	安徽池州九华山国家地质公园(Chizhou Mount Jiuhuashan National Geopark, Anhui)	
	146	云南九乡峡谷洞穴国家地质公园(Jiuxiang Canyon and Cave National Geopark, Yunnan)	
	147	内蒙古二连浩特恐龙国家地质公园(Erlianhaote National Geopark, Inner Mongolia)	
	148	新疆库车大峡谷国家地质公园(Kuche Canyon National Geopark, Xinjiang)	
	149	福建连城冠豸山国家地质公园(Liancheng Mount Guanzhaishan National Geopark, Fujian)	
	150	贵州黔东南苗岭国家地质公园(Qiandongnan Miaoling National Geopark, Guizhou)	
	151	宁夏灵武国家地质公园(Lingwu National Geopark, Ningxia)	
	152	四川大巴山国家地质公园(Mount Dabashan National Geopark, Sichuan)	
	153	贵州思南乌江喀斯特国家地质公园(Sinan Wujiang Karst National Geopark, Guizhou)	
	154	湖南乌龙山国家地质公园(Mount Wulongshan Natioanl Geopark, Hunan)	
	155	甘肃和政古动物化石国家地质公园(Hezheng Paleobiologic Fossil National Geopark, Gansu)	
	156	广西大化七百弄国家地质公园(Dahua Qibainong National Geopark, Guangxi)	
第五批	157	四川光雾山—诺水河国家地质公园 (Mount Guangwushan-Nuoshuihe River National Geopark, Sichuan)	2009年8月
	158	江苏江宁汤山方山国家地质公园(Jiangning Mount Tangshan Fangshan National Geopark, Jiangsu)	
	159	内蒙古宁城国家地质公园(Ningcheng National Geopark, Inner Mongolia)	
	160	重庆万盛国家地质公园(Wansheng National Geopark, Chongqing)	
	161	西藏羊八井国家地质公园(Yangbajing National Geopark, Tibet)	
	162	陕西商南金丝峡国家地质公园(Shangnan Jinsixia National Geopark, Shaanxi)	
	163	广西桂平国家地质公园(Guiping National Geopark, Guangxi)	
	164	山东青州国家地质公园(Qingzhou National Geopark, Shandong)	
	165	河北兴隆国家地质公园(Xinglong National Geopark, Hebei)	
	166	北京密云云蒙山国家地质公园(Miyun Mount Yunmengshan National Geopark, Beijing)	
	167	福建福安白云山国家地质公园(Mount Baiyunshan National Geopark, Fujian)	
	168	广东阳山国家地质公园(Mount Yangshan National Geopark, Guangdong)	
	169	湖南湄江国家地质公园(Meijiang National Geopark, Hunan)	
	170	河北迁安—迁西地质公园(Qian'an-Qianxi National Geopark, Hebei)	
	171	湖北大别山(黄冈)国家地质公园(Mount Dabieshan(Huanggang) National Geopark, Hubei)	
	172	甘肃天水麦积山国家地质公园(Tianshui Mount Maijishan National Geopark,Gansu)	
	173	河南小秦岭国家地质公园(Xiaoqinling National Geopark, Henan)	
	174	青海贵德国家地质公园(Guide National Geopark, Qinghai)	
	175	北京平谷黄松峪国家地质公园(Pinggu Huangsongyu National Geopark, Beijing)	
	176	河南红旗渠·林虑山国家地质公园(Hongqiqu-Mount Linlüshan National Geopark, Henan)	
	177	山西陵川王莽岭国家地质公园(Lingchuan Wangmangling National Geopark, Shanxi)	
	178	重庆綦江木化石—恐龙足迹国家地质公园 (Qijiang Wood Fossil- Dinosaur National Geopark, Chongqing)	
	179	黑龙江伊春小兴安岭国家地质公园(Yichun Granite Stone Forest National Geopark, Heilongjiang)	
	180	陕西岚皋南宫山国家地质公园(Langao Mount Nangongshan National Geopark, Shaanxi)	
	181	吉林乾安泥林国家地质公园(Qian'an Mud Forest National Geopark, Jilin)	
	182	山西大同火山群国家地质公园(Datong Volcano Clusters National Geopark, Shanxi)	
	183	安徽凤阳韭山国家地质公园(Fengyang Mount Jiushan National Geopark, Anhui)	

续表

批次	序号	公 园 名 称	批准日期
第六批	184	云南罗平生物群地质公园(Luoping biota Geopark, Yunnan)	2011年11月
	185	山东莱阳白垩纪国家地质公园(Laiyang Cretaceous Geopark, Shandong)	
	186	甘肃张掖丹霞国家地质公园(Zhangye Danxia Geopark, Gansu)	
	187	新疆吐鲁番火焰山国家地质公园(Turpan Mount Huoyanshan Geopark, Xinjiang)	
	188	新疆温宿盐丘地质公园(Wensu Yanqiu Geipark, Xinjiang)	
	189	山东沂源鲁山地质公园(Yiyuan Lushan Geopark, Shandong)	
	190	云南泸西阿庐地质公园(Luxi Alu Geopark, Yunnan)	
	191	广西宜州水上石林地质公园(Yizhou Shuishang Stone Forest Geopark, Guangxi)	
	192	甘肃炳灵丹霞地貌地质公园(Bingling Danxia Geomorphology Geopark, Gansu)	
	193	湖北五峰地质公园(Wufeng Geopark, Hubei)	
	194	山西平顺天脊山地质公园(Pingshun Mount Tianjishan Geopark, Shanxi)	
	195	贵州赤水丹霞地质公园(Chishui Danxia Geopark, Guizhou)	
	196	青海省青海湖地质公园(Qinghai Lake Geopark, Qinghai)	
	197	河北承德丹霞地貌地质公园(Chengde Danxia Geomorphology Geopark, Hebei)	
	198	河北邢台峡谷群地质公园(Xingtai Canyons Geopark, Hebei)	
	199	陕西柞水溶洞地质公园(Zhashui Cavern Geopark, Shaanxi)	
	200	吉林抚松地质公园(Fusong Geopark, Jilin)	
	201	福建平和灵通山地质公园(Pinghe Mount Lingtongshan Geopark, Fujian)	
	202	山西永和黄河蛇曲地质公园(Yonghe Yellow River Meander Geopark, Shanxi)	
	203	内蒙古巴彦淖尔地质公园(Bayan Nur Geopark, Inner Mongolia)	
	204	湖南平江石牛寨地质公园(Pingjiang Shiniu Village Geopark, Hunan)	
	205	重庆酉阳地质公园(Youyang Geopark, Chongqin)	
	206	内蒙古鄂尔多斯地质公园(Erdos Geopark, Inner Mongolia)	
	207	河南汝阳恐龙地质公园(Ruyang Dinosaur Geopark, Henan)	
	208	四川青川地震遗迹地质公园(Qingchuan Earthquake Relics Geopark, Sichuan)	
	209	福建政和佛子山地质公园(Zhenghe Mount Fozishan Geopark, Fujian)	
	210	安徽广德太极洞地质公园(Guangde Taijidong Geopark, Anhui)	
	211	湖北咸宁九宫山-温泉地质公园(Xianning Mount Jiugongshan—Hot Springs Geopark, Hubei)	
	212	河南尧山地质公园(Mount Yaoshan Geopark, Henan)	
	213	陕西耀州照金丹霞地质公园(Yaozhou Zhaojin Danxia Geopark, Shaanxi)	
	214	广西浦北五皇山地质公园(Pubei Mount Wuhuangshan Geopark, Guangxi)	
	215	四川绵竹清平—汉旺地质公园(Mianzhu City Qingping—Hanwang Geopark, Sichuan)	
	216	安徽丫山地质公园(Mount Yashan Geopark, Anhui)	
	217	青海玛沁阿尼玛卿山地质公园(Maqin Mount Amne Machin Geopark, Qinghai)	
	218	湖南浏阳大围山地质公园(Liuyang Mount Daweishan Geopark, Hunan)	
	219	黑龙江凤凰山地质公园(Mount Fenghuangshan Geopark, Heilongjiang)	

附录4

内蒙古自治区A级景区名录

序号	景 区 名 称	级别	批准日期	批复面积（平方千米）	地理位置
001	鄂尔多斯达拉特旗响沙湾旅游景区	5A	2011年	16000	鄂尔多斯市
002	鄂尔多斯伊金霍洛旗成吉思汗陵旅游区	5A	2011年	80.00	鄂尔多斯市
003	伊利乳都科技示范园	4A	2009年	1.47	呼和浩特市
004	神泉生态旅游风景区	4A	2011年	0.42	呼和浩特市
005	呼和浩特市蒙牛工业旅游景区	4A	2008年	0.33	呼和浩特市
006	呼和浩特市昭君博物院	4A	2008年	0.13	呼和浩特市
007	二连盆地白垩纪恐龙地质公园	4A	2009年	105	锡林郭勒盟
008	锡林浩特贝子庙	4A	2011年	1.20	锡林浩特市
009	格根塔拉草原旅游区	4A	2001年	6.70	乌兰察布市
010	包头市北方兵器城	4A	2006年	0.18	包头市
011	包头市五当召旅游区	4A	2002年	5.40	包头市
012	包头市南海旅游区	4A	2002年	20.00	包头市
013	阿尔山柴河旅游景区	4A	2009年	13168.7	兴安盟
014	阿尔山海神圣泉疗养度假区	4A	2004年	0.02	兴安盟
015	阿拉善盟贺兰山南寺生态旅游区	4A	2004年	0.30	阿拉善盟
016	月亮湖沙漠生态探险度假营地	4A	2005年	150	阿拉善盟
017	赤峰市喀喇沁亲王府	4A	2004年	0.0298	赤峰市
018	内蒙古维信国际高尔夫度假村	4A	2005年	2.345	巴彦淖尔市
019	鄂尔多斯市恩格贝生态旅游区	4A	2006年	20.10	鄂尔多斯市
020	大秦直道文化旅游景区	4A	2011年	10.00	鄂尔多斯市
021	七星湖沙漠生态旅游景区	4A	2009年	8.89	鄂尔多斯市
022	世界反法西斯战争海拉尔纪念园	4A	2008年	1.10	呼伦贝尔市
023	鄂尔多斯文化旅游村	4A	2005年	18.76	鄂尔多斯市
024	呼伦贝尔市海拉尔农业发展园区	4A	2011年	10.00	呼伦贝尔市
025	满洲里市俄罗斯套娃广场	4A	2007年	0.54	呼伦贝尔市
026	呼伦贝尔扎兰屯吊桥公园	4A	2005年	0.68	呼伦贝尔市
027	呼伦贝尔市呼和诺尔旅游景区	4A	2007年	20.00	呼伦贝尔市
028	呼伦贝尔中国达斡尔民族园	4A	2009年	2.18	呼伦贝尔市
029	满洲里市红色国际秘密交通线教育基地暨国门景区	4A	2009年	13.00	呼伦贝尔市
030	满洲里中俄互市贸易旅游区	4A	2001年	0.20	呼伦贝尔市
031	赤峰市克什克腾世界地质公园阿斯哈图花岗岩石林园区	4A	2006年	5000.00	赤峰市
032	克什克腾旗达里诺尔景区	4A	2006年	1194.13	赤峰市
033	库伦旗三大寺	4A	2010年	0.025	通辽市
034	岱海旅游度假区	4A	2010年	141	乌兰察布市
035	通辽大青沟国家级自然保护区	4A	2004年	81.83	通辽市
036	阿拉善盟通湖草原旅游区	4A	2005年	-	阿拉善盟
037	呼和浩特市大召寺	3A	2005年	0.03	呼和浩特市
038	呼和浩特市乌素图森林旅游开发区	3A	2005年	804.00	呼和浩特市
039	呼和浩特市乌兰夫纪念馆	3A	2005年	0.003	呼和浩特市
040	包头市梅力更风景旅游区	3A	2005年	80.00	包头市

续表

序号	景 区 名 称	级别	批准日期	批复面积（平方千米）	地理位置
041	包头市美岱召文物旅游点	3A	2005年	0.04	包头市
042	包头市石门风景区	3A	2005年	16.00	包头市
043	赤峰市曼坨山庄	3A	2005年	1.33	赤峰市
044	呼伦贝尔市布苏里度假山庄	3A	2005年	23.40	呼伦贝尔市
045	呼伦贝尔市扎兰屯秀水山庄	3A	2005年	0.30	呼伦贝尔市
046	呼伦贝尔市海拉尔国家森林公园	3A	2005年	140.62	呼伦贝尔市
047	呼伦贝尔市呼和诺尔草原旅游度假区	3A	2005年	20.00	呼伦贝尔市
048	呼伦贝尔市中国达斡尔民族园	3A	2005年	2.1841	呼伦贝尔市
049	呼伦贝尔市红花尔基森林公园	3A	2005年	67.26	呼伦贝尔市
050	呼伦贝尔市莫尔道嘎国家森林公园	3A	2005年	5780	呼伦比尔市
051	鄂尔多斯市巴图湾旅游区	3A	2005年	230	鄂尔多斯市
052	鄂尔多斯市九成功生态园	3A	2005年	1.28	鄂尔多斯市
053	鄂尔多斯草原旅游区	3A	2005年	30.00	鄂尔多斯市
054	鄂尔多斯市七星湖沙漠生态旅游区	3A	2005年	8.89	鄂尔多斯市
055	兴安盟科右前旗万豪蒙古大营	3A	2005年	10.00	兴安盟
056	兴安盟成吉思汗庙景区	3A	2005年	0.068	兴安盟
057	锡林郭勒盟西乌旗蒙古汗城旅游区	3A	2005年	20.00	锡林郭勒盟
058	锡林郭勒盟赛汗塔拉旅游娱乐园	3A	2005年	19.50	锡林郭勒盟
059	乌兰察布市辉腾锡勒草原明珠接待中心	3A	2005年	-	乌兰察布市
060	鄂尔多斯市绿洲宾馆旅游区	3A	2002年	-	鄂尔多斯市
061	呼和浩特昭君墓	3A	2002年	0.013	呼和浩特市
062	包头南海旅游区	3A	2002年	20.00	包头市
063	包头新世纪青年生态园	3A	2002年	0.67	包头市
064	包头市石门风景区	3A	2005年	16.00	包头市
065	呼伦贝尔盟扎兰屯秀水山庄	3A	2002年	0.30	呼伦贝尔市
066	赤峰市布日敦沙漠旅游区	2A	2005年	-	赤峰市
067	鄂尔多斯世珍园	2A	2002年	45.00	鄂尔多斯市
068	呼伦贝尔盟呼和诺尔草原旅游度假区	2A	2002年	18.00	呼伦贝尔市
069	呼伦贝尔盟巴彦呼硕草原旅游区	2A	2002年	-	呼伦贝尔市
070	呼伦贝尔盟红花尔基森林公园	2A	2002年	67.26	呼伦贝尔市
071	呼伦贝尔盟侵华日军海拉尔要塞遗址	2A	2002年	0.005	呼伦贝尔市
072	呼伦贝尔盟牙克石凤凰山庄	2A	2002年	25.00	呼伦贝尔市
073	呼伦贝尔盟满洲里市达赉湖旅游区	2A	2002年	3253	呼伦贝尔市
074	兴安蒙古包旅游村	2A	2002年	10.00	兴安盟
075	兴安盟阿尔山国家森林公园	2A	2002年	1031.49	兴安盟
076	锡林郭勒盟西乌珠穆沁旗蒙古汗城	2A	2002年	20.00	锡林郭勒盟
077	锡林郭勒盟锡日塔拉草原旅游度假村	2A	2002年	9.00	锡林郭勒盟
078	锡林郭勒盟葛根敖包草原旅游度假村	2A	2002年	16.00	锡林郭勒盟
079	锡林郭勒盟多伦县南沙梁旅游区	2A	2002年	200.00	锡林郭勒盟
080	锡林郭勒盟多伦县滦源殿旅游度假村	2A	2002年	0.002	锡林郭勒盟
081	乌兰察布盟辉腾锡勒铁骑旅游中心	2A	2002年	0.67	乌兰察布市

续表

序号	景 区 名 称	级别	批准日期	批复面积（平方千米）	地理位置
082	乌兰察布盟辉腾锡勒外事旅游中心	2A	2002年	180.00	乌兰察布市
083	巴彦淖尔市镜湖生态旅游区	2A	2005年	1.67	巴彦淖尔市
084	乌兰察布市铁骑草原旅游中心	2A	2005年	0.67	乌兰察布市
085	乌兰察布市辉腾锡勒草原旅游中心	2A	2005年	-	乌兰察布市
086	乌兰察布市岱海自然生态旅游度假区	2A	2005年	154	乌兰察布市
087	乌兰察布市阿贵庙旅游点	2A	2005年	8.00	乌兰察布市
088	乌兰察布市集宁老虎山公园	2A	2005年	0.25	乌兰察布市
089	兴安盟科右中旗翰嘎利湖生态景区	2A	2005年	16.00	兴安盟
090	兴安盟科右中旗蒙格罕山生态旅游景区	2A	2005年	20.80	兴安盟
091	鄂尔多斯市陶亥召景区	2A	2005年	0.05	鄂尔多斯市
092	鄂尔多斯市柒开淖旅游区	2A	2005年	10.00	鄂尔多斯市
093	鄂尔多斯市昭君城旅游区	2A	2005年	0.67	鄂尔多斯市
094	呼伦贝尔市牙克石凤凰山滑雪场	2A	2005年	5000	呼伦贝尔市
095	呼伦贝尔市鹿鸣山庄	2A	2005年	6.67	呼伦贝尔市
096	呼伦贝尔市绰源国家森林公园	2A	2005年	41.79	呼伦贝尔市
097	呼伦贝尔市扎兰屯吊桥公园	2A	2005年	0.68	呼伦贝尔市
098	呼伦贝尔市陈巴尔虎旗金帐汗蒙古部落	2A	2005年	1.00	呼伦贝尔市
099	呼伦贝尔市鄂伦春博物馆	2A	2005年	0.0028	呼伦贝尔市
100	呼伦贝尔市嘎仙洞景区	2A	2005年	158.19	呼伦贝尔市
101	赤峰市布日敦沙漠旅游区	2A	2005年	36.67	赤峰市
102	赤峰市达里湖旅游区	2A	2005年	240	赤峰市
103	赤峰市植物园	2A	2005年	0.27	赤峰市
104	赤峰市巴林左旗召庙	2A	2005年	0.68	赤峰市
105	赤峰市翁牛特旗红山湖	2A	2005年	214	赤峰市
106	赤峰市红山区红山公园	2A	2005年	0.32	赤峰市
107	包头市庙法寺	2A	2005年	0.02	包头市
108	通辽市珠日河草原旅游区	2A	2005年	4.00	通辽市
109	通辽市霍林郭勒市静湖度假村	2A	2005年	13.33	霍林郭勒市
110	通辽市霍林郭勒市怪山风景旅游区	2A	2005年	11.40	霍林郭勒市
111	包头市美岱召文物旅游点	1A	2002年	0.04	包头市
112	赤峰市勃隆克沙漠旅游区	1A	2002年	-	赤峰市
113	鄂尔多斯市转龙湾旅游度假村	1A	2002年	10.00	鄂尔多斯市
114	锡林郭勒盟苏尼特右旗社保局旅游点	1A	2002年	4.00	锡林郭勒盟
115	赤峰市巴林蒙古部落	1A	2005年	10100	赤峰市
116	包头市西河水库旅游度假村	1A	2005年	1.33	包头市

附录5

内蒙古自治区国家森林公园名录

序号	公园名称	批准日期	批复面积（公顷）	地理位置
001	内蒙古红山国家森林公园	1991年	4341.90	赤峰市
002	内蒙古黑大门国家森林公园	1992年	3600.00	呼和浩特市
003	内蒙古察尔森国家森林公园	1992年	12133.33	通辽市
004	内蒙古海拉尔国家森林公园	1992年	14062.00	呼伦贝尔市
005	内蒙古乌拉山国家森林公园	1992年	93042.00	巴彦淖尔市
006	内蒙古乌素图国家森林公园	1992年	80000.00	呼和浩特市
007	内蒙古马鞍山国家森林公园	1993年	3500.00	赤峰市
008	内蒙古二龙什台国家森林公园	1993年	9600.00	乌兰察布市
009	内蒙古兴隆国家森林公园	1994年	2701.20	赤峰市
010	内蒙古黄岗梁国家森林公园	1996年	103333.00	赤峰市
011	内蒙古莫尔道嘎国家森林公园	1999年	148324.00	呼伦贝尔市
012	内蒙古阿尔山国家森林公园	2000年	103149.00	兴安盟
013	内蒙古达尔滨湖国家森林公园	2000年	22081.00	呼伦贝尔市
014	内蒙古伊克萨玛国家森林公园	2001年	15890.00	呼伦贝尔市
015	内蒙古贺兰山国家森林公园	2002年	3455.10	阿拉善盟
016	内蒙古乌尔旗汉国家森林公园	2003年	36922.00	呼伦贝尔市
017	内蒙古旺业甸国家森林公园	2003年	25400.00	赤峰市
018	内蒙古好森沟国家森林公园	2003年	37996.00	兴安盟
019	内蒙古额济纳胡杨国家森林公园	2003年	5636.00	阿拉善盟
020	内蒙古桦木沟国家森林公园	2003年	40000.00	赤峰市
021	内蒙古兴安国家森林公园	2004年	19217.00	呼伦贝尔市
022	内蒙古绰源国家森林公园	2004年	52858.00	呼伦贝尔市
023	内蒙古阿里河国家森林公园	2004年	2486.00	呼伦贝尔市
024	内蒙古五当召国家森林公园	2005年	1800.00	包头市
025	内蒙古红花尔基樟子松国家森林公园	2005年	6726.00	呼伦贝尔市
026	内蒙古喇嘛山国家森林公园	2007年	9379.00	呼伦贝尔市
027	内蒙古滦河源国家级森林公园	2009年	12666.67	锡林郭勒盟

附录6

内蒙古自治区国家级风景名胜区名录

序号	名称	批准日期	批复面积(平方千米)	地理位置
001	扎兰屯风景名胜区	2002年	30.18	扎兰屯市

参 考 文 献

[1] 白文廷, 吕英. 内蒙古奈曼旗麦饭石矿[J]. 建材地质, 1986(03): 14~20.

[2] 白志达, 田明中, 武法东等. 焰山、高山——内蒙古阿尔山火山群中的两座活火山[J]. 中国地震, 2005, 21(1): 113~117.

[3] 白志达. 内蒙古察哈尔右翼后旗乌兰哈达第四纪火山群[J]. 岩石学报, 2008, 24(11): 2585~2594.

[4] 曾永年, 冯兆东, 曾广超. 末次冰期以来柴达木盆地沙漠形成与演化[J]. 地理学报, 2003, 58(3): 452~457.

[5] 陈安泽, 卢云亭. 旅游地学概论[M]. 北京: 北京大学出版社, 1991.

[6] 陈安泽.《国家地质公园规划》是建设和管理好地质公园的关键[J]. 地质通报, 2010, 29(8): 1253~1258.

[7] 陈安泽. 中国国家地质公园建设的若干问题[J]. 资源·产业, 2003, 5(1): 58~64.

[8] 陈安泽. 中国花岗岩地貌景观若干问题讨论[J]. 地质论评(增刊), 2007, 53: 1~8.

[9] 陈安泽. 中国花岗岩旅游地貌类型划分初论及其意义[J]. 资源论坛, 2007, 4(6): 47~51.

[10] 陈建生, 凡哲超, 汪集, 顾慰祖, 赵霞. 巴丹吉林沙漠湖泊及其下游地下水同位素分析[J]. 地球学报, 2003, (12): 497~504.

[11] 陈军, 赵丽, 张颖. 满洲里市扎赉诺尔煤田矿山地质环境问题及治理对策研究[J]. 西部资源, 2007, (5): 39~41.

[12] 陈墨香, 邓孝. 中国地下热水分布之特点及属性[J]. 第四纪研究, 1996, 2: 131~138.

[13] 陈文, 季强, 刘敦一等. 内蒙古宁城地区道虎沟化石层同位素年代学[J]. 地质通报, 2004, 23(12): 1165~1169.

[14] 春喜. 乌兰布和沙漠的形成与环境变化[J]. 中国沙漠, 2007, 27(6): 927~931.

[15] 崔之久, 杨建强, 陈艺鑫. 中国花岗岩地貌的类型特征与演化[J]. 地理学报, 2007, 62(7): 675~690.

[16] 崔之久. 退缩的冰川[J]. 大自然探索, 2005, 3: 12~14.

[17] 邓霭松. 中国的地质遗迹及保护[A]. 第一届东亚国家公园与保护区会议论文集[C]. 中国环境科学出版社, 1994, 221~229.

[18] 邓芳, 陈杰. 呼伦贝尔沙地动态分析与质量评价[J]. 内蒙古林业调查设计, 1997, 1: 33~36.

[19] 地矿部航空物探总队. 区域性的航空磁测[M]. 1984.

[21] 丁锡祉, 裘善文, 孙广友. 大兴安岭北部的冰缘现象[A]. 第四纪冰川与第四纪地质论文集[C], 1987, 184~189.

[22] 董光荣, 高尚玉, 李保生. 河套人化石的新发现[J]. 科学通报, 1981, (19): 1192~1194.

[23] 董光荣, 李森, 李保生等. 中国沙漠形成演化的初步研究[J]. 中国沙漠, 1991, 11(4): 23~32.

[24] 董光荣, 苏志珠, 靳鹤龄. 晚更新世萨拉乌苏组时代的新认识[J]. 科学通报, 1998, 43(17): 1869~1872.

[25] 董树文等. 第一届世界地质公园大会论文集[C]. 北京: 地质出版社, 2004, 425~427.

[26] 董枝明. 恐龙: 百年惊世大发现[J]. 人与生物圈, 2003, 2: 17~24.

[27] 董枝明. 中国发现恐龙百年[J]. 探索, 2003, 11: 3~8.

[28] 董枝明. 中国恐龙研究50年[J]. 大自然, 2000, (4): 1~3.

[29] 杜菊民, 张庆龙, 李洪喜等. 内蒙古中部大青山地区推覆构造系统及与断层相关的褶皱[J]. 地质通报, 2005, 24(7): 660~664.

[30] 段青梅, 原聪明, 高秀华. 内蒙古自治区地质灾害及防治[J]. 自然灾害学报, 2006, 15(2): 89~94.

[31] 方世明, 李江风, 赵来时. 地质遗迹资源评价指标体系[J]. 中国地质大学学报, 2008, 33(2): 286~288.

[32] 方晓思, 张志军等. 印度板块—古亚洲板块碰撞及亚洲恐龙的出现[J]. 地质通报, 2006, 25(7): 862~873.

[33] 付梅臣, 吴淦国, 周伟. 矿山关闭及其生态环境恢复分析[J]. 中国矿业, 2005, 14(4): 28~31.

[34] 付秀友. 内蒙古扎兰屯市东山泥石流地质特征及综合治理[J]. 岩土工程界, 2003, 6(12): 65~68.

[35] 高宏, 谭强, 王惠等, 内蒙古中部金盆地区发现与冀北大店子组相当的地层[J]. 地质通报, 2010, 29(5): 723~728.

[36] 高照山. 赤峰达里诺尔水化学主要特征及其形成[J]. 地理科学, 1989, 9(2): 163~172.

[37] 耿玉环, 李一飞, 郭婧. 道虎沟生物群的科学特征及其科学价值. 中国地质学会旅游地学与地质公园研究分会第23届年会暨二连恐龙地质公园建设与旅游发展战略研讨会论文集[J]. 内蒙古二连浩特. 2008, 387~391.

[38] 耿玉环. 内蒙古宁城道虎沟生物群的特征及其科学价值[D]. 中国地质大学(北京), 2008.

[39] 耿玉环. 我国地质遗迹资源的开发与保护. 旅游地学与地质公园建设——旅游地学论文集第14集[J]. 北京: 中国林业出版社. 2008, 223~227.

[40] 郭殿勇, 赵利军. 四子王旗早第三纪哺乳动物群排序及其生存环境[J]. 内蒙古地质, 2000, (3): 19~30.

[41] 郭殿勇. 宁城燕辽生物群与热河生物群[J]. 西部资源, 2010, 4: 40~48.

[42] 郭坚, 王涛, 薛娴, 杨续超. 毛乌素沙地荒漠化现状及分布特征[J]. 水土保持研究, 2006, 16(3): 198~203.

[43] 郭建强. 初论地质遗迹景观调查与评价[J]. 四川地质学报, 2005, 25(2): 104~109.

[44] 郭婧, 田明中, 刘斯文. 古生物类地质公园地质遗迹资源定量分析[J]. 资源与产业, 2011, 13(6): 51~56.

[45] 郭婧, 田明中, 田飞. 内蒙古额尔古纳矿山国家公园矿业遗迹类型与价值[J]. 中国矿业, 2012, 21(4): 119~121.

[46] 郭婧, 李一飞. 内蒙古宁城县旅游发展的SWOT分析及开发模式研究[A]. 见: 陈安泽, 姜建军, 赵逊. 旅游地学与地质公园建设——旅游地学论文集第十五集[C]. 北京: 中国林业出版社, 2009, 472~476.

[47] 吉林省地质局, 1:20万区域地质调查报告（阿尔山公社、五岔沟幅）[M]. 1981.

[48] 何国琦, 李茂松等. 论大陆岩石圈形成过程中的克拉通化阶段[J]. 地学前缘, 2002, 9(4): 217~224.

[49] 贺学林. 毛乌素沙地资源植物研究[D]. 西北农林科技大学, 2005.

[50] 洪友崇. 北方中侏罗世昆虫化石[M]. 北京: 地质出版社, 1983.

[51] 侯万荣, 陈小五, 黄志全等. 地质遗迹和保护和合理开发[J]. 内蒙古煤炭经济, 2006(5): 79~82.

[52] 侯万荣. 略论矿业遗迹的开发和矿山公园的建设[J]. 中国国土资源经济, 2005, (10): 37~38.

[53] 胡福巨. 巴林石志(第一版)[M]. 北京: 北京出版社, 1997.

[54] 胡锴帆, 杨明星. 内蒙古阿拉善奇石的成因类型及市场前景[J]. 宝石和宝石学杂志, 2006, 8(01): 18~21.

[55] 黄慰文, 侯亚梅. 萨拉乌苏遗址的新材料: 范家沟湾1980年出土的旧石器[J]. 人类学学报, 2003, 22(4): 309~320.

[56] 黄镇国, 张伟强, 陈俊洪. 我国第四纪火山活动的板块构造背景[J]. 地质论评, 2002, 48(3): 267~272.

[57] 姬书安. 对《自然》、《科学》杂志报道的热河生物群、道虎沟生物群重大发现与研究进展的述评[J]. 地质论评, 2007, 53(4): 529~538.

[58] 季强. 国土资源部"十五"专项计划项目: 辽西中生代热河生物群及相关地层综合研究[M]. 地质出版社, 2003.

[59] 季强, 柳永清, 陈文等. 再论道虎沟生物群的时代[J]. 地质论评, 2005, 51(6): 609~612.

[60] 季强, 罗哲西, 袁崇喜等. 中侏罗世会游泳的原始哺乳动物[J]. 自然, 2006, 28(2): 83.

[61] 季强, 袁崇喜, 季鑫鑫等. 论鸟类飞行的起源[J]. 地质论评, 2003, 49(1): 1~3.

[62] 季强, 袁崇喜. 宁城中生代道虎沟动物群中两类具原始羽毛翼龙的发现及其地层学和生物学意义[J]. 地质论评, 2002, 48(2): 221~224.

[63] 姜万德. 西拉木伦深大断裂带的研究及其板块构造意义[J]. 内蒙古地质, 1990, 71(1): 27~34.

[64] 金向荣, 任晓辉. 科尔沁沙地沙漠化的演变[J]. 赤峰学院学报, 2006, 22(5): 35~36.

[65] 康志成. 中国泥石流研究[M]. 北京: 科学出版社, 2004.

[66] 黎劲松, 霍文毅. 大兴安岭北部冰缘地貌及其形成环境初探[J]. 地理科学, 1999, 19(6): 543~548.

[67] 李传夔, 吴文裕, 邱铸鼎. 中国陆相新第三系的初步划分与对比[J]. 古脊椎动物学报, 1984, 22(3): 163~178.

[68] 李福全, 杨主泉. 矿业遗迹景观资源的开发与保护研究[J]. 南方农业, 2009, 5(10): 55~58.

[69] 李海负. 内蒙古玛瑙地质特征及其利用价值[J]. 珠宝, 1991, (02): 47~49.

[70] 李宏彦, 孙小培, 曹妲妲. 国内矿山公园研究综述[J]. 矿业研究与开发, 2010, 30(2): 114~116.

[71] 李吉均, 康建成. 中国第四纪冰期、地文期和黄土记录[J]. 第四纪研究, 1989, (3): 269~277.

[72] 李吉均, 文世宣, 张青松. 青藏高原隆起的时代、幅度和形式的探讨[J]. 中国科学, 1979, (6): 608~616.

[73] 李烈荣, 姜建军, 王文. 中国地质遗迹资源及其管理[M]. 北京: 中国大地出版社, 2002.

[74] 李龙吟, 迟振卿, 高德臻等. 内蒙古中部地区古冰缘研究[J]. 地球科学——中国地质大学学报, 1994, 19(2): 257~261.

[75] 李明路, 姜建军. 论中国的地质遗迹及其保护[J]. 中国地质, 2000, (6): 31~34.

[76] 李守中, 肖洪浪, 宋耀选, 李金贵, 刘立超. 腾格里沙漠人工固沙植被区生物土壤结皮对降水的拦截作用[J]. 中国沙漠. 2002, 22(6): 612~616.

[77] 李天斌. 贺兰山NNE向反"S"形构造的弹性力学探讨[J]. 西北地质, 1999, 32(2): 12~18.

[78] 李同德. 地质公园规划概论[M]. 中国建设工业出版社, 2007.

[79] 李文国, 戎嘉余, 董德源, 杨道荣, 苏养正, 王以福. 内蒙古达茂旗巴特敖包地区志留—泥盆纪生物地层的新认识[J]. 地层学报, 1982, 6(2): 144~148.

[80] 李孝泽. 浑善达克沙地的形成时代与成因初步研究[J]. 中国沙漠, 1998, 18(1): 16~21.

[81] 李有恒. 河套人的新材料[J]. 古脊椎动物与古人类, 1963, 7(4): 376~377.

[82] 刘昌华, 胡振琪, 谢宏全等. 扎赉诺尔露天煤矿排土场复垦与中草药基地建设初探[J]. 中国煤炭, 2004, 30(7): 45~46.

[83] 刘佳慧, 张韬, 王炜等. 内蒙古湿地的定义探讨[J]. 内蒙古农业大学学报, 2005, 26(2): 122~125.

[84] 刘嘉麒. 中国东北地区新生代火山岩的年代学研究[J]. 岩石学报, 1987, 11(4): 21~31.

[85] 刘嘉麒. 中国火山[M]. 北京: 科学出版社, 1999.

[86] 刘建秋. 毛乌素沙地沙化成因及治理对策[J]. 内蒙古林业调查设计, 2010, 33(6): 18~21.

[87] 刘剑, 朱选伟等. 浑善达克沙地榆树疏林生态系统的空间异质性[J]. 环境科学. 2003, 24(4): 29~34.

[88] 刘美珍, 蒋高明. 浑善达克退化沙地草地生态恢复试验研究[J]. 生态学报. 2003, 23(12): 2719~2727.

[89] 刘斯文, 田明中. 中国国家地质公园总体规划修编若干问题探讨[J]. 资源开发与市场, 2009, 25(3): 255~258.

[90] 原佩佩, 田明中, 武法东等. 内蒙古阿拉善沙漠地质公园地质遗迹类型及其综合评价[A]. 旅游地学与地质公园建设——旅游地学论文集第十二集[C]. 北京: 中国林业出版社, 2006, 44~48.

[91] 刘伟, 杨进辉等. 内蒙古赤峰地区若干主干断裂带的构造热年代学[J]. 岩石学报. 2003, 19(4): 717~728.

[92] 刘永高, 张凤林. 对内蒙古东部西拉沐沦河南岸上二叠统铁营子组的重新厘定[J]. 内蒙古地质, 2001, (1): 4~7.

[93] 柳永清, 金小赤. 辽西凌源盆地含两个中生代生物群的地层层序和时代问题讨论[J]. 地质通报, 2002, 21(8~9): 592~595.

[94] 柳永清, 刘燕学, 姬书安等. 内蒙古宁城和辽西凌源热水汤地区道虎沟生物群与相关地层SHRIMP锆石U-Pb定年及有关问题的讨论[J]. 科学通报, 2006, 51(19): 2273~2282.

[95] 柳永清, 刘燕学, 李佩贤等. 内蒙古宁城盆地东南缘含道虎沟生物群岩石地层序列特征及时代归属[J]. 地质通报, 2004, 23(12): 1180~1187.

[96] 楼锦花, 武法东, 杨璐璘. 内蒙古磴口地质公园地质

遗迹评价及旅游资源开发构想[J]. 内蒙古科技与经济, 2007, 23(153): 33~38.

[97] 卢良兆, 靳是琴, 徐学纯等. 内蒙古东南部早前寒武纪孔兹岩系成因及其含矿性[M]. 长春: 吉林科学技术出版社, 1992, 47~118.

[98] 《美丽神奇的克什克腾旗》编委会编. 美丽神奇的克什克腾旗（内部报告）[M]. 2001.

[99] 马妮娜, 杨小平, P. Rioual. 巴丹吉林沙漠地区水样碱度特征的初步研究[J]. 第四纪研究, 2008, 28(3): 511~512.

[100] 马世威. 沙漠学[M]. 呼和浩特: 内蒙古人民出版社, 1998.

[101] 马玉明. 可爱的鄂尔多斯[M]. 呼和浩特: 内蒙古人民出版社, 1984.

[102] 内蒙古地质矿产局. 内蒙古自治区区域地质志[M]. 北京: 地质出版社, 1991.

[103] 内蒙古地质矿产局. 内蒙古自治区岩石地层[M]. 武汉: 中国地质大学出版社, 1996.

[104] 内蒙古国土资源厅地质环境处. 内蒙古自治区地质遗迹资源调查(内部资料). 2007.

[105] 内蒙古自治区《经济资源》编辑委员会. 内蒙古经济资源[M]. 2009, 10.

[106] 内蒙古自治区地质环境监测院. 内蒙古自治区地质遗迹保护规划(2008~2020). 2008.

[107] 内蒙古自治区地质环境监测总站. 内蒙古自治区地质遗迹[M] (内部资料). 1999.

[108] 内蒙古自治区地质矿产局. 内蒙古自治区区域地质志[M]. 北京: 地质出版社, 1991.

[109] 内蒙古自治区地质矿产局. 全国地层多重划分对比研究·内蒙古自治区岩石地层[M]. 武汉: 中国地质大学出版社, 1996.

[110] 内蒙古自治区国土资源厅, 内蒙古自治区地质矿产勘查开发局. 地下水资源[M]. 2004.

[111] 内蒙古自治区国土资源厅. 内蒙古自治区国土资源经济地图集[M]. 中国地图出版社, 2004.

[112] 牛兰兰, 张天勇, 丁国栋. 毛乌素沙地生态修复现状、问题与对策[J]. 水土保持研究, 2006, 13(6): 239~246.

[113] 裴文中, 李有恒. 萨拉乌苏河系的初步探讨[J]. 古脊椎动物与古人类, 1964, 8(2): 99~118.

[114] 齐岩辛, 许红根, 江隆武等. 地质遗迹分类体系[J]. 资源·产业, 2004, 6(3): 55~58.

[115] 钱方, 何培元, 郝治. 花岗岩石林(阿斯哈图)——一种新的地貌景观[J]. 地质力学学报, 2000, 6(1): 90~96.

[116] 钱迈平. 华夏龙谱(25)——宁城热河翼龙[J]. 江苏地质, 2002, (4): 199.

[117] 强明瑞, 李森, 金明, 陈发虎. 60ka来腾格里沙漠东南缘风成沉积与沙漠演化[J]. 中国沙漠, 2000, 20(3): 256~259.

[118] 邱占祥, 邱铸鼎. 中国晚第三纪地方哺乳动物群的排序及其分期[J]. 地层学, 1990, 14(4): 241~260.

[119] 邱铸鼎. 内蒙古通古尔中新世小哺乳动物群[M]. 北京: 科学出版社, 1996.

[120] 任东, 高克勤, 郭子光等. 内蒙古宁城道虎沟地区侏罗纪地层划分及时代探讨[J]. 地质通报, 2002, 1(8~9): 584~591.

[121] 任东, 卢立伍, 郭子光等. 北京与邻区侏罗——白垩纪动物群及其地层[M]. 北京: 地震出版社, 1995.

[122] 邵积东, 王惠, 张梅等. 内蒙古大地构造单元划分及其地质特征[J]. 西部资源, 2011, 2: 51~56.

[123] 邵济安, 李晓波. 伸展构造与造山过程. 见: 肖庆辉等著. 当代地质科学前沿[M]. 北京: 中国地质大学出版社, 1993, 154~160.

[124] 邵济安, 张履桥, 贾文等. 内蒙古喀喇沁变质核杂岩及其隆升机制探讨[J]. 岩石学报, 2001, 17(2): 283~290.

[125] 邵济安, 张履桥, 牟保磊. 大兴安岭中生代伸展造山过程中的岩浆作用[J]. 地学前缘, 1999, 6(4): 339~346.

[126] 邵济安, 张履桥, 肖庆辉等. 中生代大兴安岭的隆起——一种可能的陆内造山机制[J]. 岩石学报, 2005, 21(3): 789~794.

[127] 沈炎彬, 陈丕基, 黄迪颖. 内蒙古宁城县道虎沟叶肢介化石群的时代[J]. 地层学杂志, 2003, 27(4): 311~314.

[128] 施雅风, 崔之久, 李吉均. 中国东部第四纪冰川与环境问题[D]. 科学出版社, 1989.

[129] 施雅风, 刘时银等. 近30a青藏高原气候与冰川变化中的两种特殊现象[J]. 气候变化研究进展, 2006, 2(4): 154～160.

[130] 施雅风, 汤懋苍, 马玉贞. 青藏高原二期隆升与亚洲季风孕育关系探讨[J]. 中国科学D辑, 1998, 28(3): 263～271.

[131] 史俊平, 郝改枝, 杨界梁. 内蒙古地区地面塌陷地质灾害研究[J]. 内蒙古水利, 2009, 2: 48～50.

[132] 宋德明. 亚洲中部干旱区自然地理[M]. 西安: 陕西人民出版社, 1989.

[133] 宋景海, 刘武文, 于长龙. 扎赉诺尔煤田含煤岩系沉积环境分析[J]. 内蒙古煤炭经济, 2003, (5): 42～43.

[134] 苏志珠, 董光荣, 靳鹤龄. 萨拉乌苏组地层年代学研究[J]. 地质力学学报, 1997, 3(4): 90～96.

[135] 孙洪艳, 田明中, 武法东, 赵志中, 刘晓鸿. 内蒙古克什克腾国家地质公园青山花岗岩臼成因的新认识[A]. 第一届世界地质公园大会论文集[C]. 北京: 地质出版社, 2004, 421～424.

[136] 孙洪艳, 田明中, 武法东. 克什克腾世界地质公园青山花岗岩臼的特征及成因研究[J]. 地质论评, 2007, 53(4): 486～490.

[137] 孙继民, 田明中, 武法东, 孙洪艳, 顾国君. 内蒙古克什克腾国家地质公园地质遗迹类型及其研究价值[A]. 第一届世界地质公园大会论文集[C]. 北京: 地质出版社, 2004, 414～417.

[138] 孙培善, 孙德钦. 内蒙古高原西部水文地质初步研究[J]. 治沙研究(第六号). 北京: 科学出版社, 1964, 245～317.

[139] 孙毅, 丁国栋. 呼伦贝尔沙地沙化成因及防治研究[J]. 水土保持研究, 2007, 14(6): 122～124.

[140] 谭京晶, 任东. 内蒙古宁城中侏罗世九龙山组昆虫群落生态的初步研究[J]. 动物分类学报, 2002, 27(3): 428～434.

[141] 汤吉, 王继军, 陈小斌等. 阿尔山火山区地壳上地幔电性结构初探[J]. 地球物理学报, 2005, 48(1): 196～202.

[142] 唐邦兴主编. 中国科学院水利部成都山地灾害与环境研究所著. 中国泥石流[M]. 商务印书馆, 2000.

[143] 田明中等. 神秘的金三角——克什克腾国家地质公园[M]. 深圳: 远方出版社, 2004.

[144] 田明中, 孙洪艳, 孙继民等. 中国克什克腾世界地质公园花岗岩景观[M]. 北京: 地质出版社, 2007.

[145] 田明中, 孙继民等. 带你游玩——克什克腾世界地质公园[M]. 北京: 中国旅游出版社, 2007.

[146] 田明中, 谭征兵, 吴文祥, 孙洪艳, 李志祥. 内蒙古多伦史前人类遗存的发现及环境意义[J]. 地球科学—中国地质大学学报, 2003, 28(1): 1～16.

[147] 田明中, 武法东, 关永义等. 玩沙探秘任我行——阿拉善沙漠国家地质公园[M]. 北京: 中国旅游出版社, 2008.

[148] 田明中, 武法东, 孙洪艳, 孙继民, 顾国君. 内蒙古克什克腾第四纪冰斗群的发现及其意义[A]. 第一届世界地质公园大会论文集[C]. 北京: 地质出版社, 2004, 425～427.

[149] 田明中, 武法东, 张建平等. 大漠秘境——阿拉善[M]. 北京: 中国旅游出版社, 2006.

[150] 田明中, 武法东, 张建平等. 中国克什克腾世界地质公园综合研究[M]. 北京: 地质出版社, 2007.

[151] 田明中, 武法东, 张建平等. 火山王国, 温泉圣地——阿尔山[M]. 北京: 中国旅游出版社, 2009.

[152] 童永生, 郑绍华, 邱铸鼎. 中国新生代哺乳动物分期[J]. 古脊椎动物学报, 1995, 33(4): 290～314.

[153] 万勤琴. 呼伦贝尔沙地沙漠化成因及植被演替规律的研究[D]. 北京林业大学, 2008.

[154] 汪筱林, 王元青, 张福成等. 辽宁凌源及内蒙古宁城地区下白垩统义县组脊椎动物生物地层[J]. 古脊椎动物学报, 2000, 38(2): 81～99.

[155] 汪筱林, 周忠和, 张福成等. 热河生物群发现带"毛"的翼龙化石[J]. 科学通报, 2002, 47(1): 54～60.

[156] 汪英华. 大窑遗址四道沟地点年代测定及文化分期[J]. 内蒙古文物考古, 2002, (1): 6～11.

[157] 汪宇平. 内蒙古伊盟乌审旗发现人类化石[J]. 古脊椎动物与古人类, 1963, 7(2): 190～191.

[158] 王楫, 陆松年等. 内蒙古中部变质岩同位素年代构造格架[D]. 天津地质矿产研究所, 1995.

[150] 王惠, 陈志勇, 杨万容. 内蒙古满都拉二叠纪海绵生物丘的发现及意义[J]. 地层学杂志, 2002, 26(1): 35～40.

[160] 王惠, 高荣宽, 内蒙古达茂旗满都拉地区早二叠世

生物地层划分对比再研究[J]. 内蒙古地质, 1999, 2: 7~20.

[161] 王惠, 王训练, 邵积东等, 内蒙古西部北山地区甜水井—青山一带双堡塘组时代讨论[J]. 地质通报, 2007, 26(2): 174~182.

[162] 王剑民. 内蒙古主要地质环境特征及当前应重视的问题[J]. 绿地·蓝天, 2004, 1: 35~39.

[163] 王继青, 肖荣阁, 苏士杰等. 内蒙古白云鄂博地区新元古界温都尔庙群洋壳残片特征及地质意义[J]. 地质找矿论丛, 2011, 26(1): 51~56.

[164] 王蕾, 哈斯. 科尔沁沙地沙漠化研究进展[J]. 自然灾害学报, 2004, 13(4): 8~14.

[165] 王莉娟, 岛崎英彦等. 黄岗梁矽卡岩型铁锡矿床成矿流体及成矿作用[J]. 中国科学(D辑), 2001, 31(7): 553~562.

[166] 王莉娟, 王京彬等. 内蒙古黄岗梁矽卡岩型铁锡矿床稀土元素地球化学[J]. 岩石学报, 2002, 18(4): 575~584.

[167] 王连勇, 彦磊. 全球花岗岩遗产景区的空间格局及网络构建初探[A]. 黄山花岗岩地貌研讨会[C]. 2009.

[168] 王璐琳, 武法东. 内蒙古巴彦淖尔地质公园的资源类型与开发策略浅探[J]. 资源与产业, 2009, 11(1): 86~89.

[169] 王璐琳, 武法东. 内蒙古巴彦淖尔地质公园内恐龙化石的特征及其意义[J]. 资源与产业, 2009, 11(6): 92~95.

[170] 王乃昂, 张虎才, 曹继秀, 李吉均, 马玉贞. 腾格里沙漠南缘武威黄土剖面磁性地层年代初步研究[J]. 兰州大学学报, 1997, 33(4): 144~146.

[171] 王涛. 巴丹吉林沙漠形成演变的若干问题[J]. 中国沙漠, 1990, 10(1): 30~40.

[172] 王涛. 中国沙漠与沙漠化图. 北京: 中国地图出版社, 2007.

[173] 王同文, 田明中. 地质公园可持续发展模式创新研究[J]. 资源开发与市场, 2007, 23(1): 62~64.

[174] 王小平, 岳乐平等. 末次冰期以来浑善达克沙地粒度组成的环境记录[J]. 干旱区地理, 2003, 26(3): 233~238.

[175] 王学印. 贺兰山西麓第四纪冰川遗迹[J]. 中国地质科学院天津地质矿产研究所所刊, 1988, No. 20: 149~156.

[176] 王艳红, 武法东. 内蒙古巴彦淖尔地质公园地质遗迹类型及评价[J]. 财富界, 2009, 7(3): 103~105.

[177] 王友, 樊志勇, 方曙等. 西拉木伦河北岸新发现地质资料及其构造意义[J]. 内蒙古地质, 1999, (1): 6~28.

[178] 王友, 方曙. 内蒙古赤峰北部百岔河地区新第三纪火山地质及基性火山岩岩石地球化学特征[J]. 内蒙古地质, 2001, (99): 28~34.

[179] 王原. 内蒙古中生代有尾两栖类一新种: 道虎沟辽西螈[J]. 科学通报, 2004, 49(8): 814~815.

[180] 王原. 早白垩世热河生物群一新的有尾两栖类[J]. 古脊椎动物学报, 2000, 38(2): 100~103.

[181] 魏罕蓉, 张招崇. 花岗岩地貌类型及其形成机制初步分析[J]. 地质论评, 2007, 53(增刊): 147~159.

[182] 魏永明. 内蒙古呼和浩特市大窑文化遗址旅游资源及其开发利用[J]. 干旱区资源与环境, 1997, 11(3): 94~99.

[183] 魏源, 李艳红. 国家地质公园的资源构成及评价体系之探讨[A]. 地质与可持续发展——华东六省一市地学科技论坛文集[C], 2003, 275~271.

[184] 乌兰图雅, 阿拉腾图雅等. 遥感、GIS支持下的浑善达克沙漠化土地最新特征分析[J]. 内蒙古师大学报自然科学(汉文)版, 2001, 30(4): 356~360.

[185] 吴欧, 曾年. 古生物大明星远古翔兽探究哺乳动物飞翔的起源[J]. 华夏地理, 2007, (3): 40~53.

[186] 吴正. 中国沙漠及其治理[M]. 北京: 科学出版社, 2009.

[187] 武法东, 田明中, 张建平. 河套明珠——内蒙古巴彦淖尔地质公园[M]. 北京: 中国旅游出版社, 2009.

[188] 武法东, 田明中, 孙洪艳, 孙继民, 顾国君. 一种新的石林类型——内蒙古石林[A]. 第一届世界地质公园大会论文集[C]. 北京: 地质出版社, 2004, 418~420.

[189] 武法东, 田明中, 孙洪艳, 张科宇. 内蒙古阿尔山国家地质公园地质遗迹类型及其研究价值[A]. 第一届世界地质公园大会论文集[C]. 北京: 地质出版社, 2004,

410~413.

[190] 夏训诚. 库姆塔格的基本特征. 中国科学院新疆生物土壤沙漠研究所, 罗布泊考察与研究[M]. 北京: 科学出版社, 1987, 78~94.

[191] 夏正楷, 邓辉等. 内蒙古西拉沐沦河流域考古文化演变的地貌背景分析[J]. 地理学报, 2000, 55(3): 329~336.

[192] 晓兰, 延军平. 科尔沁沙地沙漠化研究[J]. 安徽农业科学, 2009, 37(35): 17671~17674.

[193] 谢建华, 夏斌, 张宴华. 印度欧亚板块碰撞期间红河断裂带活动性的数值模拟研究[J]. 热带海洋学报, 2007, 26(6): 21~26.

[194] 谢骏义, 高尚玉, 董光荣等. 萨拉乌苏动物群[J]. 中国沙漠, 1995, 15(4): 313~322.

[195] 徐煜坚. 中国第四纪冰川遗迹的初步考察[J]. 第四纪研究, 1989, (3): 249~251.

[196] 许涛, 陈龙, 田明中. 地质公园旅游者的参与动力与受益模式研究——以内蒙古克什克腾世界地质公园阿斯哈图石林园区为例[J]. 资源与产业, 2011, 13(2): 127~132.

[197] 闫满, 王光谦等. 巴丹吉林沙漠高大沙山的形成发育研究[J]. 地理学报, 2001, 56(1): 83~91.

[198] 阎满存, 董光荣, 李宝生. 腾格里沙漠东南缘沙漠演化初步研究[J]. 中国沙漠, 1998, 18(2): 111~117.

[199] 阎满存, 王光谦, 董光荣等. 巴丹吉林沙漠沙山发育与环境演变研究[J]. 中国沙漠, 2001, 21(4): 361~366.

[200] 阎满存, 王光谦, 李保生等. 巴丹吉林沙漠高大沙山的形成发育研究[J]. 地理学报, 2001, 56(1): 83~91.

[201] 杨东, 方小敏等. 早更新世以来腾格里沙漠形成与演化的风成沉积证据[J]. 海洋地质与第四纪地质, 2006, 1: 93~100.

[202] 杨涛, 戴塔根, 武国辉. 地质遗迹资源的概念[J]. 中国国土资源经济, 2007, 20(12): 26~27.

[203] 杨小平. 巴丹吉林沙漠腹地湖泊的水化学特征及其全新世以来的演变[J]. 第四纪研究, 2002, 22(2): 97~104.

[204] 杨小平. 近3万年来巴丹吉林沙漠的景观发育与雨量变化[J]. 科学通报, 2000, 45(4): 428~434.

[205] 杨艳, 武法东, 孙志明, 谢冰晶. 内蒙古林西大井国家矿山公园建设模式研究[J]. 资源与产业, 拟2012年6月刊出.

[206] 殷志强, 秦小光. 末次冰期以来松嫩盆地东部榆树黄土堆积及其环境意义[J]. 中国地质, 2010, 37(1): 212~222.

[207] 俞建章, 谢宇平, 刘翰. 大兴安岭东坡的第四纪冰川[A]. 中国第四纪冰川遗迹研究文集[C]. 北京: 科学出版社, 1964, 85~100.

[208] 袁宝印. 萨拉乌苏组的沉积环境及地层划分问题[J]. 地质科学, 1978, (3): 320~334.

[209] 袁崇喜, 张鸿斌, 李明等. 内蒙古宁城道虎沟地区首次发现中侏罗世蝌蚪化石[J]. 地质学报, 2004, 78(2): 145~148.

[210] 袁忠信. 中国内蒙古白云鄂博稀土矿床的地质特征和成因[J]. 地质评论, 1992.

[211] 张国庆, 田明中, 刘斯文, 耿玉环, 郭婧. 阿拉善沙漠地质遗迹全球对比及保护行动规划[J]. 干旱区资源与环境, 24(6): 45~50.

[212] 张国庆, 田明中, 刘斯文, 耿玉环, 郭婧. 地质遗迹资源调查以及评价方法[J]. 山地学报, 2009, 27(3): 361~366.

[213] 张国庆, 吴俊岭, 田明中, 孙继民. 内蒙古赤峰地质遗迹资源类型及其综合评价[J]. 资源与产业, 11(4): 31~36.

[214] 耿玉环, 田明中. 我国矿业遗迹的开发、利用与保护[J]. 中国矿业, 2009, 18(6): 57~60.

[215] 张虎才, H. J. Pachur, B. Wünnemann等. 距今42~18ka腾格里沙漠古湖泊及古环境[J]. 科学通报, 2002, 47(24): 1847~1857.

[216] 张进, 马宗晋, 任文军. 贺兰山南部构造特征及其与固原—青铜峡断裂的关系[J]. 吉林大学学报(地球科学版), 2004, (34): 187~205.

[217] 张俊峰. 道虎沟生物群(前热河生物群)的发现及其地质时代[J]. 地层学杂志, 2002, 26(3): 173~180.

[218] 张俊峰. 内蒙古自治区上侏罗统最原始的螳螂昆虫化石(昆虫纲: 革翅目: 始螋亚目)[J]. 微体古生物学报, 2002, 19(4): 348~362.

[219] 张抗. 鄂尔多斯断块构造和资源[M]. 陕西: 陕西科

学技术出版社, 1989.

[220] 张履桥, 邵济安, 郑广瑞. 内蒙古甘珠尔庙变质核杂岩[J]. 地质科学, 1998, 33(2): 140~146.

[221] 张守亮, 崔文元. 巴林鸡血石的宝石矿物学研究[J]. 宝石和宝石学杂志. 2002, 4(3): 26~30.

[222] 张彤. 北方远古文明——红山文化[J]. 理论研究, 1998, (4): 48.

[223] 张新时. 毛乌素沙地的生态背景及其草地建设的原则与优化模式[J]. 植物生态学报, 1994, 18(1): 1~16.

[224] 张学仓. 巴林石精品赏析——巴林冻石[M]. 北京: 华龄出版社, 2006.

[225] 张学仓. 巴林石精品赏析——巴林福黄石[M]. 北京: 华龄出版社, 2006.

[226] 张学仓. 巴林石精品赏析——巴林鸡血石[M]. 北京: 华龄出版社, 2006.

[227] 张岳桥等. 郯庐断裂带中生代构造演化史、进展与新认识[J]. 地质通报, 2008, 27(9): 1371~1390.

[228] 张振法, 姜建利, 秦增刚等. 根据地质和地球物理资料重新厘定槽台界线——关于华北地台与兴蒙古生代地槽褶皱系界线的划分[J]. 中国地质, 2001, 28(9)1~12, 18.

[229] 张振法. 阴山山链隆起机制及有关问题探讨[J]. 内蒙古地质, 1995, (1~2): 17~33.

[230] 赵爱民, 黄丽, 张艳玲, 于晓玲. 赤峰市红山夏家店下层文化石城址调查报告[J]. 内蒙古文物考古, 2009, (1): 1~12.

[231] 赵国龙, 杨桂林, 王忠等. 大兴安岭中南部中生代火山岩[M]. 北京: 北京科学技术出版社, 1989.

[232] 赵松乔. 中国荒漠地带土地类型分析——四个典型地区的地球资源卫星象片判读[J]. 地理科学, 1982, 1: 1~16.

[233] 赵汀, 赵逊. 地质遗迹分类学及其应用[J]. 地球学报, 2009, 30(3): 309~324.

[234] 赵一鸣, 张德全. 大兴安岭地区铜多金属矿床的多级成矿分带[J]. 中国地质科学院矿床地质研究所所刊, 1997, 31(1): 38~48.

[235] 赵勇伟, 樊祺诚, 白志达等. 大兴安岭哈拉哈河—淖尔河地区第四纪火山活动初步研究[J]. 岩石学报, 2010, 24(11): 2570~2576.

[236] 赵勇伟. 内蒙古阿尔山—柴河第四纪火山构造研究[D]. 中国地质大学(北京), 2007.

[237] 赵运昌. 准噶尔盆地的地下水[J]. 治沙研究, 第6号, 北京: 科学出版社, 1964, 66~130.

[238] 赵振光, 武强. 西柳沟泥石流的形成机制及其防治对策研究[J]. 全国第五次地质灾害防治学术大会, 2006, 173~178.

[239] 郑喜玉, 张明刚. 中国盐湖志[M]. 北京: 科学出版社, 2002.

[240] 中国地质环境监测院. 全国地质灾害防治规划研究[M]. 北京: 地质出版社, 2008.

[241] 中国科学院地球化学研究所. 白云鄂博矿床地球化学[M]. 北京: 科学出版社, 1988.

[242] 中国矿床发现史·内蒙古卷[M], 北京: 地质出版社, 1996.

[243] 钟德才. 柴达木盆地沙漠形成和演化初步研究[J]. 中国科学院兰州沙漠研究所集刊, 第3号, 北京: 科学出版社, 1986, 124~136.

[244] 钟德才. 中国沙海动态演化[M]. 兰州: 甘肃文化出版社, 1998.

[245] 钟德才. 中国现代沙漠动态变化及其发展趋势[J]. 地球科学进展, 1999, 14(3): 229~234.

[246] 周彬. 内蒙古地区崩塌与滑坡地质灾害研究[J]. 内蒙古环境科学, 2008, 20(2): 41.

[247] 周效明, 胡万德. 克什克腾旗浑善达克沙地沙源治理研究[J]. 内蒙古林业科技, 2001, (1): 42~44.

[248] 朱训. 21世纪中国矿业城市形势与发展战略思考[J]. 中国矿业, 2002, 11(1): 1~9.

[249] 朱震达, 陈治平, 吴正等. 塔克拉玛干沙漠风沙地貌研究[J]. 北京: 科学出版社, 1981, 81~95.

[250] 朱震达, 吴正, 刘恕等著. 中国沙漠概论[M]. 北京: 科学出版社, 1980.

[251] 邹继峰. 呼伦贝尔沙地现状及变化分析[J]. 内蒙古林业调查设计, 2011, 34(6): 35~38.

[252] Colbert E. H. An upper Miocene suid from the Gobi Desert[J]. American Museum Novitates, 1934, 690: 1~7.

[253] White D. E., Geothermal Energy[J]. Bulletin

Volcanologique, 1966, 1: 481~483.

[254] Doran J. R. R., Mcintosh J. A. R. Preparation review and approval of mine elosure plsns in Ontario Canada, Sudbury 95[J]. Mining and Environment Conference Proceedings, 1995, 281~288.

[256] Epheson H. G., Van den bussche B. Reclamation, rehabilitation and development of abandoned mine land at canmore[J]. Alberta, CIM Bulletin, 1996, 89(999): 57~64.

[257] Fucheng Zhang, Zhonghe Zhou, Xing Xu, Xiaolin Wang, Corwin Sullivan. A bizarre Jurassic maniraptoran from China with elongate ribbon-like feathers[J]. Nature, 2008, 455: 1105~1108.

[258] Gao Keqin, Shubin Neil H. Earliest known crown-group salamanders[J]. Nature, 2003, (422): 424~428.

[259] Gilmore C. W. On the dinosaurian fauna of the Iren Dabasu Formation[J]. Bull. Amer. Mus. Nat. Hist., 1933, 67(2): 23~78.

[260] H. M. 利马, P. 沃瑟恩. 矿山关闭问题浅析[J]. 国外金属矿, 2000, (4): 25~30.

[261] Hongyan Sun, Tian Mingzhong, Wu Fadong, Sun Jimin, Gu Guojun. New Views on Origin of Granite Mortars in the Hexigten National Geopark, Inner Mongolia[A]. Proceedings of the First International Conference on Geoparks[C]. Beijing: Geological Publishing House, 2004, 205~211.

[262] Ji Q, Z-X. Luo C-X, Yuan A R. Tabrum. A swimming mammaliaform from the Middle Jurassic and ecomorphological diversification of early mammals[J]. Science, February 24, 2006, 311(5764): 1123~1127.

[263] Ji Qiang, Luo Zhexi, Yuan Chongxi et al. A swimming mammaliaform from the Middle Jurassic and ecomorphological diversification of early mammals[J]. Science, 2003, 311(5764): 1123~1126.

[264] Kyzeminski, W and Ren, D. Praemacrochile chinensis sp. from the Middle Jurassic of China (Diptera: Tanyderidae) [J]. Polskie Pismo Entomologiczne, 2001, 70: 127~129.

[265] Licent E , Teilhard de Chardin P, Black D. On a presumably Pleistocene human tooth from the Sjara-osso-gol (South-EasternOrdos) deposits[J]. Bull Geol Soc China, 1927, 5(3~4): 285~290.

[266] Liu J, Han J, Fyfe W S. Cenozoic episodic volcanism and continental rifting in northeast China and possible link to Japan Sea development as revealed from K_Ar geochronology[J]. Tectophysics, 2001, 339: 385~401.

[267] Liu Siwen, Gao Hong, Tian Mingzhong. The Method of Zoning Geoheritage Protected Area Based on GIS and Its Implication In: Zhao Xun, Guan Fengjun, Zhu Lixi et al., Proceedings of the Third International Symposium on Development within Geoparks[J]. Beijing, China: Geological Publishing House, 2009, 92~197.

[268] Liu Siwen, Tian Mingzhong, Shi Wenqiang. Digital Earth, A Way to Approach the Conservation of Geological Heritage Resources[A]. In: Sixth International Symposium on Digital Earth: Models, Algorithms, and Virtual Reality[C]. 2010, 7840(784004-1-4).

[269] Luo Zhexi, Ji Qiang, Yuan Chongxi. Convergent dental adaptations in pseudo-tribosphenic and tribosphenic mammals[J]. Nature, 2007, (450): 93~97.

[270] Meng Jin, Hu Yaoming, Wang Yuanqing et al. A Mesozoic gliding mammal from northeastern China[J]. Nature, 2006, 444(7120): 889~893.

[271] Migon P. 花岗岩地貌——地质多样性的最大价值(英文)Granite Landscapes Geodiversity at Its Best[A]. 第一届国际花岗岩地质地貌研讨会交流文集[C]. 2006.

[272] Panizza, Mario. The Geomorphodiversity of the Dolomites (Italy): A Key of Geoheritage Assessment[J]. Geoheritage, 2009, (1): 33~42.

[273] Ren D. First discovery of fossil bittacids from China[J]. Acta Geologica Sinica, 1993, 7(2): 219~224.

[274] Sassoon M. . Elosure or abandonment[J]. Mining Magazine, 1996, Augu: 96~100.

[275] Sun Hongyan, Tian Mingzhong, Wu Fadong, Guo

Jing. Significance of the Construction of Geopark to Geoheritage Protection[A]. Proceedings of the Second International Symposium on Development Within Geoparks[C]. Beijing: Geological Publishing House, 2007, 311~312.

[276] Sun Hongyan, Tian Mingzhong, Wu Fadong, Sun Jimin. Types and Features of the Granite Landscape in Hexigten Global Geopark, Inner Mongolia, China[A]. Proceedings of the Second International Symposium on Development Within Geoparks[C]. Beijing: Geological Publishing House, 2007, 276~282.

[277] Sun Hongyan, Tian Mingzhong, Wu Fadong, Zhang Jianping. Discovery and primary research of the Quaternary glacial vestiges in Hexigten area of south of Da Hinggan Mountains[J]. Acta Geologica Sinica, 2005(Aug.), 79(4): 564~569(SCI).

[278] Sun Jimin, Tian Mingzhong, Wu Fadong, Sun Hongyan. Geological Heritage Types in Hexigten National Geopark of Inner Mongolia and Their Research Value[A]. Proceedings of the First International Conference on Geoparks[C]. Beijing: Geological Publishing House, 2004, 196~200.

[279] Thierry F., Eric S. Geomorphological Heritage of the Pyrenees National Park (France): Assessment, Clustering, and Promotion of Geomorphosites[j]. Geoheritage, 2010: DOI 10. 1007/s12371-010-0020-y.

[280] Tian Mingzhong, Wu Fadong, Sun Hongyan, Sun Jimin, Gu Guojun. Discovery of Quaternary Cirque in Hexigten of Inner Mongolia and Their Implications[A]. Proceedings of the First International Conference on Geoparks[D]. Beijing: Geological Publishing House, 2004, 212~215.

[281] Twidale, C R. Granite Landforms[M]. Elsvier Scientific Publishing Company, Amsterdam, The Netherlands, 1982.

[282] Twidale, C R. Landforms of Geology of Granite Terrain[M]. A. A. Balkema Publishers, 2005.

[283] Wang Yuan. A new Mesozoic caudate (*Liaoxitriton daohugouensis* sp. Nov.) from Inner Mongolia, China[J]. Chinese Science Bulletin, 2004, 49(8): 858~860.

[284] Wang Yuan. Taxonomy and Stratigraphy of Late Mesozoic Anurans and Urodeles from China [J]. Acta Geologica Sinica, 2004, 78(6): 1169~1178.

[285] Wu Fadong, Tian Minzhong, Sun Hongyan, Sun jimin. A New Type of Stone Forest -Inner Mongolian Stone Forest[A]. In: Proceedings of the First International Conference on Geoparks[C], 2004, 6(1): 201~204.

[286] Wu Fadong, Tian Mingzhong, Sun Hongyan, Zhang Keyu. Geological Heritage Types and Tour Resources Exploitation of Arxan Geopark, Inner Mongolia[A]. Proceedings of the First International Conference on Geoparks[C]. Beijing: Geological Publishing House, 2004, 191~195.

[287] Xu X, Tan Q W, Wang J M et al. A gigantic bird-like dinosaur from the Late Cretaceous of China[J]. Nature, 2007, 447: 844~847.

[288] Xu X, Zhang X H, Sereno P C et al. A new therizinosauroid (Dinosauria, Theropoda) from the Upper Cretaceous Iren Dabasu of Nei Mongol[J]. Vert. PalAsiat, 2002, 40(3): 228~240.

[289] Yang Yan, Tian Mingzhong, Xu Ruigao. Analysis of the Current Situation of the Geological Relics classification system[J]. Advanced Materials Research, 476~478(2012): 1089~1098.

[290] Yang, G. F., Wu, F. D., Ge, Z. L., et al., . Paleoclimate Varations Inferred from Orgamic Carbon Isotopic Composition in Hetao Plain in North China since Late glacial period. Journal of Earth[J]. Science, 2010, 21(Special Issue): 274~276.

[291] Zhang F C, Zhou Z H, Xu X et al. A juvenile coelurosaurian theropod from China indicates arboreal habits[J]. Naturwissenschaften, 2002, (89): 394~398.

[292] Zhang X H, Xu X, Zhao X J et al. A long necked therizinosauroid dinosaur from the Upper Cretaceous lren Dabasu Formation of Nei Mongol, People's Republic of China[J]. Vert PalAsiat, 2001, 39(4): 282~290.

结 束 语

在《天造地景——内蒙古地质遗迹》交付出版之际，心中的愉悦之情难以言表。这本书不仅是内蒙古地质遗迹的一个整理，更是作者近20年来在内蒙古工作的一个总结。回想近20年来，在内蒙古进行野外地质调查和室内研究工作的点点滴滴，感激之情充盈胸膛。借此书出版之机，我们向近20年来在不同时期、以不同的方式为内蒙古地质遗迹研究工作付出过辛勤劳动、提供过帮助和支持的所有同事、博士生、硕士生和朋友们，表达我们最诚挚的谢意。

20年前，我们初入内蒙古，就被这片神奇的土地所吸引。随着涉足范围的扩展，对内蒙古地质遗迹调查研究的深入，将这片北国地质遗迹和景观展现给世界的愿望就越发强烈。

内蒙古位于我国北部，横跨东西，地质遗迹资源丰富，地质景观多样。大兴安岭自东北蜿蜒而入，巴丹吉林沙漠自西北悄然突进。何曾知，莽莽林海、浩瀚沙漠之中，竟掩藏着无数地质瑰宝。

难忘记，阿尔山的天池、地池、太阳湖、月亮湖……藏于深林人不知，繁茂森林中，项目组众里寻湖千百度，骤然发现时的那份雀跃。

难忘记，在-38℃的冰天雪地中，上天池、入林海，只为亲自测量出阿尔山火山湖泊深度的科学数据和实地考察克什克腾世界地质公园建设的进度。

难忘记，在克什克腾浑善达克沙地，为寻找西拉木伦河真正的源头，野外调查时，暴雨突然来袭而无处藏身，气候寒如严冬，一队人马在狂风暴雨中的那份煎熬，而这种磨炼，在我们多年的调查中，还多次经历。

难忘记，酷暑天，我们翻山越岭，汗流满面的进入人迹罕至的平顶山腹地，发现那里竟然保存着中国东部地区规模最大、保存最为完整的第四纪冰川遗迹的惊喜。

难忘记，在考察克什克腾旗和巴林左旗花岗岩山顶表面发育"九缸十八锅"时的纠结，为厘清这些臼穴与冰川的联系，我们一次次翻越山体，寻找这些岩臼形成的真正机理和原因。

难忘记，在克什克腾北大山上见到石林时的惊叹，究竟是大自然的哪把利刀，将这里的花岗岩雕刻成北国的花岗岩石林？

难忘记，为探知广袤巴丹吉林沙漠的神秘，揭开响沙的秘密，我们一次次穿越沙山进入沙漠腹地的惊险之旅。

难忘记，在恐龙之乡、边境明珠二连浩特真实见到恐龙埋葬场景的震撼，一亿多年前，地球的主宰，竟然在各种灾害来临时，荡然无存。

难忘记，在宁城道虎沟挖掘古生物化石时的那份惊喜，这个承接燕辽生物群和热河生物群的特殊群体，在我们的手中一步一步被揭开神秘的面纱，远古的生命从科学的殿堂走入大众群体。

难忘记，在萨拉乌苏河流域四处寻找人类祖先生活的痕迹，在中华母亲河——黄河河畔的鄂尔多斯高原上，曾有人类史上著名的河套人，而在东部的大兴安岭丛林中，曾有带传奇色彩的扎赉诺尔人。

在每次难忘的经历中，都有更多难以忘记的领导、专家、同仁和地方工作人员的身影。

难忘记，自治区领导给予的深切关怀和亲切指导；难忘记，中国科学院院士翟裕生教授、中国科学院院士刘嘉麒研究员、中国地质大学（北京）陈华慧教授、李凤麟教授、联合国教科文组织世界地质公园顾问专家（评审委员）赵逊研究员、国家地质公园评审委员会委员陈安泽研究员、中国地质调查局庄育勋研究员等亲临野外探讨。

难忘记，在绿草如茵的呼伦贝尔大草原上，在莽莽林海的大兴安岭上，在沙海无边的阿拉善沙漠与戈壁中，陪同我们一起考察、一起走过这艰苦而又快乐时光的每一位工作人员，共同的事业让我们结下了深厚的友谊……

难忘记的事、难忘记的人太多太多，为了这一生都难以忘却的怀念，我们怀着感恩的心，编写了这部《天造地景——内蒙古地质遗迹》，作为我们的答谢礼，感谢所有在野外调查和室内工作中曾经帮助我们的人和为本书的顺利完成做出贡献的所有领导和朋友。

《天造地景——内蒙古地质遗迹》是在中国地质大学（北京）田明中教授、武法东教授、内蒙古自治区国土资源厅原地质环境处王剑民处长的精心策划和组织下进行的，历时3年，得到了许许多多单位领导、专家和同志的大力支持和帮助，没有他们的帮助要想完成此书是根本不可能的，他们分别是：

中国地质科学院研究员赵逊、研究员陈安泽、研究员季强、研究员赵志中、研究员郑元、秘书长王艳君；

中国科学院地质与地球物理研究所研究员杨小平、研究员储国强；

中国科学院古脊椎动物与古人类研究所研究员徐星、研究员王原、研究员王元青、研究员周中和；

北京自然博物馆研究员李建军；

首都师范大学教授任东；

内蒙古自治区地质环境监测院副院长史生胜、曹志忠，环境研究室主任、教授级高级工程师杨所在，高级工程师乔文光；

内蒙古自治区龙昊古生物研究所所长、教授级高级工程师谭琳和工程师谭庆伟；

内蒙古地质勘察院吴之理教授级高级工程师；自治区地质调查院教授级高级工程师邵积东、王惠、胡凤翔；

内蒙古博物馆高级工程师李虹等。

内蒙古自治区国土资源厅副厅长赵保胜、原副厅长郭占英等领导自始至终对该项目给予了大力支持与帮助，赵保胜副厅长还亲自为本书作序，鼓励作者、帮助作者克服在研究和编写过程中遇到的困难和问题，在此向这些领导表示衷心的感谢和敬意！

内蒙古自治区国土资源厅地质环境处周会庄、崔庆云、高宏、翟凤志、梁凤玲等，给作者提出了许多有益的意见并在工作中提供了极大的方便和帮助。

特别感谢以下单位在作者10年野外工作期间和整个研究过程中自始至终给予大力的支持，它们分别是：

内蒙古自治区人民政府
内蒙古自治区呼和浩特市人民政府
内蒙古自治区国土资源厅
内蒙古自治区地质环境监测院
内蒙古自治区地质调查院
内蒙古自治区龙昊古生物研究所
内蒙古自治区博物馆

呼和浩特市国土资源局
赤峰市国土资源局
克什克腾旗国土资源局
克什克腾世界地质公园管理局
宁城县国土资源局
清水河县国土资源局
清水河县旅游局
翁牛特旗国土资源局
林西县国土资源局
巴林左旗国土资源局
巴林右旗国土资源局
巴林石集团
阿拉善盟国土资源局
阿拉善沙漠世界地质公园管理局
阿拉善右旗国土资源局
阿拉善左旗国土资源局
额济纳旗国土资源局
二连浩特市国土资源局
鄂尔多斯市国土资源局
杭锦旗国土资源局
乌审旗国土资源局
鄂托克旗国土资源局
鄂托克前旗国土资源局
达拉特旗国土资源局
巴彦淖尔市国土资源局
巴彦淖尔地质公园管理局
乌拉特前旗国土资源局
乌拉特中旗国土资源局
乌拉特后旗国土资源局
杭锦后旗国土资源局
磴口县国土资源局
呼伦贝尔市国土资源局
新巴尔虎右旗旅游局
鄂伦春旗国土资源局
扎兰屯市国土资源局
额尔古纳市国土资源局
兴安盟国土资源局
阿尔山市国土资源局
四子王旗国土资源局
北京天图设计工程有限公司
北京原动力装饰工程有限公司
北京杨振之来也旅游规划公司
北京世纪彩虹博物馆装饰公司
北京节理空间装饰有限公司
北京神州新纪录规划设计研究院
朗东国际建筑设计有限公司等

以上单位的领导和部分员工在不同的阶段以不同的方式都给予了极大的帮助。

特别感谢内蒙古地质景观摄影家杨孝，多年来他跟随作者走沙漠、穿山林，真实而全面地拍摄了内蒙古独特而美丽的地质景观，本书中一幅幅的精美图片，是他克服了常人难以想象的困难，并为之付出了艰辛的劳动而拍摄的，作者敬佩他多年来对地质遗迹保护事业的热爱和追求的工作精神，难以表达他对我们工作支持的热情，真诚地向杨孝以及李景章、白显林、哈斯巴根、王健、常青等多位提供图片的作者说，谢谢你们！

感谢的情意难以用言语表达，只能化为一种精神和力量，以实际行动和务实的工作作风为内蒙古地质遗迹的保护和利用更好地服务。

要感谢的人员无法一一列举，要感谢的语言难以全面表达，就让本书的出版作为对他们最真诚的谢意和送给他们最好的答谢礼物吧！

主 要 作 者

田明中 硕士，1951年5月生，中国地质大学（北京）教授，博士生导师，第四纪地质与环境规划研究所所长，国务院特殊津贴获得者，国土资源部地质公园建设专家库成员。

在内蒙古地区从事第四纪环境地质、地质遗迹调查和评价、地质公园申报和建设工作近20年，对内蒙古地质遗迹有全面、系统和深刻的了解。先后在赤峰地区、兴安盟地区、阿拉善地区、鄂尔多斯地区、呼伦贝尔地区和二连浩特地区成功主持了该区的世界地质公园、国家地质公园和自治区级地质公园的申报和建设。先后开展了"克什克腾花岗岩景观"、"克什克腾湿地调查"、"克什克腾地貌与植被"、"巴丹吉林响沙成因"、"巴丹吉林湖泊成因"、"巴丹吉林高大沙山成因研究"等项目，并出版该区相关专著和科普著作10部。

他是本书的统编和主要编写者，先后多次拟定和修改本书的编写体系并征询专家意见，使本书不断完善，为本书的完成和出版付出了艰辛劳动。

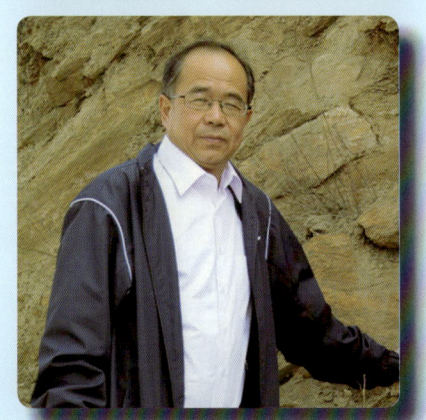

王剑民 1955年8月生，教授级高级工程师，毕业于北京大学构造地质专业。现任内蒙古国土资源厅资源储量处处长。

曾任地质环境处处长10年，野外地质工作年限达35年，对内蒙古地区的地质环境了如指掌。在他的主持下，先后颁布了《内蒙古自治区地热资源管理条例》、《内蒙古自治区地质环境保护条例》等多项法规性文件和实施办法，对全区地质遗迹保护和地质公园建设起到了极大的推动作用，使该区的地质遗迹保护和地质公园建设走在国内前列。

本书就是在他的倡导和主持下编写完成的，并编写第1章大漠之灵——自然地理特征，第2章地景之基——地质特征与演化等章节，统编和主审全书。

武法东 1953年11月生，博士，中国地质大学（北京）教授、博士生导师。

10年来先后在赤峰地区、阿拉善地区、巴彦诺尔地区、兴安盟等地区进行地质遗迹调查与评价，并完成有关地质公园申报系列的材料编制和建设工作，著有《大漠秘境——阿拉善》、《河套明珠——巴彦诺尔》、《克什克腾地质公园综合研究》等著作。完成研究工作有"河套平原近代环境高分辨研究"、"河套平原山前新构造活动与黄河平原、河套平原关系研究"。出版地质公园科学画册、导游手册和相关科普读物6部。

主编本书的第1章大漠之灵——自然地理特征、第10章地质瑰宝——矿物、岩石与矿床、第2章地景之基——地质特征与演化等章节，为本书的主要作者和统编者。

孙洪艳 1976年12月生，博士，中国地质大学（北京）地球科学与资源学院讲师。

从2002年起，先后参加了赤峰地区、兴安盟地区、呼伦贝尔牙克石地区、鄂尔多斯等地区的地质遗迹调查、评价和研究工作。完成了克什克腾地质公园、翁牛特地质公园、阿尔山地质公园、牙克石地质公园申报材料的编写，对内蒙古地区的花岗岩景观、第四纪冰川景观、黄土景观进行了研究。合作著有《克什克腾世界地质公园综合研究》、《克什克腾世界地质公园花岗岩景观研究》等著作。

为本书的主要作者，编写本书的第2章地景之基——地质特征与演化、第8章地球容颜——地貌景观等章节。

其他重要研究者和编写者

张建平 1962年生，博士，中国地质大学（北京）教授，博士生导师，中国地质大学地质公园（地质遗迹）调查评价研究中心主任。国土资源部地质公园建设专家库成员。

早在20世纪80年代即在阿拉善额济纳地区开展古生物研究，并完成硕士论文。

先后参加阿拉善世界地质公园、克什克腾世界地质公园、宁城国家地质公园的申报和建设。完成了"宁城国家地质公园古生物化石挖掘与研究"、"赤峰市红山区麒麟山地区古生物化石调查与挖掘"的专项研究工作。专业外语精通、古生物化石专业基础扎实，为本书和该区的地质公园申报和建设做出了重要贡献。

程捷 1963年7月生，博士，现为中国地质大学（北京）教授，第四纪地质教研室主任。

近年来主要完成"内蒙古宁城1：5万古生物化石专项地质填图"、"宁城古生物化石挖掘与保护"、"赤峰市洪山区麒麟山古生物化石专项调查与填图"、"巴林左旗七锅山1：1万花岗岩专项地质填图"等科学研究工作。

张绪教 1964年11月生，博士，现为中国地质大学（北京）副教授，硕士生导师。

近年来在内蒙古地区从事地质遗迹保护和研究项目有"西拉木伦河新构造活动与地貌关系研究"、"克什克腾地质公园晚新生代地质环境研究"、"河套平原山前新构造运动与黄河平原、河套平原关系研究"等项目。参加"西拉木伦河源头探源"的科学考察，为本书的编写增添了许多有价值的第一手新资料、新成果。

刘斯文 1980年3月生，博士，现为中国地质大学（北京）博士后流动站博士后研究人员。

他不畏艰辛，先后8次带队进入巴丹吉林沙漠考察，并横穿巴丹吉林沙漠，开展"巴丹吉林鸣沙分布和成因研究"、"巴丹吉林沙漠湖泊研究"和"巴丹吉林高山沙山的形成机制研究"等。为本书的编写取得了珍贵而丰富的野外地质资料和相关数据。他完成的"巴丹吉林东南部鸣沙的分布发育特征及成因机制研究"博士论文，首次查清了该区鸣沙分布的范围，并对鸣沙成因机制进行准确阐述。

在本书中编写了第3章丰硕成果——研究历史及成果、第8章地球容颜——地貌景观之8.6风成景观等章节。

王同文 1976年12月生，博士，现为河南理工大学副教授。在中国地质大学（北京）攻读硕士、博士期间，先后在内蒙古赤峰克什克腾地区、阿拉善地区、兴安盟阿尔山地区进行了地质遗迹调查，参加地质公园申报材料的编写工作。其博士论文《内蒙古自治区地质遗迹特征及科学价值》为本书提供了重要的资料和思路，在本书的第二稿编写和修改中过程中做了大量的修改工作。

其他重要研究者和编写者

高 宏 1965年11月生,博士,现任内蒙古国土资源厅地质环境处副处长。长期主管内蒙古地质环境及地址公园建设,对该区的地质环境与矿山环境有较深的了解。他的博士论文《中国克什克腾世界地质公园地质灾害特征研究》为本书提供了重要的资料。在本书中编写第11章 警钟长鸣——环境地质,第13章和谐之路——保护与开发等章节。

孙继民 1963年生,现任内蒙古克什克腾旗国土资源局副局长,克什克腾世界地质公园管理局副局长。参加编写了第8章地球容颜——地貌景观等章节。合作出版的专著有《克什克腾世界地质公园综合研究》、《达里诺尔晚新生代火山研究》、《克什克腾世界地质公园花岗岩地貌研究》等。在地质公园申报建设与评估过程中具有丰富的经验,为本书的基础资料收集作出了重要贡献。

娜仁图雅 1972年10月生,博士,现为阿拉善世界地质公园管理局局长。中国地质大学(北京)地球科学与资源学院博士研究生。先后参加了"巴丹吉林鸣沙区的调查和形成机制"、"巴丹吉林高大沙山形成时代及机制"、"巴丹吉林沙漠湖泊分布及形成机制"等相关科学研究项目,深入巴丹吉林沙漠,发表了数篇论文,为本区的地质科学研究积聚了丰富的新资料。

杨 艳 1982年11月生,博士,现为中国地质大学(北京)博士研究生。

由于她出生于内蒙古,对家乡无比热爱,参与了本书的全程编写工作。具体编写了第9章大地脉搏——水体景观,第11章警钟长鸣——环境地质等章节。尤其是在本书最后的修改和统编过程中,作为主编者的得力助手和博士生赵龙龙一起完成了一系列繁杂而又细致的工作,为本书的早日完稿和出版争取了时间,付出许多艰苦的劳动和心血。

特邀主审专家

吴之理 1941年10月生，教授级高级工程师，内蒙古国土资源厅地质遗迹保护项目专家组评审专家。

在内蒙古地区从事区域地质调查40余年，足迹遍布内蒙古，对区内地质了如指掌，在地层、岩石、构造等研究领域有多方面独到建树。

主审本书的第2章地景之基——地质特征与演化、第5章地球密码——地质剖面、第6章变迁行迹——地质构造等章节。

谭琳 1941年11月生，教授级高级工程师，内蒙古龙昊古生物研究所所长，内蒙古国土资源厅地质遗迹保护项目评审专家组专家。

长期在内蒙古地区从事地层古生物研究，尤其是脊椎动物的研究造诣颇深。代表著作有《华北地区古生物图册（内蒙古分册1、2）》、《内蒙古区域地层表》、《内蒙古区域地质志》、《内蒙古固阳盆地中生代地层古生物》等。

主审本书的第5章地球密码——地质剖面、第7章远古生命——古生物化石等章节。

史生胜 1953年生，硕士，教授级高级工程师，内蒙古国土资源厅矿山环境与地质遗迹项目评审专家组专家，内蒙古地质环境监测院副院长。

长期在内蒙古从事地质环境野外调查和研究工作，具有丰富的专业知识、工作经验和管理经验。主持了《内蒙古自治区矿山地质环境保护与治理规划》、《内蒙古自治区地质遗迹保护规划》等相关研究。

主审本书的第11章警钟长鸣——环境地质等章节。

王惠 1963年3月生，教授级高级工程师。内蒙古国土资源厅地质遗迹保护项目评审专家组专家。

1985年至今一直在内蒙古从事地层古生物领域的野外调查和研究工作，代表性成果有："内蒙古巴彦敖包二叠纪放射虫化石的发现"、"大兴安岭北部晚侏罗世—早白垩世地层新认识"等相关论文10余篇，具有丰富的地层古生物研究经历和经验。

主审本书的第7章远古生命——古生物化石章节。并编写本章中的7.2.1、7.2.2、7.2.3等节，为本书增色不少。

杨所在 1962年9月生，教授级高级工程师，内蒙古自治区地质遗迹保护项目评审专家组专家。

长期在内蒙古自治区地质环境监测院从事水文地质、工程地质、环境地质方面的生产科研工作。先后主持完成了《内蒙古自治区地质遗迹调查报告》与《内蒙古自治区地质遗迹保护规划》、《内蒙古自治区阿拉善盟地质遗迹保护规划》、《内蒙古自治区呼伦贝尔市地质遗迹保护规划》等规划的编制。

主审本书的第4章细数家珍——地质遗迹分类体系、第11章警钟长鸣——环境地质、第12章各具千秋——分区与评价等章节。

赵振光 1962年8月生，博士，教授级高级工程师，现任内蒙古自治区地质环境监测院副总工程师兼技术管理部主任。

长期从事地质环境野外调查和研究工作，主持和参与编制了《内蒙古自治区地质遗迹调查报告》和《内蒙古自治区地质遗迹保护规划》。